毛线球 30
keitodama

婚礼服饰编织

日本宝库社 编著　如鱼得水 冯 莹 译

河南科学技术出版社
·郑州·

keitodama

目 录

★世界手工新闻

纽约……4

香港……4

东京……5

幸福的婚礼……7

三件套婚纱套裙……8

爱尔兰花片背心和配饰……10

大V领撞色马甲……11

古典花片戒枕……12

爱尔兰花朵装饰背心……13

镂空花样波莱罗外搭……14

扇形花样头纱……15

荷叶边小背心和圆形手提包……17

珍珠扣小披肩和花朵发带……18

泡泡袖礼服裙……19

渐变色长披肩……21

粉色套裙……21

镂空花样无袖连衣裙……21

蕾丝花样长筒手套和手拿包……22

蕾丝花边波莱罗开衫和手拎包……23

★野口光的织补缝大改造……24

ISAGER 的世界……26

菱形格船领毛衫……26

★男人编织

村松启市先生……28

清爽的夏日毛衫……30

落肩袖卷边套头衫……30

法式袖不对称领套头衫……31

条纹花样七分袖开衫……32

育克拼接套头衫……33

连肩袖短开衫……34

不规则条纹套头衫和长围巾……35

★世界手工艺纪行㉗（巴拉圭共和国）……36

★为生活增添色彩的节庆编织⑧

细竹叶沙沙作响的七夕节……40

夏季外出手提包……42

双肩带水桶包……42

双层流苏边手拎包……43

贝壳花样手提包……44

方格花样手提包……45

★乐享毛线……46

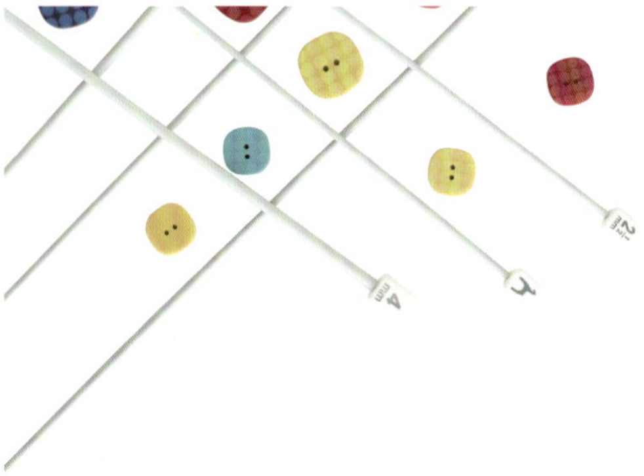

狗牙边三角形披肩……46
★ michiyo 四种尺码的毛衫编织……48
高腰大 V 领套头衫……49
★调色板
夏日遮阳帽……50
绳编蕾丝首饰……52
★春夏毛线新品推荐 8……54
Beyond the reef 工作室……58
★我家的狗狗最棒！
和狗狗在一起　#28……60
百搭披肩和束口袋……62
三角形水波纹披肩……62
蕾丝花样长披肩和束口袋……63
三色长披肩和束口袋……64
多用途长方形披肩……65
俄罗斯戳戳乐刺绣的可爱杂货……66
志田瞳优美花样毛衫编织新编 ❷……68
★冈本启子的 Knit+1……70
菱形镂空花样小背心……71
花片拼接手拎包……71
编织机讲座……72
★编织师的极致编织……77
毛线球快讯
时尚达人的手艺时光之旅：河野富子的绳编蕾丝……78
编织符号真厉害……79
钩针编织的接合和缝合（后篇）……80
使用俄罗斯戳戳乐刺绣针来制作装饰别针吧！……82
编织报道：《毛线球》读者编织俱乐部……84
作品的编织方法……85

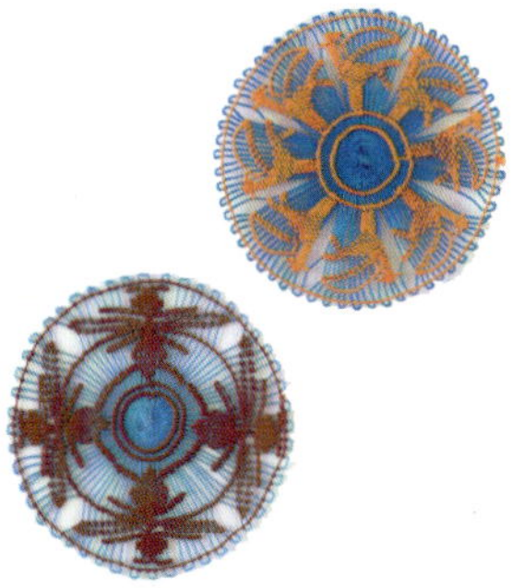

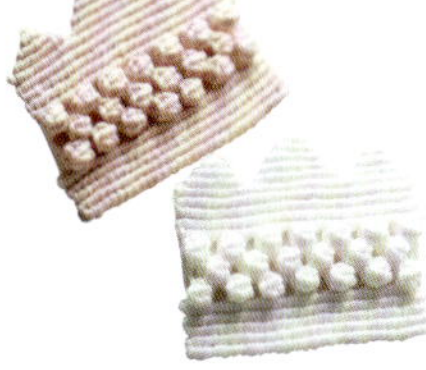

纽约

编织界的盛会Vogue Knitting Live！

上/会场上热情洋溢的参与者　下/指示牌。酒店5楼全租下来了

2019年1月25~27日，纽约时代广场马奎斯万豪酒店的5楼举办了一场编织界的盛会——Vogue Knitting Live（VKL）！VKL是*Vogue Knitting*杂志在北美各地举办的编织活动，旨在将设计师、制造商和毛线爱好者聚集在一起互相交流。对于毛线店铺来说，这也是一个销售、洽谈的机会。好多参展者都感叹：这次的VKL活动真是太精彩了！

从第1天开始，会场便热情高涨。这3天的活动安排每个人都不一样。大家提前在网上购买入场券、预约课程，每天穿着不一样的手编服装，特别是刚刚发布不久的新款毛衣、披肩等。第1天，因为市场只在傍晚开放，而我没有预约课程，也需要倒时差，所以就只参观了一下纽约。在人气很高的PURL SOHO参观时，来往人群都在聊诸如“去了没？听了没？”之类的有关VKL的话题。编织爱好者们在会场旁边的地铁站四处拍照，并上传到Instagram上。第2天，我听了设计师乔希·本尼特（Josh Bennett）先生的讲座，参观了加拿大手染线制造商Koigu的时装展，然后便去市场了。第3天，我听了史蒂芬·韦斯特（Stephen West）先生的披肩讲座，也见缝插针地买了不少东西，加深了和制造商之间的感情。

整体来说，虽然参展者的年龄偏大，但也可以看见不少新兴品牌和新生代设计师的身影。美国人过去一直热衷编织，现在也依然对编织有很高的热情。希望日本也能像以前一样，不把编织看作一件特别的事情，而把它看作一件非常普通的、谁都可以做的事情。

撰稿/EYLUL yarns 小岛有里

Koigu的时装展。舞台上正在举办各种活动

香港

《毛线球》热销！香港的编织故事

上/拿着《毛线球》的是店里的常客。左边是父亲Lau　下/从水果店旁边上二楼

我去过香港几次。香港有不少喜欢编织的人，他们娴熟地编织着喜欢的东西。因为那里英语比较普及，年轻人经常使用Ravelry编织社交网站，中老年人则更喜欢日式编织，对《毛线球》的评价很高。

香港上环有许多漂亮的毛线店，这次我们介绍的是一家存在了很多年的毛线店，它位于地铁荃湾线的终点站荃湾站附近。这里位于九龙城西北部，房价、租金都很高，曾经有很多纺织工厂，它是作为纺织街繁荣起来的（造访这一带的日本人可谓真正的港迷）。最近，通过改造具有年代感的纺织工厂而建成的南丰纱厂，是一个集创意、艺术与历史于一体的空间。

美丰毛冷是一家有30多年历史的毛线店，颇受附近的居民欢迎。它位于水果店的二楼，以家族经营的模式开店，父亲Lau不会编织，儿子Vinchi则是编织能手，我去拜访时他正一边看着《毛线球》一边用环形针编织一件披肩。《毛线球》日语版他每期都会订购20本。他总是尽量为店里备齐书中出现的毛线。美丰毛冷是当地编织爱好者的一个聚会场所，大家拿着编织好的东西互相交流，在书中物色下一款想要编织的作品或者喜欢的毛线，非常热闹。这些来到商店里的香港织女，对来自日本的我也很热情。

店里的客人多是中老年人，日文版编织书也很全。店里的毛线有英国、日本和意大利等国生产的，品种齐全；编织工具有addi、clover等品牌。店里还有许多在日本很难买到的东西。大家说着广东话，亲切地交谈。编织是没有国界的，即使语言不同，也可以交流。请大家一定去看看。

撰稿/兵头良之子

美丰毛冷
MEI FUNG
WOOLS CO・WOOL STORE

荃湾青山公路225号庆兴楼二楼
Flat No.10,1/F,Hing Hing Bldg.,No 225,Castle Peak Road,Tsuen Wan
营业时间：周一至周六
10：00~20：00（周日营业至19：00）
电话：24988178

东京

安和卡洛斯，时隔三年再次访日

2017年出版的、迄今为止二人作品最全的书 *Favoritter*（英文名：*Greatest Knit*）

“哎？都三年没来日本了吗？”“不能相信啊！”“时间过得真快！”。在2019年2月25日的晚上，途经巴黎到达东京羽田机场的安和卡洛斯，坐在开往城市中心的宾馆的出租车中，望着不断变化的东京街头，不禁感慨起来。

在挪威大使馆的访日活动中，西村知子与安、卡洛斯一起度过了一段非常安宁的时光。这次的翻译还是她

“想见到大家”“想跟大家说说，我们这三年做过的事情，以及今后想做的事情”。带着这样的想法，安和卡洛斯在到达日本的第3天，就在挪威大使馆举办了访日活动。这一天的活动从安和卡洛斯的小型座谈会开始。在他们上次访日之后，就和闻名世界的毛线品牌Metts 公司旗下的Rowan（英国）、Schachenmary（德国）合作，举办了编织时装展，设计了袜子毛线。他们设计的共同课题都是“挪威的传统与革新”和“挪威的自然”。在活动中，他们从2015年的Schachenmary（REGIA）袜子线开始，到在2019年秋季将要发表的安和卡洛斯的纺织品、Rowan和Schachenmary的最新设计等，不但介绍了若干个代表作，还一并向大家介绍了它们诞生的背景和灵感的来源。

在挪威的山丘地带旅行的安和卡洛斯。在这一次的旅途中，又诞生了新的袜子线的系列“大山和峡湾”

在活动的后半段，安和卡洛斯担任特邀艺术总监的“东北编织项目 Vol.1 远野”的项目还举行了启动仪式。在东日本大地震后，作为岩手县大海沿岸受灾的后方支援基地的远野市，通过手艺活儿（编织）将人们联系在一起，现在又将安和卡洛斯也吸引了进来。在远野市的大自然中参加“编织·静修”活动，是一件美好的事。2014年，他们在访问以远野市为根据地开展活动的“东北钩织村”后，开始向那里的人们推荐“编织·静修”的活动，从而启动了这个项目。在启动仪式中，他们说道：我们应该充分发挥还保留着日本原始风景的“民间传说的故乡”——远野市的魅力，通过手艺活儿，令这个项目不仅仅局限于日本，而要向全世界推广。

撰稿/井上势津（Nordic Culture, JAPAN）

在挪威西海岸运行的沿岸快速船中进行的“编织·静修”活动抛开了日常的编织活动。冬季，如果运气好的话，还能看到极光

1/在2019年9月即将发售的Schachenmary的新作品。使用粗细相同，但材质和手感都不同的线组合在了一起 2/在2018年发表的Rowan的作品“新·北欧”，是在挪威传统花样的基础上进行的设计，又加入了新的创意。预计会在2019年秋季发布面向男性的作品 3/Rowan的靠垫作品集。在正、反面分别使用了来源于挪威的传统工艺“Rosemaling（玫瑰彩绘）”的花朵花样和传统的图案 4/被称为魔球的Schachenmary（REGIA）的袜子线。这个是挪威画家爱德华·蒙克的绘画系列，左上方是从他最有名的作品《呐喊》中获得灵感设计而成的

1

2

3

4

Happy Wedding

幸福的婚礼

处处彰显用心、独一无二的婚礼很受新人的欢迎。我想编织一款婚纱礼服……是不是很多人都有这样的想法呢？手编的礼服，可以发挥无与伦比的独创性。为了终生难忘的婚礼，编织一款可以永久收藏的婚纱吧！浪漫的婚礼，会给新郎、新娘和亲朋好友带来美好的祝福。无论是结婚的新人，还是送祝福的人们，一定要装点上手编元素哟。

photograph Shigeki Nakashima styling Kuniko Okabe hair&make-up Hitoshi Sakaguchi
model Electra,Cynthia Cheston,Ava C.,Henry Canal,Ulysse,Mion,Lauriane
special thanks AWABEES,UTUWA

三件套婚纱套裙

将不同花样的织片组合在一起，编织成一件华美的礼服套裙。设计成分体的款式，不仅比较方便编织，也方便穿着。裙子为三段式的设计，将它们缝合在一起，装饰上花边即可。最下片摘下后，还可以在婚礼结束后日常穿着。层层叠叠的款式，象征着层层叠叠的幸福。头纱上缀满花边也非常漂亮。

设计/风工房

编织方法/87页

使用线/和麻纳卡

Happy Wedding

爱尔兰花片背心和配饰

将爱尔兰钩编风情的花片连接在一起，编织成一款背心，搭配蓬松的纱裙非常漂亮。用同样的花片装饰手纱和头纱，演绎出手编特有的和谐感。像腕饰一样的手纱，在交换戒指和婚礼仪式期间不需要取下来。

设计/SAICHIKA
编织方法/94页
使用线/奥林巴斯线

大V领撞色马甲

如果是一场相对简单的婚礼，让爸爸和新郎穿着手编的马甲也会给人眼前一亮的感觉。参加花园派对或after party时穿也很合适。使用爱尔兰亚麻线编织，简单中透着品位。蝴蝶结领结和袋口装饰，也彰显了手编的魅力。

设计／兵头良之子 制作／矢部久美子
编织方法／106页
使用线／奥林巴斯线

古典花片戒枕

虽然新娘比较忙碌，但这种小物还是很有信心完成的。用戒枕作为小礼物也很受人欢迎。将4片纤细优美的花片连接在一起，周围装饰上花边，就做成了一件带着古典气息的戒枕。这款戒枕很适合由花童恭敬地捧给新人。

设计／稻叶由美
编织方法／113页
使用线／奥林巴斯线

爱尔兰花朵装饰背心

在简单的织片上，点缀华美的爱尔兰钩编蕾丝花朵。在背心的前片装饰上花朵，从领口蔓延至下摆。后片则斜斜地向下摆方向装饰上花朵。换个颜色的线编织，也可以送给亲友，还很适合在一些宴会场合穿着。因为是先编织好织片，再在其上固定花朵花片，所以做起来比想象中简单。

设计/河合真弓
制作/堀口美雪（花朵） 松本良子（背心）
编织方法/99页
使用线/奥林巴斯线

镂空花样波莱罗外搭

可以在简单的婚纱上罩上雅致的波莱罗外搭。优美、纤细的花样，给温馨的婚礼增添一丝华美的气息。换个颜色，还适合编织成给宾客穿的外搭。

设计/志田瞳 制作/梨本明美
编织方法/108页
使用线/奥林巴斯线

扇形花样头纱

狗牙针装饰的扇形花样有规律地排列在一起，组成简单、可爱的头纱。它很容易调整大小，可根据个人喜好编织得更长、更宽，来和长长的婚纱搭配。

设计/稻叶由美
编织方法/114页
使用线/奥林巴斯线

Happy Wedding

荷叶边小背心和圆形手提包

美丽的公主风礼服外面，小背心上蕾丝花样的荷叶边随意地摆动，非常适合浪漫的婚礼现场。上面装饰的花边很雅致，给织片带来了变化。后开口处使用一颗颗珍珠纽扣点缀，非常可爱。可以装些随身小物的小手提包，设计成了象征着幸福、圆满的圆形。为了使包包保持挺括，在绸布上粘贴了黏合衬。

设计／大田真子 制作／须藤晃代
编织方法／背心118页、手提包124页
使用线／奥林巴斯线

珍珠扣小披肩和花朵发带

感觉冷的时候，披肩是可以快速用上的万能装备。它编织起来相对简单，外出时方便携带又实用。将连衣裙上的花样稍加变化，编织成一条发带，用作配饰也很棒。

设计/川路祐三子
编织方法/128页
使用线/芭贝

泡泡袖礼服裙

婚礼上，小女孩经常作为花童出现在人们面前。她们天使一样可爱的笑脸，给周围的人带来了很多快乐。蓬蓬的泡泡袖、下摆上可爱的花朵、有质感的蕾丝边，这款连衣裙于细节之处非常用心，穿着真漂亮。

设计/川路祐三子

编织方法/126页

使用线/芭贝

渐变色长披肩

利用有立体感的花片做成的优雅的披肩，使用了带着光泽的黑白色调渐变线编织，不挑衣服很好搭配。

设计/冈本启子 制作/宫崎满子
编织方法/137页
使用线/钻石线

粉色套裙

（20页）使用让皮肤显白的柔和粉色线，编织了一件镂空花样优美套裙。金银丝线的光泽，给柔和的色调增添了几分华美之感。裙子设计成百褶裙款式，更显优雅。

设计/冈真理子 制作/内海理绘
编织方法/134页
使用线/钻石线

镂空花样无袖连衣裙

（20页）将花片仔细地连接在一起，编织出这款高雅的黑色无袖连衣裙，在任何年代都不会过时，可以展现女性魅力，令人神往。推荐成年女性拥有一件这样的连衣裙。

设计/冈本启子 制作/宫本宽子
编织方法/130页
使用线/钻石线

蕾丝花样长筒手套和手拿包

非常适合在宴会场合佩戴的长筒手套，装饰上摇曳生姿的蕾丝边，可以设计成不带手指的款式。可用同样的线材、同样的蕾丝花样编织一款配套的宴会手拿包，享受正式的黑色搭配。

设计/森 静代
编织方法/142页
使用线/钻石线

蕾丝花边波莱罗开衫和手拎包

这是一款不挑身材、好搭配的波莱罗开衫，边缘处的蕾丝花样给人一种闲适感。用同款带光泽的线材编织配套的手拎包，也是很不错的想法。

设计/岸 睦子 制作/志村真子
编织方法/138页
使用线/钻石线

[第11回]

野口光的织补缝大改造

之所以说是"大改造"，是因为它并不限于修补，还可用来修饰。织补缝技术是在不断发展的。

野口 光：

创立"hikaru noguchi"品牌的编织设计师。非常喜欢织补缝，还为此专门设计了独特的蘑菇形工具。新书《妙手生花：野口光的神奇衣物织补术》已由河南科学技术出版社出版。

【本期话题】

化纤材质的织补缝

织补前

化纤材质网眼袜子上的破洞怎么处理呢？

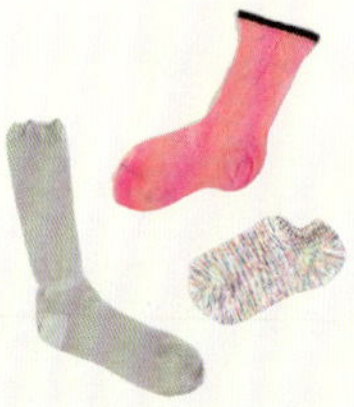

photograph Toshikatsu Watanabe styling Terumi Inoue

新款蘑菇形工具带嵌环，让织补缝更加方便。

袜子的脚趾处出现了破洞，用什么线修补好呢？正在为这个问题烦恼的时候，一个在布艺公司上班的朋友给我推荐了锁边机用的锦纶线。后来，我尝试了国内外各种锁边机用的线材，以寻找一款最合适的线。有时，就算找到了一款很好的线，也是工业用的大卷线，而修补缝一般有个两米长就够了。后来，我找到了一款日本生产的、完全符合我要求的小卷锁边机用线。它是一款弹性适中的细线，刚用时会觉得很不好用，熟练之后就会不禁赞叹：不愧是一款好线。它带着丝线的光泽，正符合我的喜好。如果喜欢做细线活儿，可以取1根线缝，不喜欢用细线的话就取2根线缝。它还有更加迷你的小卷规格，这点也很令人惊喜，真是让人越用越喜欢。长筒连裤袜、短筒袜、夏季袜以及化纤材质的运动装，都推荐用这款线进行织补缝。

WW·DIY
爱玩美手工DIY美好时光
【教育培训&企业团建&学校社团服务】
爱玩美手工打造一站式B2B2C手工特色教育培训平台,国际大师、大学老师、非遗传人、民间艺人、日本手艺普及协会证书……这里汇聚行业“名师、课程和证书”，兴趣班、证书班、专题班、非遗班、研学课，想学什么就学什么。
01
拼布
□ 布艺包包课
□ 布艺装饰课
02
刺绣
□ 刺绣小物课
□ 刺绣双面镜
03
编织
□ 绒球动物课
□ 围巾编织课
□ 手鞠球
04
花艺
□ 压花实用物品课
□ 永生花课程
05
黏土
□ 黏土相框画
□ 黏土小作品
06
皮艺
□ 皮艺卡包课
□ 皮艺包包课
//教育培训//
集“行业名师、优质课程、手工证书”于一体开展专业培训
//企业团建//
为企业、行业、协会、团体、社群等量身定制手工艺团建活动
//学校社团服务//
学前教育、基础教育、职业教育、特殊教育、高等教育手工课堂
手钩杯垫
拼布壁饰
编织围巾
抱抱熊
昆虫刺绣小件
祖母方格毯
课程咨询/预约：
顾老师：13733865092
韩老师：15136180931
郑州市郑东新区祥盛街27号出版产业园2期C2-407~438
微信公众号
抖音号

感受丹麦风情
ISAGER的世界

夏至是白昼最长、太阳最高的时候。
丹麦人继续享受短暂的夏季。

photograph Shigeki Nakashima styling Kuniko Okabe hair&make-up AKI model Lina S.

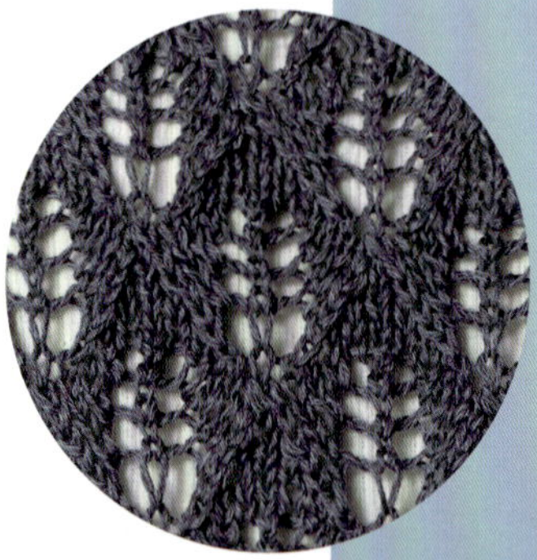

MIDSUMMER
菱形格船领毛衫

在斜着的菱形格中设计镂空花样，给人轻巧的感觉。前、后同形的船领周围用下针编织包住，这种设计起到装饰作用。从上向下编织的袖子很方便调节长度，可根据个人喜好进行变化。

设计 / 玛丽安 · 伊萨格
编织方法 /146 页
使用线 /ISAGER

两年前的Tversted学校曾经举办名为“Slow Stitch”的刺绣讲习会

每年夏天，ISAGER 公司创办的 Tversted 学校都会开设诸多课程。编织自不用说，还有草木染、纺线、织布、刺绣、造纸、排版印刷和水彩等。来自世界各国的讲师和学员聚集到这里，他们一起上课，一起吃饭，结下了深厚的友谊。

因为离海边很近，学员们经常结伴来玩。夏天，当地的人们有早上 8 点在海边集合、下海的习惯。加上一些因为休假来到 Tversted 村的人，早上多的时候会有 30 个人左右同时来到海边。大家从海里出来后，会用蒸馏酒暖身，再愉快地交谈几句。

到了傍晚，在海边吃饭的人们坐在沙滩上，一边听着海浪和晚风的声音，一边动手编织。人们快乐地享受短暂的夏天。

MIDSUMMER 是夏至的意思。在度过漫长的冬季后，丹麦各地都在这一天举行庆祝夏至的活动，非常开心、热闹。这款毛衫，就是想着夏至时分的大海和沙丘设计而成的。复杂而有魅力的的蓝色色调，是取 2 根 TRIO 型号的 Granite 色线编出的。袖子从上向下编织，可根据个人喜好编织成七分袖、长袖等。而且，如果换成 TVINNI 或者 IDAGER HIGHLAND、ALPACA2 型号的线编织的话，不需要改变编织密度，可以尝试一下。

（玛丽安・伊萨格）

ISAGER

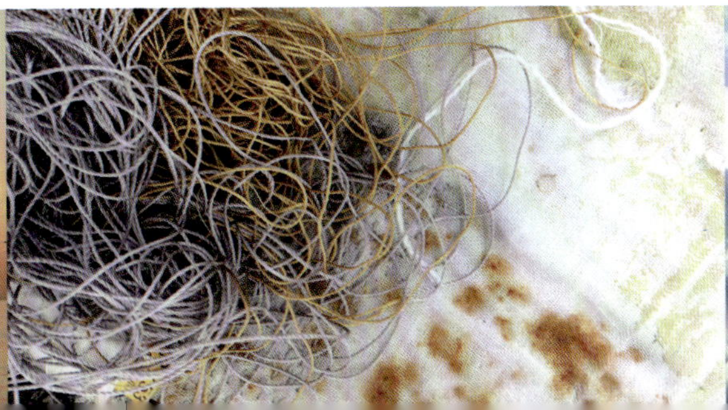

编织的价值

村松启市先生

（AND WOOL 代表）

村松启市：

生于1981年，毕业于文化服装学院编织设计专业。毕业后被意大利Lineapiu品牌集合全世界优秀编织师的项目选中，公费留学深造。回日本后，于2004年创办时尚品牌Everlasting Sprout，开始作为编织设计师活跃于国内外。2016年成立AND WOOL公司

本期的编织男子村松启市是创办了自己的时尚品牌Everlasting Sprout的编织设计师，同时也是静冈县AND WOOL公司的老板。他从文化服装学院编织设计专业毕业后，赴意大利顶级纱线品牌Lineapiu留学深造。他熟悉从纺线到服装制作、销售等服装生产全流程，编织技术高超，在国外也被称为指导老师。AND WOOL是他把一直以来想做的事情，现在终于付诸实施了。

“虽然大家看来它和Everlasting Sprout品牌完全不同，不过我一贯都是在做相同的事情。我做Everlasting Sprout的时候，深感时尚品牌不能跳出行业体制的无奈。如果是一道菜，人们很容易想象到它是如何从地里来到饭桌上的，但是服装却很少有人知道它是用什么线、怎么做成的，也不明白1000元的衣服和100元的衣服有什么不同。我想让人们知道服装的生产过程。”

他的工作间是玻璃窗隔开的，在店里就可以看到里面的情况。可以用来编织AND WOOL毛衣的老式编织机营造出一种祥和的气氛。

“不过就是让自古就有的服装制作看起来更加简单。我想着和时代结合起来后，人们知道了制作过程，才懂得一件毛衣的珍贵，进而提高手作的全部价值。”

例如，“看看周围，不乏有人编织毛衣的技艺高超却不自知，我想让他们都参加。也有残疾人来到这里。所有在这里从事编织的人一律同工同酬。”

工作间里，有一件可爱的婚纱甚是引人注目。

“时装一般都要求短期完工，但有时我们因为想要让更多的人参与其中，所以通常会留半年左右的交付期来精工细作。我也是基于这样的理由开始的。”

上：在生产毛线、材料包、成品等与编织有关的商品的过程中，传递编织的价值

1/同时任家用编织机讲师　2/AND WOOL店内。商店兼工作室　3/用毛线做的室内装饰　4/编织婚纱项目正在进行　5/店里的原创毛线　6/说着“想要普及编织文化”的村松先生　7/不时可以看到从废弃工厂中寻到的珍贵工具　8/建于静冈县茶园的工作室

村松先生希望重点拍摄上图左下角的婚纱。问及理由，他说：“这是举办线上沙龙时，聚集在一起的编织爱好者们共同完成的婚纱。把它放到书上，大家会很开心。”

时尚设计师一般都想在巴黎时装展上开创新事业，而村松先生却优先考虑身边的人。他难道不想成为众人瞩目的焦点吗？

“也不是这样啦。在意大利留学的时候，我最先接触的便是高端时尚界，所以对它也就没有太多幻想了。”

在意大利留学时，高端时尚品牌有时会购买普通工厂的服装设计。以村松先生的经验，AND WOOL 也可以这样做。

“例如，农村的编织妇女很少有机会出门旅行。将这些人聚集起来，一起制作可以登上巴黎时装展上的高级婚纱，岂不快哉？”

有效利用村松先生的经验，将大家的生活通过编织丰富起来，这就是AND WOOL的服装制作。小小的编织工厂将销售毛线、举办编织机讲习会、培育职业编织者等连在一起。这里有很多关于服装制作和编织的重要启示。

天然线材很舒服

清爽的夏日毛衫

在炎热的夏季，亚麻和真丝材质可以给人清爽的感觉，是穿着很舒服的天然线材。
下面的毛衫设计很适合日常穿着，简单而有品位。

photograph Hironori Handa styling Masayo Akutsu hair&make-up Naoyuki Ohgimoto model Vika Kutsel

落肩袖卷边套头衫

这件下针编织的短袖套头衫设计得很妙，袖子好像花边袖一样，看起来很可爱。使用比标准针号稍微大一号的棒针编织成宽松的款式，这是要点之一。

设计/风工房
编织方法/148页
使用线/手织屋

法式袖不对称领套头衫

取3根线并为1股编织，前身片取2根黑线、1根白线，后身片取2根白线、1根黑线。因为线材有弹性，等针直编，每行看起来也有点斜，因此缝合前、后身片时胁部线条会比较有动感，很奇妙。自然形成的小袖是法式袖，不对称的领口也显得很个性。

设计/SAICHIKA
制作/德永穗积
编织方法/149页
使用线/手织屋

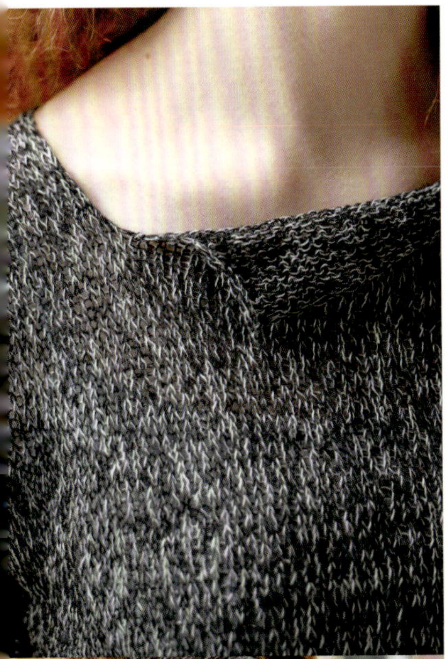

条纹花样七分袖开衫

在开着空调的车内或办公室里，如果觉得冷就穿上这件毛衫吧。这款薄薄的七分袖开衫，选择颜色明媚的线编织出了条纹花样。取两种同色细线巧妙组合，这种配色让人觉得很惊喜，让人忍不住想换别的颜色试试。

设计 / 野口 光
制作 / 胜又富子
编织方法 /156 页
使用线 / 手织屋

育克拼接套头衫

宽松的上衣是每年的流行款式。短针密密钩织的紫色育克和整体的镂空花样形成对比，愈显优美，这种设计充分展示了钩针编织的乐趣。身片是等针直编的，胁部有开衩，方便穿着。

设计/野口 光
制作/须藤晃代
编织方法/150页
使用线/手织屋

连肩袖短开衫

从肩部一直延伸至衣袖上的蕾丝花样十分优美，构成了这款横向编织的开衫。由于无须上衣袖，因此编织时比想象的要简单许多，还不需要藏线头，真可谓一举两得。只因改变了编织方向，下摆排布的麻花花样也与平时的感觉不同，有一种耳目一新的感觉。

设计/冈本真希子
编织方法/157页
使用线/DMC

不规则条纹套头衫和长围巾

这件长款套头衫采用了冷色调的随机条纹，看起来十分清凉。较窄的长围巾也是同款。以下针为基础的作品，在编织的时候，有时会感觉单调，但不时出现的盖针花样，则可以带来新鲜感，令你更想要编织下去。前、后身片同型，只是改变了配色，可以根据自己的喜好来搭配。

设计 /yohnKa
编织方法 /154 页
使用线 /DMC

巴拉圭共和国是南美大陆的内陆国，位于巴西和阿根廷之间，国土面积比日本略大，大约有700万人口居住。这里牛比人多，是农业和畜牧业大国。和南美其他国家一样，巴拉圭有来自世界各国的移民。

和蜘蛛网蕾丝（Ñanduti）相遇

我出生在La Colmena市，家里主要种植葡萄等水果和蔬菜，饲养牛和蜜蜂，是地地道道的农家。我的生活可谓多姿多彩。

毕业后，我在日本人移居地从事护理、助产士工作。在那个年代，大家互帮互助的生活经历成了我宝贵的回忆。巴拉圭的社会治安较好，大家经常把笑容挂在脸上，有客人来的话就会拿出马黛茶招待。

巴拉圭的生活方式，用一个词来概括就是“自然”。因为它属于亚

院子里芒果树下，大家一起快乐地制作Ñanduti

世界手工艺纪行㉗（巴拉圭共和国）

用五彩毛线创造出的蕾丝世界

蜘蛛网蕾丝（Ñanduti）

取材、撰稿、当地摄影／岩谷美惠埃莱娜 摄影／森谷则秋 编辑助理／春日一枝

热带气候，一年四季气候温暖，盛产芒果、番木瓜、菠萝、葡萄柚、番石榴、针叶樱桃等水果，奶酪等乳制品都是自己在家做的。巴拉圭常见的食材有木薯、玉米和豆子等，简单而独具风味。在老家，现在还有巨嘴鸟飞来偷吃番木瓜，成群的大闪蝶穿梭在果实中间。这种和自然相伴的日常生活景象，培养出了巴拉圭人开阔的心胸。

我第一次见到蜘蛛网蕾丝，是在首都亚松森的大叔父家。精美的蕾丝，给我年少的心灵带来了巨大的震撼。对于生活在农村的我来说，价格昂贵的蜘蛛网蕾丝是可望而不可即的。后来，我移居亚松森，开始接触到相关工作，通过和以伊陶瓜市为代表的各地知名手艺人进行交流，终于成为蜘蛛网蕾丝、蕾丝（Encaje jú）、刺绣（Aopo í）等巴拉圭传统手艺的“俘虏”。

蜘蛛网蕾丝的历史和制作方法

蜘蛛网蕾丝的起源目前尚不明确，从技法上来看，它和加那利群岛的特内里费刺绣（Teneriffe）有诸多相似之处，人们通常认为它是由西班牙人带来的。16世纪，基督教的传教士在巴拉圭各地设置原住民教化村，促进了欧洲文化和当地原住民文化的融合。其后漫长的岁月里，受巴拉圭的自然、风俗以及生活的影响，人们创造了蜘蛛网蕾丝。19世纪，三国同盟战争后，蜘蛛网蕾丝作为女性的手艺活儿发展下去。到了20世纪，形成了使用彩色线绣成的华美蕾丝。Ñanduti在当地语言中是蜘蛛网的意思。受森林中蜘蛛网的启发，这种蕾丝作品开始用作送给恋人的礼物，相关传说有好几个。

实际上，在巴拉圭有能够结成直径10米以上超级蜘蛛网的蜘蛛群体存在。这种蜘蛛网的外观和大幅蜘蛛网蕾丝很像。手艺人用五颜六色的线绣成的华美蕾丝，很像太阳下熠熠生辉的蜘蛛网。据说，以前曾用蜘蛛网的丝线来刺绣蜘蛛网蕾丝、袜子等。

蜘蛛网蕾丝有350多种传统图案，每个图案都有各自的含义。有茉莉花、香蕉叶、牛蹄印和昆虫等动植物图案，还有灶台、穿线器等生活用品，以及肚脐、眉毛等身体部位的图案，它们都是和巴拉圭丰饶的自然资源、具有包容性的生活密切相关的元素，充满乐趣。蕾丝图案一般由母亲传给女儿，以家庭为单位发展。单个图案经常被制作成耳坠等装饰品，多个图案则常用来制作杯垫、台心布等。另外，跳民族舞、演奏竖琴以及跳芭蕾时穿的裙子，也都会绣上蜘蛛网蕾丝。最近，它还出现在品牌时装上。

散发着七彩光芒的蜘蛛网。这是蜘蛛网蕾丝配色的原点

A/ 正在制作杯垫的奇姬塔老师。奇姬塔老师是受到联合国表彰的作家，世界闻名　B/ 正在上浆的手艺人夫妇。夫妻双方都把制作蜘蛛网蕾丝作为职业的只有这两位　C/ 伊陶瓜市中心的蜘蛛网蕾丝雕塑　D/ 辛德露花女士制作的色彩鲜艳的细线台心布　E/ 绷在大木框中、正在晒干的粉色台心布。映照在墙壁上的影子也很漂亮

蜘蛛网蕾丝只有打结、配色两种技法。将布绷在木框上，呈放射状渡线，然后重复上述两种技法绣上横线。绣好图案后，剪掉反面的绣布，以绷着的状态上浆并晒干。晒干后，剪掉图案周围的绣布，从木框上取下来即可。蜘蛛网蕾丝的基本技法很简单，但其中蕴藏着制作者无限的创意。

蜘蛛网蕾丝的产地和手艺人

距离亚松森东部 30 公里的伊陶瓜市和皮拉尤市是蜘蛛网蕾丝的知名产地。在伊陶瓜市，沿着国道的许多商店都把蜘蛛网蕾丝展示在店面的门头上。走进小巷，在院子里经常可以看到手艺人将木框放在膝盖上专心刺绣蜘蛛网蕾丝的情形。在晴天的午后，人们聚集在树荫下或是露台上，一边开心地交谈一边刺绣。脚边有小鸡来回走动，头上有芒果随风摇曳。这些手艺人分工合作，有人负责刺绣基础图案，有人负责连接绣好的作品做成裙子等大件，还有人负责上浆等。

我也想在自己的蜘蛛网蕾丝教室（Academia Mie Elena）和手艺人们一起坐在树荫下热热闹闹地开一场研习会，从而感受蜘蛛网蕾丝丰富的表现力。

我的蜘蛛网蕾丝启蒙老师是住在亚松森的日本人田口老师，后来通过和巴拉圭传统工艺学院（IPA：Instituto Paraguayo de Aitesania）以及伊陶瓜市的手艺人进行交流来提高技艺。我有幸得以结识技艺精湛的奇姬塔老师和辛德露花。奇姬塔老师以用多种多样的花片制作纤细优美的原创作品闻名，辛德露花则擅长使用令人眼前一亮的配色和精致的设计，这正是蜘蛛网蕾丝的精髓所在。

存在的问题和未来的可能性

8 年前我回到日本，吃惊地发现蜘蛛网蕾丝在日本竟然一直被视为阿根廷的手艺。对巴拉圭人来说，蜘蛛网蕾丝是心灵的象征。我认为一定得改变日本人的看法，让他们真正了解蜘蛛网蕾丝。

蜘蛛网蕾丝名家辛德露花，昵称辛露。她手下的作品纤细、有活力，总是令人怦然心动，在日本也有不少粉丝

2011年，我在百货商店和手工展上实地演示蜘蛛网蕾丝的制作方法，展出并销售相关作品，同时开办了一家蜘蛛网蕾丝教室。另外，我和丈夫一起创办了巴拉圭文化节（每年10月在东京都立光之丘公园举办），并在民间工艺品摊位上销售蜘蛛网蕾丝制品，举办相关研习会。“第一次见这种配色的蕾丝”“这是刺绣吗”“能从中获得力量”“南美的蕾丝很罕见”，我收到了很多反馈。

我注意到，无论是巴拉圭还是日本，都没有蜘蛛网蕾丝方面的教材，于是在 2015 年出版了《来自巴拉圭的彩色蜘蛛网蕾丝》一书。图书出版后，蜘蛛网蕾丝的学员和爱好者一下子多了起来。这不仅是因为蜘蛛网蕾丝的珍贵，也是因为它于华美之中蕴藏的纤细之感和无限的表现力，正好可以传递日本人独特的感性。2018 年我又出版了《蜘蛛网蕾丝小饰品》，也得到强烈反响。

巴拉圭现在正面临着手艺人老龄化、后继乏力的局面。这也是传统手工艺的共同困境。另外，销售价格不能充分反映制作过程所用的时间和精力，也是问题之一。让全世界知道巴拉圭蜘蛛网蕾丝，扩大爱好者数量，正确评定它的价值，有助于激发生产地的活力。

我取得了巴拉圭传统工艺学院认定的蜘蛛网蕾丝指导员资格，并被伊陶瓜市任命为振兴蜘蛛网蕾丝文化的发起人。在传授立足于巴拉圭传统的正确技艺的同时，将蜘蛛网蕾丝普及到全世界是我的使命。因此，我想从日本开始，加强蜘蛛网蕾丝在巴拉圭之外的国家的流通，并以此为发展巴拉圭的蜘蛛网蕾丝文化贡献一份力量。现在，我通过开办教室普及蜘蛛网蕾丝，支援伊陶瓜市蜘蛛网蕾丝学校，以加强巴拉圭和日本两国生产者之间的交流。将来，还会协助巴拉圭各地培养更多的蜘蛛网蕾丝生产者。

巴拉圭不仅有蜘蛛网蕾丝，还有许多其他优秀的传统手工艺。比如，使用比蜘蛛网蕾丝用线稍粗的棉线做成的蕾丝（Encaje jú），以及由独特的图案和设计构成的刺绣（Aopoí），另外，在手工艺发达的地区还有不少使用老式织布机织布的老手艺人。织布工将自家种植的棉花纺成纱，然后再用织布机织成布。传承此类文化遗产本身有非常重要的意义，在未来某个地方，向世人介绍巴拉圭丰富的传统文化也是我的使命。

伊陶瓜市蜘蛛网蕾丝学校的老师和学生

F

G

H

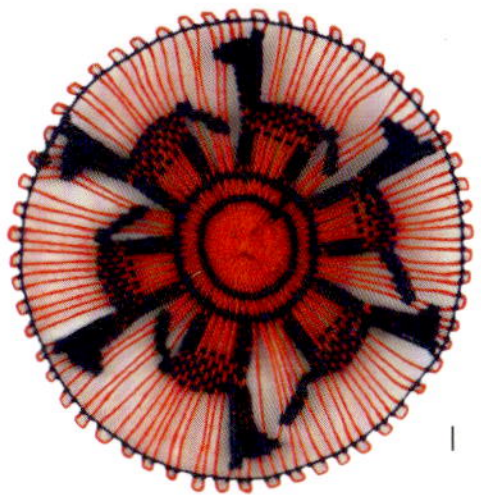

I

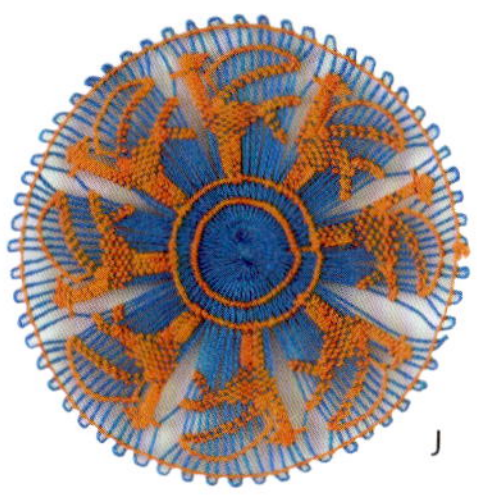

J

K

L

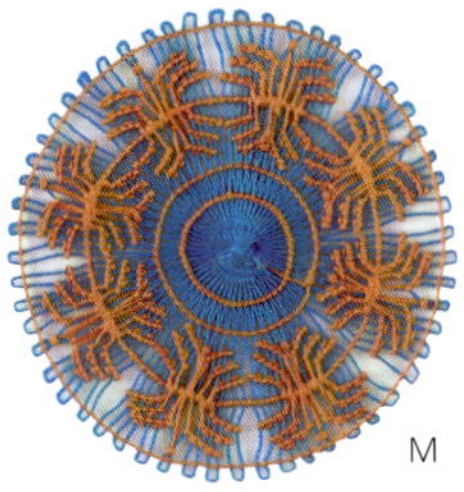

M

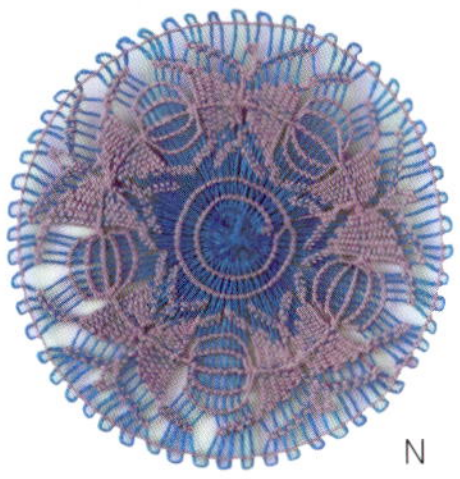

N

F/公鸡图案在巴拉圭很常见，这里将独特的配色和花片组合在了一起。这是岩谷美惠埃莱娜注册的商标　G/F中公鸡图案的细节图，使用了各种图案　H/各种花片　I/小马花片　J/小鸟花片　K/蜜蜂蜻蜓花片　L/小茉莉花　M/蜘蛛花片　N/蝴蝶花片　O/双色台心布　P/岩谷小姐独创的巨嘴鸟。巨嘴鸟是中南美洲广泛存在的鴷形目巨嘴鸟科中型鸟

O

岩谷美惠埃莱娜：

生于巴拉圭La Colmena市的第二代日本人。因丈夫的工作调动，先后在巴拉圭和阿根廷两国生活。后来到巴拉圭学习蜘蛛网蕾丝。现在日本致力于实地演示蜘蛛网蕾丝的制作方法，创办教室，协助举行巴拉圭文化节，让更多人感受巴拉圭手工艺术的魅力。著有《来自巴拉圭的彩色蜘蛛网蕾丝》、《蜘蛛网蕾丝小饰品》（均由日本诚文堂新光社出版）。于2019年6月上旬在日本宝库社举办网上讲座。

P

细竹叶沙沙作响的七夕节

7月7日是在银河两端的织女、牛郎1年仅能相见1次的日子。在江户时代，七夕节作为季节性的节日，被确定为五大节日之一，流传至今。

photograph Toshikatsu Watanabe styling Terumi Inoue

用作七夕装饰的细竹叶，因一直朝向天空生长，被认为十分吉祥。如果附近没有种植的细竹，有这个手作的细竹也可以。茎与细竹叶使用了不同颜色的线编织，在细竹叶的中心穿入了铁丝，制作出了挺拔的样子。在长条诗笺上写下愿望，只要用别针别上去即可。今年许个什么愿望呢？

设计/松本薰 编织方法/158页
使用线/DMC

银河中的星星使用金色的金银丝线钩织而成，五角星的顶角处还钩入了水滴形串珠。另外，装饰在细竹叶上的每个装饰，也都拥有各自的意义。长条诗笺上可以写关于提高编织、缝纫、织布技艺以及学业有成等愿望。灯笼是为了照亮写有愿望的长条诗笺。连结在一起的环形装饰是希望梦想不要消失，能够变成现实。可以按照阴阳五行学说，编织“蓝色、红色、黄色、白色、紫色（黑色）”等五种颜色，也可以编织自己喜欢的颜色，让余线物尽其用。

能快速完成的夏季外出手提包

在一个新的季节的开始，让我们使用具有夏季特色的线材，编织新的手提包吧。
2019年夏天，没准儿会发生什么好事呢——因为我有预感呀！

photograph Shigeki Nakashima styling Kuniko Okabe hair&make-up AKI model Lina S.

双肩带水桶包

以时尚手拿包而闻名的Beyond the reef品牌开发的这款圆底的水桶状手提包，可谓今夏的流行款。可以背在肩上的单肩提手，是由编织包带、较粗的链子组合而成，非常时尚。再加上竹提手、大大的包盖和内侧的口袋，使用起来更加方便。

设计/Beyond the reef
制作/三浦厚子、miyuki
编织方法/160页
使用线/芭贝

双层流苏边手拎包

基础款的包，使用在阳光照射下更加鲜艳的颜色来编织吧。只需将两种不同材质的线材并在一起编织，就能呈现出很有韵味的颜色。流苏则是用单色线密密地系了上去。包包轻得令人吃惊，再加上两种线一起使用的乐趣，真令人爱不释手。

设计/Little Lion 千叶绫香
编织方法/161页
使用线/芭贝

贝壳花样手提包

由包口延展到包底的藏青色和白色的贝壳花样，很有复古的感觉。这款大大的手提包很具存在感，单单拿着它，就是很漂亮的一件装饰品了。由于包包设计了比较大的镂空花样，可以多准备几个不同颜色的手提包内袋，根据当天的衣服来更换内袋也不错。今天使用的是大红色的内袋，很有巴黎的时尚感觉。

设计 / SAICHIKA
编织方法 /164页
使用线 / 芭贝

方格花样手提包

这款很有质感的和纸线重量轻、颜色丰富，很有魅力。这款单提手手提包使用多种颜色的线编织的方格组合而成，非常可爱。方格是由中长针和锁针组成的简单花样隔行排列而成，从而形成了这样有规律的图案。整体是流行的束口袋的样子，包底则设计成了较稳定的长方形。

设计/ Little Lion 千叶绫香
编织方法/162页
使用线/芭贝

乐享毛线 8

阳光越来越强，气温也在一点点地上升。这次将向大家介绍能一直用到秋天的实用小物。很适合室外防晒、室内空调房使用。夏季也和Keito一起愉快地享受编织吧！

photograph Hironori Handa styling Masayo Akutsu hair&make-up Naoyuki Ohgimoto model Vika Kutsel

LANA GATTO CABLE'5

（MIX 颜色）

棉100% 颜色数/5 规格/50g/1团 线长/约175m 线的粗细/细 标准针号/0~2/0号

Madelinetosh TOSH MERINO LIGHT

超级水洗美利奴羊毛100% 规格/100g/桄 线长/约384m 线的粗细/中细 标准针号/3/0~5/0号

想制作作品时，没有人会不在意线材的选择吧？春夏的作品，基本上都是棉线、亚麻线，秋冬的作品，则会选择毛线、马海毛线，大家是不是都有这样的印象呢？但近几年在十分炎热的时候，似乎哪里都开着很冷的空调，有时也会选择冬季常用的具有吸湿性的功能性线材，让大家在空调房里也能很舒适。

与此同时，我们在选择线材的时候，也有了更多的自由。这次向大家介绍的作品，就将毛线和棉线组合在一起使用。配色是以可以在夏季使用的颜色优先，但这样的配色春、夏、秋三个季节都能使用。由于是镂空花样，湿气和热量都不会聚积，无论是挡冷气还是防晒都很有用。有时间请一定要钩织一下试试。

狗牙边三角形披肩

使用3种颜色的线编织。虽然是每隔一行换一次线，但只需在起点和终点藏线头即可。边缘使用颜色最绚丽的线包裹着钩织。

设计/石塚真理

编织方法/166页

使用线/Madelinetosh TOSH MERINO LIGHT、LANA GATTO CABLE'5(MIX颜色)

Keito是这样的一家店

Keito希望传达给大家“更加自由、快乐”的理念。
打破“这个线必须使用这个针来编织，这个作品必须使用这个线来编织”的固有观念
我们就是帮助大家将原来觉得是“必须”的东西，变为有选择的快乐，更有自己的风格。

在Keito，陈列着精选的稀有线材、店员设计的样品以及可爱的编织商品。这里销售的线80%都是从海外进口，许多显色良好的彩色线材将店内装饰得明亮又热闹。2楼除了做快闪店、作品的展示销售等活动外，有时还会招待店员或者编织作家做讲习会，广受好评。从面向“编织初学者”教授编织基础技巧，到阿富汗针，以及纺线、织补绣、俄罗斯戳戳乐刺绣等，编织以外的内容也有介绍。下面就为大家介绍Keito的推荐。

自有毛线

这是与艺术毛线设计师森鲁鲁合作而诞生的线材。粗粗拉拉的手感以及颜色的灵感来源，是海洋生物“海牛”。推荐部分使用，或编织小物件使用。（日本制）

自有小物件

与纽扣作家Sumie合作开发的针数记号圈，可爱得令人骄傲。Keito色的行数记号环是别针式的，非常方便，实用性都非常高。（日本制）

LANA GATTO

如果说到Keito的基础款线，那就是这款了。它是优质的平直毛线，是每年两次进货的季节毛线，有很高的人气。将这个品牌的线与其他的线并在一起编织，以求变化，也是很方便的。（意大利制）

Madelinetosh

TOSH MERINO LIGHT拥有独特的捻度，令人印象深刻的手染色彩也广受好评。其柔软的手感很适合编织披肩。编织套头衫时使用3~4桄即可。（美国制）

Feza

这是一款每次进货，都有不同色彩感觉的升级再利用线。将各种各样的线系在一起，编织的时候绝对不会厌烦。在编织的过程中，也可以将线做增减变化。（土耳其制）

Brooklyn Tweed

美国产的这款又轻又柔的苏格兰花呢线，很适合编织极容易变重的阿兰花样的作品。每一种颜色也都很时尚，用起来也方便。（美国制）

Keito

邮编：111-0053
地址：日本东京都台东区浅草桥3-5-4 1F
电话：+81-03-5809-2018
传真：+81-03-5809-2632
电子邮箱 / info@keito-shop.com
营业时间 / 10:00 ~18:00
休息日 / 星期一（星期一为节假日时，则次日休息）

【关于销售的线】 ●关于缸号：特别是手染的线，缸号不同，颜色有很大的差异，在补货时很可能买不到同一缸号的线。因此在购买时适当比需要的量多买一些更放心。 ●关于缺货：商品卖光的时候，再次进货需要时间。有时候也会遇到一个季节只生产一次的产品，有时也会有无法再次进货的线。 ●关于色牢度（颜色的稳定程度）：海外产的线和日本产的线相比，有时会有掉色严重的情况，应避免被汗、水浸入，洗涤时应与其他物品分开。 ●关于线的气味：手染的线中为了固定颜色，有时会有像醋酸一样的气味。比较介意时，请将线从塑料袋中拿出，放置在阴凉通风处，使气味挥散。 ●关于线的接头：因制造工艺的问题，有时会在中间有接头的地方。 ●在编织成桄的线之前：在网店购买时，线会以成桄的形式出货。成桄的线在编织之前，请一定绕成毛线球后再使用。

michiyo 四种尺码的毛衫编织

这次介绍的是炎热的夏季也能穿着的清爽毛衫。
精心设计的款式，让毛衫看起来与众不同，请尽情享受搭配的乐趣吧。

photograph Shigeki Nakashima styling Kuniko Okabe hair&make-up AKI model Lina S.

有趣的抽褶套头衫

抽褶部分使用凉爽的网眼花样，蓬松而饱含空气，一点也不笨重。正反面都重复编织挂针和上针的2针并1针。编织方法很简单，花样却很耐看。线材中含有亚麻，编织出来的毛衫有一定的弹性和蓬松度。编织好后，织片会有些收缩，用蒸汽熨斗处理一下就好。

下摆蓬起来的地方和深V领连接，给人凉爽的感觉。所穿内搭的颜色不同，给人的感觉也不一样，这种款式有多种穿法。

袖子设计成凉爽的喇叭形，可以遮住部分上臂。也推荐大家将其编织成无袖款式，不喜欢露出肩膀的话，可以在外面搭配开衫或披肩穿着。

高腰大V领套头衫

这次使用的是亚麻和棉混纺而成的粗花呢线。它有着恰到好处的弹性，抽褶效果很漂亮，手感也很好。编织成衣服后在炎热的夏季穿着也不会有负担。粗花呢的感觉也很让人喜欢。

制作/饭岛裕子
编织方法/168页
使用线/和麻纳卡

肩

肩宽会随着衣服的尺码不同而改变，但领口罗纹针的宽度则所有尺码都一样。如此一来，虽然尺码变大了，整体仍会给人清爽的感觉。

袖

为避免袖子的喇叭袖超出所需，要按照尺码比例提高袖山的高度。

育克

身片上部的育克长度会决定衣领开口大小，四种尺码也很方便调节。有胸围数据的话，参考大一号尺码的行数即可。

S号
M号（图片所示）
L号
XL号

育克下至下摆

编织花样抽褶的部分要织出针数差。为避免过于臃肿，不要织出明显的行差。

michiyo

做过服装、编织的策划工作，1998年开始作为编织作家活跃在手工界。她的作品风格稳重、简洁，设计独特，颇具人气。著书多部。

Color Palette

夏日遮阳帽

帽顶都是同样的形状，只需加一点不同，哇，真的不可思议！
准备好各种各样喜欢的帽子，夏季的时尚搭配也将更加完美。

photograph Shigeki Nakashima styling Kuniko Okabe
hair&make-up AKI model Lina S.

调色板

海军风

在炫目的白色的基础上，整齐地排列着海军蓝色的线条的帽子，自然向上卷的小小帽檐，很是雅致。无论什么时候、什么地方都能够感受到海风徐来的海军风配色，可以尽享夏季之乐。

设计/河合真弓（5件均为）
编织方法/170页
使用线/奥林巴斯

麦秆色

夏季的必备品！麦秆颜色的帽子，利用松叶针的波浪褶边做成了大大的帽檐，可以充分遮挡阳光。只有帽子就已经很漂亮了，如果再加上同色的花朵装饰，更能展现出手编才有的独特韵味。

绿色

这款帽子的帽檐朝下，可以戴得较深，后侧有开衩，从后面看起来也很好看。使用比较沉稳的绿色线编织，即便搭配了漂亮的蝴蝶结，也不会显得过于甜美，无须害羞，尽管尝试就好。对于不太会搭配帽子的朋友，我们也推荐这一款，因为这个帽形不挑人。

条纹

这款明暗对比的条纹帽，能为简单的装扮增加亮点。虽然与旁边橙褐色帽子的编织方法相同，但看起来完全不同。多方尝试，来找到喜欢的设计和新的时尚风格吧！

橙色

这款橙色的圆顶礼帽，使用编织的细绳系出来的蝴蝶结代替了缎带蝴蝶结，更有夏季的感觉。这种基础款的形状，与什么样的洋装都很搭，多准备几个不同的颜色，使用起来会更加方便。

编结而成的

绳编蕾丝首饰

只需要用手将线进行简单编结，就能做出各种各样的花样、形状，这就是编绳蕾丝。
感觉很复古，却又很新鲜！这个夏天，来挑战一下与以往不同的蕾丝怎么样？

photograph Hironori Handa styling Masayo Akutsu Hair&make-up Naoyuki Ohgimoto model Vika Kutsel

Macrame Lace Accessories

将基本的结连成一排，再由编结组成一面。一边看着编结的效果，一边感觉着线绳的质感，一起来体验绳编的多彩世界吧。颜色轻柔的耳钩使用的是平结制作。平结很适合制作在形状上有变化的花片。利用遇热会熔化的线材的特性，使用烧熔固定的方式藏线头。手链和装饰别针是卷结制作。在质朴的氛围中，金属色的线条，给人留下了时尚的印象。装饰别针上，立体的小粒粒十分可爱，那是因为使用了虾姑结制作。

设计／松田纱和　编织方法／173页

使用线／MARCHEN ART

Yarn Catalogue

「春夏毛线新品推荐」8

夏季也想要编织！
为了满足这样的需求，
我们将向大家介绍许多天然材质的线材和具有功能性的线材。

photograph Toshikatsu Watanabe styling Terumi Inoue

Emmy Grande 奥林巴斯

仅使用最高级的埃及棉制作。这款线材在优质埃及棉中，更严选了又细又长又柔软、拥有优质光泽的超长棉。我们在横跨一个世纪的棉线制作经验基础上，研究出了这款集更易于编织、拥有优美的光泽感、手感极佳等优点于一身的线材，将优质原材料的魅力发挥到了极致，从原线到成品，都是日本生产。备齐47种颜色，从小物件到服装，可使用的范围非常广泛。

参数

棉（埃及棉）100% 颜色数/47 规格/每团50g 长度/约218m 线的粗细/细 适用针/0号（蕾丝针）~2/0号（钩针）

设计师的声音

这款出色的棉线手感极佳，柔软、易于编织，是一款高档的线材。还有稍加变化的系列，如加入金银丝线、小团售卖等，适合制作各种各样的作品。（大田真子）

Chapeautte 奥林巴斯

在棉线的基础上做仿麻加工，做成具有光泽和弹性的带子线。质轻又密实，很适合制作手提包和帽子。原本是按桄出售的，2019年根据客人的需求进行了升级。变成了线团后，使用起来更加方便，标签也焕然一新了。因为材质是100%棉，水洗也可以！

参数

棉100%（仿麻加工） 颜色数/24 规格/每团35g 长度/约77m 线的粗细/极粗 适用针/8~10号（棒针）、6/0~7/0号（钩针）

设计师的声音

这款线材手感柔软，很方便编织。虽说触感柔软，但编织好的作品却不会下垂，可以保持漂亮的形状。（河合真弓）

Dia Costa Luna
钻石线

这款线在具有光泽感的纯色中，时不时地闪耀着银丝线和彩色丝线的光泽。便于编织、花样优美、织片具有稳定感，都是这款线材的优点，充分利用这样的特性，可以编织出满意度极高的作品。不会过于抢眼却又纤细、高档的混合色彩的金银丝线，给编织带来了更新鲜的感觉。

参数

人造丝67%、腈纶24%、涤纶6%、铜氨丝 3%　颜色数/10　规格/每团35g　长度/约112m　线的粗细/粗　适用针/5~6号（棒针）、5/0~6/0号（钩针）

设计师的声音

拥有适度的垂感和漂亮的光泽，很适合编织时尚的服装。织片使用蒸汽熨斗可以很好地固定，不会显得松垮。也很推荐编织有前开口的作品。（岸 睦子）

Dia Pixy
钻石线

线的中心使用的是棉与麻混合的人造丝线，再与其他不同材质的多种单色组合在一起。在表面覆盖上光泽感较强的线，制作出了易于编织、手感爽滑的线材。由于是长循环的多色段染线，因此可以表现出漂亮的颜色变化，可以编织出轻薄而又漂亮的轮廓，以及拥有舒爽手感的优质作品。

参数

棉33%、麻14%、腈纶29%、人造丝24%　颜色数/8　规格/每团30g　长度/约114m　线的粗细/粗　适用针/5~6号（棒针）、4/0~5/0号（钩针）

设计师的声音

这是一款不易劈线、很好编织的线材。由于是长循环的线，颜色会微妙地变化，如果在使用方法上下一些功夫，我觉得将会出现有趣的效果。线材扎实，枣形针等也能编织得很蓬松。（森 静代）

Hard Linen A
手织屋

这款线材使用了欧洲产的亚麻制作，充分利用了线材本身的特质。亚麻的显色也很漂亮，由于是细线，也推荐大家可以将几根线并在一起编织。

参数

麻（亚麻）100%　颜色数/42　规格/每桄80~100g　长度/约1140m（100g）　线的粗细/极细　适用针/10~12号（蕾丝针）

设计师的声音

这款线材非常细，颜色丰富、漂亮。可以选两三种颜色并在一起，使用粗针，很快就能完成一件作品。很适合编织颜色丰富的夏季服装。（风工房）

Hard Linen B
手织屋

这款线材是Hard Linen A的粗款，使用了欧洲产的亚麻，不但拥有一定的硬度，显色也十分漂亮。由于A和B拥有的颜色是相同的，也可以尝试将不同粗细的线材组合在一起编织。

参数

麻（亚麻）100%　颜色数/42　规格/每桄90~100g　长度/约380m（100g）　线的粗细/细　适用针/0~2/0号（钩针）

设计师的声音

无论是单独使用1根线编织还是若干根线并在一起编织，无论使用棒针编织还是使用钩针编织，都很顺滑。由于线材具有弹性，无论手劲儿多紧，编织出来的东西都不会变得过硬。可充分利用其本身的弹性，编织不会粘身、具有清凉感的夏日毛衣。冬天用的毛衣也可以将这款线材与其他毛线并在一起编织，在简约的织片中也能展现出有趣的感觉。我使用钩针钩织出了厨房用的刷子。利用亚麻的速干性，使用完成后，拧一下晾干备用即可。（野口 光）

Chameleon Camera Summer
PIERROT YARNS、Keito-Zakka Stores

这是从意大利进口的、时尚的袜子线“Chameleon Camera”的棉线版。在防缩羊毛和锦纶的基础上加入了棉，舒适度倍增。它不但有清爽的质感，更增加了吸水性能，无论任何季节，都可以尽享它带来的乐趣。

参数

棉45%、羊毛（防缩羊毛）40%、锦纶15%　颜色数/4　规格/每团95~100g　长度/约380m　线的粗细/细　适用针/2~3号（棒针）、2/0~3/0号（钩针）

设计师的声音

这款线材同时兼具了羊毛的伸缩性和棉线的清爽手感。在段染中缠入了白色，更具春夏线的清爽感觉。它也有一定的重量，如果编织服装的话，我认为更适合有垂感的设计。（柴田 淳）

Pont du Gard
PIERROT YARNS、Keito-Zakka Stores

本款线材100%使用了亚麻中最优质、最高级的法国亚麻。法国亚麻是麻中最柔软的，摸起来手感极佳。亚麻本身就能为作品增添高档、优雅的感觉，可以令人同时享受到自然和优雅的完美结合。由于是细线，2根线并为1股也可以编织出很清爽的感觉。

参数

麻（法国亚麻）100%　颜色数/14　规格/每团约40g　长度/约172m　线的粗细/细~中细　适用针/2~3号（棒针）、2/0~3/0号（钩针）

设计师的声音

使用1根线编织时，在保持干爽清凉的同时，还能感受到其良好的弹性。使用2根线并为1股编织，织片稳固，在带来安心感的同时，也有柔软的感觉。将各种各样的颜色组合在一起编织也很有趣。（笠间 绫）

Brand Report

手编的时尚包包和老人的人生价值

Beyond the reef 工作室

图、文　楠 佳英

我们做这个工作室最初是因为独自生活的婆婆。婆婆因为丈夫去世了，儿子也成家了，空余时间多了起来，所以整天都沉浸在编织中。她编好的东西经常会送给我。一件、两件我还挺高兴的，三件开始就有点……但是，这些作品花费了大量功夫，蕴含着深深的爱意。问题在于它们的设计是否符合当今时代的审美。

如果可以让编织产生新的价值，或者它的设计能让人情不自禁想要，说不定还可以给婆婆带来新的人生价值，也可以给许多擅长编织的老人提供一份工作或者提高生活价值。抱着这样的想法，大约5年前，婆婆和当地的几位老人一起成立了编织品牌“Beyond the reef”。刚开始还理不清思路，婆婆和三位老太太先是一起用棒针编织了无带提包在网上销售。她们主要在SNS上宣传，然后就是口头宣传，中间经历了许多波折才使这个品牌广为人知。那时候，经常听到有人说，“编织是一件很棒的事情，但太费功夫了，没法成为一份工作”，“编织是一个很好的爱好，除此之外什么都不是”。真的是这样吗？在我这样完全不懂编织的人看来，“首先编织的技法很令人惊叹，其次我自己很想要”，是不是发自内心这样想的最重要。也就是说，这是手编才能实现的效果，因为手编才愈显珍贵。现在的我正好可以把这样的想法付诸现实，同时，还可以给双手灵巧的老人们和妈妈们带来一份工作。

现在，Beyond the reef工作室聚集了育儿期的妈妈、老人和主妇等45人，编织的作品和当初预想的一致。大家的关注点不是编织的人，而是作品是否是客人想要的。编织的过程很开心，人们之间通过编织连接在了一起，她们也从中获得了幸福感。这正是我的使命，今后也不会改变。

美智子正在工作室编织皮革元素的包包。她也是研习会的讲师之一

1

2

3

4

1/春夏特别流行拉菲草编织和手编竹篮　2/皮绳篮的人气急剧上升。里面的织片可以替换，因此可以常年使用　3/藤条和竹制把手搭配很有新鲜感，这是春夏的新作。为了使作品更耐用，可以将不同的素材组合在一起　4/这是最经典、最有人气的麻绳系列。作品的尺寸和颜色丰富，款式也很漂亮，备受好评

Beyond the reef工作室
横滨市港北区日吉本町1-24-8-A
电话：045-620-6910

河南科学技术出版社
精品图书推荐

我家的狗狗最棒！

和狗狗在一起

photograph Bunsaku Nakagawa

我是工叶哟。有何贵干?

皱鼻子的一叶

5年前，草介先生的妈妈一眼就看中了一叶，让它成了家里的一员。又过了4年，妈妈又遇到一只和一叶很像的幼犬，这就是二叶。

一叶是只爱撒娇、温文尔雅、有点胆小却很有正义感的狗哥哥。二叶则有点固执，但也爱撒娇，喜欢和人玩，是个“逗哏”的。它们无论是性格，还是喜好，都有很大不同。一叶喜欢绿色的瓶子。它对绿色很有执念，用这个颜色的瓶子玩投球，可以没完没了地玩下去。它也很喜欢洗澡，经常一头扎进水里，非常享受水没过脖子的感觉。二叶则喜欢肚子朝上呼呼大睡，每天都会表演一次。它虽然很喜欢出去玩，但不太喜欢在柏油路上走，所以常会在散步时忽然不愿意走了，于是经常得抱着它走……

这两只狗狗的共同之处就是它们都很喜欢草介。草介现在一个人生活。偶尔回家，两只狗狗便扑在他身上。尽情地和狗狗玩耍，也可以使他得到放松。一叶、二叶、草介回到家后，一定别忘了穿着配套的编织衫一起散步哟。

设计 / 兵头良之子
制作 / 山田加奈子
编织方法 / 177页
使用线 / 和麻纳卡

档案

狗狗	一叶，♂ 雪纳瑞　5岁 二叶 雪纳瑞　1岁
性格	一叶…温和、温文尔雅 二叶…执着的“逗哏”的
主人	草介先生

一整年都有用的 百搭披肩和束口袋

在过于凉爽的室内，披肩披上就有立竿见影的效果，在任何季节都很实用。
装在同款的束口袋中，可以在办公室常备，也可以藏在手提包中。

photograph Hironori Handa styling Masayo Akutsu hair&make-up Naoyuki Ohgimoto model Vika Kutsel

三角形水波纹披肩

三角形披肩用起来很服帖。它用美丽的混合色手染线编织了水波纹花样，蓝色和绿色搭配，给人的感觉很清爽。镂空的水波纹花样给人带来放松的感觉。编织束口袋时，要考虑两种颜色的剩余毛线量进行配色。

设计/西村知子
制作/八木裕子
编织方法/185页
使用线/Chappy Yarn

束口袋

蕾丝花样
长披肩和束口袋

这款蕾丝花样长款披肩，直接披上，就能展现出优雅的气质，可谓最棒的小道具了！在犹如布鲁日蕾丝一样的编织花样上，加入不会过于甜美的布鲁日蕾丝的饰边，可以体验到成熟女性独有的搭配乐趣。有很多镂空花样的同款束口袋也很漂亮。

设计/岸 睦子
制作/上野裕子
编织方法/179页
使用线/芭贝

Useful Shawl + Handy Pouch

三色长披肩和束口袋

细线的纤巧镂空感，使这件长款披肩很具女人味，3种柔和的颜色搭在一起也很具魅力。同款的束口袋使用2根线并为1股编织，不但结实，还增加了颜色渐变的乐趣。

设计/笠间 绫
编织方法/183页
使用线/ PIERROT YANS

多用途长方形披肩

将编织好的2片长方形的披肩，使用编织细绳连接在一起，可以体验到不同的变化。只使用1片作为外搭使用也很方便（左下）。使用编织细绳一圈圈地绕在一起，还可以当束口袋使用。不论是看功能的多样性，还是看收纳的实用性，它都是优等生！

设计/柴田 淳
编织方法/176页
使用线/ PIERROT YARNS、Kello-Zakka Stores

Punch Needle

俄罗斯戳戳乐刺绣的可爱杂货

在筒状的针上穿上线，在绣绷上夹好布，然后就可以动手刺绣。
随着针的刺绣，在反面将呈现出有一个个小小线圈的可爱刺绣。

photograph Shigeki Nakashima styling Kuniko Okabe hair&make-up AKI model Lina S.

A: 在简约的篮子手提包上，装饰上了犹如刨冰上多彩的果汁一般的俄罗斯戳戳乐刺绣。刺绣方法，不需要特别难的技巧，拆起来也非常简单，总之，开心地刺绣就好。

B: 在圆形或方形绣布上满满地刺绣，就成了极具存在感的装饰。剩余的少量毛线，也可以像这样当作线条来使用，会成为亮点。

C: 将绣绷直接当作装饰框，可以制作出很具艺术感的室内装饰小物。充分利用好正、反面不同的感觉，可以体验到凹凸的变化。刺绣完成，作品即完成！反面的线头不用藏，试着根据每个季节重新变换设计，也是个不错的主意。

D: 刺绣出了祖母方格花片的样式，给简约的挎包增添了亮点。

设计/井上直美（WOOLY）
编织方法/188页
使用线/DMC

Couture Arrange

志田瞳优美花样毛衫编织新编②

法式连肩袖套头衫

photograph Hironori Handa styling Masayo Akutsu hair&make-up Naoyuki Ohgimoto model Vika Kutsel

协助/钻石线

选自《志田瞳优美花样毛衫编织4》

原本是使用细线仔细地编织而成的V领套头衫。它将独创的麻花花样组合在一起，属于基础款毛衣。

夏季，在日照强烈的日子，待在凉爽的房间里，倒上满满一杯喜欢的饮品，再放上符合当时心情的音乐，悠闲地体验一下手编的乐趣，怎么样？

这次，我选择了在1999年秋季出版的《志田瞳优美花样毛衫编织4》中墨绿色的基础款V领套头衫，稍作改变，一下子就变成了在夏季炎热的日子里也能穿的套头衫。

首先，只是将毛线变成了有光泽、手感光滑的夏季线材，给人的感觉就发生了很大改变。其次，关于花样的变化，由于这才是第2次，所以没有太难，只是给花样做了减法，将主要的花样排列在了身片上。相同花样交界的部分，又形成了新的花样，蕾丝花样呈对称排列，变成原来两倍大。由很简单的边缘编织，变成了带有可爱的小球球的蕾丝花样。

就像这样，将原来的套头衫一点点地改变，令整体的感觉变化许多。无须上衣袖，在袖窿上做边缘编织，法式连肩袖套头衫就完成了。

detail

关于花样的变化，原本的套头衫是由大的蕾丝花样和小的交叉花样共两种花样纵向排列而成的。去掉其中小的花样，仅重复大的蕾丝花样，变成了整体的花样。

整体轮廓上，仅在前领窝留出了弧线，肩部做引返编织，胁部编织直线，对好花样。

边缘编织做了类似于去掉交叉花样的蕾丝花样，并尝试着加入了相同的小球球。边缘编织做单罗纹针收针，其中衣领和下摆的针目设定的是要交叉后再做单罗纹针收针，袖口则按照原来的针目状态做单罗纹针收针。

选自《志田瞳优美花样毛衫编织 4》
制作 / 牧野惠子
编织方法 /189 页
使用线 / 钻石线

冈本启子的 Knit+1 第20回

湛蓝的天空，白色的云朵，强烈的阳光。
夏季外出时，最适合穿着亮色的编织服装了。

photograph Shigeki Nakashima styling Kuniko Okabe hair&make-up AKI model Lina S.

夏天来了！

天气热了起来，服装也变得轻便了，夏季独有的活动也多了起来，令人兴奋不已。在时尚界，探讨仅有夏季才能用上的颜色、搭配，也是乐趣之一。这个夏季，我选择了颜色柔和、亮丽的线编织。它不像鲜艳的颜色那么花哨，但也并不平淡，都是特别适合编织夏季的服装和手提包的颜色。

所使用的线是“Sesamee”。这是一款使用棉包裹着腈纶的线材，虽然粗但很轻柔。线材手感良好，编织起来非常容易，初学者也能快速上手编织。我使用2019年流行的亮黄色线编织了一件简单的背心，又使用不同颜色的线编织了一个实用又时尚的手提包。今夏，它们的出场次数一定很多！

冈本启子：

Atelier K’s K的主管。作为编织设计师及指导者，奔走于日本各地。在阪急梅田总店的10楼开办了店铺“K’s K”。担任公益财团法人日本手艺普及协会理事。著作《冈本启子的钩针编织作品集》(中文版已有河南科学技术出版社出版)，深受读者好评。

线名：Sesamee

菱形镂空花样小背心

70页/使用亮黄色线编织的这件背心，很适合夏季套穿在外面，会成为整体穿搭的亮点。

制作/森下亚美　编织方法/191页　使用线/K's K Sesamee

花片拼接手拎包

左/将两种方形的花片缝合在一起制作而成的手拎包，包口很大，可以放入很多东西，是使用起来非常方便的形状。使用Sesamee线可以编织得很紧实，不加内袋也可以。

制作/山内圣子　编织方法/86页　使用线/K's K Sesamee

可以快速编织，
乐趣十足

编织机，传承匠心

这个连载，一直以来都在向大家介绍怎样使用方便的家用编织机制作编织作品。
制作我们所使用的编织机的工厂，在2018年11月，被中央电视台大规模地报道了。
这一次，作为号外，我们将介绍报道的内容。

在工厂设立的展示室的样子。准备了各种各样的样品和花样，在玻璃架子上还有《毛线球》。还可以在这里接受编织机的培训。

在Dllesin的主页中可以看到节目的视频

这是曾被节目报道、带有节目LOGO的证书。这也可以看作是对于优秀企业的认证

上/与编织机打了46年交道的佐藤伸吉社长。他说："我希望将编织所带来的'制作的快乐、赠予的快乐、教授的快乐'的编织文化传递给下一代。"

中央电视台有一个栏目叫《匠心之路（*The Road of Originality*）》。这个节目主要拍摄在中国国内制造优秀产品的企业，介绍它们的活动及理念，以传承"匠人"之心为目的，据说选择的都是令传统技术更进一步的企业。它们大多是在农业、工业、信息和社会服务等领域，在创造和发扬中国文化方面有贡献的企业。

这次在《匠心之路》中，介绍的就是制造本连载所使用的编织机"Amimumemo"的"苏州银精工有限公司"。工厂位于江苏省苏州市。这个地区在很久以前就以刺绣而闻名，手工艺十分兴盛。在日本，开发家用编织机并开始制造是1952年，这里的工厂设立于1991年。自那以后，这里为了培养匠人的技术、传播编织文化，一直都在生产编织机。在这个节目中报道日本企业，确实少有。这也是他们在中国的活动被认可了的证明吧。

节目播出之后，在中国自不必说，甚至连在中东、南美都引起了很大反响，其影响力之大，着实令人震惊。

到编织机完成为止

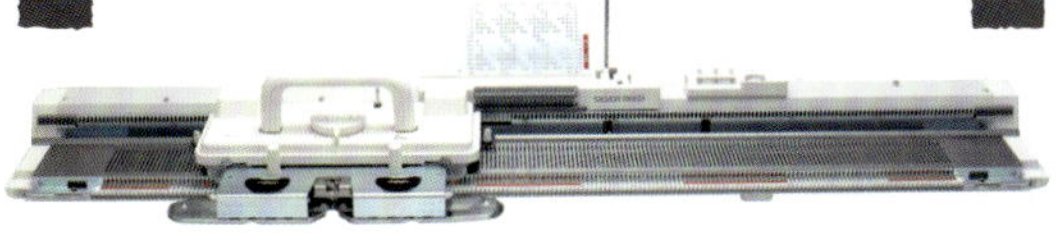

加工零部件、组装

工厂配有各种各样的生产设备。编织机的大部分零部件都有较高的精密要求。在自己的公司内严格管理并生产零部件，可以保证高品质。

组装成品

编织机在组装的过程中也需要很高的精度。熟练的工作人员会对细致的动作进行确认、调整，再将零部件组装在一起。这是机械无法模仿的“匠人”的技术。

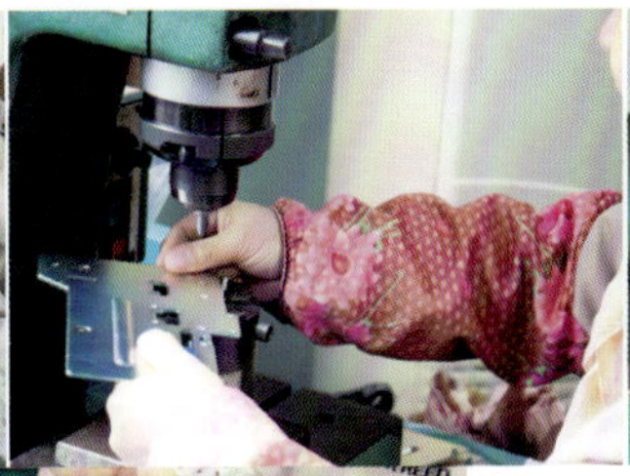
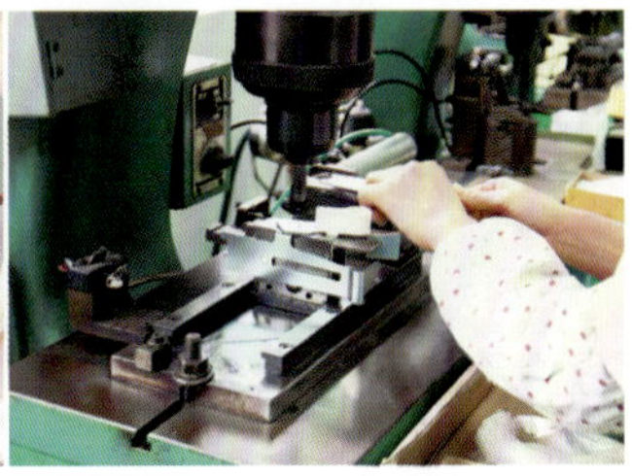

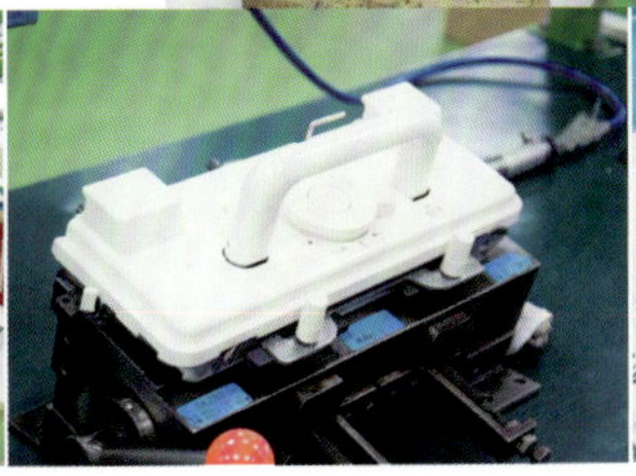

试编织

仔细组装完成的编织机，使用毛线进行试编织。充满爱意地检查组装完成后的成品编织机是否有不合适的地方。

检验

仔细检查是否有部件缺失、变脏等情况。

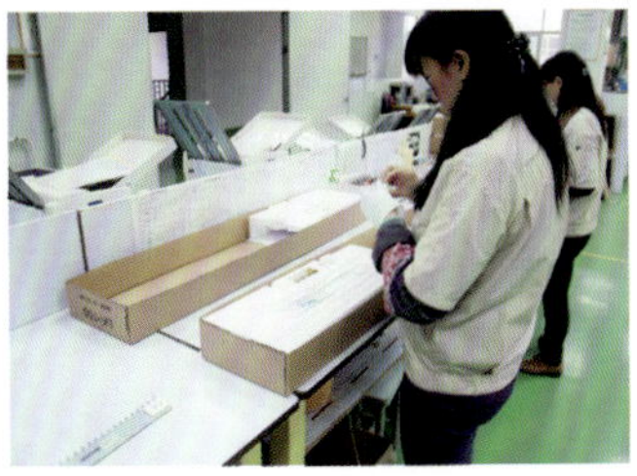

包装

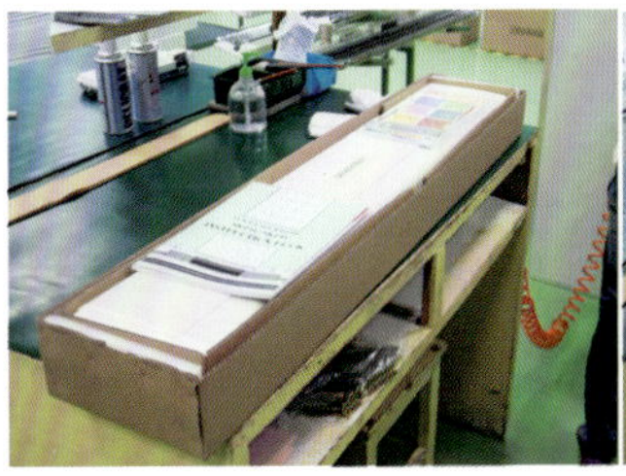
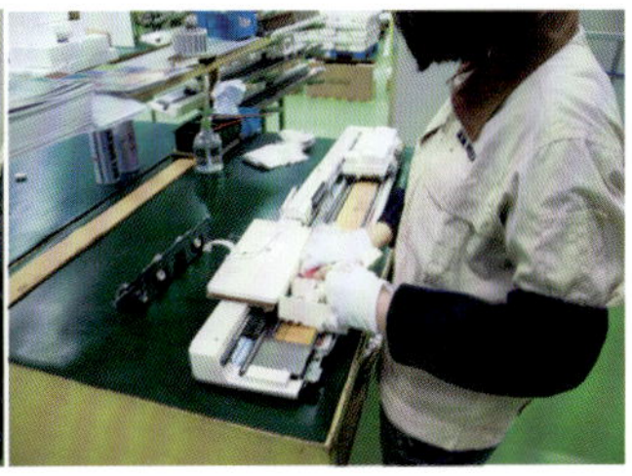

为了能让生产出来的编织机大显身手，先仔细包装，再发送到以日本为首的世界各地。

展示室

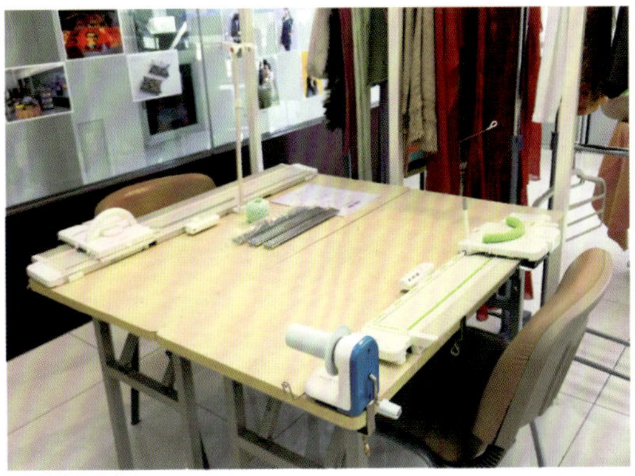

在工厂开设的展示室中，也有可以实地体验编织机乐趣的地方。在这里还会举办面向想要真正学会编织机的人，以及想要取得银编织研究会讲师资格的人的编织机讲习会，也会举办在中国国内普及编织文化的活动。

将编织机玩出花样的两位设计师

充分利用编织物的垂坠感而进行吸引人的设计是“GIOIA PAN”品牌的特点，可以充分展现出女性的柔美。

享有“编织女王”称号的编织设计师——潘怡良

潘怡良

出生于中国台湾的设计师。毕业于日本服装文化学院，从台湾辅仁大学织品研究所获得硕士学位后，创立了“GIOIA PAN”品牌。担任中国服装设计师协会业务理事、时装艺术委员会执行委员等职务。湖北美术学院客座教授

正在台湾的GIOIA PAN工作室中沟通设计的潘怡良。桌子上摆有编织机，她们一边谈论织片，一边思考设计

1960年代，潘怡良出生于中国台湾一个经营毛衣编织企业的家庭中。受父母的影响，她从小就喜欢编织，喜欢线条与色彩，在日本服装文化学院留学，专攻编织设计。毕业后，她回到台湾，创办了品牌“GIOIA PAN”，并且一直作为设计师，活跃在该领域。她的设计给台湾的时尚界带来了新鲜元素，获得了惊人的人气。她融合了传统技术和最新流行元素，打破了人们对一般编织服饰的刻板印象，赋予编织新的时尚属性。潘怡良在大陆也获得了很高的人气，在服装设计界享有“编织女王”的美称。

“我觉得编织不同于一般的布料，因为编织是从线开始做设计的。在做设计制作时，可以有很多的想象空间。编织物本身就拥有垂坠度、伸缩感以及独特的线条感。编织的这些特点，是我在设计时最关注的要点。”

对于一直都在为了时装秀而创作作品的潘怡良来说，编织机是十分重要的工具。“编织机上不仅有固定的花样，也可以通过摸索创造出很多随机花样，可以依照自己的想法去创作。我很喜欢将钩针、棒针这些传统的手工艺运用在服装作品的设计上面，如果使用编织机，可以更方便、更快速地实现。”

潘怡良会运用编织的垂坠特性，来展现女性的柔美线条，从而创作出令人印象深刻的作品。她认为通过一根线的千变万化来创作出的世界上独一无二的作品，一定也会是绝美的作品，也能为人们带来欢乐。

任编织机讲师的孙忆。她对指导非常热心，对研究心无杂念。她的大多数学生都是慕名而来的。小时候，她不满足于妈妈教的编织，自己攒零花钱购买的《上海毛线花样500种》，现在依旧喜欢时常看看

传播编织魅力的实力派讲师

孙忆
出生于中国苏州。从小就和哥哥一起穿着母亲编织的服装长大。她小时候就喜欢编织，退休后，成为苏州银精工有限公司的编织机讲师

在拍摄《匠心之路》时的一个场景。节目组花费了大量的时间，仔细地进行拍摄。第一次上电视的孙忆十分紧张，终于可以休息一会儿了

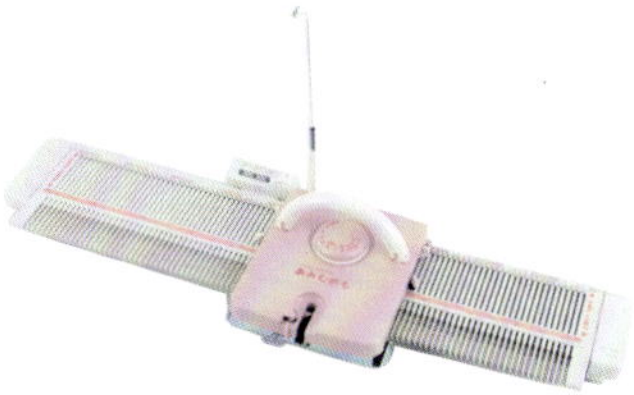

Happy Knitting
Amimumemo
DLLES IN

从物资比较匮乏的儿童时代开始到现在，几十年时间里，孙忆一直坚持编织这个爱好。她2015年退休后，更是全心全意地投入到了自己爱好的编织中，平时会将自己编织的东西当作礼物送给女儿和朋友。“在为他人编织的过程中，会带着对那个人的回忆和感情。这是世界上独一无二的东西。这比限量版的奢侈品更奢侈，因为没有卖的，所以无价。”孙忆就是这样，在一针一线的交错纵横中，将深切的爱和友情编织到作品中。手工的温度，赋予针线以灵魂，它可以穿越时光与人相遇。多年以后，许多物品会在时光的流逝中褪色，而留下指纹和手工温度的手工制品，是不可复制的优雅情调。

有时候她穿一件自己织的衣服，会被请求“也帮我织一件吧”，但孙忆觉得，和送给对方成品相比，送给对方针和线，并教会对方自己制作更好一些。她希望大家都能够体会到编织的快乐。退休后，她有了一个梦想，希望能够将这么传统而又优秀的技术和文化发扬光大，希望能有更多的人爱上编织、学会编织，体验到编织带来的快乐和满足；她现在成为苏州银精工有限公司的编织机讲师，正在为推广编织而努力。

W·W·DIY
中国国际手工文化创意博览中心

国内首家一站式专业手工文化创意基地，集手工教育培训、手工原材料及成品展销、手工艺文创产品品牌孵化、团建沙龙、休闲体验于一体。博览中心面积约2000多平方米，东馆主要是手工图书、手工文创产品成品（半成品）、材料包展示销售及团建活动落地，西馆主要是进口品牌面料、线材、工具等原材料展示、销售及各种手工培训教室。

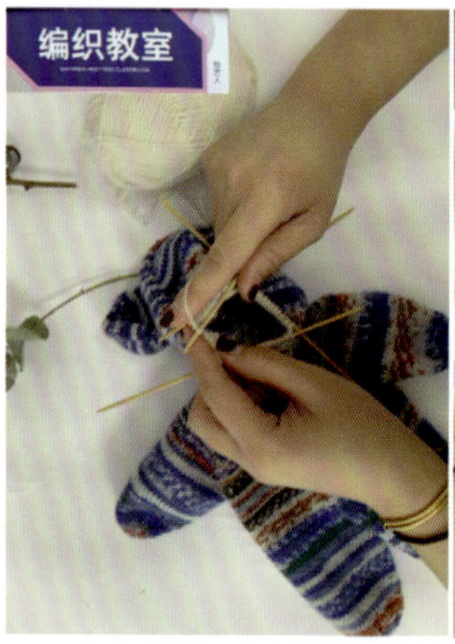

休闲体验/团建沙龙/手工培训/专业集采/文创孵化

（周末沙龙、企业团建、亲子教育……欢迎来体验手工的快乐！）

W·W·DIY

趣好玩 · 慢时尚 爱玩美手工

学手工 · 淘手工 · 播手工 · 拍手工 · 赏手工 · 聊手工

拼布/黏土/花艺/编织/刺绣/串珠/折纸/皮艺/服装DIY

手工鉴赏：中国 · 郑州郑东新区祥盛街27号出版产业园C3一楼

咨询热线：杨老师 18697324155 李老师 18838230067

微信公众号

抖音号

（水吧、少量手工展区招商中...）

编织师的极致编织

【第30回】新潟铭果“编织竹叶饼”的风景

30

世界各地都有自己的传统名吃，
它们反映当地的传统、风土人情。
看到所带的特产，就知道你去了哪里，
这种有代表性的东西在日本叫铭果。
用果子来解密历史也很有趣。

我喜欢的铭果，
是新潟县受人欢迎的竹叶饼。
我非常、非常喜欢草味年糕和草味馒头。
它们令我想起，初春时分，
奶奶采摘艾草、制作艾草饼的情形。

将喜欢的艾草饼放在竹叶中，
美味加倍。
竹叶和艾草的香味，带着自然的气息。
用灯芯草缠好竹叶，
打结，做成竹叶饼，
让人想要一直看着它。

熟悉的叔叔
每次都带来竹叶饼当特产送给我。
下次他什么时候来呢？
以前我每天都在期盼。

哇，竹叶饼！

撰文、图片/203gow　参考作品

编织师203gow：
持续编织非同寻常的“奇怪的编织物”。成立让编织充满街头的游击编织集团“编织奇袭团”，还涉足百货店的橱窗、时尚杂志背景、美术馆、画廊展示、舞台美术以及讲习会等活动。

时尚达人的手艺时光之旅

河野富子的绳编蕾丝

从大正时期开始，到昭和初期，一直为普及蕾丝而努力的河野富子

面向日本人编写的著作《*MACRAME LACE*》（昭和二年）

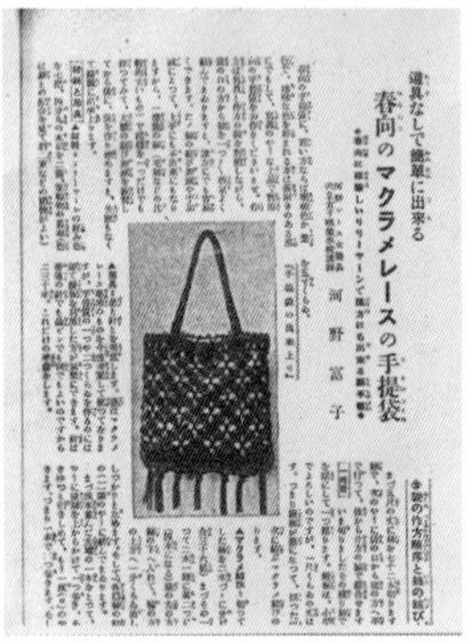

道具なしで簡単に出来る

春向のマクラメレースの手提袋

河野富子

袋の作方順序と絲の結び

重现了在《主妇之友》杂志上刊登的手提包

当时的熨衣板和流行的手提包实物

彩色蕾丝资料室 北川景

因对日本近代手艺人的热情着迷，不断追寻那些湮灭在历史长河中的美丽身影。非常喜爱蕾丝，在担任蕾丝编织讲师的同时，在东京品川区开办“彩色蕾丝资料室”。孔斯特蕾丝俱乐部主管。正在举办“时尚达人手艺讲座”。

大正二年（公元1913年），河野富子辞任了北白川宫成久王妃房子内亲王的女官职位，接受了赴英国学习蕾丝的使命，一个人从横滨港出发，乘船起航。她作为当时的农商务省第一批女子派遣生获得了奖学金。3年间，她以在伦敦的布莱克希思美术学校学习为主，又去了英国其他地区和法国各地，学习了包括梭编蕾丝在内的各种各样的蕾丝编织方法，以及抽纱刺绣等欧洲风手工艺。

回到日本后，在大正六年（公元1917年），富子开始在合办女子职业学校担任讲师，并且在东京、目黑创立了河野蕾丝女校。她不仅带动了日本国内蕾丝产业，还为想要将编织出口蕾丝作为副业的家庭主妇提供技术指导。伴随着日本妇女着装的西化，她还发表了和风图案的服饰用蕾丝作品。她并不仅仅将学习和教授西洋蕾丝当作“传统手艺的继承”，还尽力将自己的创意和感觉加入进去，从而打造“更符合日本人的创作”。

就在那时，日本发生了关东大地震，它为蕾丝产业带来了转机。富子说“在数年前（约大正八年）（约公元1919年），比较受欢迎的法国刺绣有些过时了，大家对于梭编蕾丝也有些厌烦了，就在大家觉得应该有些新意的时候，发生了大地震。这令那些暂时离开了蕾丝加工行业的人们，开始想要再次以此为职业。当他们来询问我意见的时候，我突然想到了绳编蕾丝。它不需要很大的工具和很多材料，十分简单，与日本的线绳也很相似，可以直接使用日本的材料，无论是作为娱乐还是作为职业，我认为都是非常适合的。”

昭和二年（公元1927年），为了能够普及这种绳编蕾丝，富子在《主妇之友》杂志上发表了“不使用工具就能轻松完成的春季绳编蕾丝手提包”一文。如标题一样，只需要准备日常使用的熨衣板、固定针以及编织用的人造丝线即可。“年轻人可以选择珊瑚色、黄莺色，喜欢低调颜色的人则可以选择黑色来制作。”就如富子所言，只需使用每个家庭里都有的工具即可。时尚达人们，没准儿每个人都编了好几个呢。

编织符号真厉害

第8回 配色编织图中要注意的地方【棒针编织】

了不起的符号 1 条纹花样要数清楚行数

容易编织的条纹
（挑起下一行的配色线编织）

不好编织的条纹
（使用双头棒针编织或每次换色都剪线）

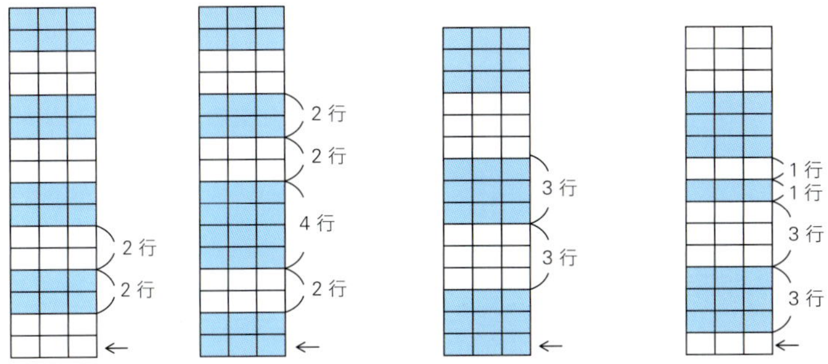

□＝底色线　■＝配色线　※在往返编织时的情况

了不起的符号 2 数清楚花样之间的距离

容易编织的配色花样（横向渡线）

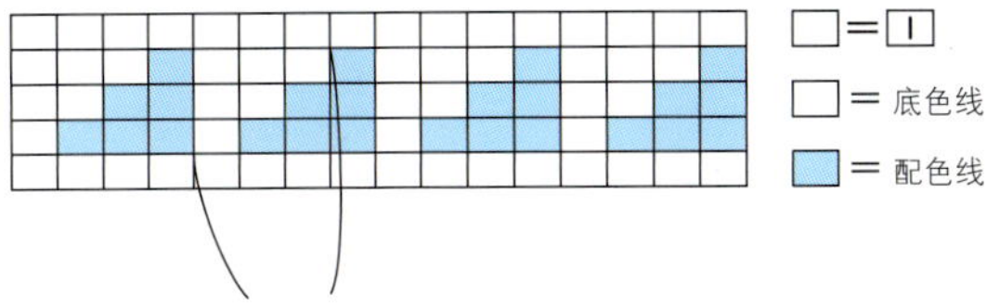

不好编织的配色花样（横向渡线）

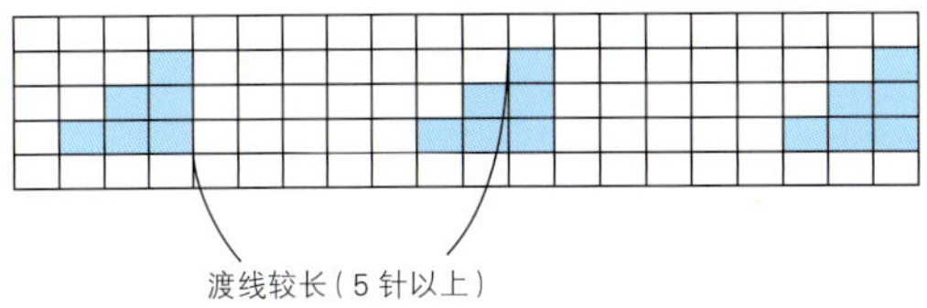

了不起的符号 3 3种以上配色要注意

1行有3种以上配色的图例

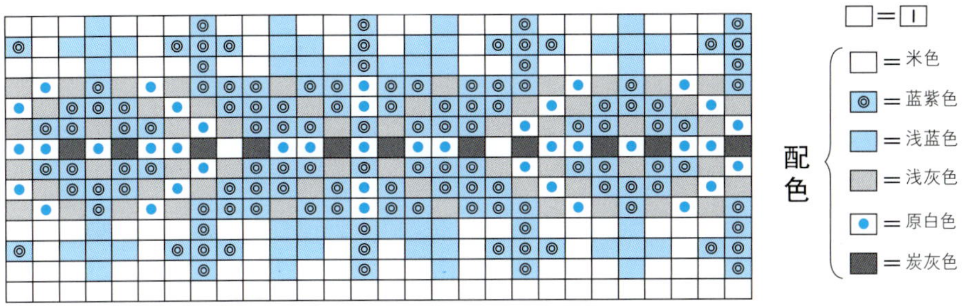

你们是否正在编织？我是对编织符号非常着迷的小编。夏天，当然也是编织的季节。夏天开始编织秋冬时穿的毛衣的话，天冷的时候正好可以穿在身上。

本期我们主要讨论配色编织图。将理论装入大脑后，在编织前就能大致了解一件作品的难易程度，从而选择适合自己的作品来编织。说起配色，有条纹花样、配色花样等，基本都要先看着编织图在大脑中模拟编织。有些作品会因为很重视设计，而比较难编织（当然也有作品很有设计感同时又很好编织的情况）。

首先说条纹花样。例如，每隔2行或4行，在同一侧可以从前一行拉起线换线，但如果在奇数行换线的话，或者使用双头棒针，或者每次换线都把线剪断。需要总是处理线头……你喜欢吗？

接下来说配色花样。从出现频率上讲，《毛线球》中“横向渡线编织配色花样”绝对占压倒性优势。这种方法着眼于花样和花样之间相隔的针数。如果只隔一两针的话，编织的时候不用太在意渡线。如果相隔5针以上，要让渡线保持适当的距离非常难。如果出现这种花样，一定要仔细数一数配色相隔的针数。虽然《毛线球》中不怎么出现“一行中使用了3种以上配色”，但确实也很不好编织。虽然可以机械地一针针编织下去，但线很容易缠在一起。

鉴于上述缘由，如果只是因为“好想编这个”而开始一件作品，却在编织过程中屡屡碰壁、屡屡拆开重编，岂不很令人不爽？遇到复杂的配色，可以稍微改变一下花样的针数、行数，来使其更易于编织。这不是织错，而是创造，所以不要有负罪感。总之，选择一个符合自己水平的作品是非常重要的。

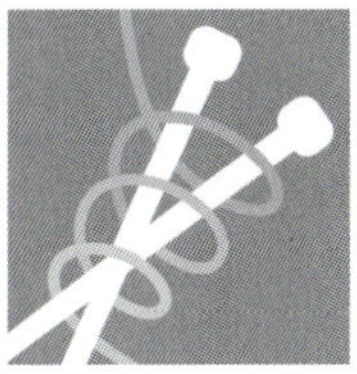

小编的碎碎念

在图书进入编辑阶段时，如果发现“哎呀，这样编织下去的话好复杂”，那么在不影响设计的情况下，将其调整得更易于编织，这也是编辑的重要工作。当然，没有办法调整的时候，会在制作方法页上增加表示难易度的★的个数。

现在还不知道?

钩针编织的接合和缝合（后篇）

上一篇我们介绍了许多接合方法和缝合方法。
从万能的技法，到疯狂的技法，
在编织时请参考使用。

摄影/森谷则秋　监修/今泉史子

其5

挑针缝合针与针、行与行

这里所讲的缝合技法比上一期略微复杂一些，比较适合中上水平以上的编织者。
缝合的地方比较薄，和线的粗细、织片密度无关，可以用在任何织片上。
只是，如果是细线的话，缝合起来会很费时间，而且也不方便挑针，不太有效果。
如果是粗线的话，一定要将线劈开使用。

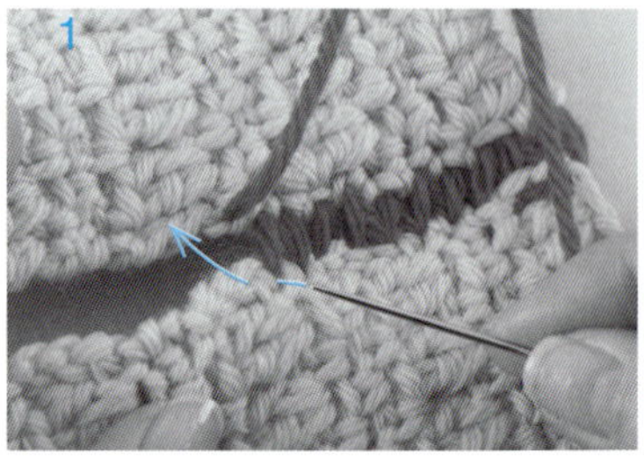

看着织片正面，将织片水平对齐拿好，如箭头所示入针。

挑起端头的 2 针缝合。（每次都要将线拉至看不到的程度）

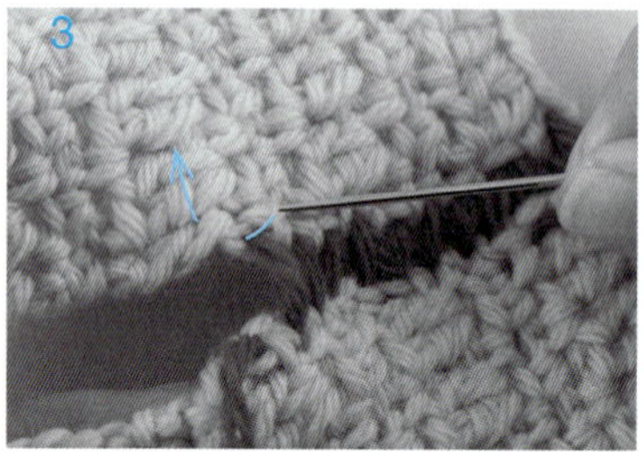

另一侧也同样在出线位置入针。

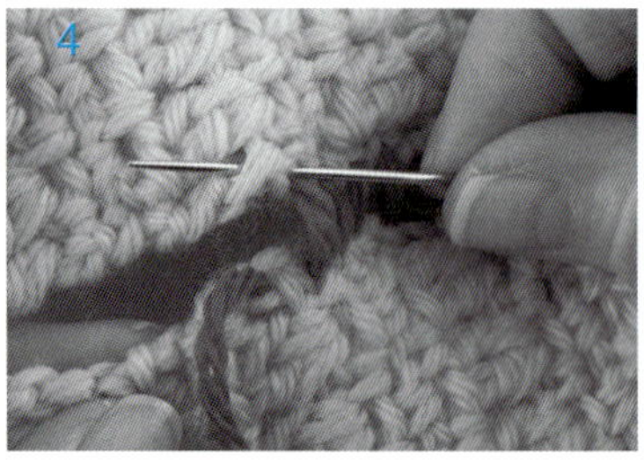

挑起针目，左右交互重复缝合。缝合针与针时，也同样挑起头部下方的线。

从正面看到的样子。端头的针目分别消去半针，看起来很整洁。

从反面看到的样子。

其6

半回针缝缝合针与针、行与行

缝合要领和半回针缝相同，但因为不方便拆开，比较推荐熟练的人使用。
即使轮廓线稍微有点不整齐，也可以通过入针方法来修正，特别适合缝合斜线和有弧度的地方。
如果是粗线的话，一定要将线劈开使用。

将织片正面相对重叠着对齐拿好，将针插回缝合位置中间。

一边劈开后侧的线一边入针缝合。缝合行与行时也按照相同的方法将针插入针目头部下侧。

从正面看到的样子。端头的针目分别消去半针，看起来很整洁。

从反面看到的样子。缝合的地方有些厚。

其7

コ形缝合针与针、行与行

和其5相似，但不用两次将针插入同一位置，缝合起来会稍微快一些。
只是缝合得不太结实，不适合厚织片。
这种方法适合用于中细左右的线编织的不镂空织片或一般的镂空花样。
缝合部位比较薄，但如果拉线力度不均匀会使织片不平整，所以不适合初学者。

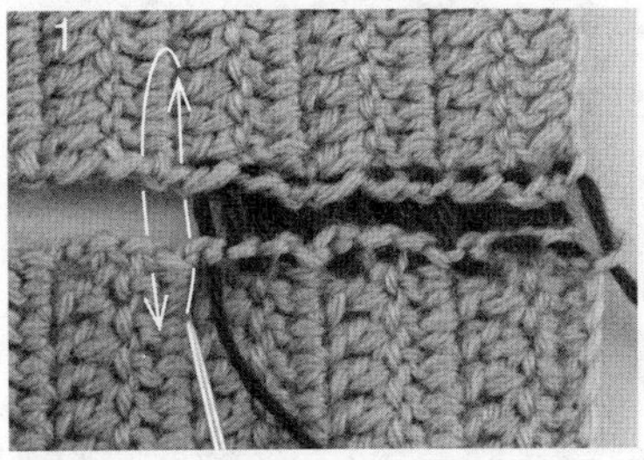

看着织片反面，将织片水平对齐拿好。如箭头所示入针，依次挑起端头针目的2根线。

从正面看到的样子。

从反面看到的样子。

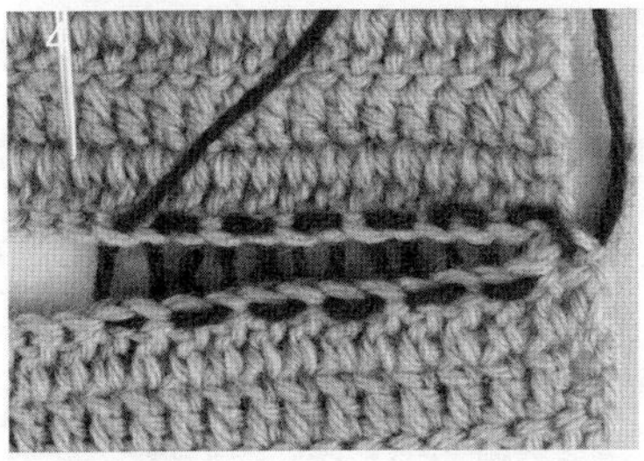

缝合针与针时，按照相同的要领对齐缝合。

从正面看到的样子。

从反面看到的样子。

其8

打结缝

这是一种可以快速缝合且缝合部位较薄的缝合方法。
但是，因为只使用了一根线，所以缝合得不很结实，不适合厚织片。
将针插入端头针目的头部缝合，如果行高较高则渡线会较长，
缝合部分会张开，就不适合这种缝合方法。
它适合用来缝合不受张开影响的编织花样。

将织片正面相对重叠着对齐拿好，将针插入端头针目的头部，如箭头所示挂线。

挂线的样子。

一边压着线结一边拉线。

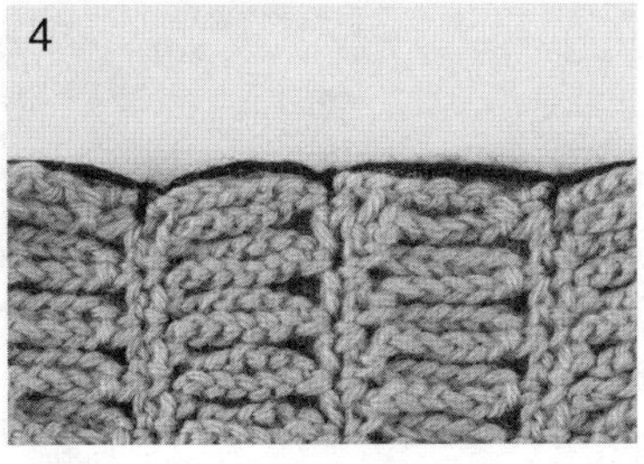

完成。

展开织片从正面看到的样子。

展开织片从反面看到的样子。

Punch Needle Lesson

使用俄罗斯戳戳乐刺绣针来制作装饰别针吧!

摄影/森谷则秋　指导/井上直美(WOOLY)

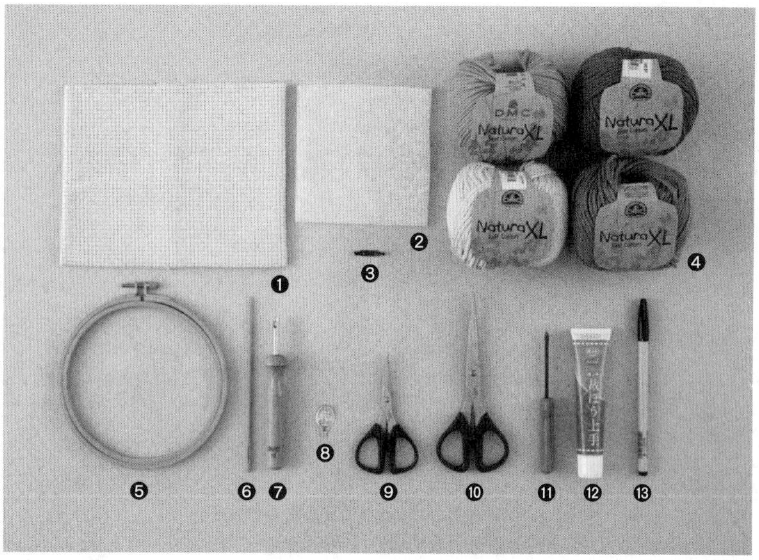

❶俄罗斯戳戳乐专用布料(aide 6CT)
❷黏合衬
❸装饰别针
❹线
❺绣绷(内径15.5cm)
❻穿线用长针
❼俄罗斯戳戳乐刺绣针
❽穿针器
❾剪线用剪刀
❿剪布用剪刀
⓫螺丝刀
⓬黏合剂
⓭笔

在布上画图案。直线需沿着布上的针目画。

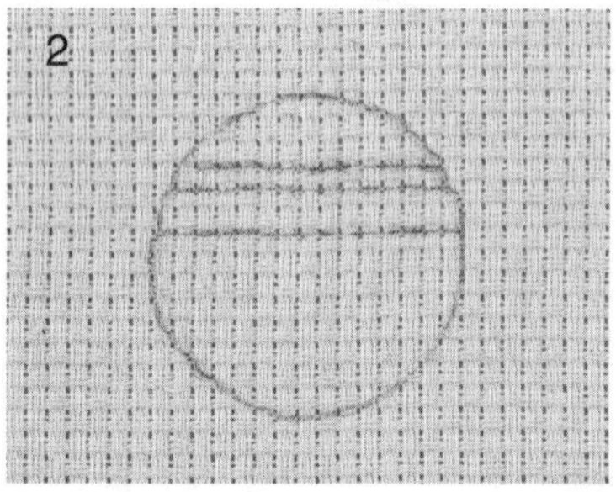

画好图案。

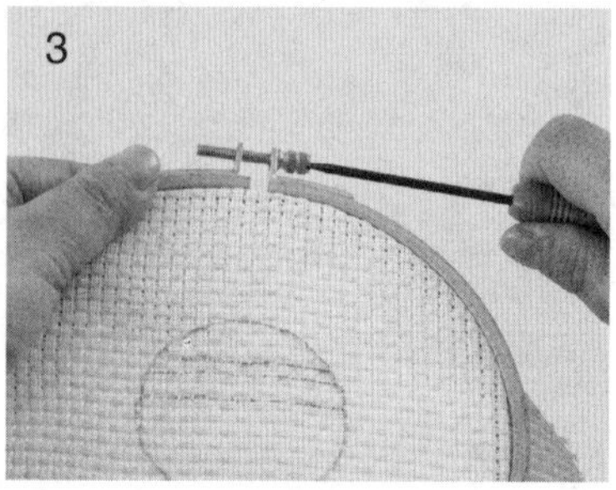

将图案放在绣绷的中心，将布拉紧并拧紧螺丝。

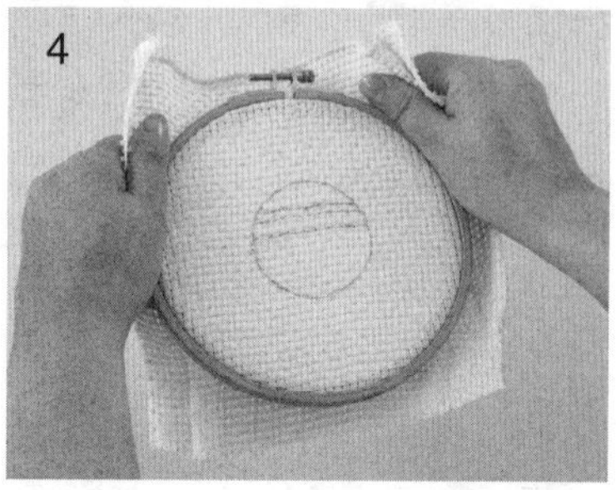

再次拉布，保证纵、横的格子都不歪斜。

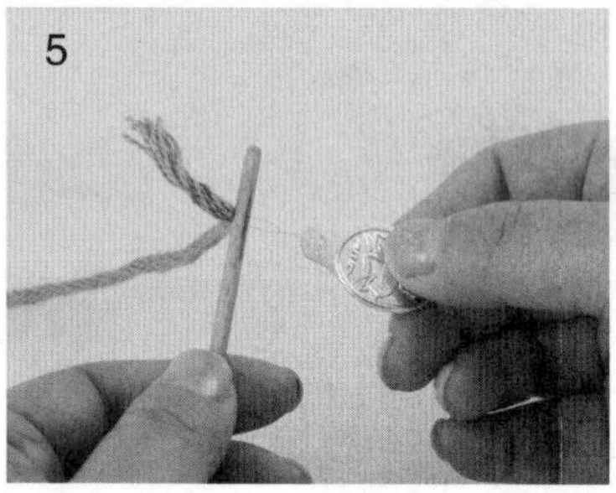

使用穿针器将线穿到长针的针鼻中。

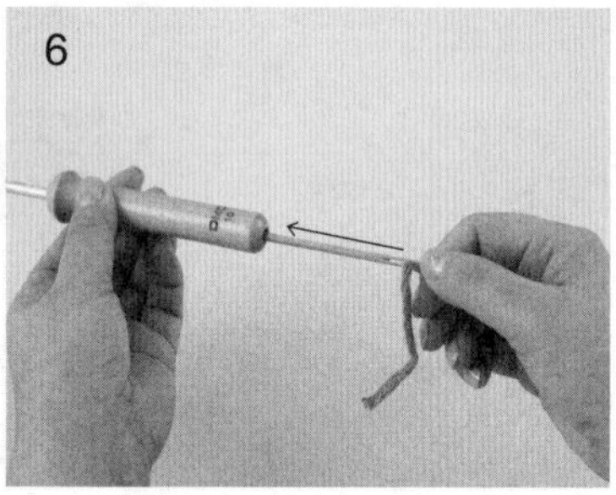

将长针穿入俄罗斯戳戳乐刺绣针中，从针尖端拉出。

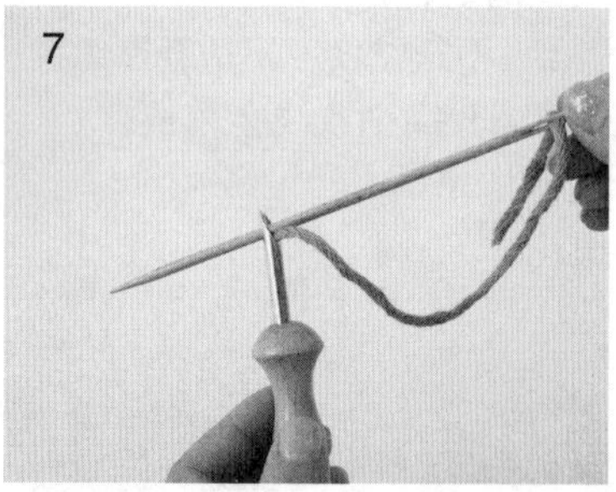

接着将针穿入空着的俄罗斯戳戳乐刺绣针的针鼻中。

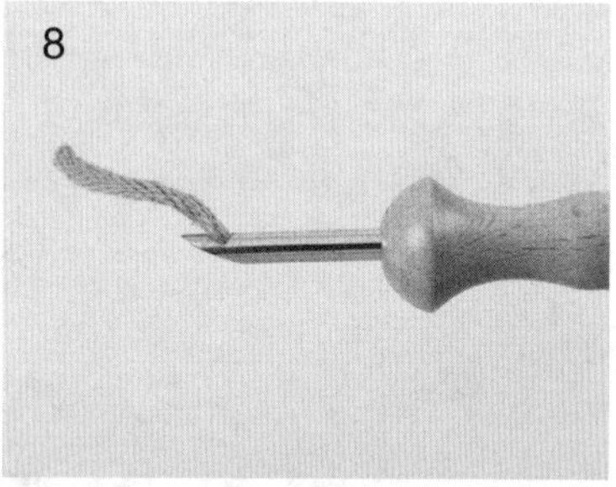

在俄罗斯戳戳乐刺绣针中穿上了线。

由于是从右向左刺绣，因此将线头留在右侧，从图案最右上方的洞开始刺绣。

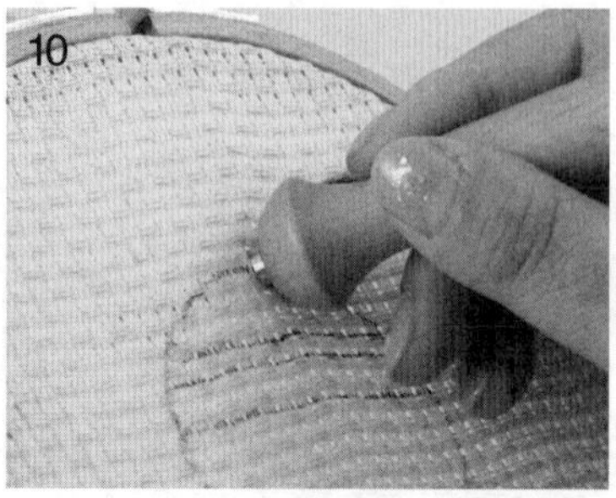

俄罗斯戳戳乐刺绣针刺绣至根部。

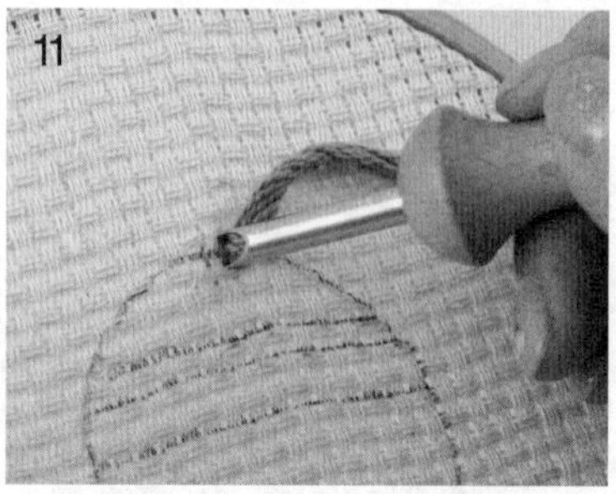

拉出至布的正面时，不离开布，从布的表面滑过，移至下一个洞再继续刺绣。

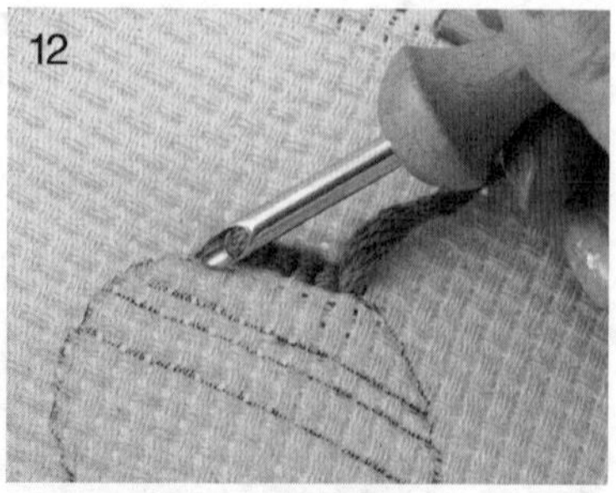

第1列刺绣完成后，将针尖滑至第2列边上的洞处，再继续刺绣。

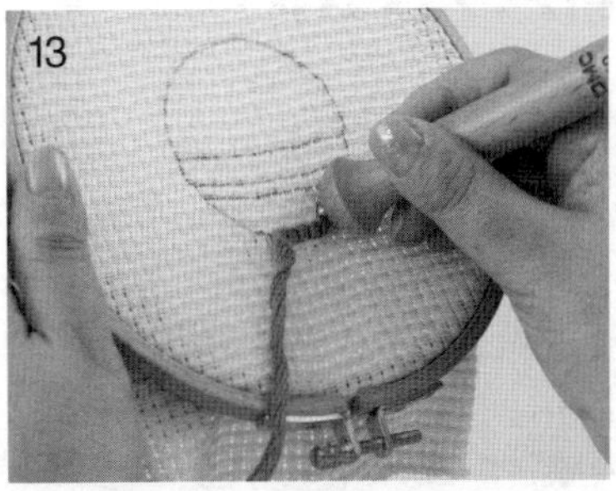

保持将俄罗斯戳戳乐刺绣针刺绣至根部的状态，将绣绷旋转180度。

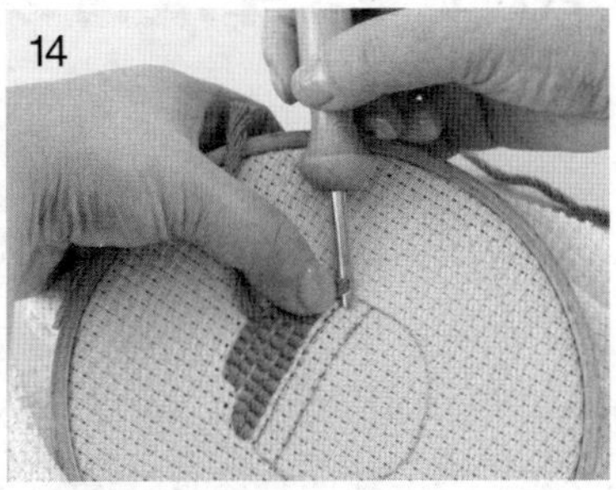

一直刺绣至画线处的上一列，用手压住最后刺绣的部分的线。

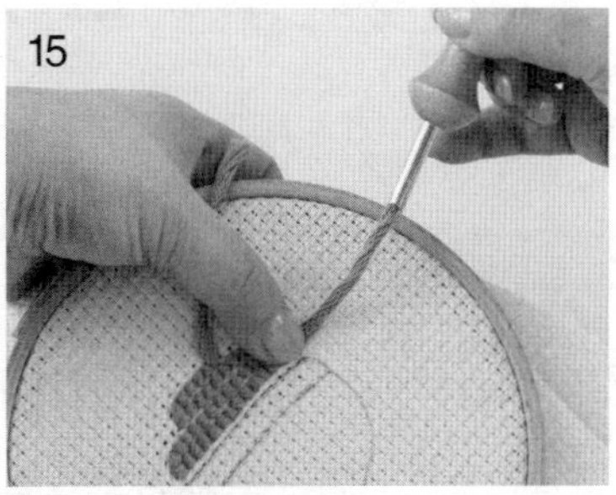

留5cm左右的线头后剪断。

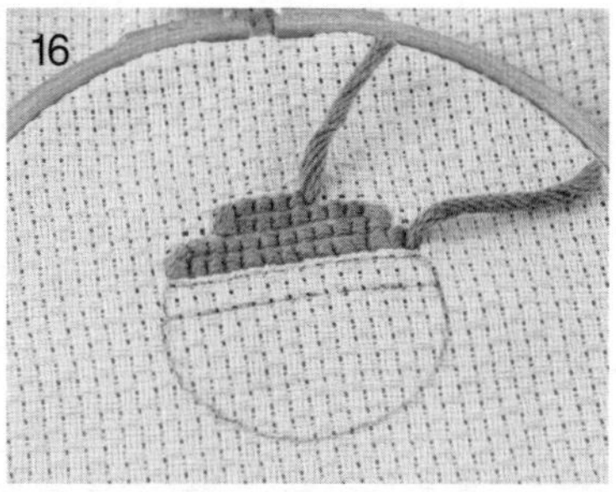

第1种颜色的线刺绣完成。如果布变松了，就趁着换线的机会，再次将布拉紧。

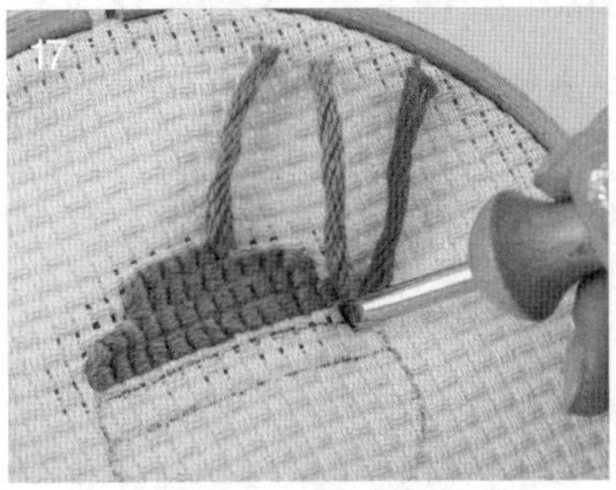

第2种颜色的线开始，也使用同样的方法刺绣。

图案中所有的洞均刺绣完成。

线将出现在反面，一个圈一个圈的。如果过程中有线劈开的部分，则根据总体的高度，将线剪齐。

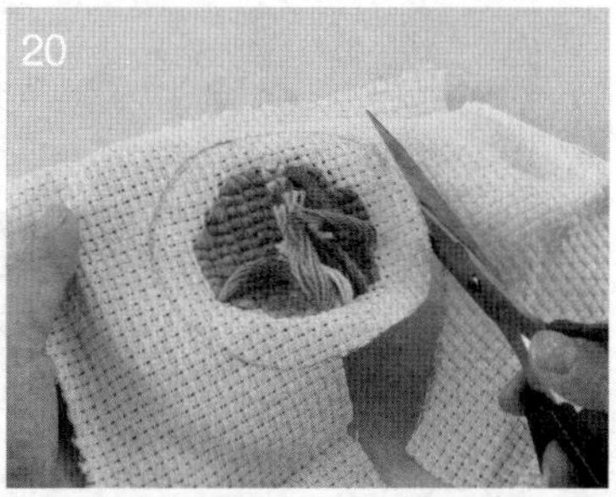

从绣绷中拿下来，外侧留出2cm的布后剪下来。

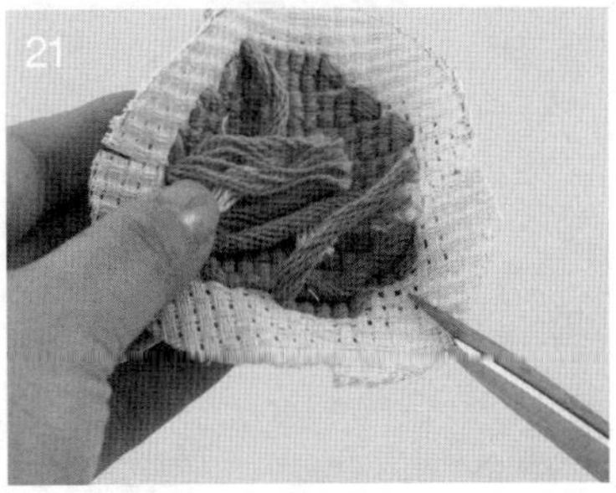

为了能够向内侧折，在若干个地方剪牙口。

一块一块地涂黏合剂。

向内侧折回。之后也按照顺序涂上黏合剂，折回。

按照折叠完成后的布的尺寸，剪好黏合衬。

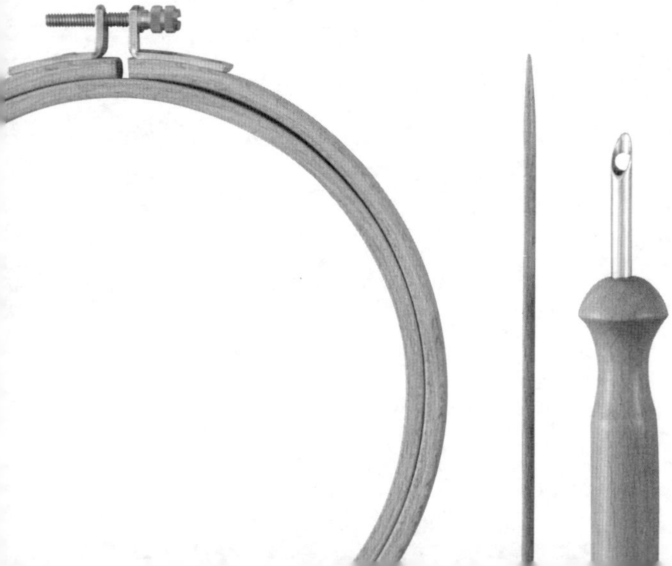

使用熨斗烫上黏合衬，缝上装饰别针。

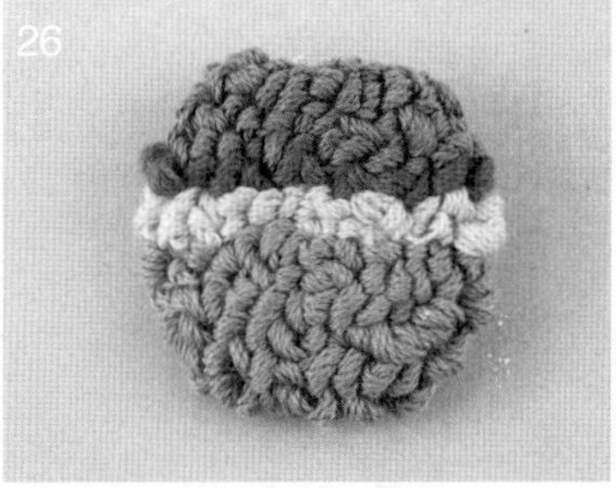

完成。

毛线世界

编织报道：《毛线球》读者编织俱乐部

图、文 / 日本《毛线球》编辑部

2019年3月，日本刚上市《毛线球》春号（2月正式上市）不久，日本宝库社举办了一场读者编织俱乐部活动。会场就在日本宝库社的一个活动室，里面展示着最新号《毛线球》里面的作品，读者可以近距离欣赏。2018年举办的“毛线球大会”会场装饰的花环和脸部镂空拍照板继续在本次活动中承担着各自的使命，同时还设置了展示往期《毛线球》和销售图书、材料包的角落。

本次俱乐部活动，是为了“让爱好编织的编辑人员和读者们一起享受编织的乐趣，让读者的想法能够在书上得以体现”而策划的。总体来说，这是一场“大家聚集在一起编织喜欢的作品”的轻松聚会。编辑人员还解答了读者对书中一些制作方法、编织方法的疑问。会场还提供了用来试编的线材，以备想挑战书中的编织方法的人使用。参加人员普遍反映：“可以亲眼看到书中的作品真是太棒了！很受启发”“能够听到很多关于图书编辑方面的事情，很有意思”“学到了新的编织方法，很开心”。

这是一场不需要申请、免费参加、可自带材料的活动。因为以《毛线球》的读者为活动对象，所以只要拿着最新号《毛线球》就可以入场，不需要额外的入场券。编辑部还准备了立体卡片作为参加活动的小礼物。

我们计划今后继续在《毛线球》上市的第二个月，也就是6月、9月、12月，共举办4次同类活动，和编织作家携手，力求带给读者充满乐趣、有价值的活动。

读者活动现场的情形。在日本宝库社活动室举办。详情见日本官网。

作品的编织方法

★的个数代表作品的难易程度和对编织者的水平要求　★…初学者可放心选择　★★…拥有一定自信者都可以尝试
★★★…有毅力的中上级水平者可以完成　★★★★…对技术有自信者都可大胆挑战
※ 线为实物粗细
※ 图中未注明单位的数字均以厘米（cm）为单位

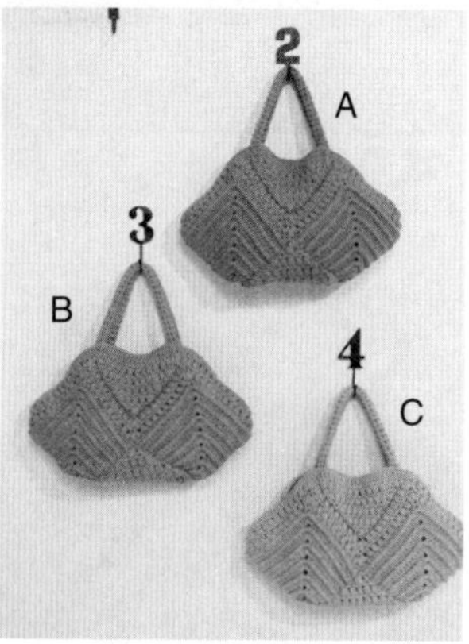

材料

［A］K'sK　Sesamee粉色（303）355g/6团，18.5cm×8cm的底板1片

［B］K'sK　Sesamee 芥末黄色（332）355g/6团，18.5cm×8cm的底板1片

［C］K'sK　Sesamee 浅蓝色（325）355g/6团，18.5cm×8cm的底板1片

工具

钩针8/0号、7/0号

成品尺寸

宽42cm，包深23cm（实测）

编织密度

花片的大小参见图示

编织要点

●钩织指定片数的花片。将花片a、b正面相对，使用钩针引拔接合。从主体上挑取针目，环形钩织编织花样。将编织花样和花片b' 正面相对，使用钩针引拔接合。在四周钩织1行短针，调整好形状。☆、★之间使用钩针引拔接合。包口环形钩织边缘编织。钩织提手，缝到指定位置。制作内底，缝到指定的位置。

主体（花片连接）

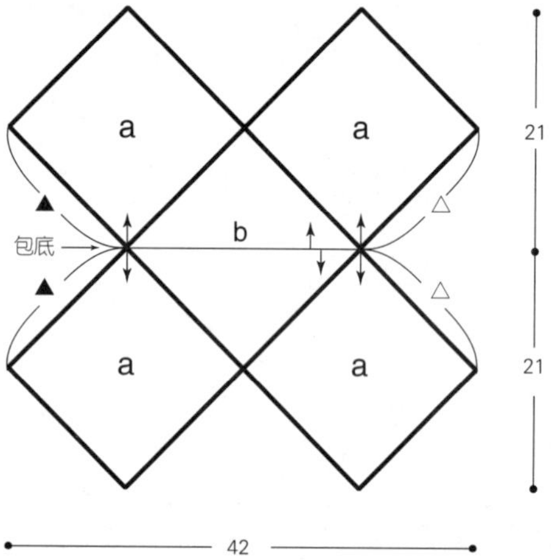

※ 使用引拔针接合时，使用 7/0 号针，除此之外使用 8/0 号针钩织

※ ▲、△之间使用钩针引拔接合

包口

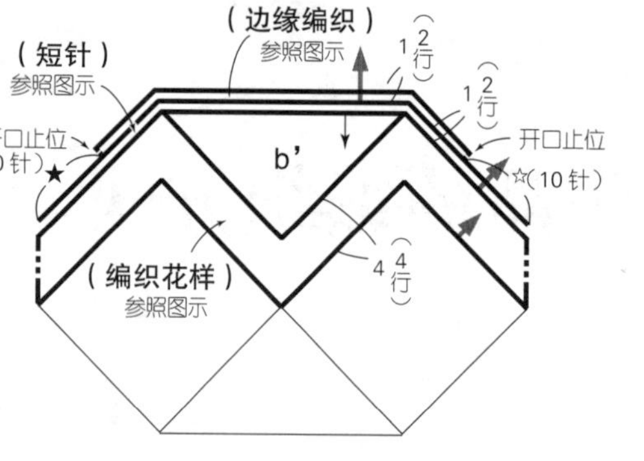

※ ★、☆与另一侧连接

花片 a　4片

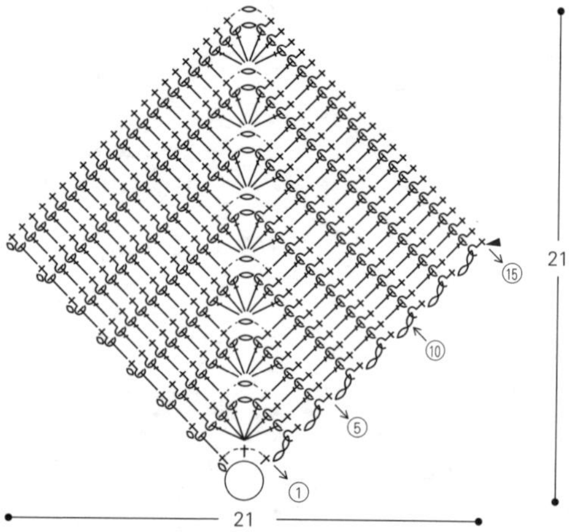

= 短针的反拉针
从反面编织时钩织正拉针
※编织方法参见第 131 页

组合方法

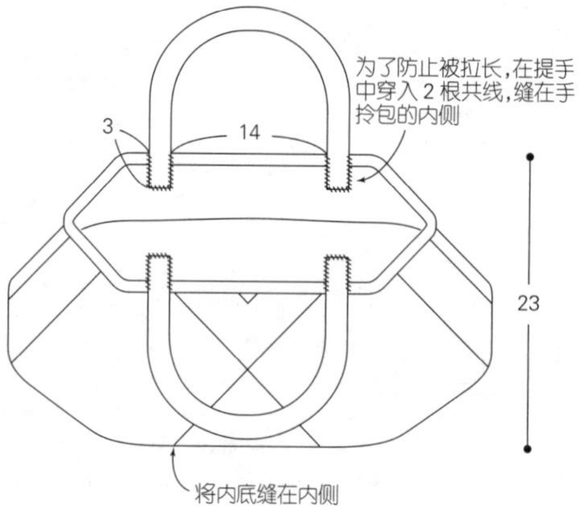

提手 2根

（短针）

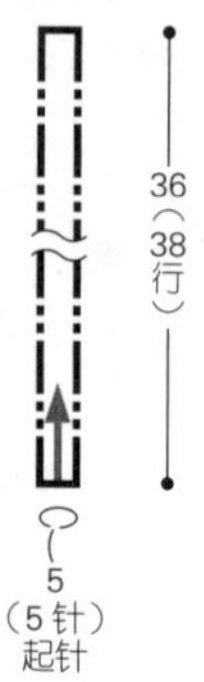

短针（提手）

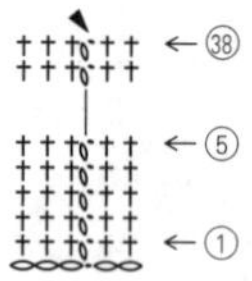

内底

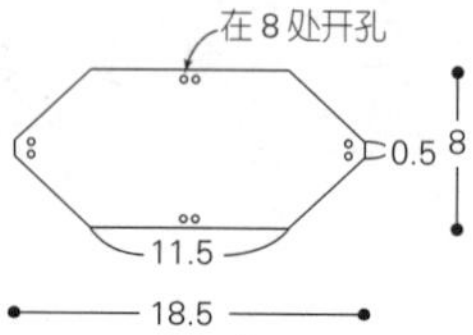

※ 将线穿过开孔处，和手拎包的包底缝合

花片 b　1片、**b'** 2片

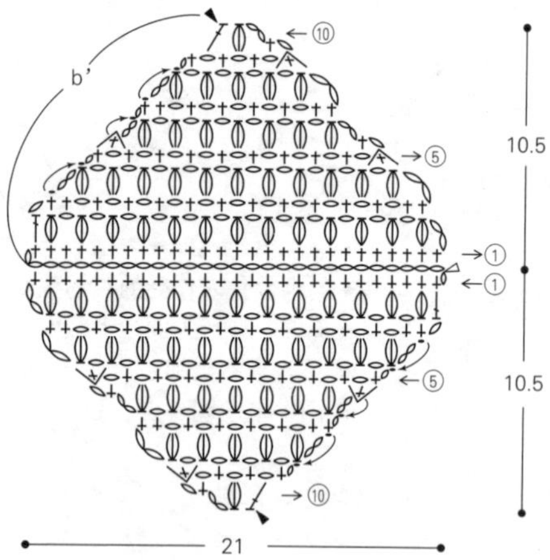

※b'仅钩织上侧的 10 行

▷ = 加线

▶ = 剪线

= 渡线

包口

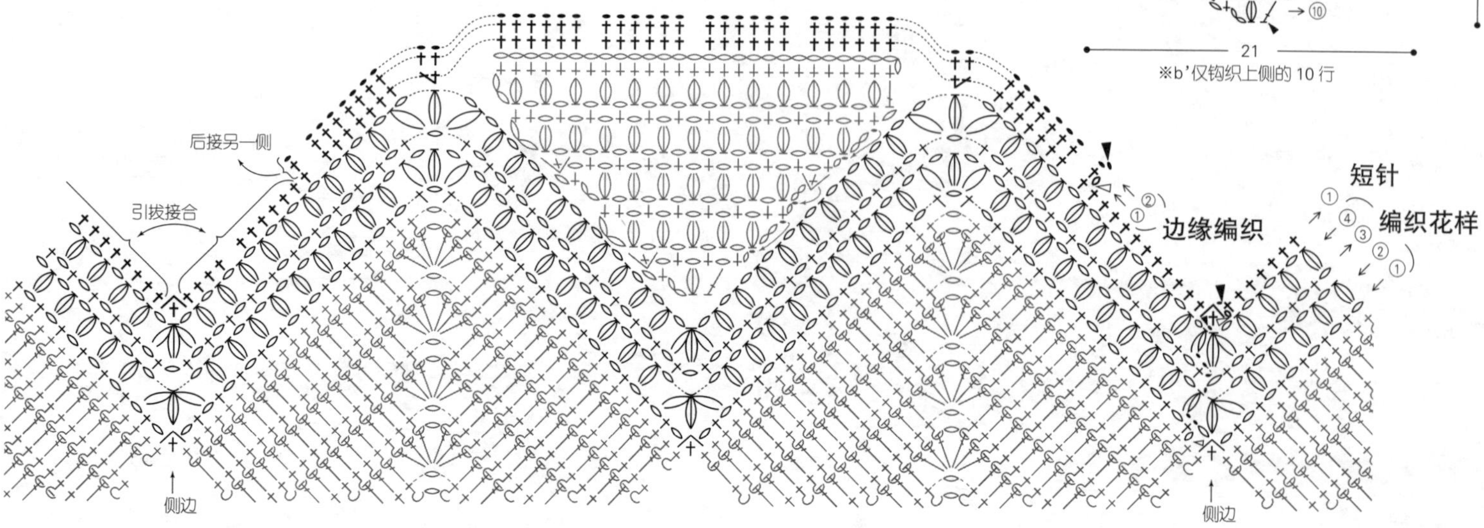

材料

[背心] 和麻纳卡 Soie de Eclat 乳白色(1) 180g/9团；直径8mm的珍珠纽扣6颗；直径4mm的珍珠116颗

[半身裙] 和麻纳卡 Soie de Eclat 乳白色(1) 580g/29团；宽30mm的松紧带长68cm

[头纱] 和麻纳卡 Soie de Eclat 乳白色(1) 25g/2团；软白纱 180cm×500cm；7.5cm×13.5cm 头纱底座(原白色)1个；直径4mm的珍珠64颗

工具

钩针3/0号、4/0号

成品尺寸

[背心] 胸围88cm，衣长43cm，连肩袖长31cm

[半身裙] 腰围76cm，裙长105cm

[头纱] 参照图示

编织密度

花片大小请参照图示。编织花样A 1个花样2.7cm，10cm 28.5行(3/0号针)；编织花样B 1个花样5cm，10cm 13.5行(3/0号针)；编织花样C 1个花样6cm，10cm 14行(3/0号针)

编织要点

●背心…下摆锁针起针，做编织花样A、边缘编织A和短针。身片用连接花片的方法钩织。参照图示钩织花片，在最终行钩织引拔针和相邻花片连接。在花片中心缝上珍珠。花片的下摆钩织短针，第2行参照图示和下摆连在一起。挑取指定数量的针目，袖窿做边缘编织B，领窝做边缘编织B'。编织带子A，缝在指定位置。缝上纽扣。

●半身裙…〈上〉、〈中〉、〈下〉三部分均锁针起针，分别做编织花样A、B、C，一边调整编织密度一边钩织。编织花样B最终行的锁针针数不同，需要注意。各部分编织起点处和编织终点处钩织短针和边缘编织C。短针部分用卷针缝的方法缝合。腰头挑取指定数量的针目，环形钩织短针和长针。加入做成环形的松紧带，折到反面，做卷针缝缝合。编织带子B、C，缝在指定位置。

●头纱…基台锁针起针，参照图示钩织。钩织带子D，参照图示组合在基台上。

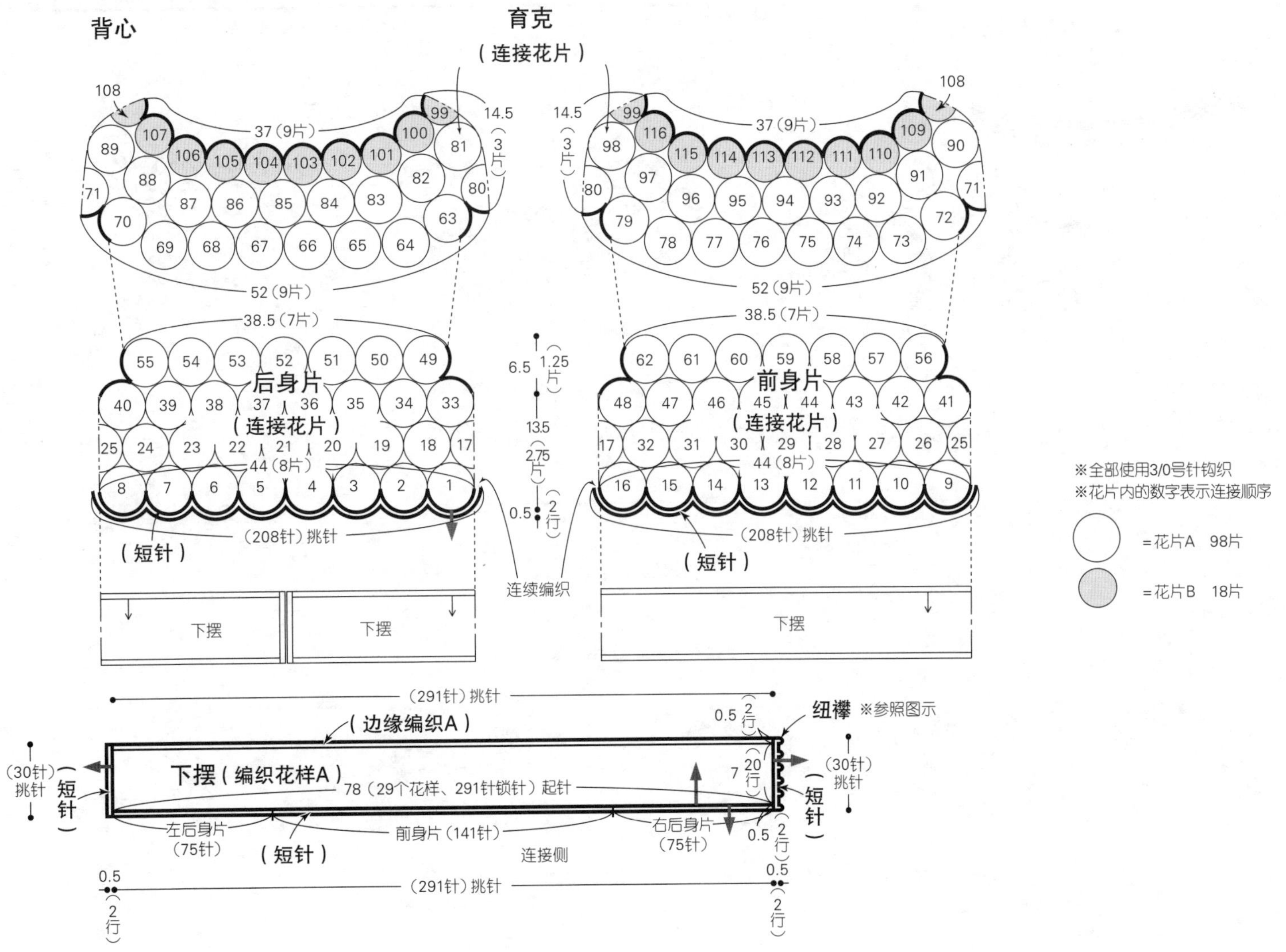

编织花样A（下摆）10针4行1个花样

▷ = 加线
► = 剪线

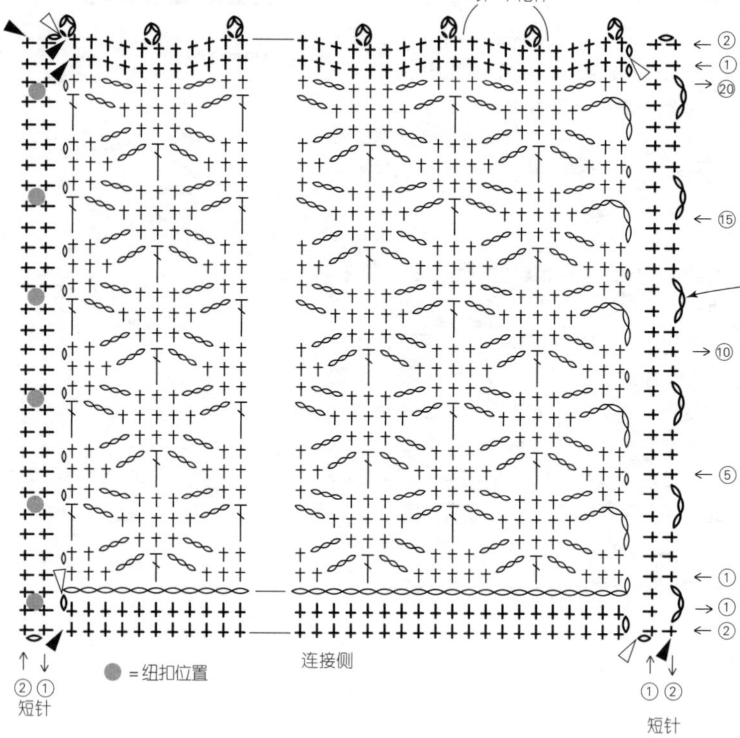

花片A 98片

花片B 18片

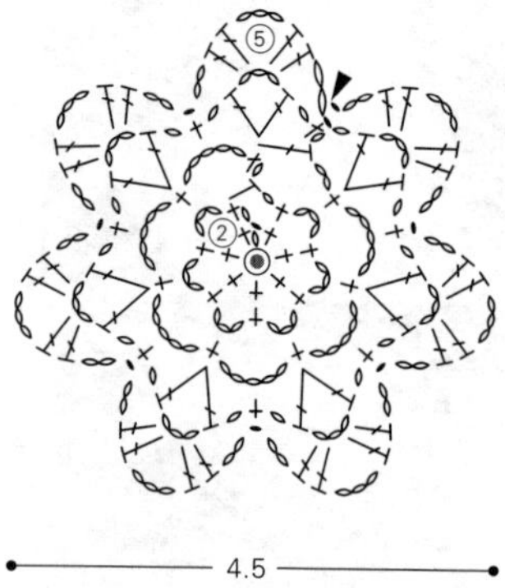

● = 珍珠 116颗
※缝在花片中心

带子A（连编花片） 1条

领窝（边缘编织B'）

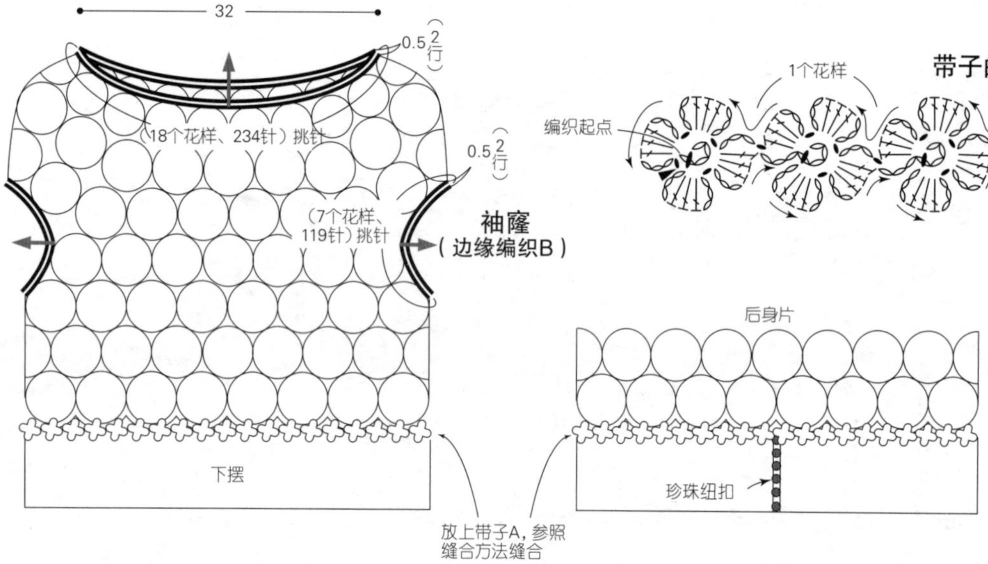

带子的编织方法（通用）

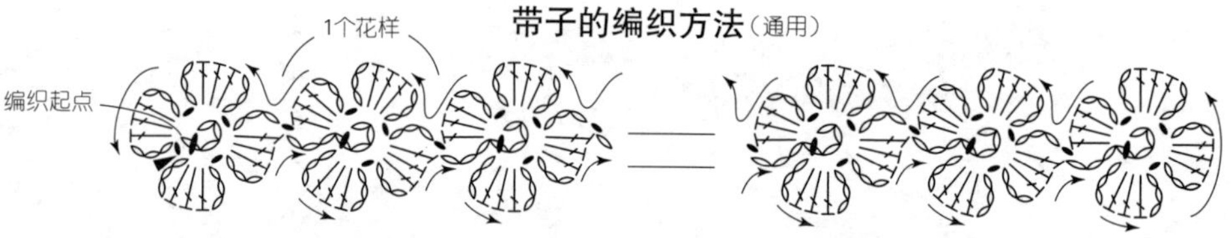

带子的缝合方法

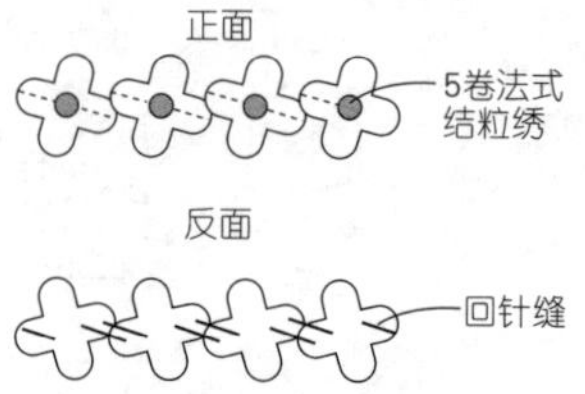

※从反面做回针缝，不要影响到正面。花朵中心在正面出针做法式结粒绣
※法式结粒绣的刺绣方法请参照第93页

下摆和身片的连接方法

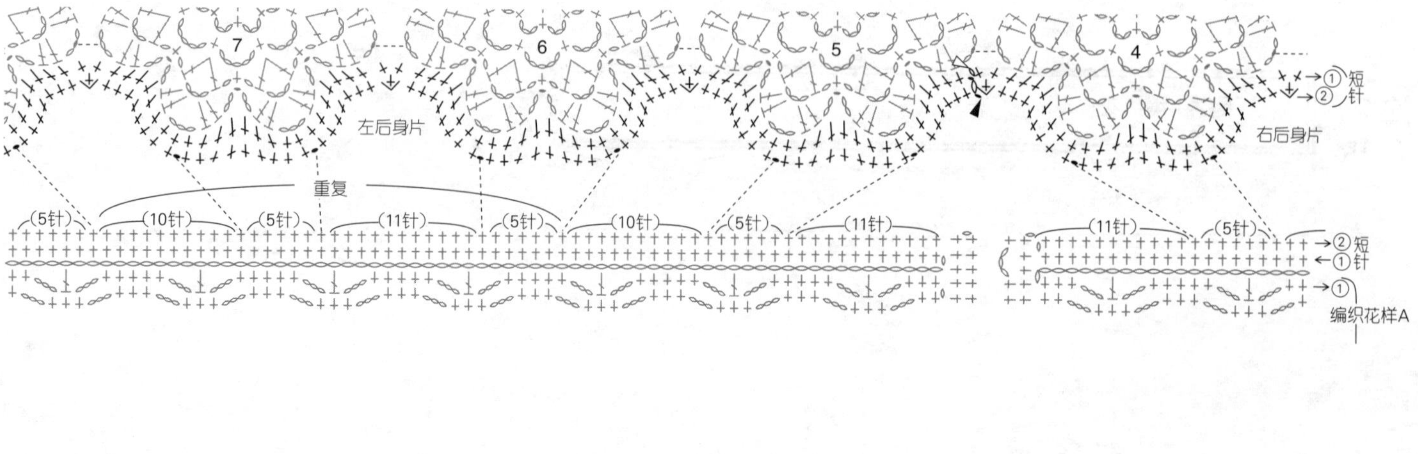

花片的连接方法

边缘编织B'
▷ = 加线
► = 剪线
后身片中心
1个花样
领窝
袖窿
边缘编织B
1个花样
胁
104
103
102
101
100
85
84
83
82
81
67
66
65
64
63
80
52
51
50
49
37
36
35
34
33
48
21
20
19
18
17
5
4
3
2
1
16

半身裙

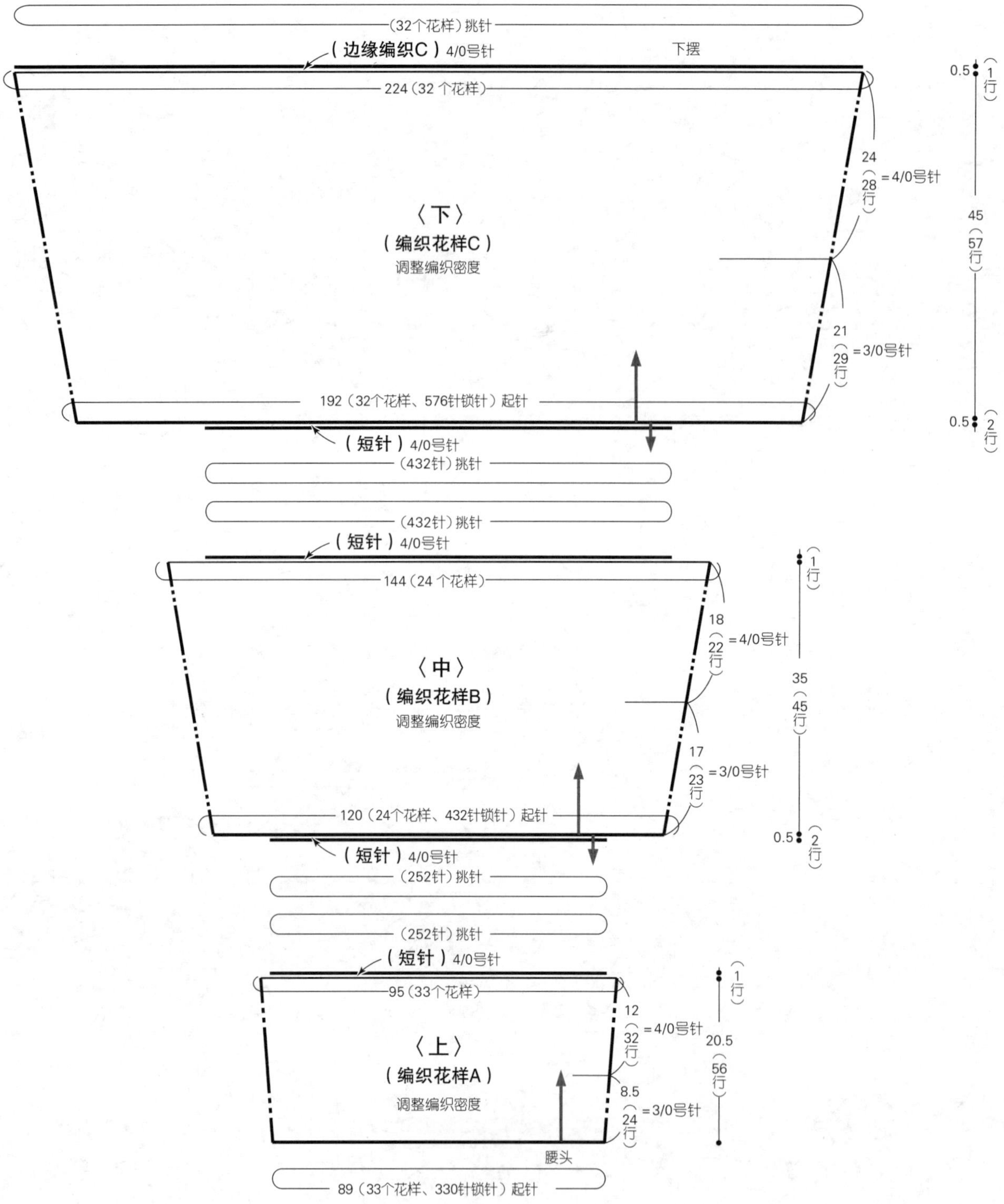

带子B（连编花片）1条 3/0号针

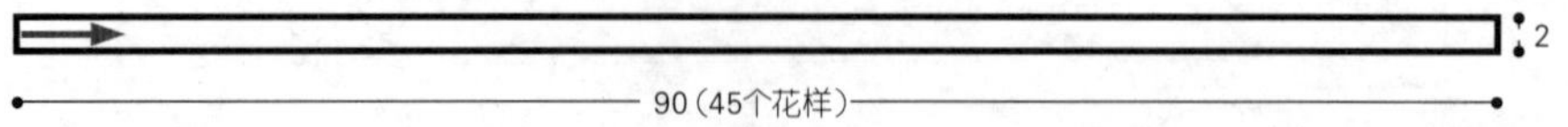

带子C（连编花片）1条 3/0号针

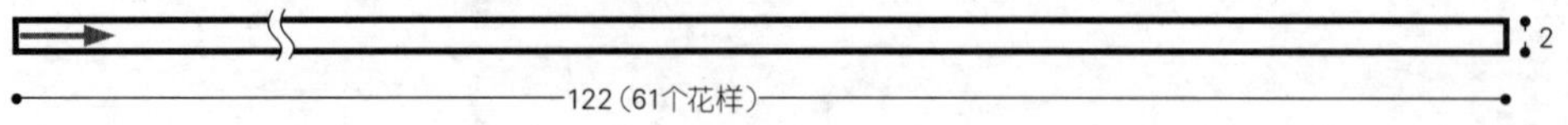

※带子的钩织方法请参照第88页

编织花样A（半身裙）

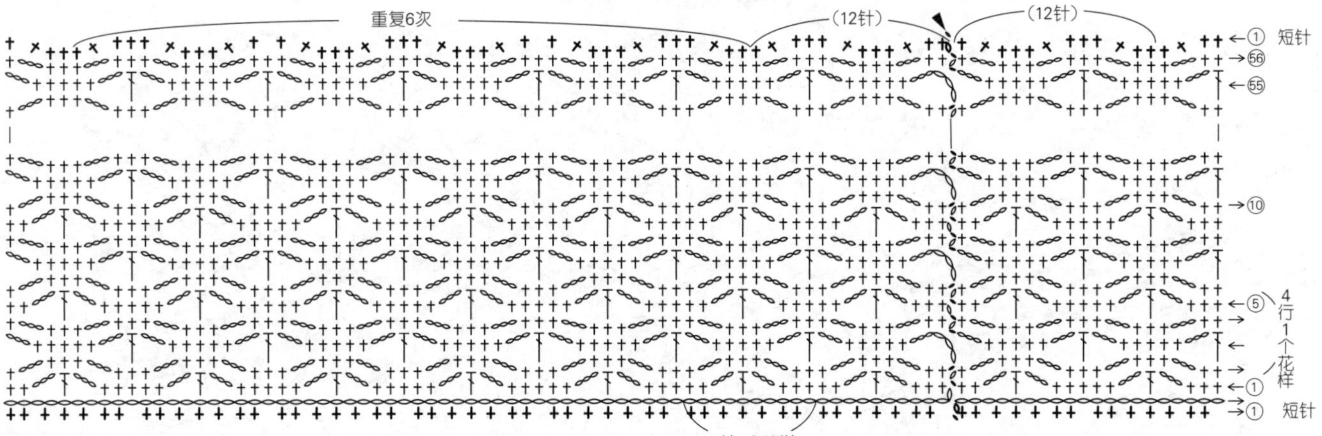

▷ = 加线
► = 剪线

编织花样B

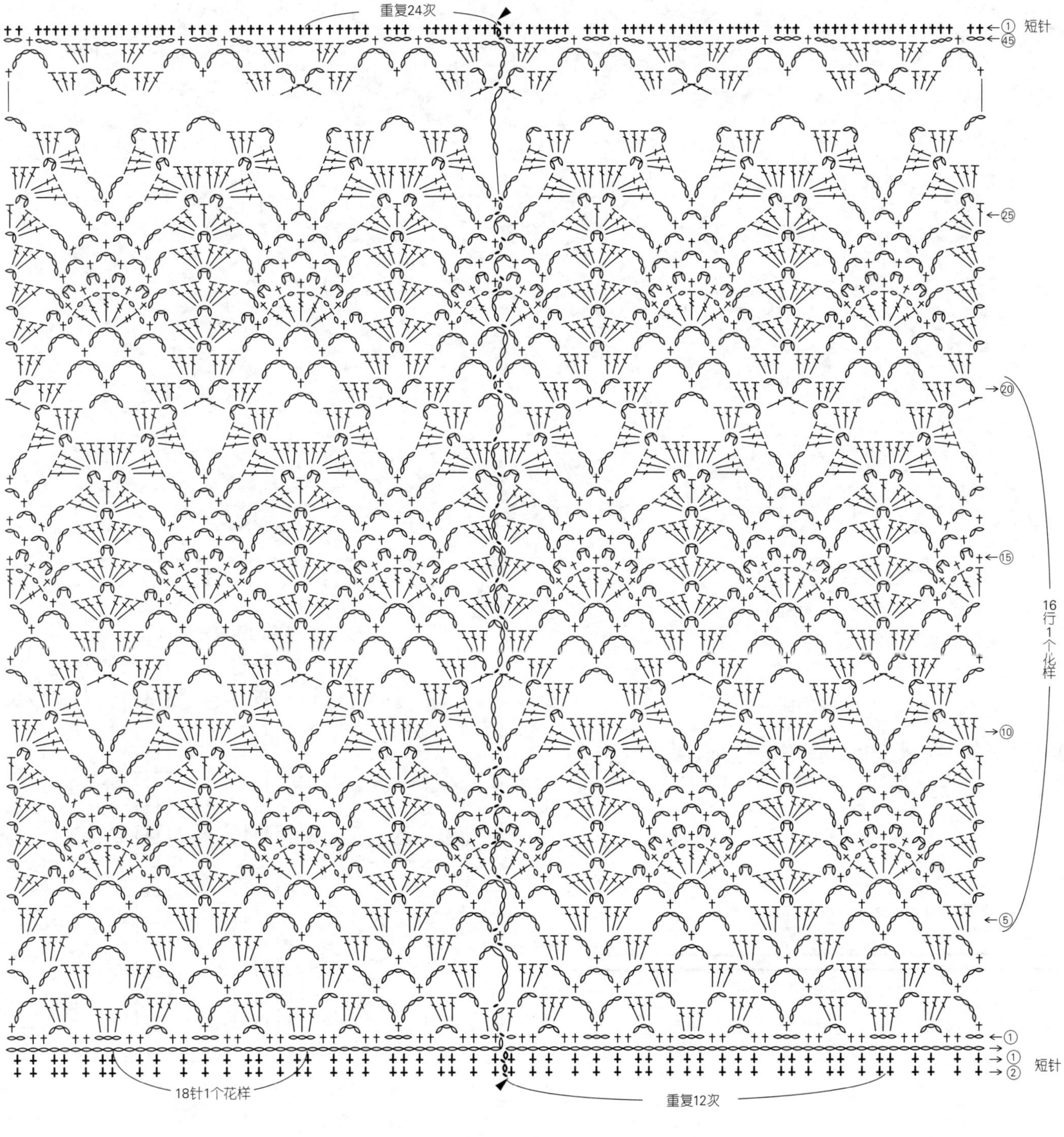

编织花样C

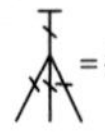 =参照第93页（倒Y字针）钩织

▷ = 加线

▶ = 剪线

边缘编织C

带子D（连编花片）1条 3/0号针（头纱）

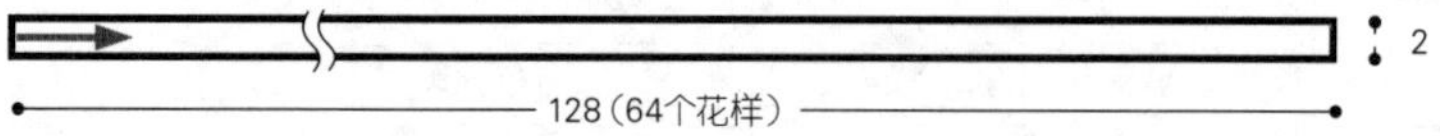

※带子的钩织方法请参照第88页

基台的钩织方法 3/0号针（头纱）

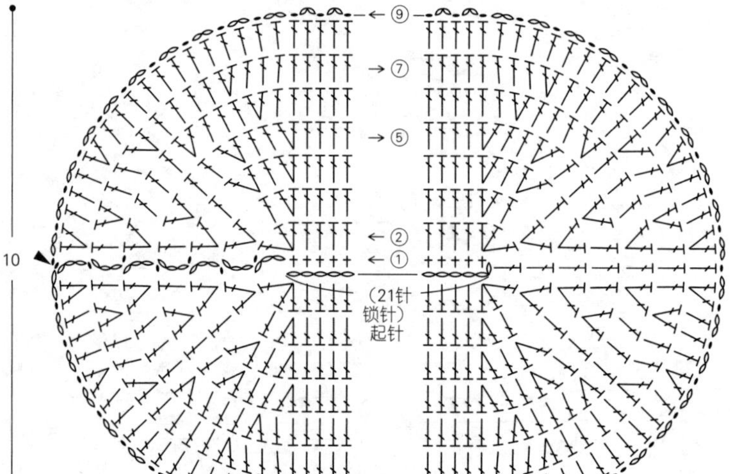

法式结粒绣（绕线圈）

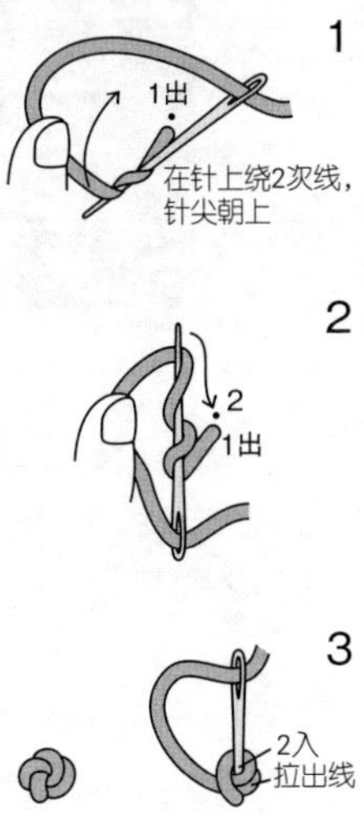

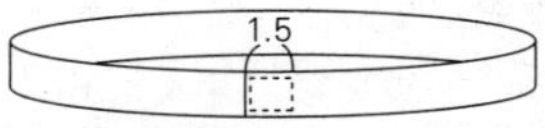

※腰带端头重叠1.5cm缝合成环形，加入松紧带，折回反面，卷针缝缝合

半身裙的组合方法

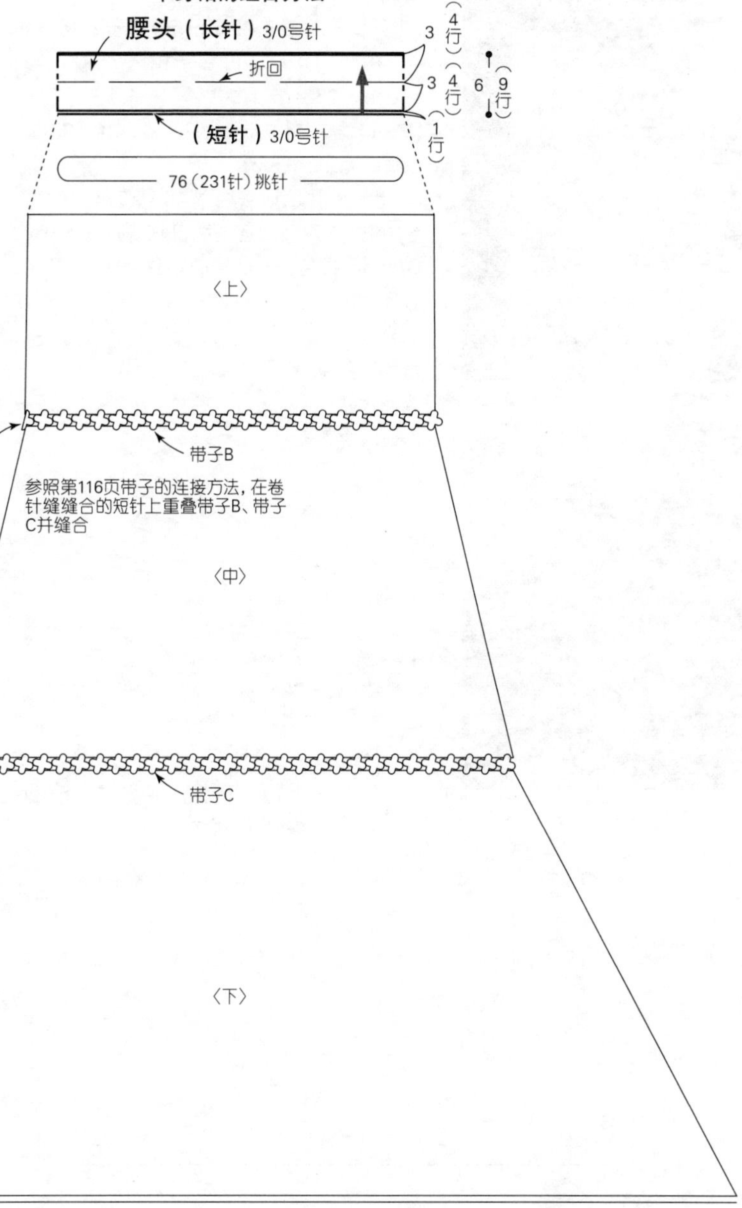

带子的钩织方法

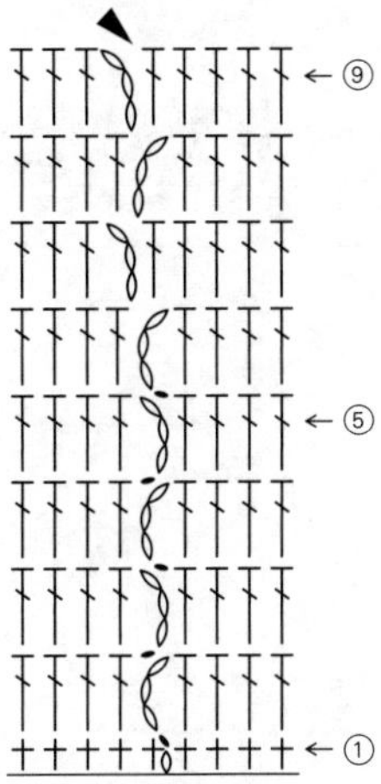

► =剪线

头纱的组合方法

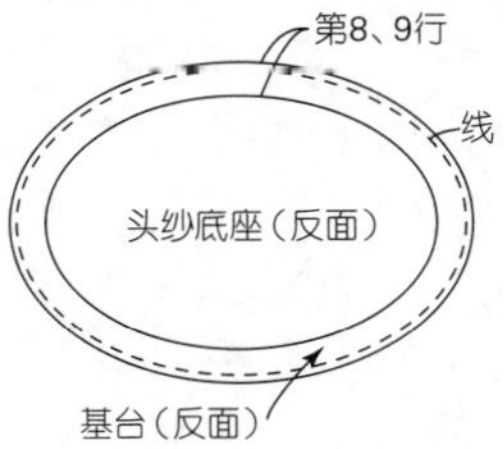

1 在基台第9行的2针锁针中穿线，和头纱底座重叠在一起。

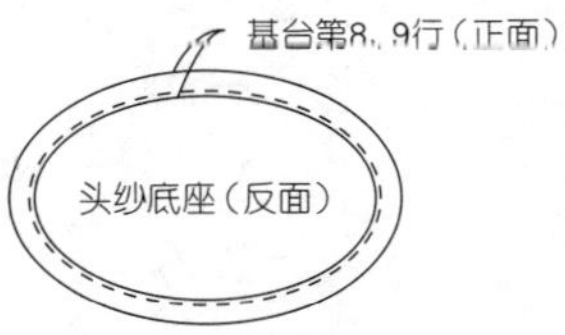

2 将穿过的线收紧。

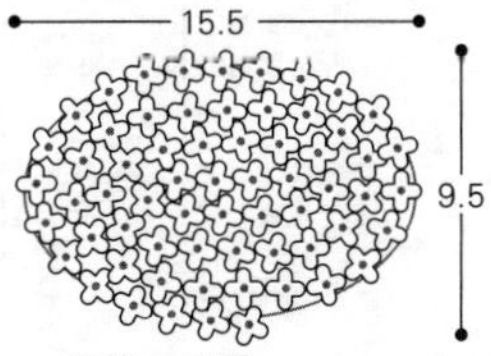

3 从基台中心开始排列带子D，在花样中心缝上珍珠并将其固定在头纱底座上。

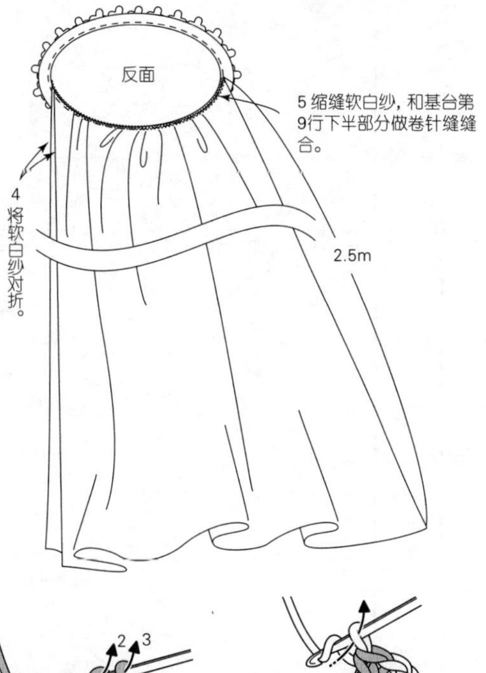

倒Y字针

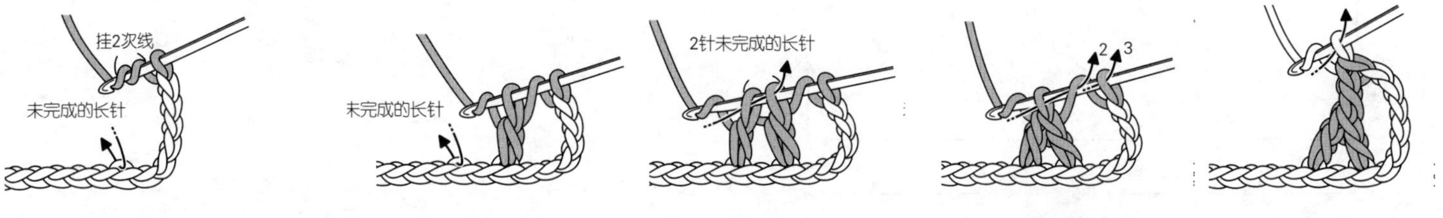

1 钩针挂2次线，将钩针插入锁针的里山，钩织未完成的长针。

2 挂线，如箭头所示插入钩针，再次钩织未完成的长针。（本作品中钩织3针）

3 再次挂线，从钩针上的2个线圈中拉出。

4 再次钩针挂线，从钩针上的2个线圈中拉出，重复1次。

5 倒Y字针完成了。

材料

[头纱] 奥林巴斯线 Emmy Grande 白色（801）10g/1团（每团50g）；软白纱180cm×250cm

[背心] 奥林巴斯线 Emmy Grande 白色（801）250g/5团（每团50g）

[手纱] 奥林巴斯线金票40号蕾丝线 白色（801）20g/2团（每团10g）；Emmy Grande 白色（801）10g/1团（每团50g）；直径10mm的子母扣（手缝式）6组

工具

蕾丝针0号、6号

成品尺寸

[头纱] 参照图示

[背心] 胸围88cm，肩宽36cm，衣长46cm

[手纱] 掌围17cm，长17cm

编织密度

花片大小请参照图示。编织花样1个花样2.2cm，10cm20行（手纱）

编织要点

●头纱…钩织指定数量的花片和带子。参照组合方法图，将其和软白纱缝合在一起。

●背心…钩织指定数量的花片，按照第96页缝合花片的方法，将花片缝合在一起。

●手纱…锁针起针，做编织花样。在指定位置编织线襻。钩织指定数量的花片，缝在手纱上。缝上子母扣，完成。

头纱

带子 1条

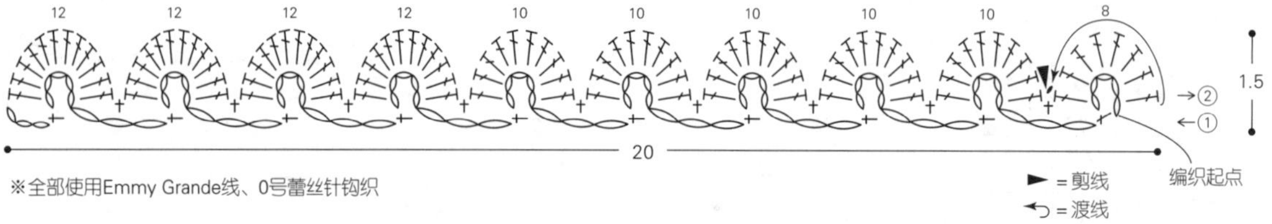

※全部使用Emmy Grande线、0号蕾丝针钩织

组合方法

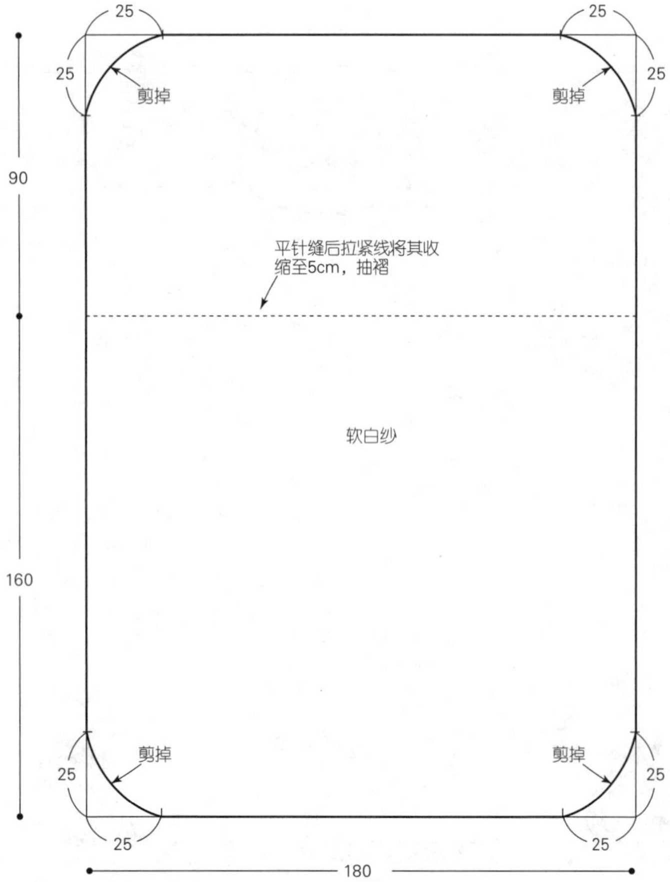

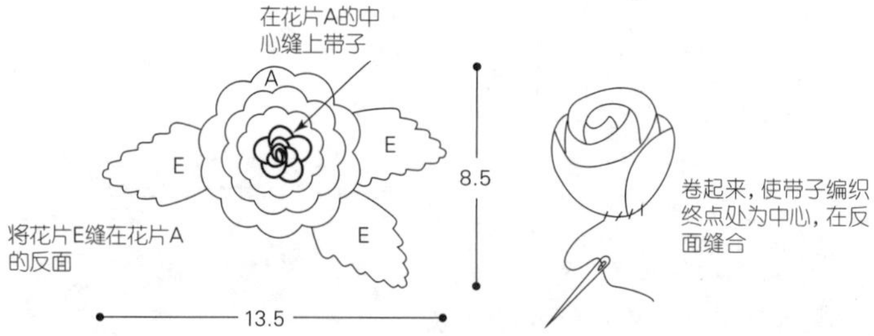

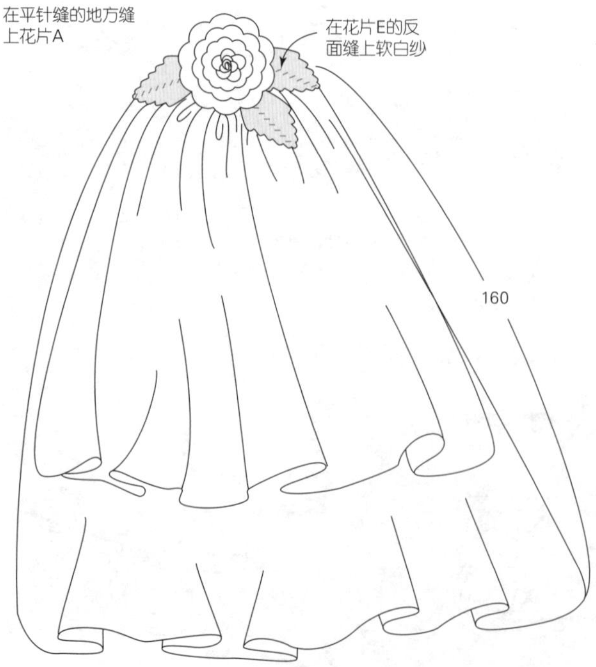

背心

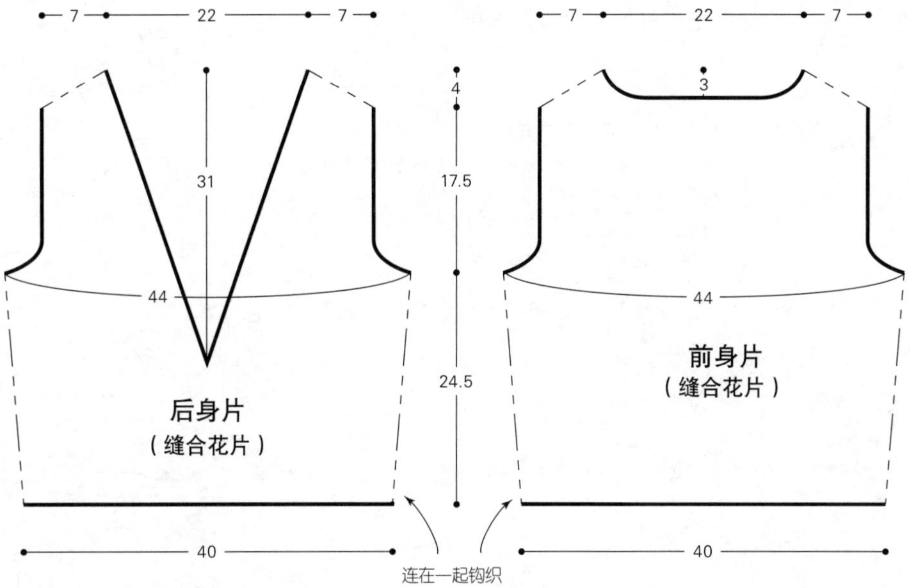

※花片全部使用Emmy Grande线、0号蕾丝针钩织

花片A 头纱1片、背心14片、手纱2片

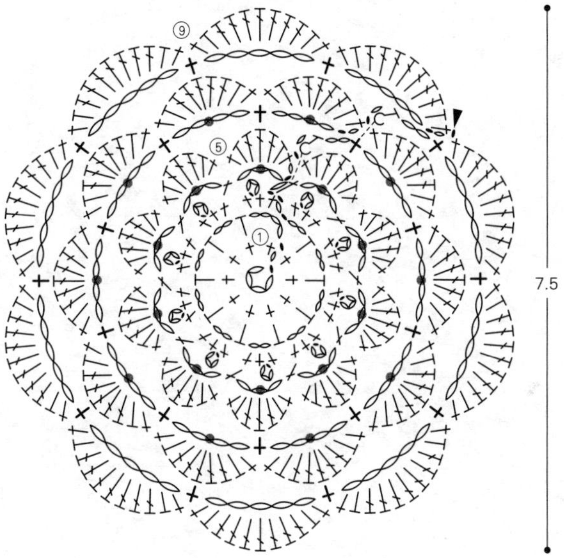

✝ = 整段挑起前2行的●处钩织

花片B 背心 10片

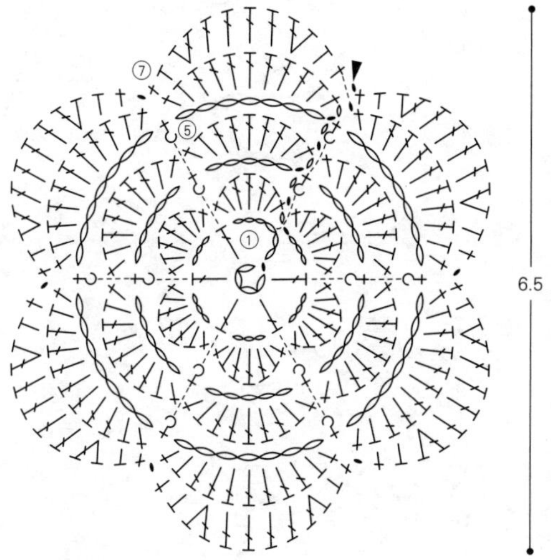

花片C 背心 32片

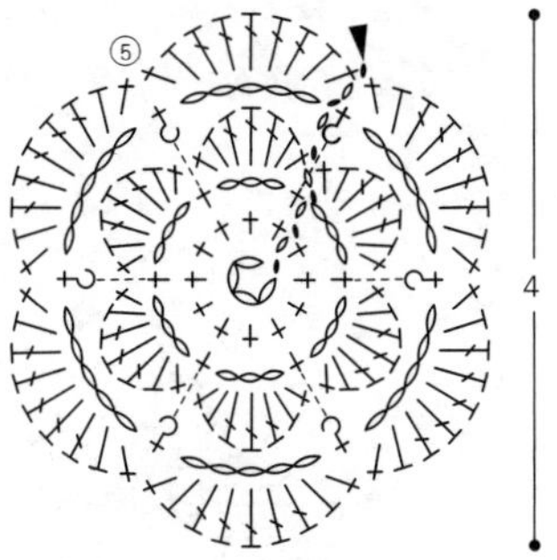

► = 剪线

花片D 背心 95片

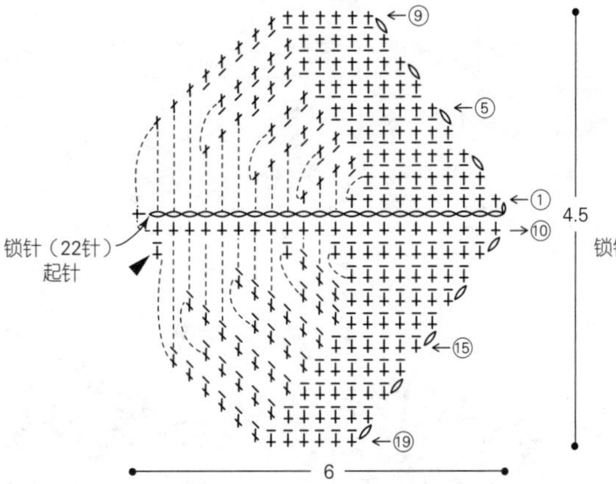

花片E 手纱 2片、头纱 3片

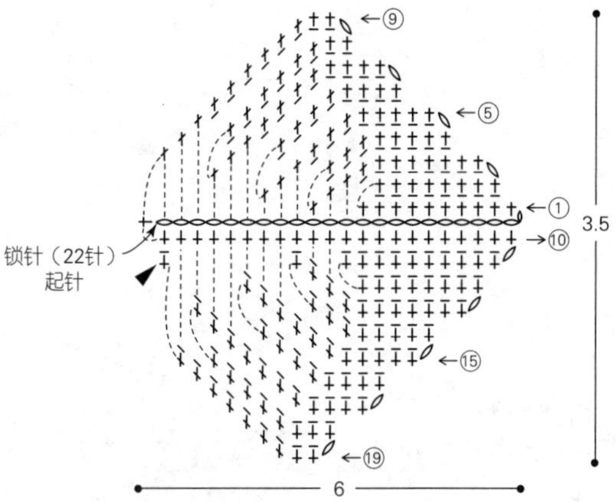

┼ = 短针的菱形针
※钩织方法请参照第98页

后身片的花片布局图（反面）

缝合花片的方法

1.钩织指定数量的花片，用蒸汽熨斗熨烫平整。
2.在平纹布上绘制实物大小的图案。
3.按照花片布局图，将后身片的花片反面朝上在平纹布上排列好，疏缝固定。
4.将花片挨在一起的地方缝合。
5.熨烫后拆去疏缝线。
6.前身片也按照相同方法缝好花片，胁部和肩线与后身片对齐并缝合。

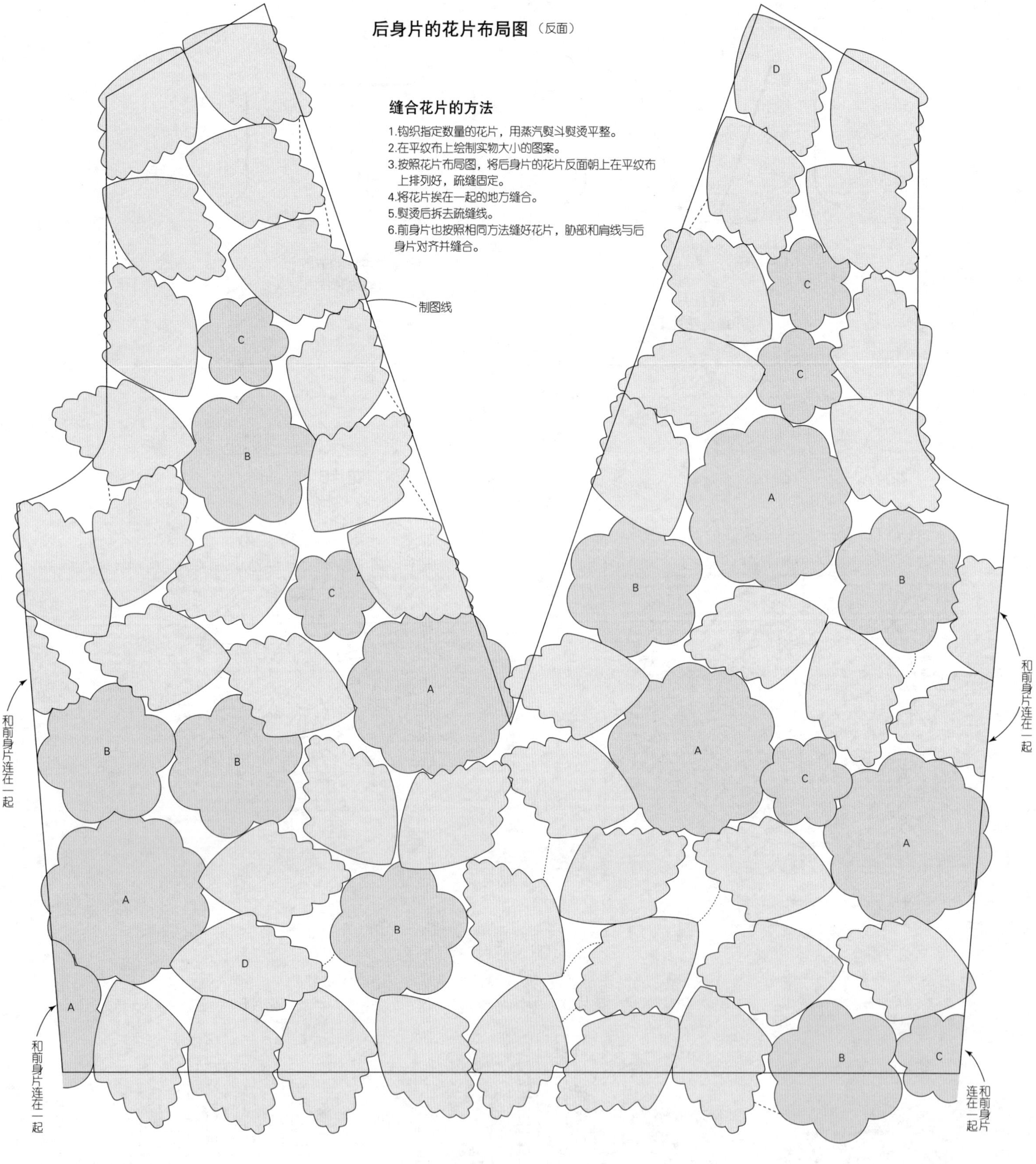

短针的正拉针

（在下面2行短针上钩织的情况）

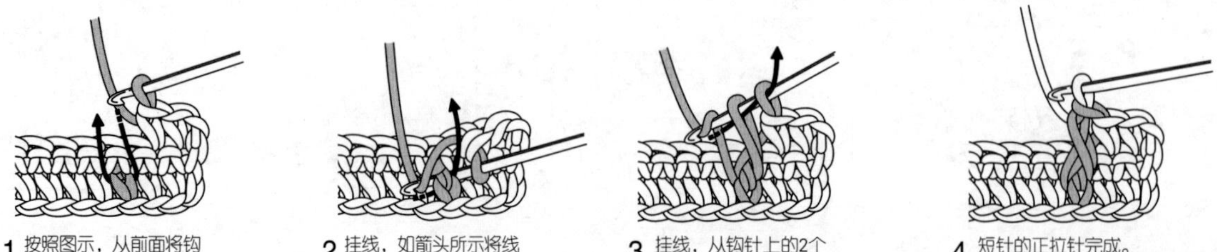

1 按照图示，从前面将钩针完全插入下面2行的短针中。

2 挂线，如箭头所示将线长长地拉出。

3 挂线，从钩针上的2个线圈中引拔出。

4 短针的正拉针完成。

前身片的花片布局图（反面）

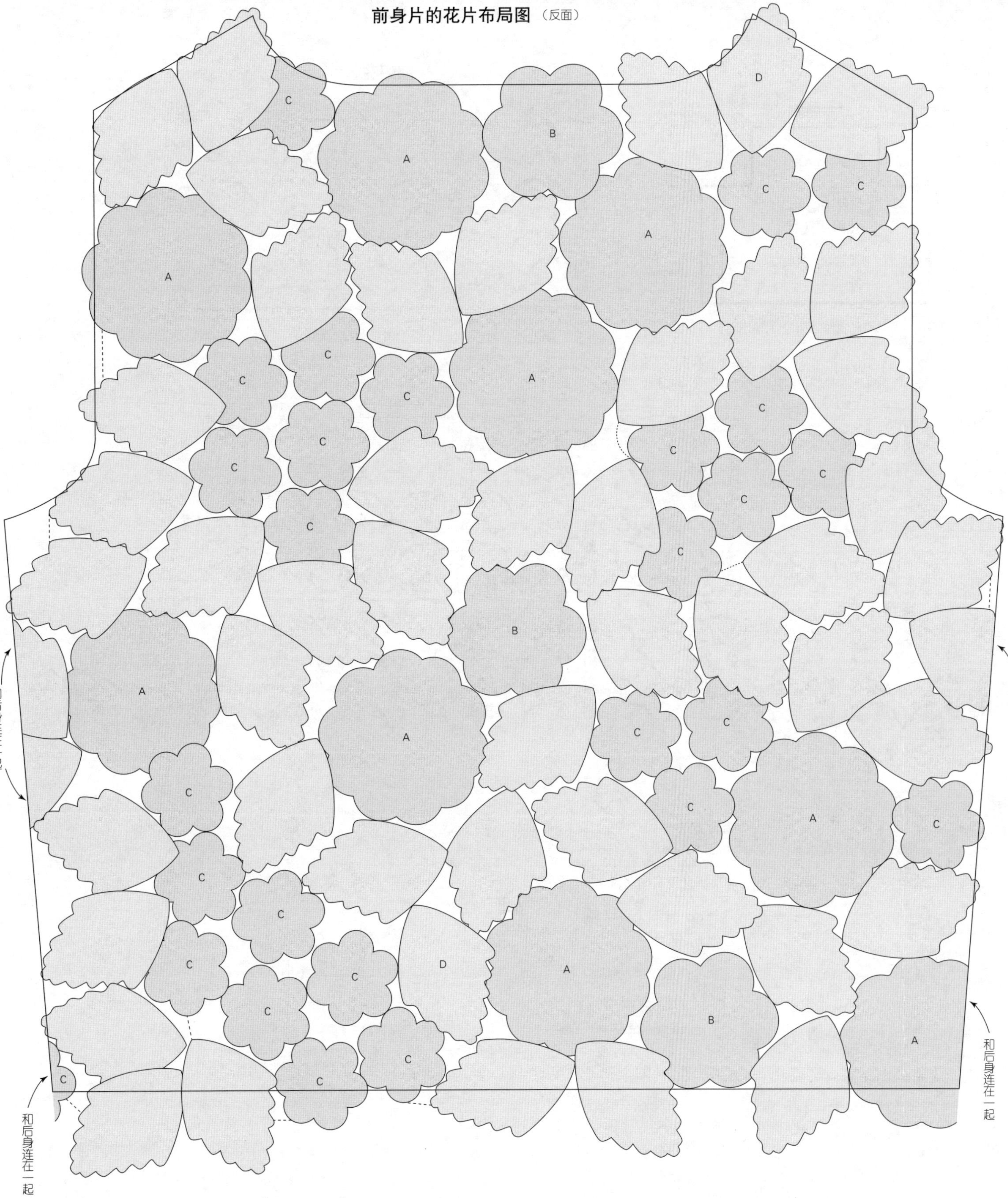

中长针的正拉针

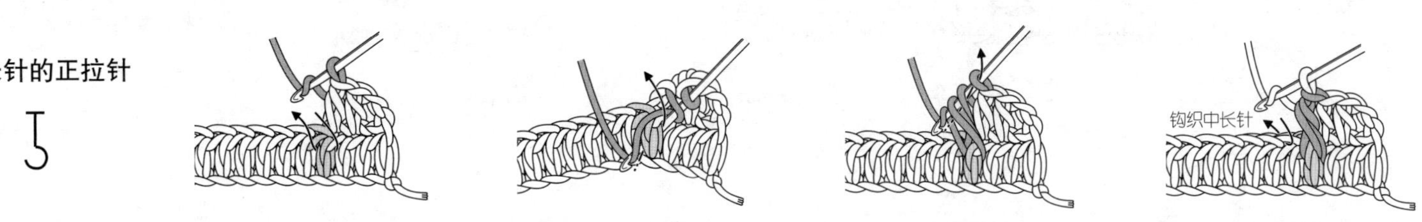

1 钩针挂线，从前面将钩针插入前1行的中长针的底部，全部挑起来。

2 钩针挂线并拉出较长的线。

3 再次钩针挂线，从钩针上的3个线圈中一次性引拔出。

4 跳过1针钩织下一针中长针。中长针的正拉针完成。

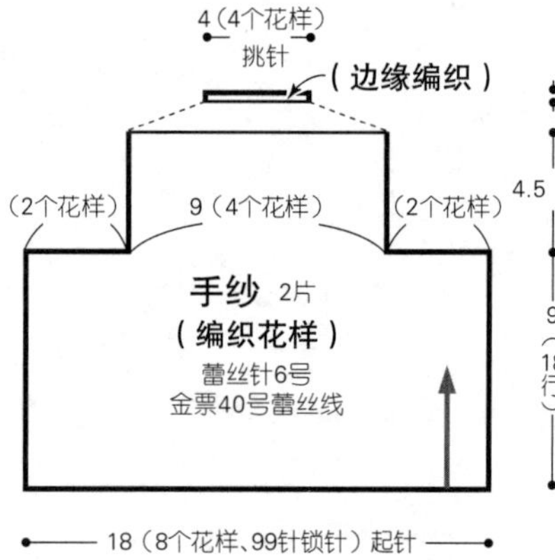

编织花样

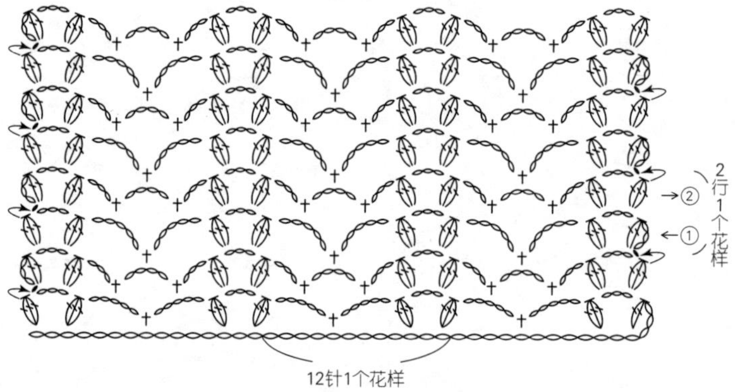

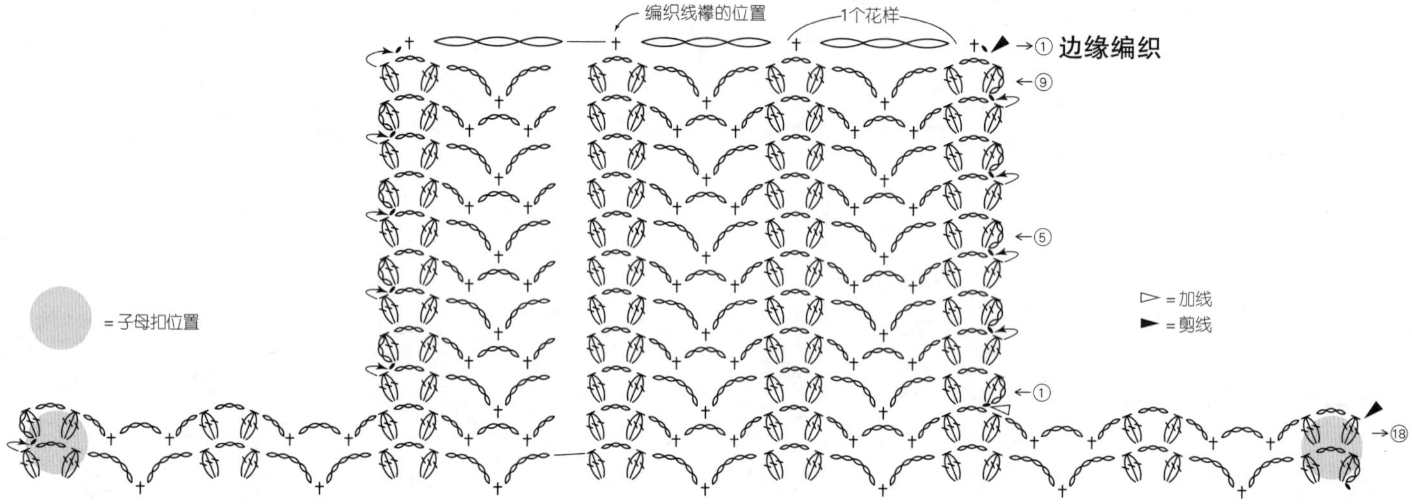

组合方法

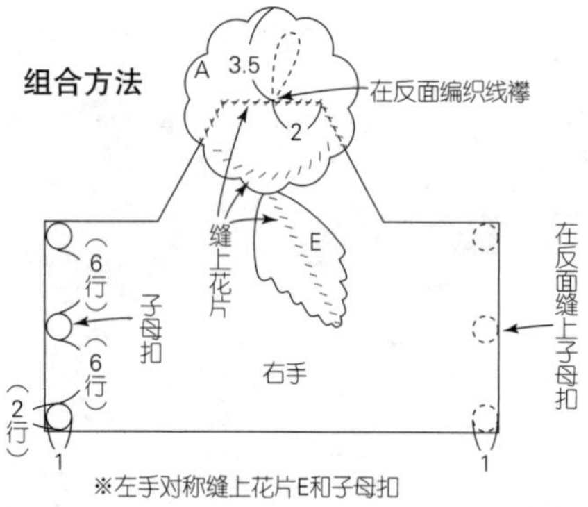

※左手对称缝上花片E和子母扣

线襻 2条

蕾丝针0号 Emmy Grande线

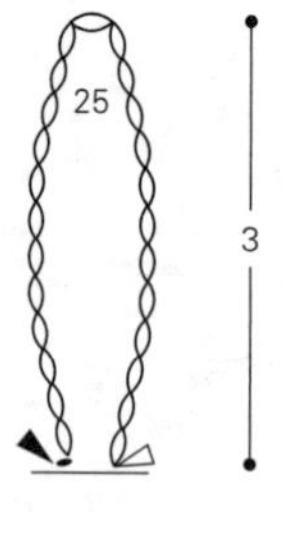

短针的菱形针

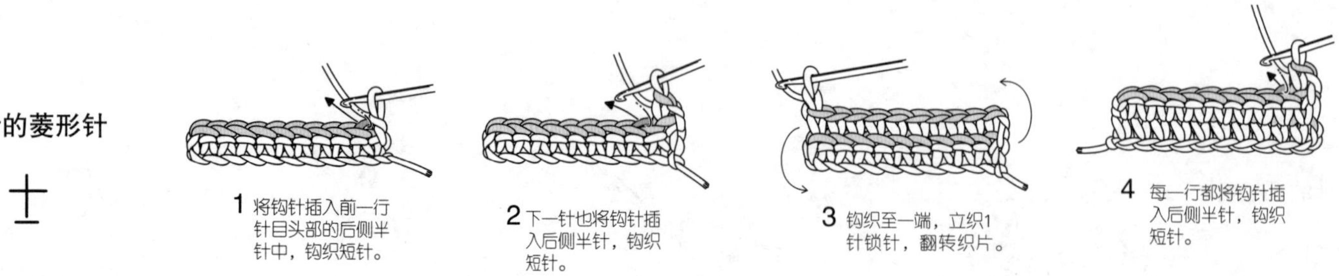

1 将钩针插入前一行针目头部的后侧半针中，钩织短针。

2 下一针也将钩针插入后侧半针，钩织短针。

3 钩织至一端，立织1针锁针，翻转织片。

4 每一行都将钩针插入后侧半针，钩织短针。

材料

奥林巴斯线 Emmy Grande 原白色(804) 265g/3团(每团100g)；直径13mm的纽扣1颗

工具

蕾丝针0号(制作花片中心的线环时，使用7mm、15号、10号棒针)

成品尺寸

胸围88cm，肩宽35cm，衣长44.5cm

编织密度

编织花样A、B均为1个花样1.6cm，10cm内16.5行；花片大小请参照图示

编织要点

●身片…锁针起针，做编织花样A、B。参照图示编织加、减针。参照图示把线劈开，将花片缝在指定位置。

●组合…肩部钩织引拔针和锁针接合，胁部钩织引拔针和锁针接合。下摆环形编织边缘编织A。衣领、袖窿做边缘编织B，后背开口处钩织短针。编织纽襻，缝上纽扣。

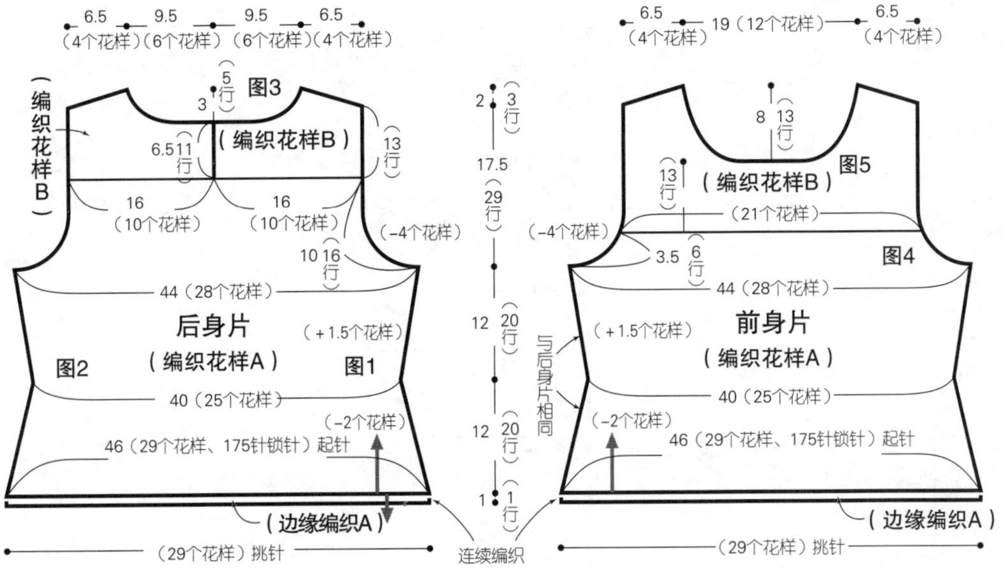

※ 全部使用蕾丝针0号钩织

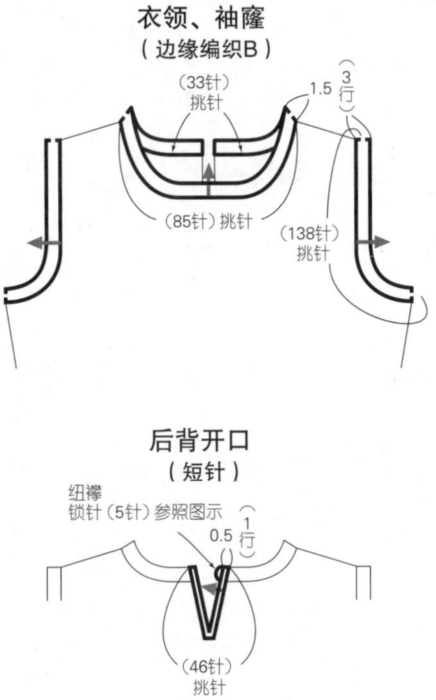

编织花样A

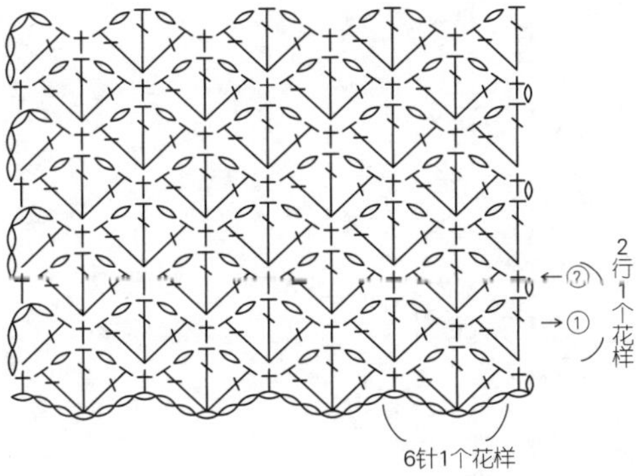

编织花样B

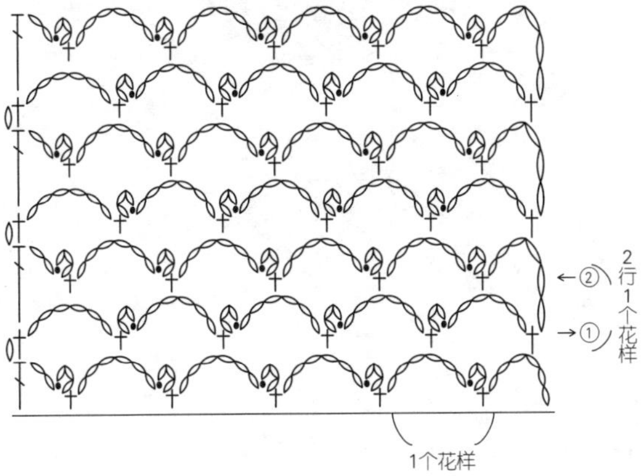

边缘编织A

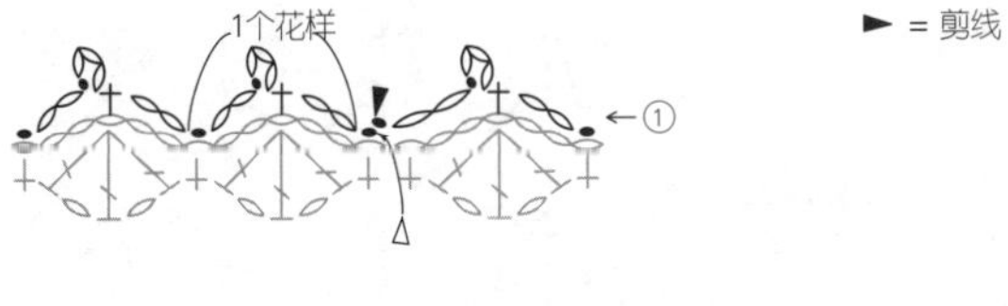

边缘编织B（衣领）

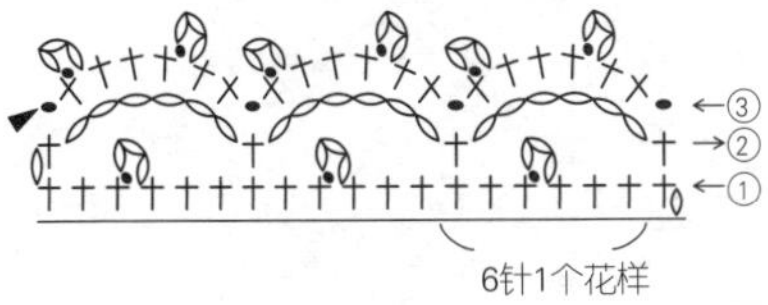

边缘编织B（袖窿）

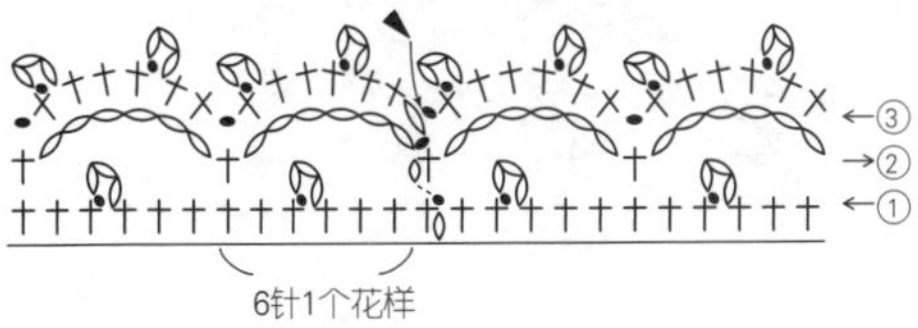

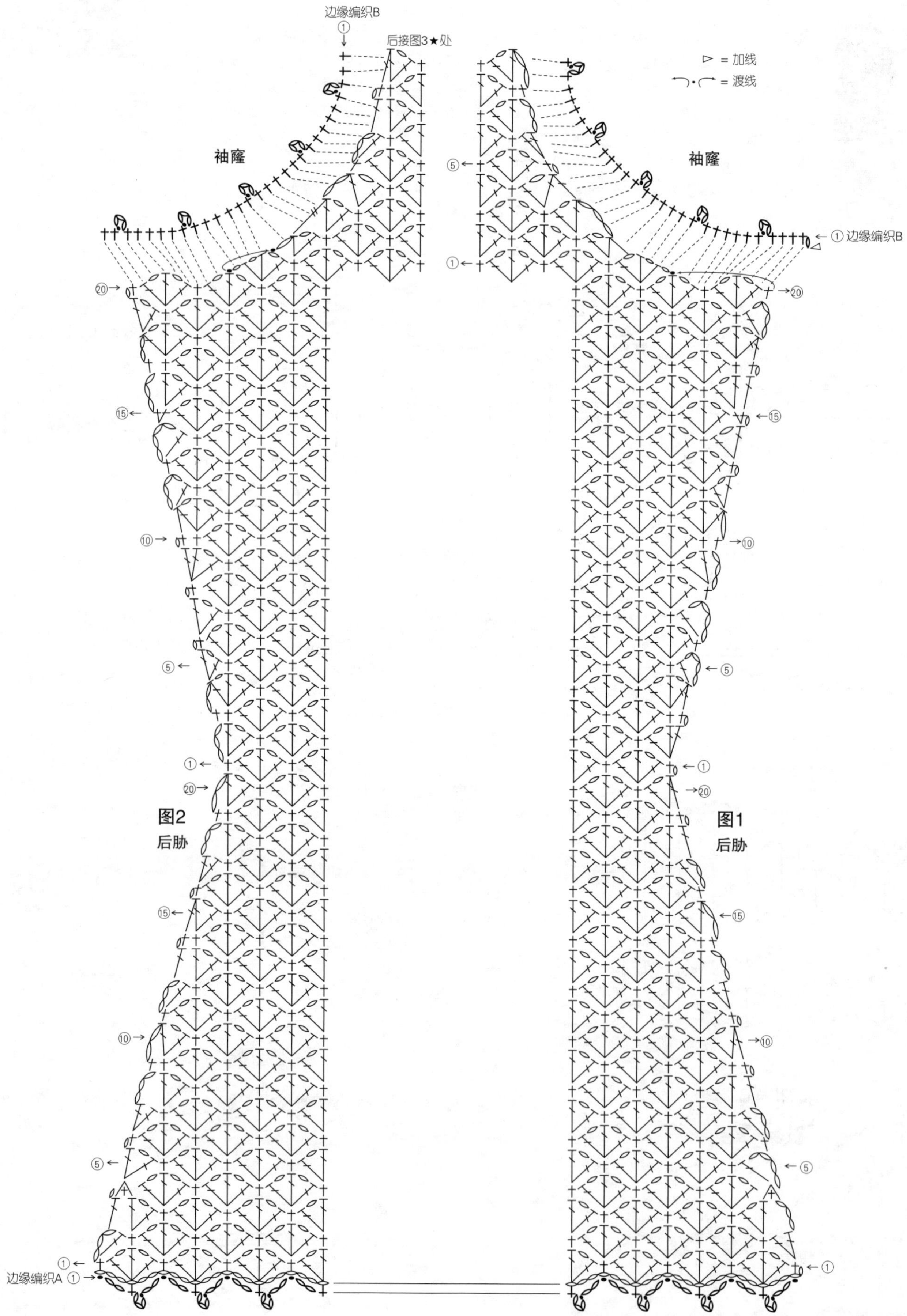

边缘编织B
后接图3★处
⊳ = 加线
= 渡线
袖窿
袖窿
① 边缘编织B
图2
后胁
图1
后胁
边缘编织A ①

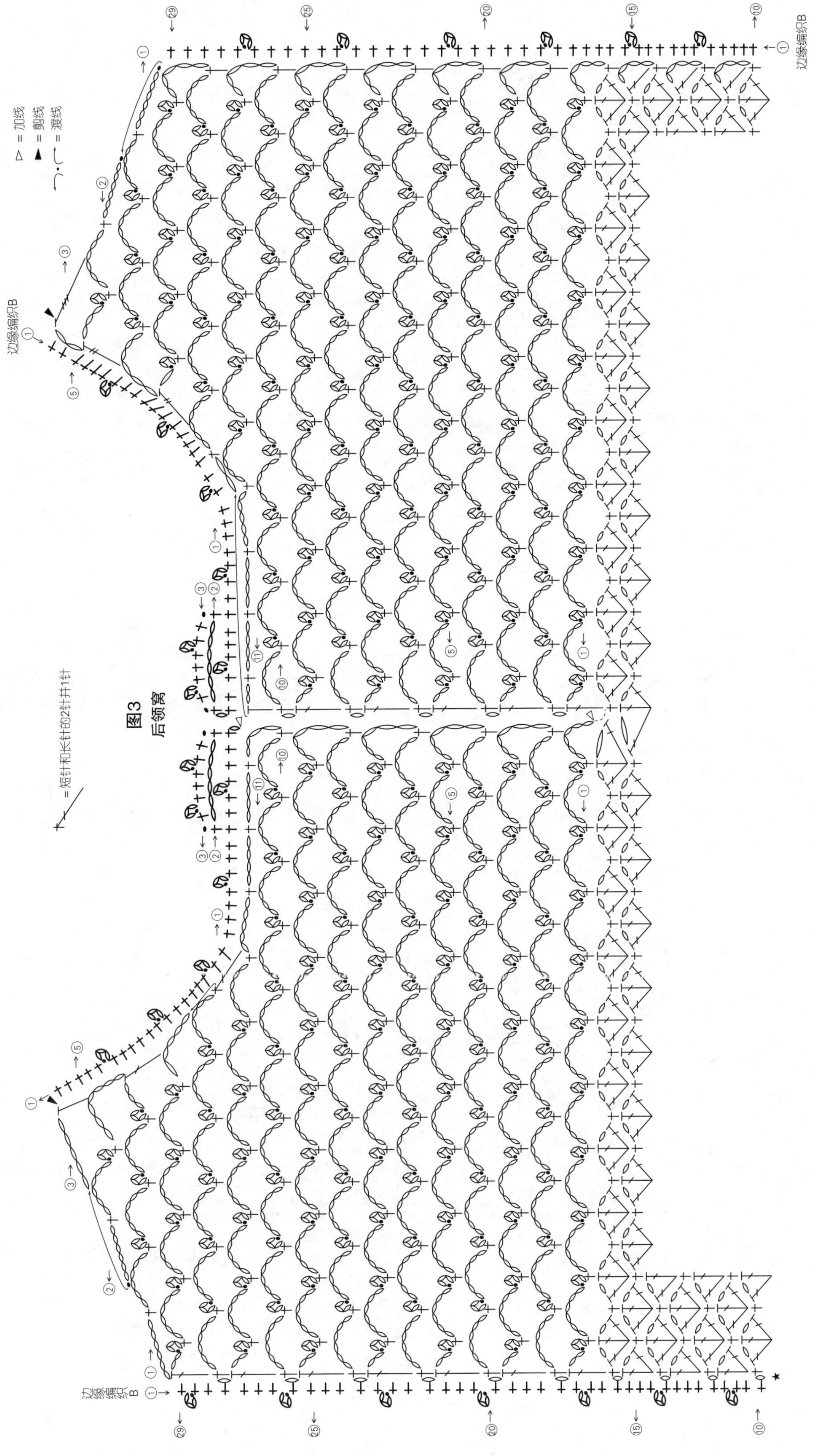
图3
后领窝
= 加线
= 剪线
= 渡线
= 短针和长针的2针并1针
边缘编织B

后背开口的钩织方法

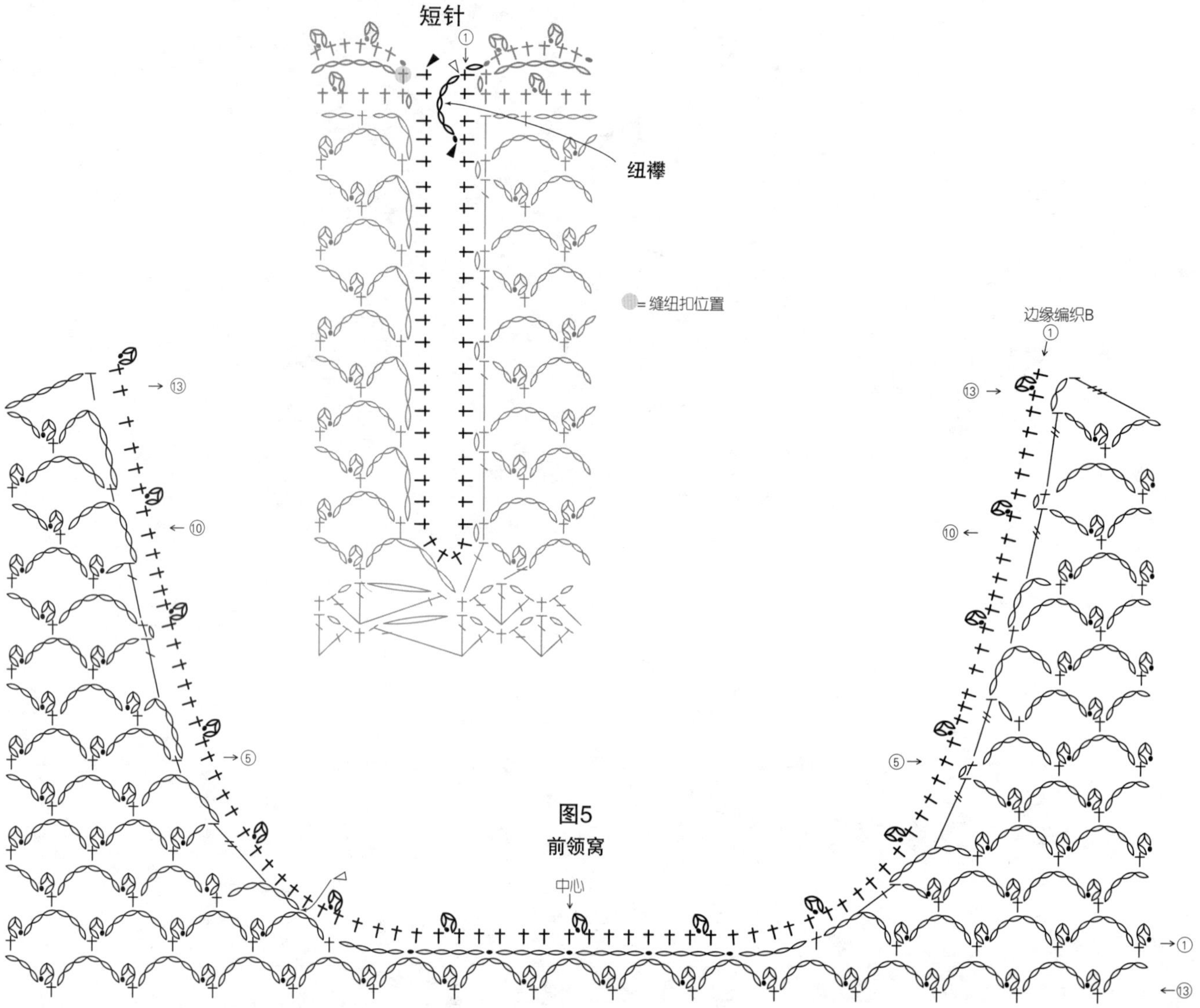

图5
前领窝

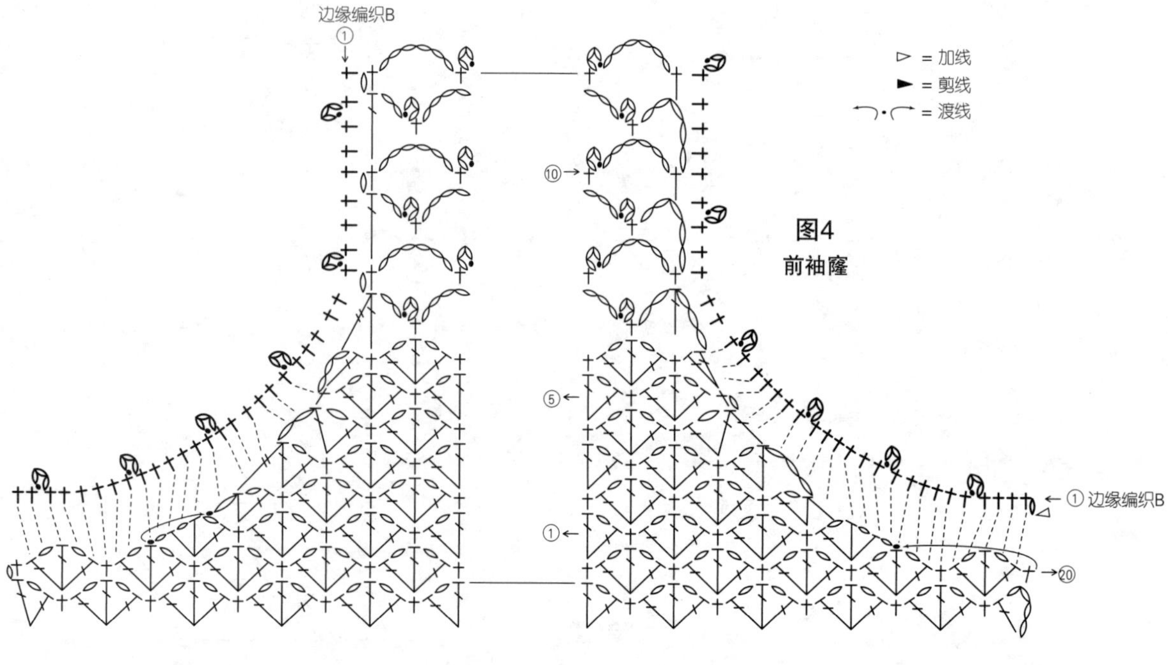

图4
前袖窿

花a 5片

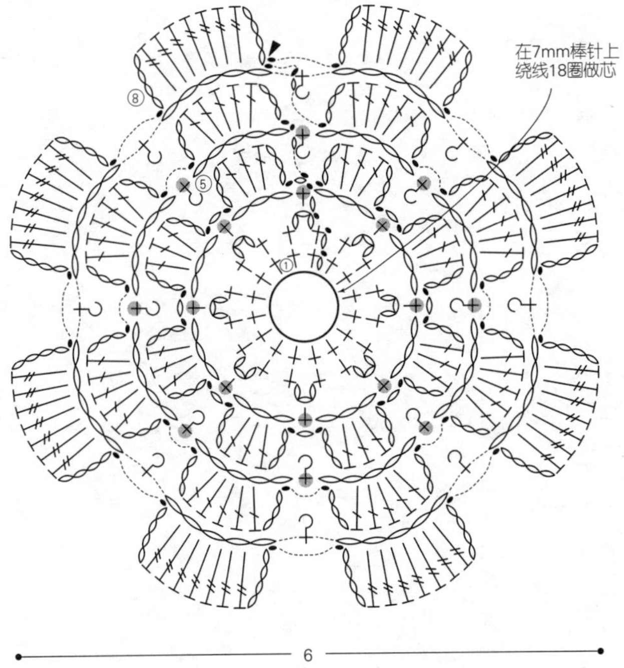

叶子a 13片

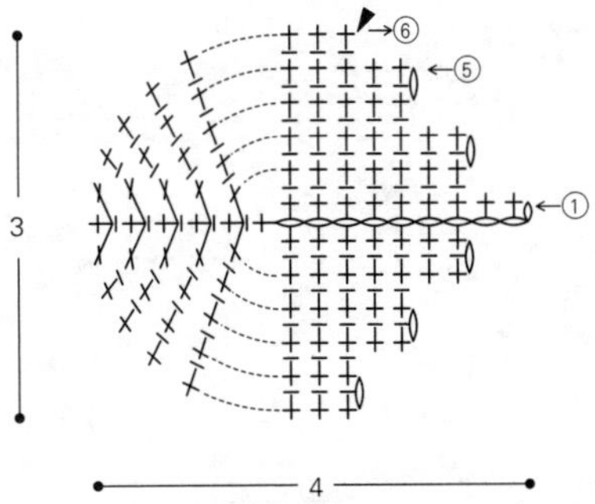

± = 短针的菱形针

※ 编织方法请参照98页

花c 6片

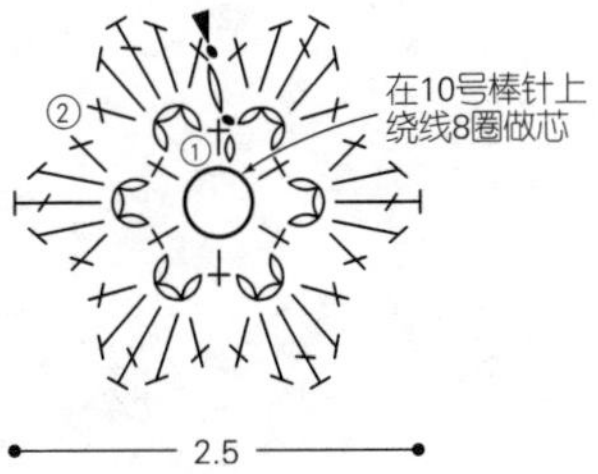

叶子b 25片（23片藤蔓通用）

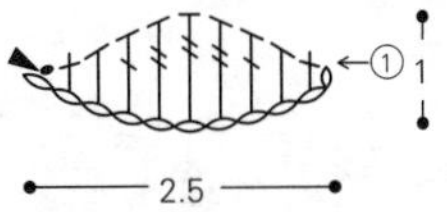

藤蔓d 1条

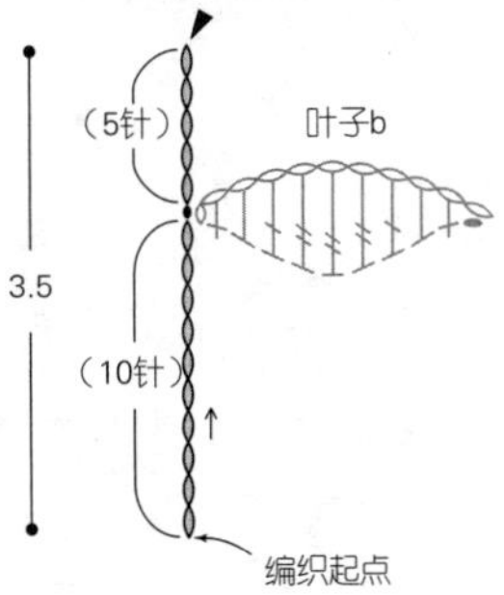

= 短针的反拉针（挑取前2行的 ● 处钩织）

※ 从反面钩织时钩织正拉针
（钩织方法请参照第131页）

▷ = 加线

◀ = 剪线

花b 8片

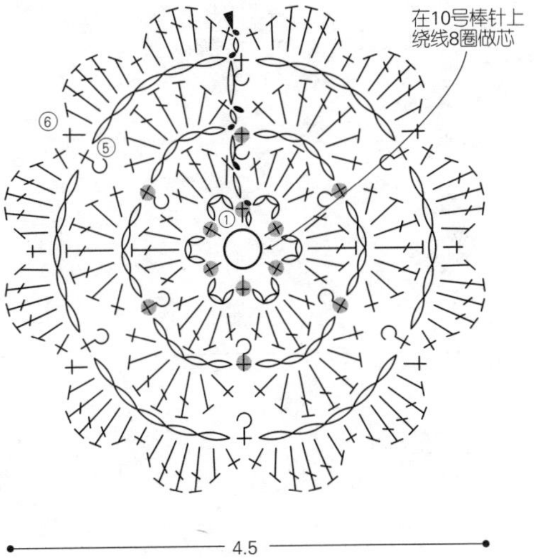

藤蔓a 1条

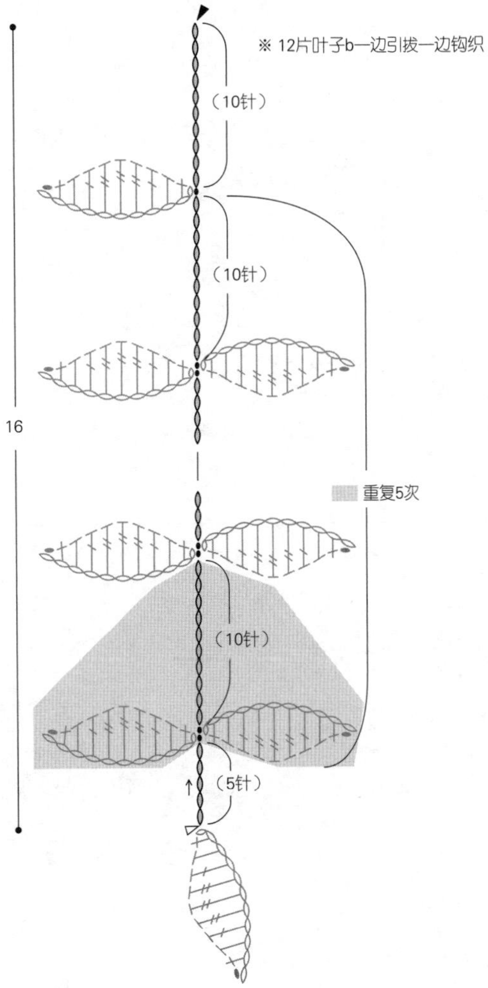

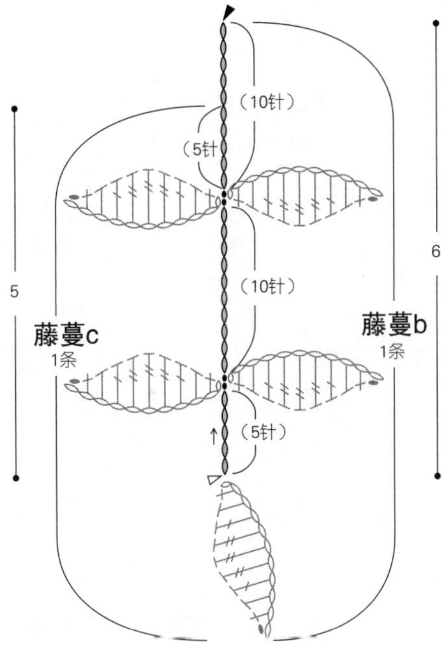

※ 5片叶子b一边引拔一边钩织

= 罗纹绳

罗纹绳

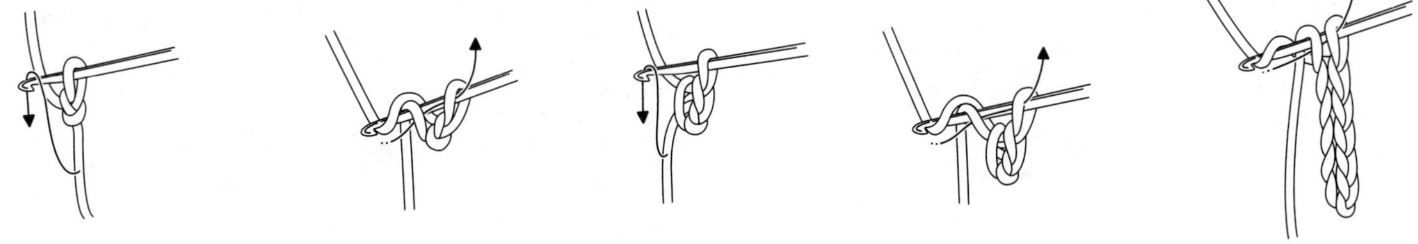

1 线头留所需罗纹绳长度的3倍，锁针起针钩织端头的针目。将线头从前向后挂在钩针上。

2 挂线，从钩针上的线头和1个线圈中引拔出。

3 第1针完成了。下一针将线头从前向后挂在钩针上。

4 从钩针上的线头和1个线圈中引拔出。

5 重复步骤3、4，最后引拔出锁针。

花d 16片

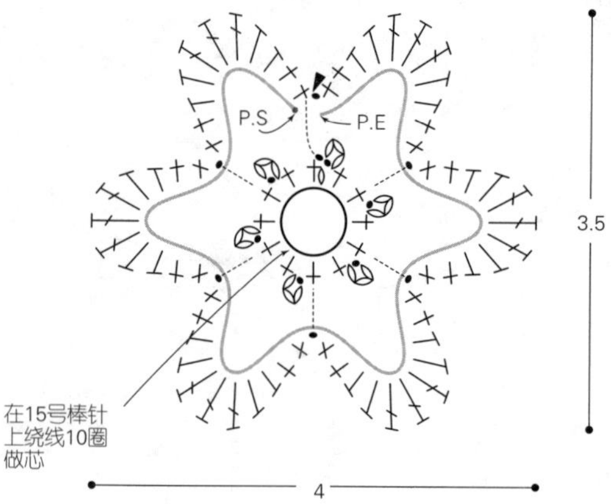

=芯线取90cm共线折2次

叶子c 48片（花e、花f使用）

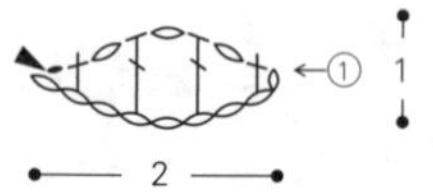

P.S = 芯线起点

P.E = 芯线终点

► = 剪线

花e 6片

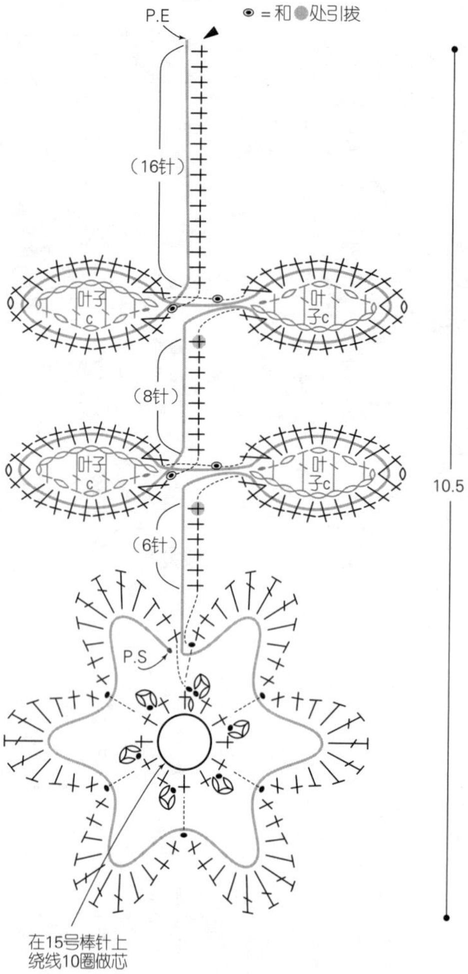

=芯线取190cm共线折2次

花f 12片

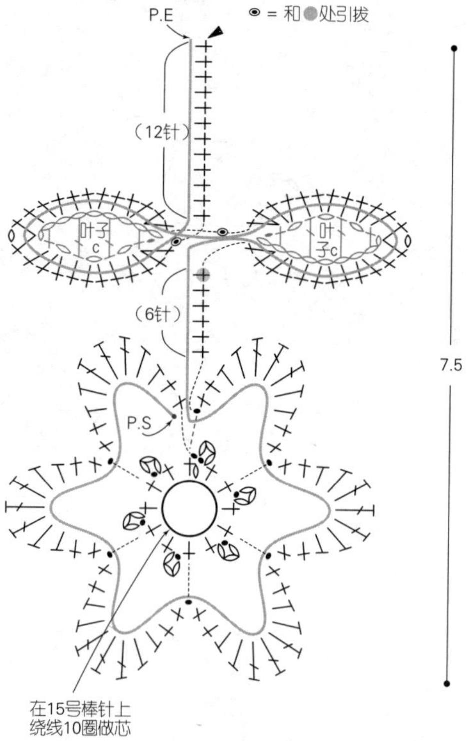

=芯线取120cm共线折2次

滑针（1行的情况）

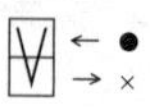

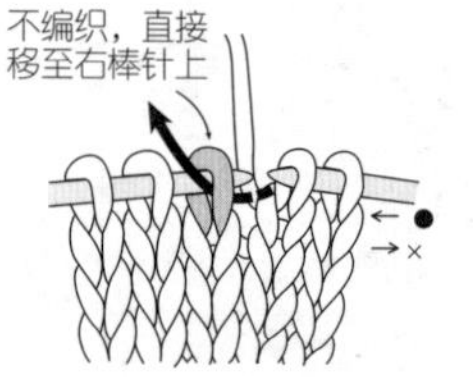

1 ×行为下针的状态。●行将线放在后侧，左棒针上的针目直接移至右棒针上。

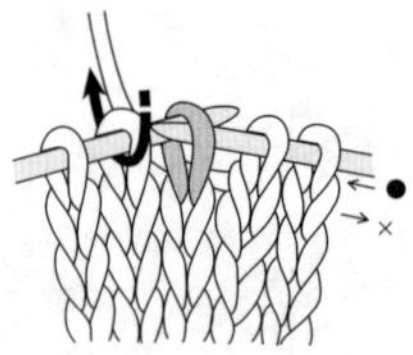

2 下一针按照图示入针，编织下针。

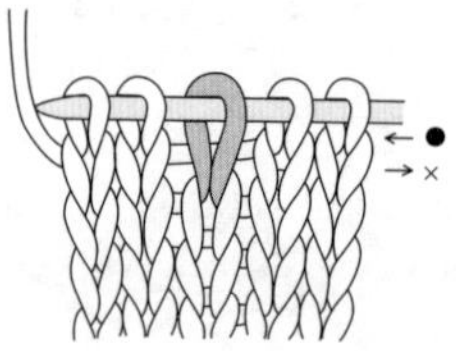

3 滑针（1行的情况）完成。

上针的滑针（1行的情况）

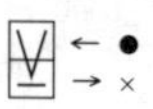

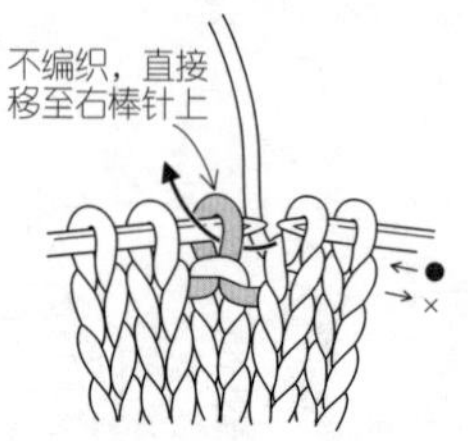

1 ×行为上针的状态。●行将线放在后侧，如箭头所示，插入右棒针。

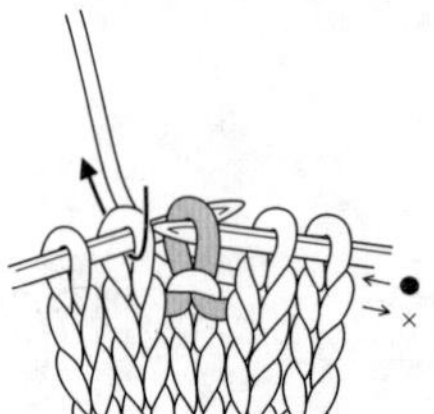

2 不编织，直接移至右棒针上。下一个针目编织下针。

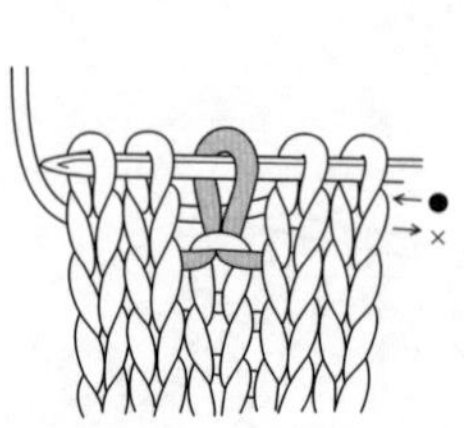

3 上针的滑针（1行的情况）完成。

花片布局图

布局好花片，疏缝固定，
然后劈开编织线缝合

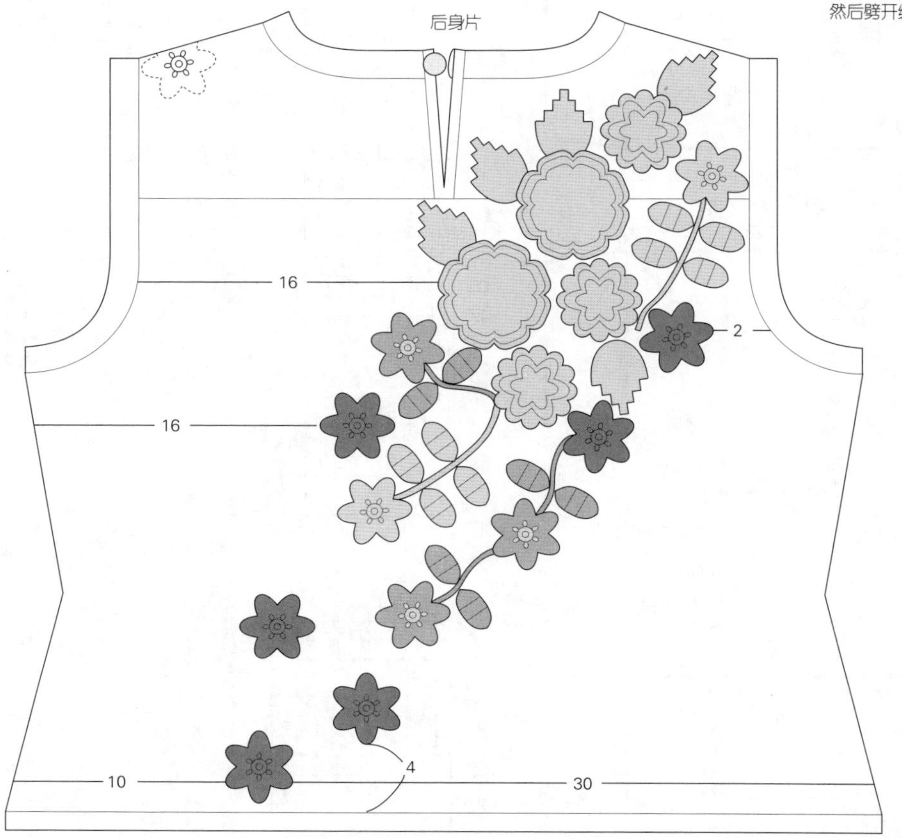

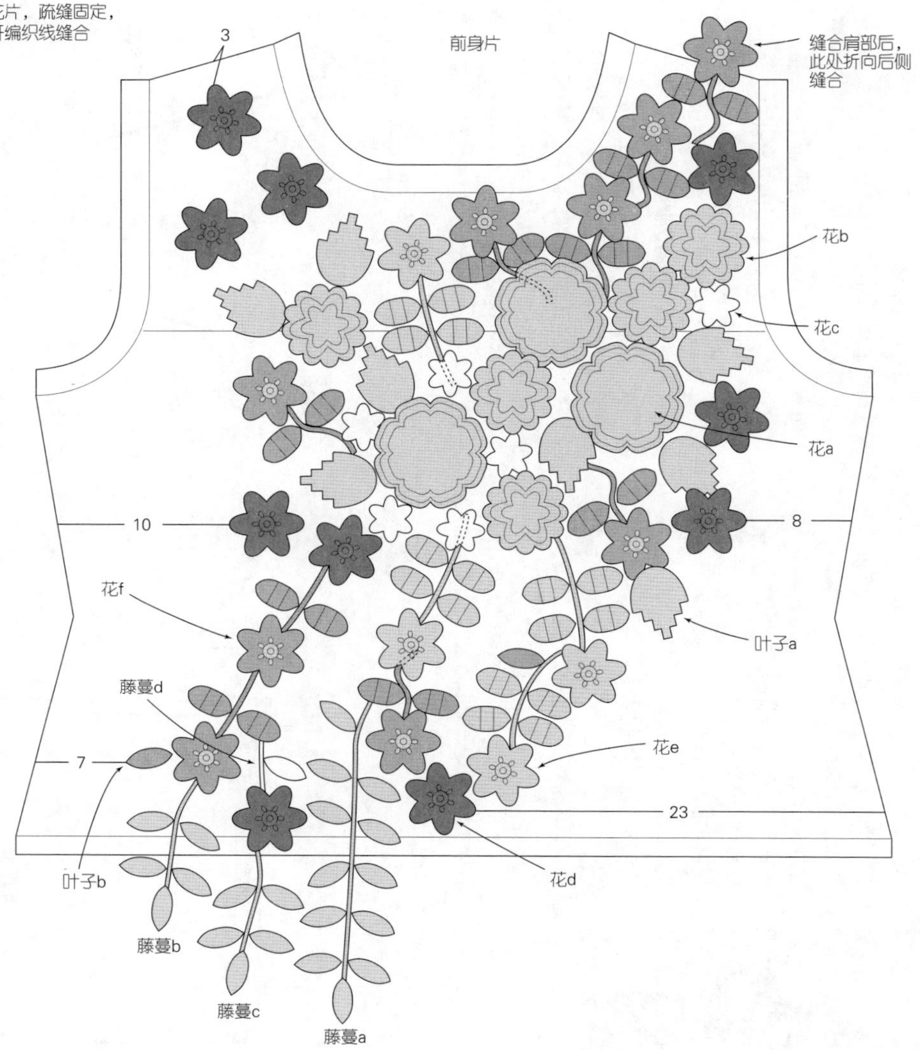

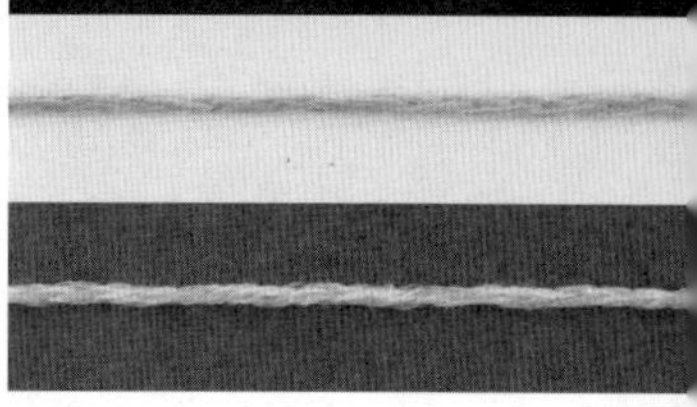

材料

奥林巴斯线 Royal Irish Linen 沙米色(3) 210g/9团；Silk Bijou Coucleur <Lame>浅蓝色(204) 25g/1团；边长15mm的移动环、方形环各1个

工具

棒针5号、4号、3号，钩针3/0号

成品尺寸

胸围106cm，肩宽43cm，衣长58cm

编织密度

10cm×10cm面积内：编织花样A 22针，32行

编织要点

●身片…另线锁针起针，做编织花样A。前身片下摆参照图示做往返编织。减针时，2针以上时做伏针减针，1针时立起侧边1针减针。口袋处编入另线。下摆拆开锁针起针挑针，做编织花样B。前端减针时，立起侧边3针减针。编织终点做单罗纹针收针。口袋处拆开另线挑针，编织口袋内层。编织终点做伏针收针。

●组合…肩部做盖针接缝，胁部使用毛线缝针做挑针缝合。衣领、前门襟的编织起点和身片相同，编织单罗纹针。后腰带、袋口用手指起针，编织单罗纹针。编织终点做下针织下针、上针织上针的伏针收针。参照图示缝合衣领、前门襟和袋口。袖窿挑取指定数量的针目，环形编织单罗纹针。编织终点和下摆的处理方法相同。编织纽扣，和后腰带缝在后身片的指定位置。袋口装饰、领结系带和蝴蝶结中间带均用手指起针，领结锁针起针。领结各部件参照组合方法组合在一起。

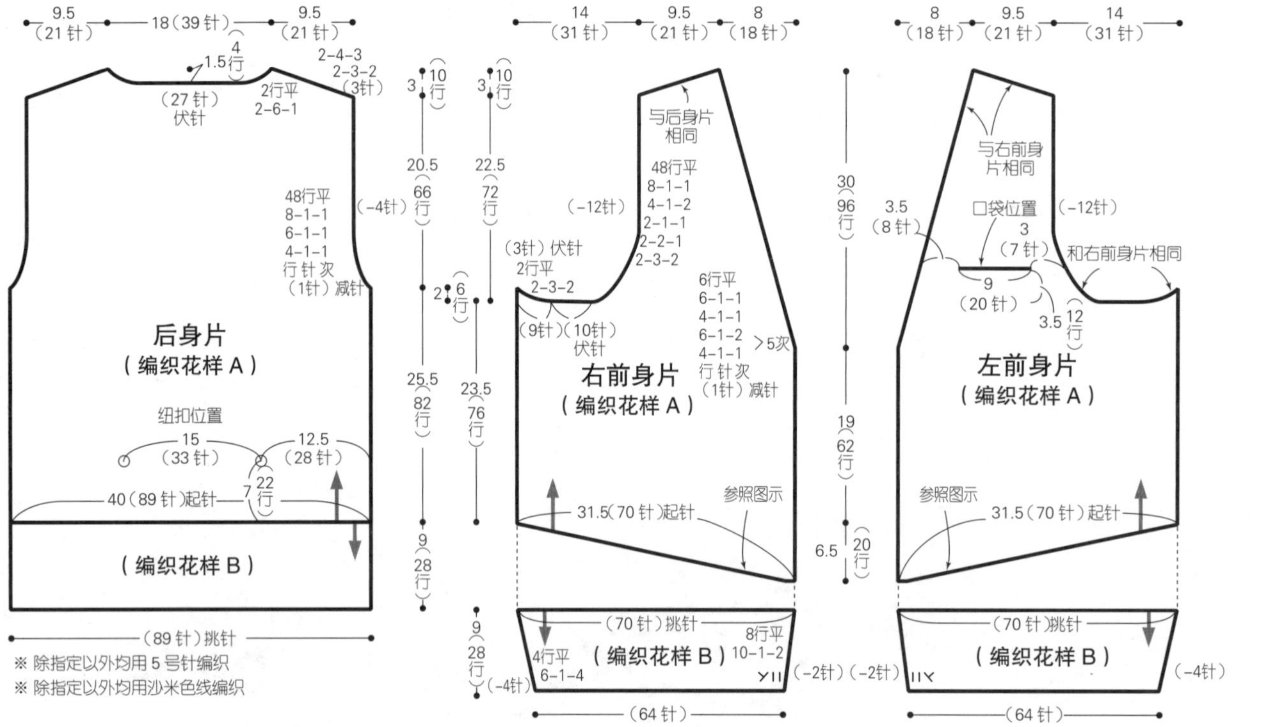

编织花样A

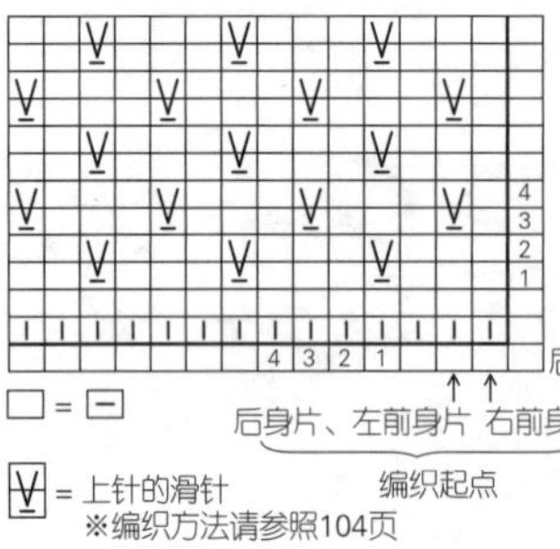

编织花样B

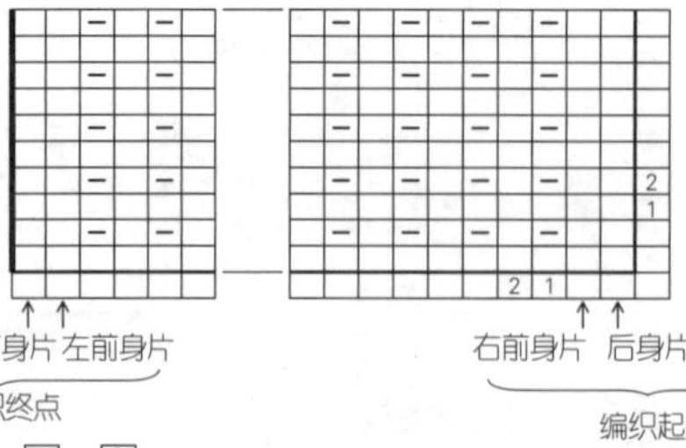

纽扣

7颗
3/0号针 浅蓝色

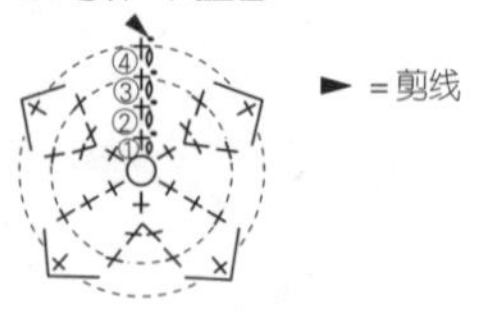

※将线头塞到里面，最终行穿线并收紧

后腰带

(单罗纹针)
3号针

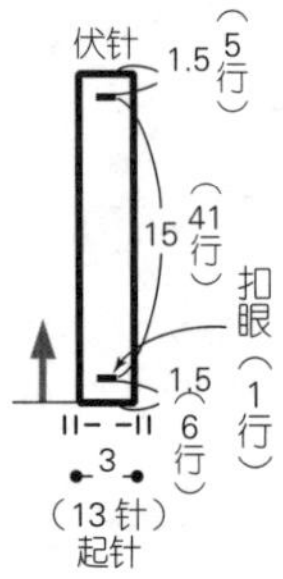

袋口装饰

4号针 浅蓝色

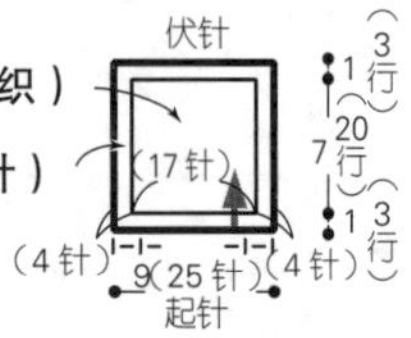

袋口

(单罗纹针)
3号针

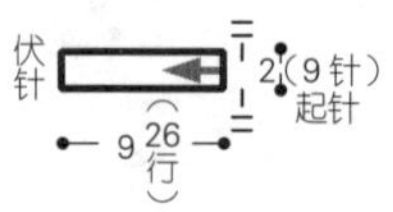

口袋内层

(下针编织)

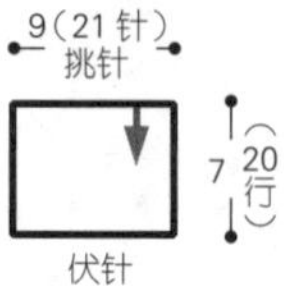

右前身片下摆的编织方法

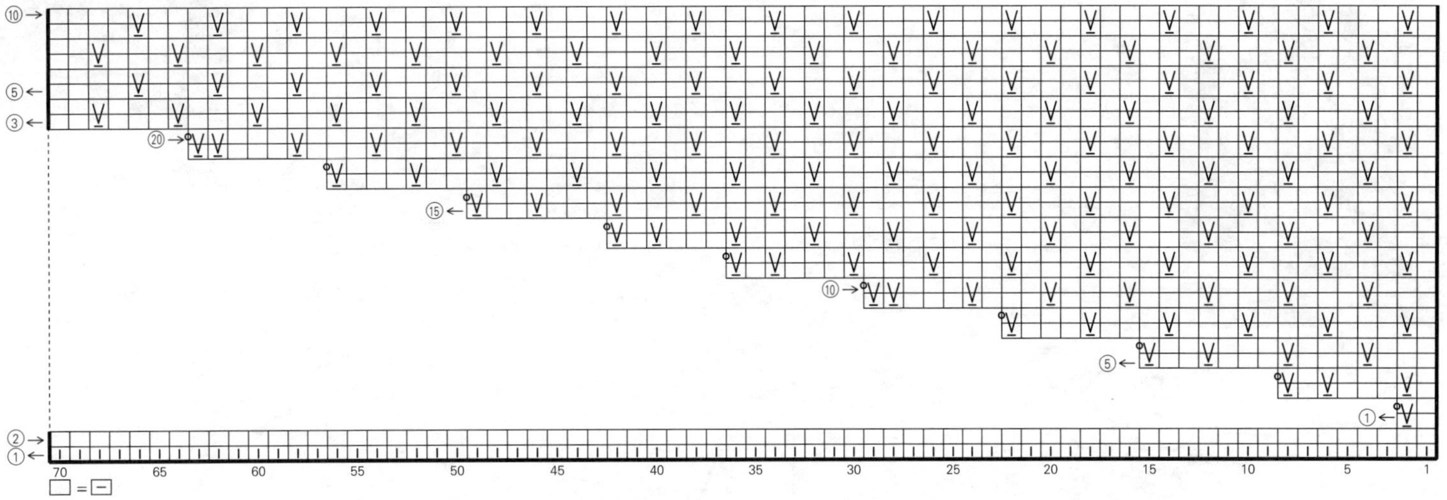

左前身片下摆的编织方法

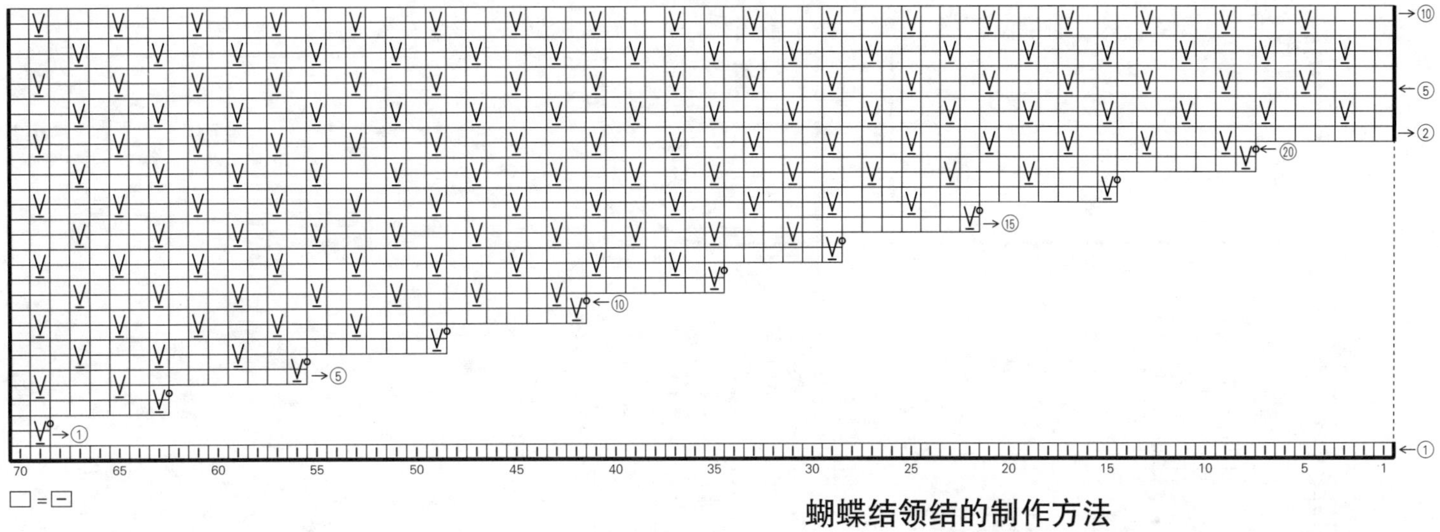

衣领、前门襟、袖窿

（单罗纹针）3号针

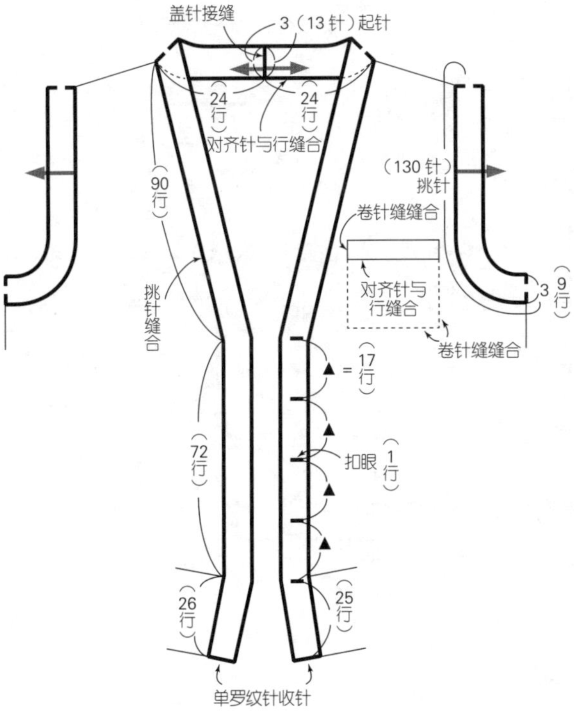

扣眼（左前门襟、后腰带）

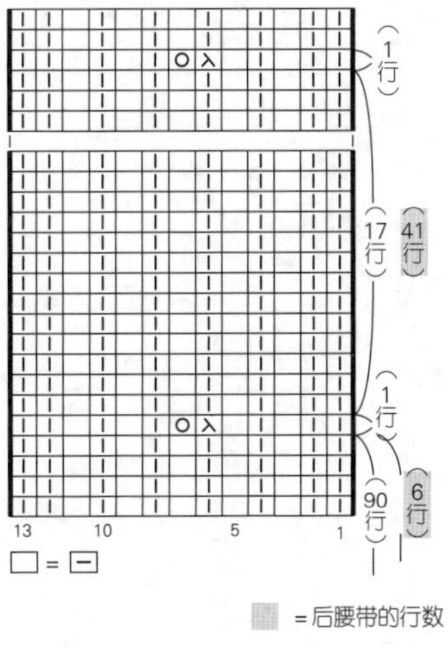

▒ = 后腰带的行数

蝴蝶结领结的制作方法

蝴蝶结用带

（编织花样C）

3/0号针 浅蓝色

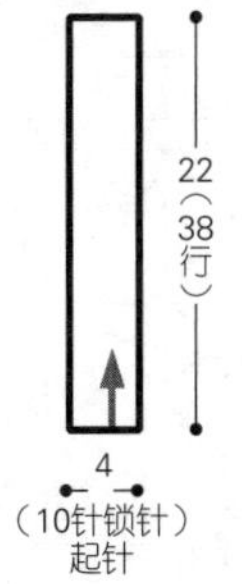

领结系带

（单罗纹针）

3号针 浅蓝色

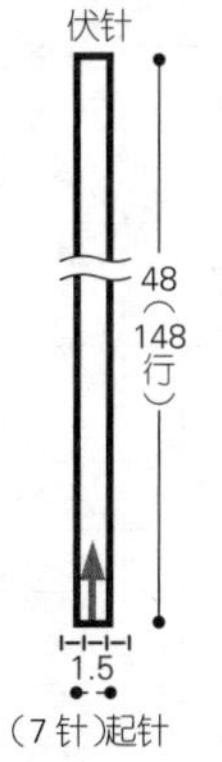

蝴蝶结中间带

（单罗纹针）

3号针 浅蓝色

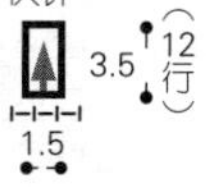

编织花样C

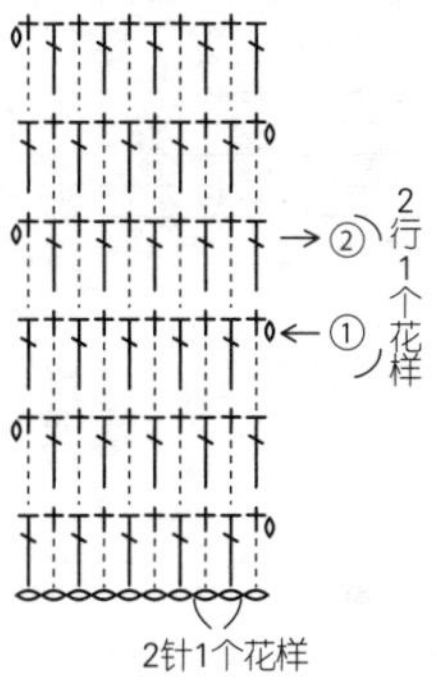

组合方法

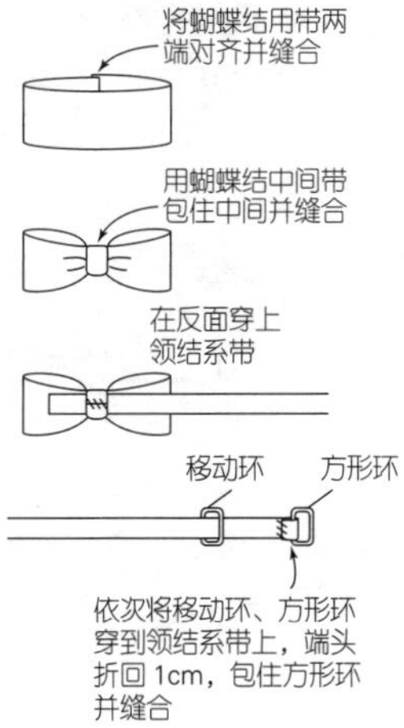

材料

奥林巴斯线 Silk & Linen Chiffon 原白色(1) 210g/7团

工具

棒针4号、2号，钩针2/0号

成品尺寸

胸围92cm，肩宽32cm，衣长42.5cm，袖长23cm

编织密度

10cm×10cm面积内：编织花样28针，35行

编织要点

●身片、袖…手指起针，做编织花样。参照图示编织加、减针。

●组合…肩部做盖针接缝，胁部使用毛线缝针做挑针缝合。下摆、前边缘、衣领和袖口挑取指定数量的针数，休针。边缘编织另线锁针起针，一边和休针用2针并1针的方法连接，一边编织。编织终点休针，和编织起点做下针的无缝缝合。袖下使用毛线缝针做挑针缝合。袖山折出褶皱，钩织引拔针接合。

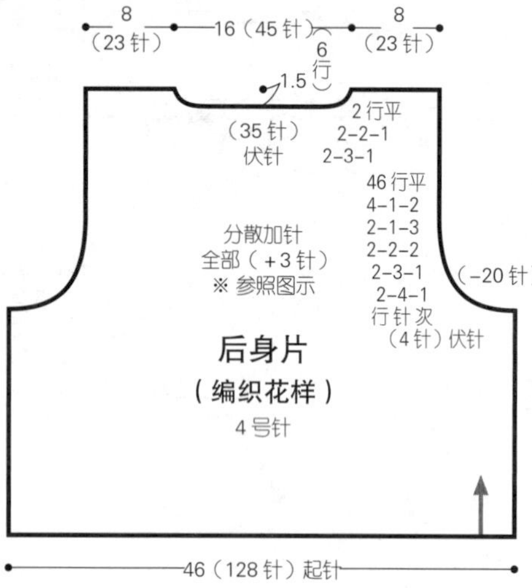

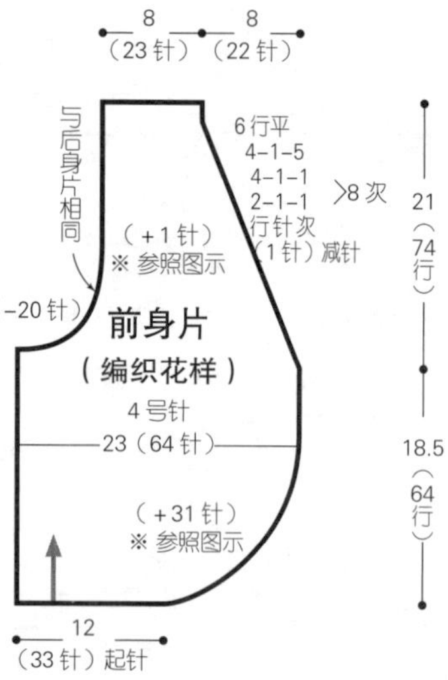

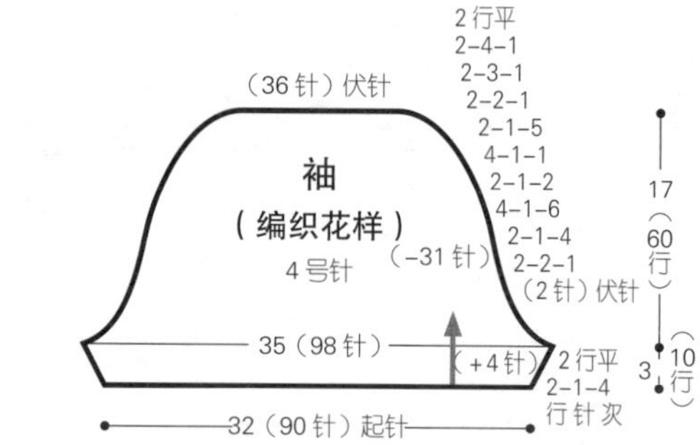

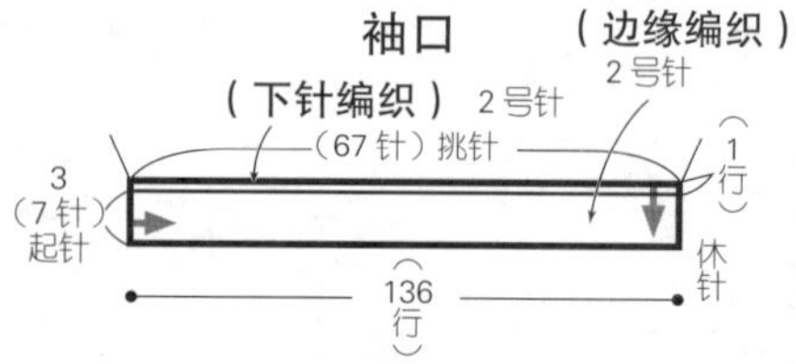

※从袖挑取指定数量的针目休针，一边做边缘编织，一边编织2针并1针

编织花样

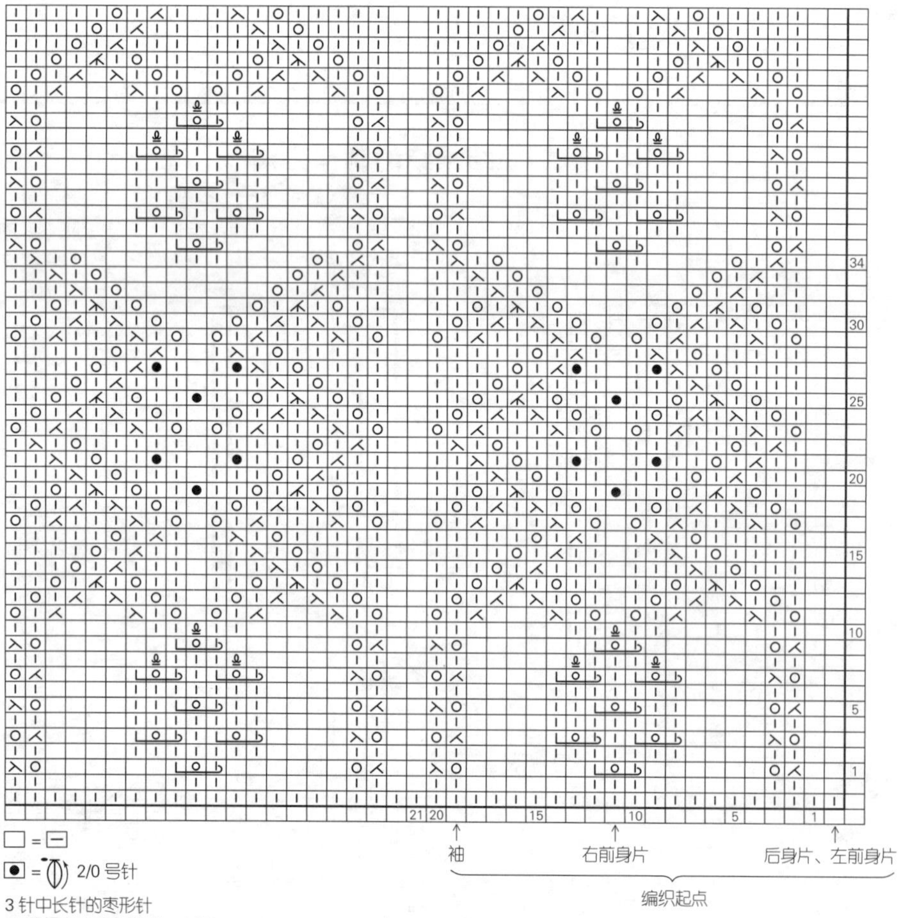

□=⊟

●=2/0号针

3针中长针的枣形针

※编织方法请参照第110页

=穿过左针的盖针

※编织方法请参照第109页

从反面编织时

⋝=上针的右上2针并1针

⋜=上针的左上2针并1针

袖山的褶皱

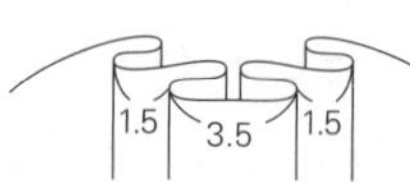

下摆、前边缘、衣领

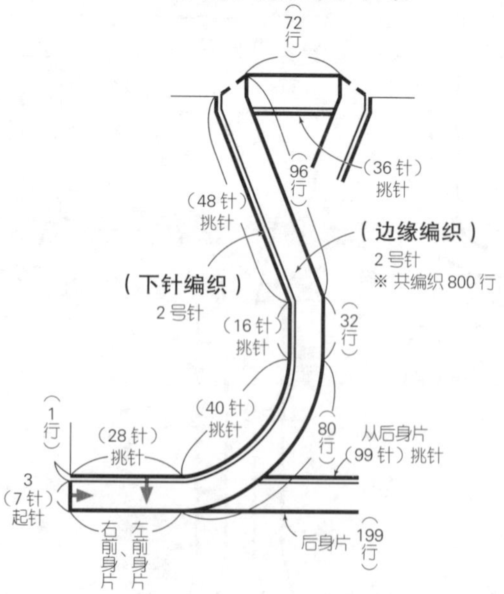

※从身片挑取指定数量的针目休针，一边做边缘编织，一边编织2针并1针

后领窝的编织方法

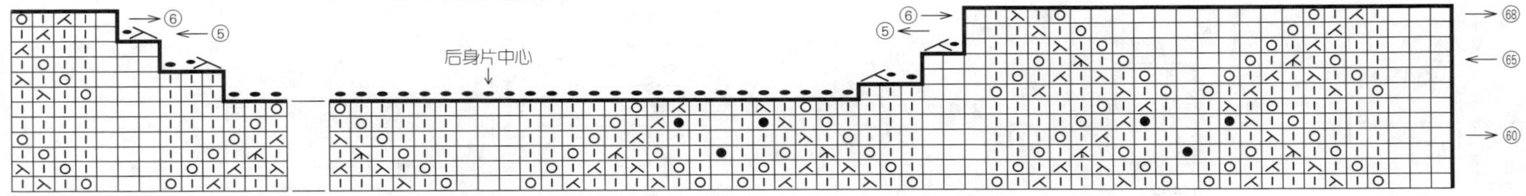

□ = ⊟

边缘编织

一边做1行起针，一边和编织起点侧做下针的无缝缝合

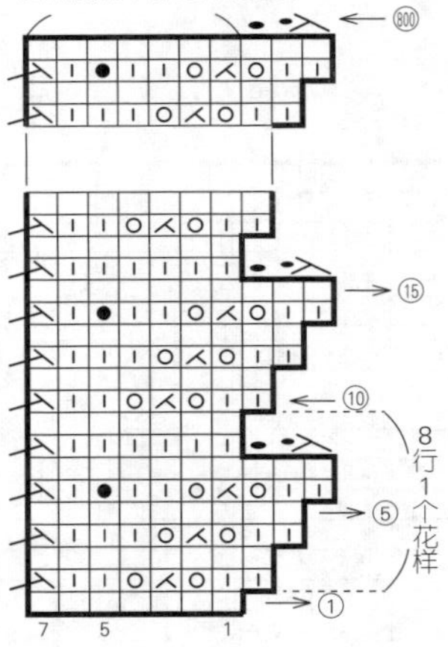

□ = ⊟

⋏ = 下针编织和2针并1针

● = 2/0号针

后袖窿和分散加针

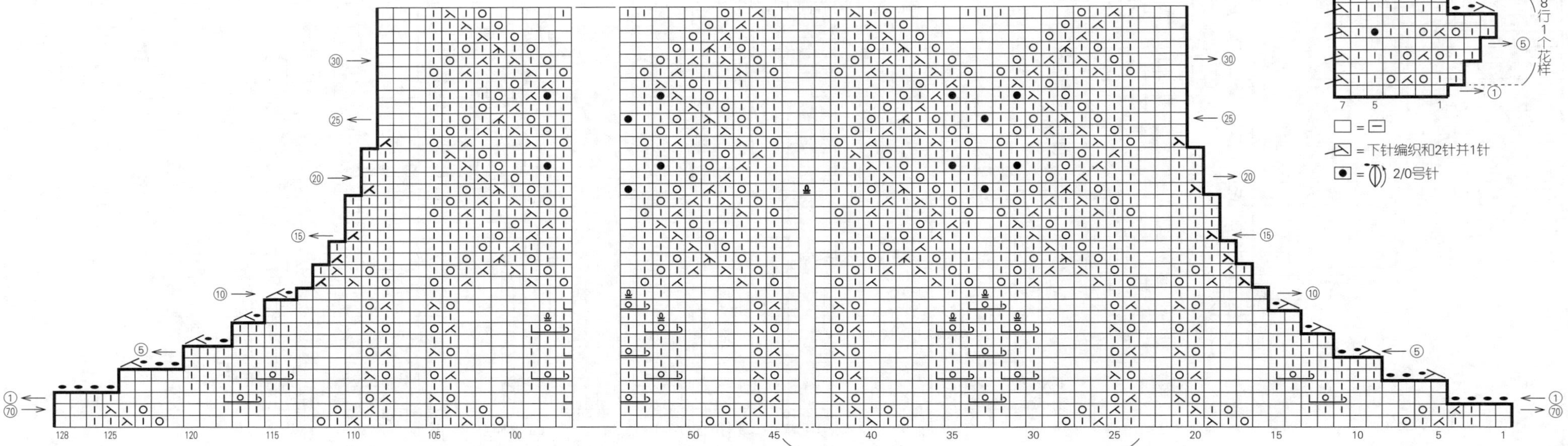

□ = ⊟

● = 2/0号针

♀ = 上针的扭加针

⌊O⌋ = 穿过左针的盖针

穿过左针的盖针
（铜钱花）（3针的情况）

1 如箭头所示，右棒针插入左棒针的第3针中，盖住右侧的2针。

2 右棒针从织片前面插入左棒针右侧的针目中，编织下针。

3 挂针，右棒针插入左侧的针目中，编织下针。

4 穿过左针的盖针（3针的情况）完成。

3针中长针的枣形针

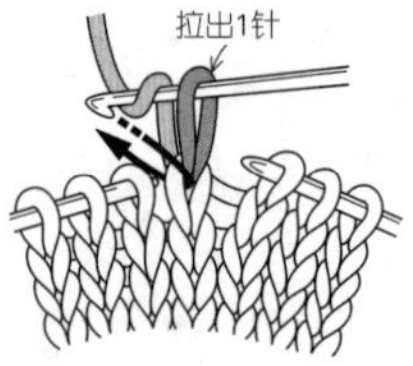

1 从前面入针，在针上挂线后拉出枣形针大小的长度，再次挂线后插入同一针目中。

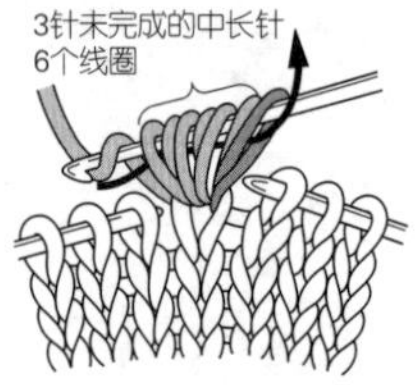

2 重复3次“挂线、拉出”，然后再次挂线，一次性从针上所有的线圈中引拔出。

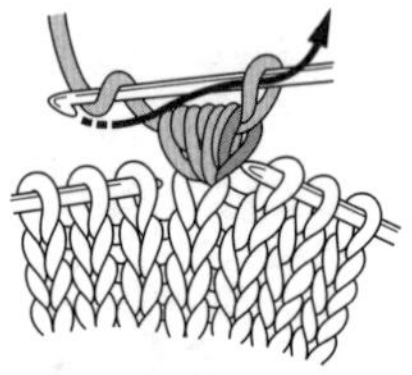

3 再一次钩针挂线，如箭头所示引拔并收紧针目。

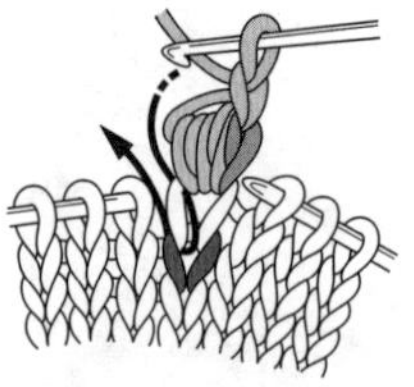

4 如箭头所示，从反面将钩针插入编织枣形针的针目下面一行的针目中。

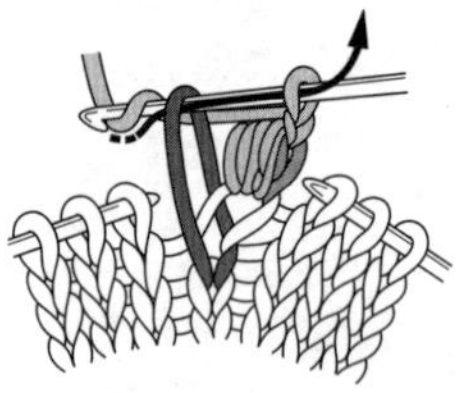

5 钩针挂线，一次性从2个线圈中引拔出，然后将针目移至右棒针上。

左前身片的编织方法

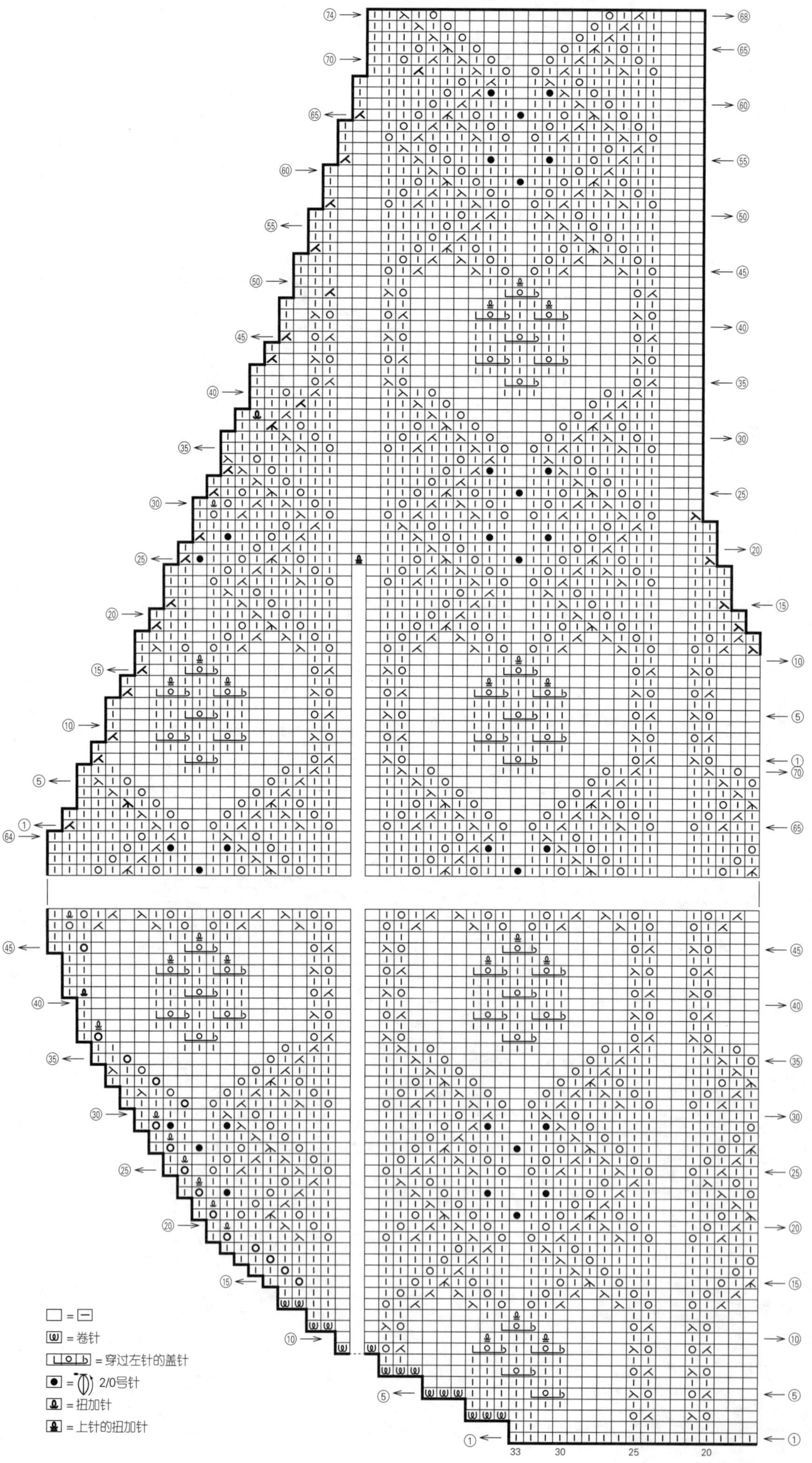

右前身片的编织方法

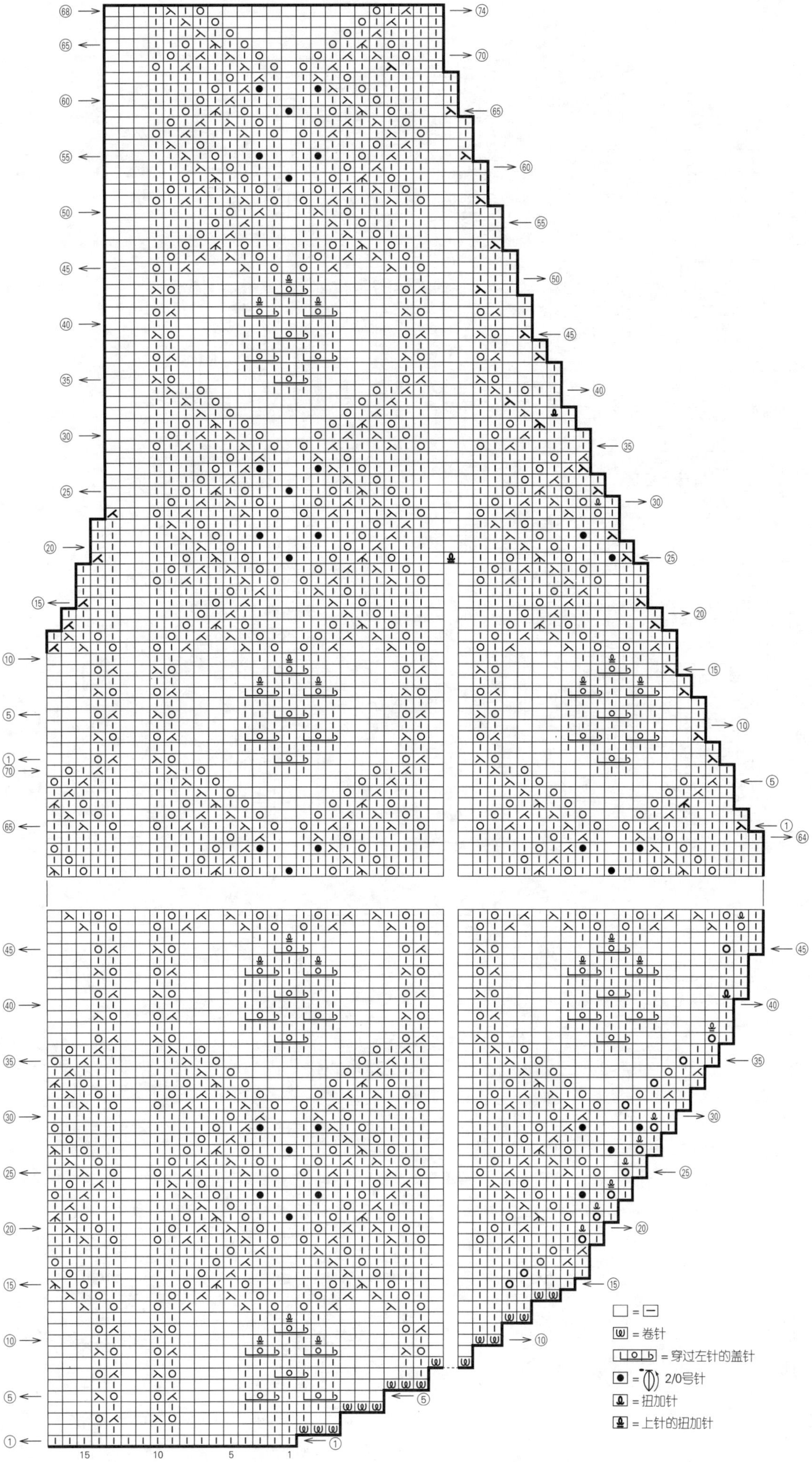

卷针加针（2针以上）

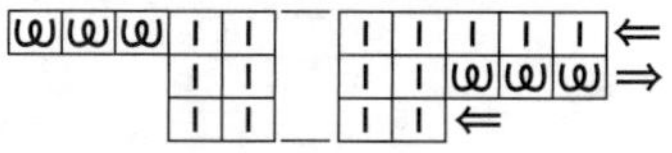

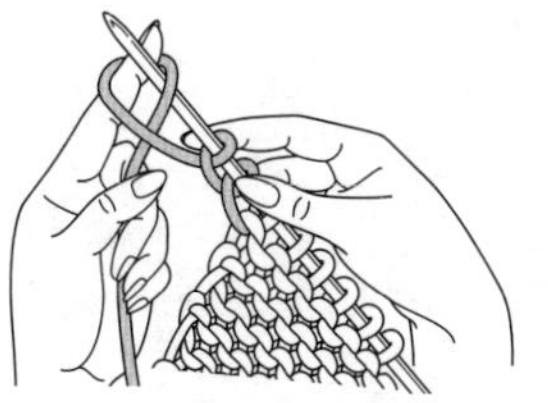

1 重复“食指挂线，插入棒针，抽出食指”至所要加针的针数。

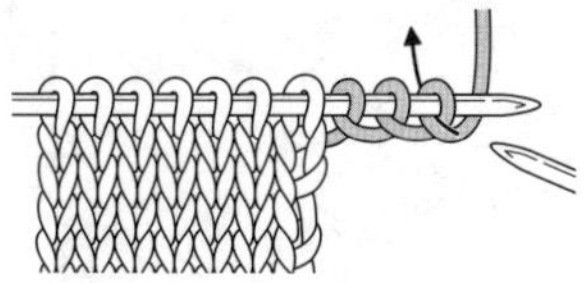

2 翻到正面，如箭头所示插入右棒针编织下针。剩下的2针也按照相同方法编织。

3 和步骤1相同，食指挂线，然后插入棒针。

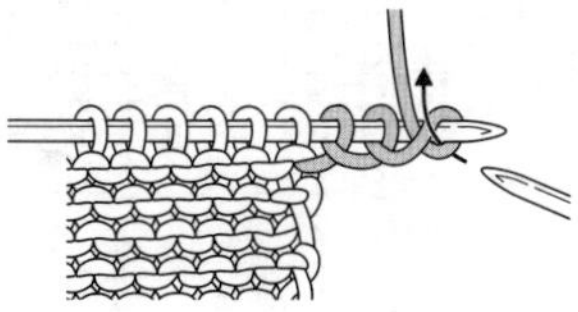

4 翻到反面，如箭头所示插入右棒针编织上针。剩下的2针也按照相同方法编织。

袖子的编织方法

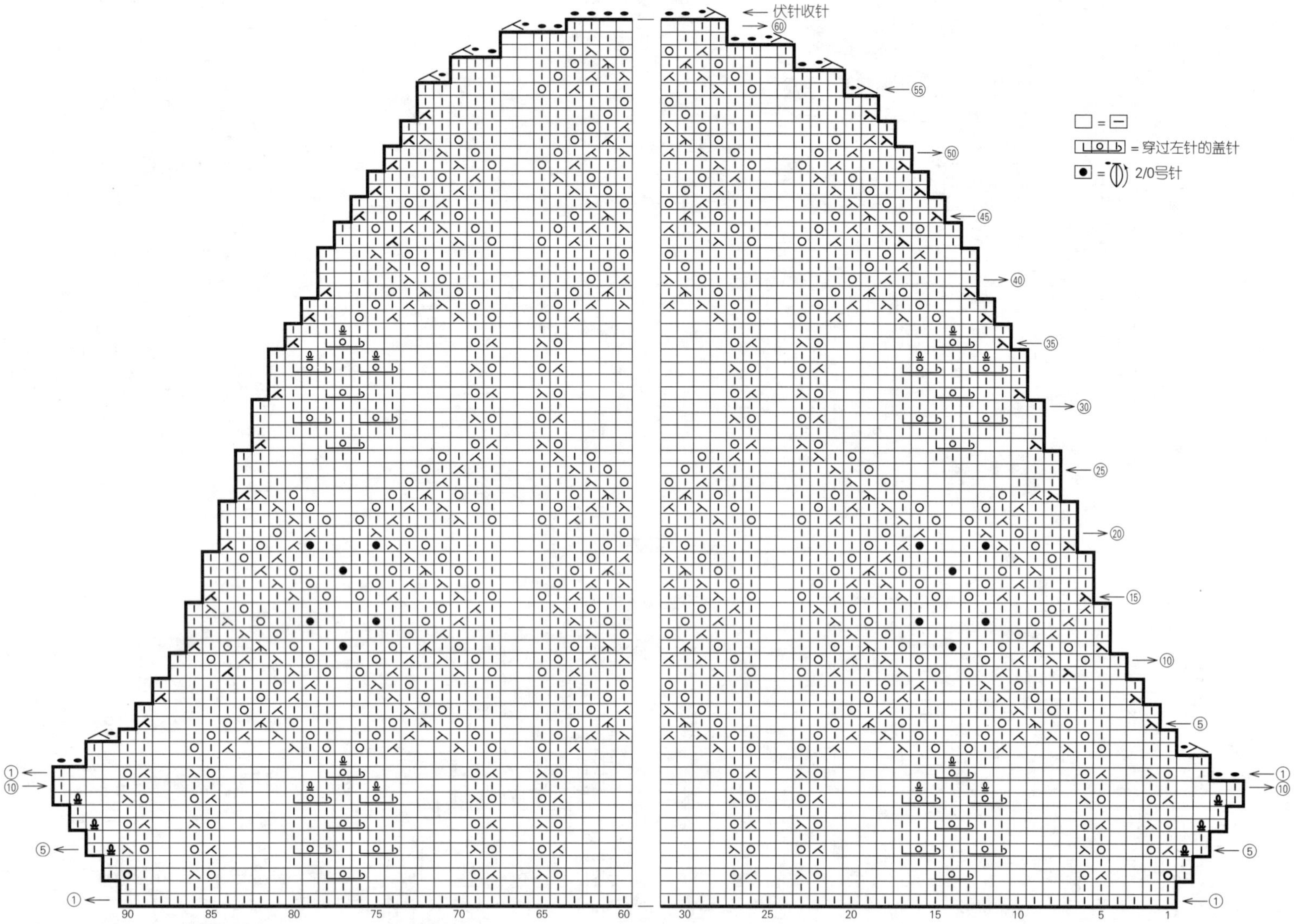

长针的正拉针

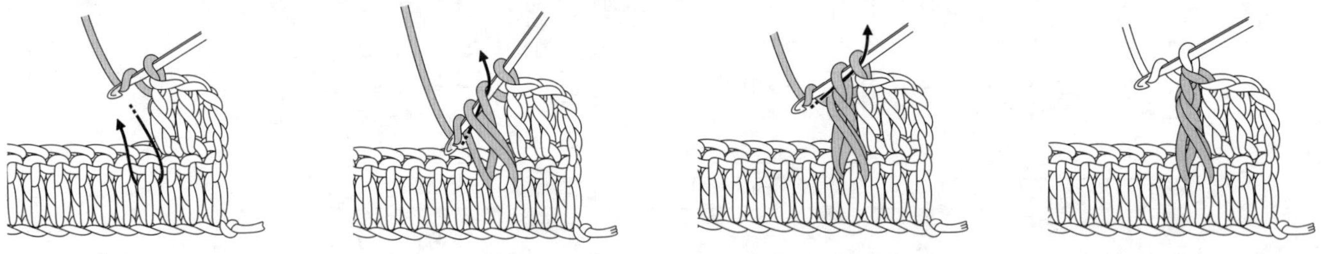

1 钩针挂线，如箭头所示，从前面将钩针插入前一行长针的根部，将线拉出。

2 钩针挂线，从钩针上的2个针目中引拔出。

3 再次钩针挂线，从钩针上的2个线圈中引拔出。

4 1针长针的正拉针完成了。

1针长针的正拉针交叉（中间加1针锁针）

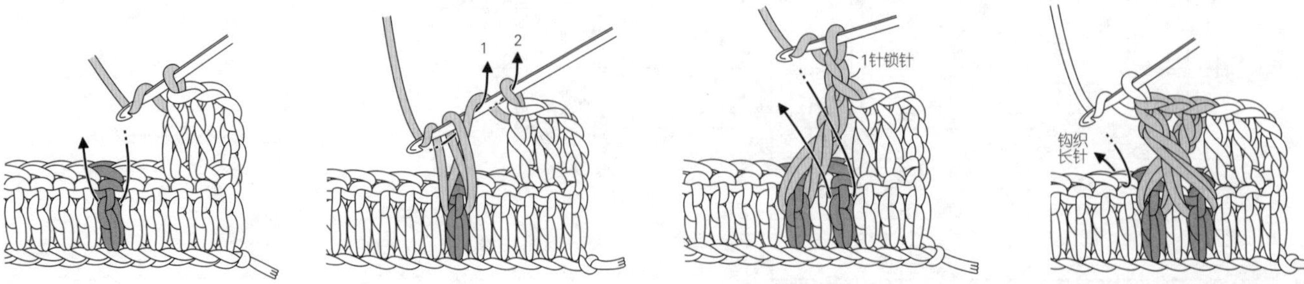

1 钩针挂线，跳过左侧2针长针，将钩针从前面插入第3针长针的根部，全部挑起来。

2 挂线并拉出较长的线，钩织长针。

3 钩织1针锁针。挂线并按照相同要领将钩针插入第1针长针的根部（全部挑起来），拉出较长的线，钩织长针。

4 中间加1针锁针的1针长针的正拉针交叉完成了。跳过3针，将钩针插入下一针的头部继续钩织。

材料

奥林巴斯线　金票40号蕾丝线　原白色（852）20g/2团（每团10g）；辅材请参照图表

工具

蕾丝针8号

成品尺寸

长17.5cm，宽17.5cm

编织密度

花片边长7cm

编织要点

●正面用连接花片的方法钩织。从第2片花片开始，一边在最终行钩织引拔针和相邻花片连接，一边钩织。花边锁针起针，做编织花样。制作戒枕基台，参照组合方法，在基台正面缝上花边。将串珠缝在指定位置，完成。

正面（连接花片）

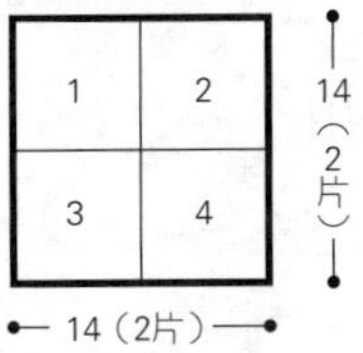

※ 全部使用蕾丝针8号钩织

※ 花片内的数字表示连接顺序

花边（编织花样）

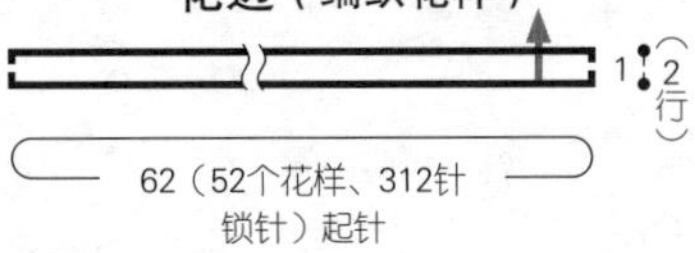

编织花样

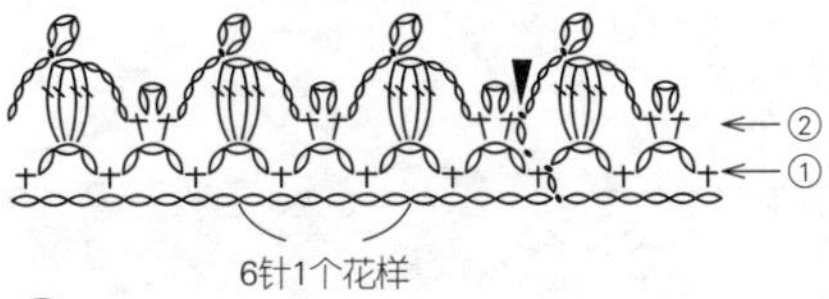

=4针长针的爆米花针

※ 编织方法请参照第149页

※ 引拔狗牙针要在爆米花针收紧的针目上引拔

基台的制作方法

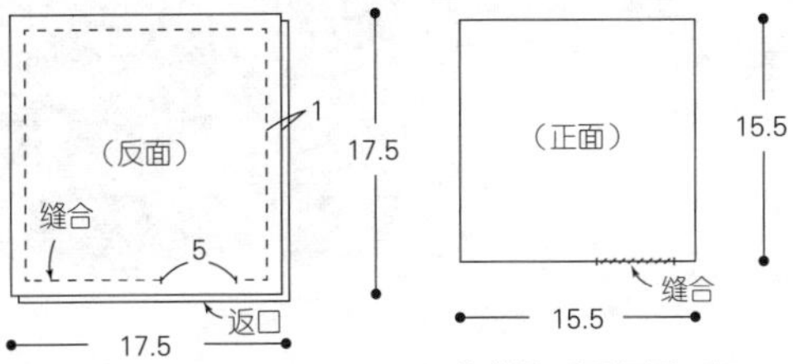

① 将2片布正面相对对齐，留出返口缝合。

② 从返口翻到正面，塞入填充棉并缝合。

组合方法

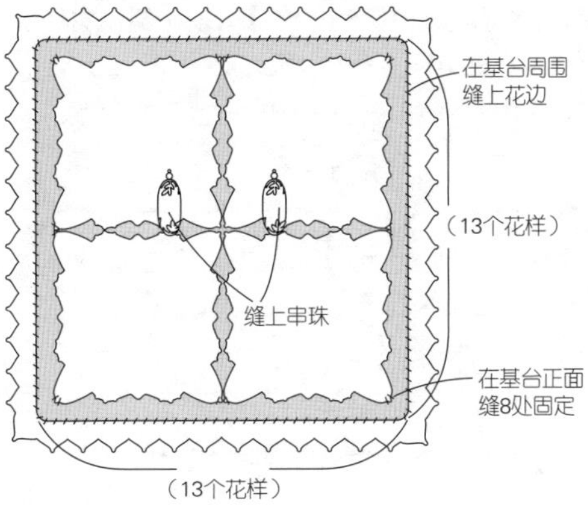

花片 4片

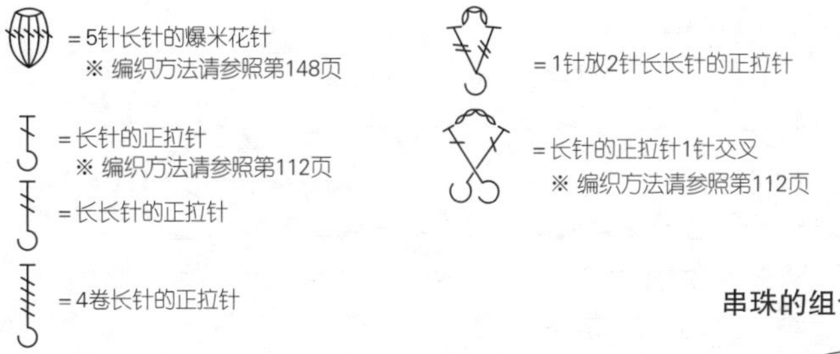

辅材使用量一览表

棉花珍珠　枣形 11mm×20mm　白色	2颗
花座　银色	4颗
磨砂珠　银色 3mm	2颗
特小珠　银色	2颗
莫尔条纹提花布　蓝灰色	35cm×17.5cm
填充棉	15g

串珠的组合方法

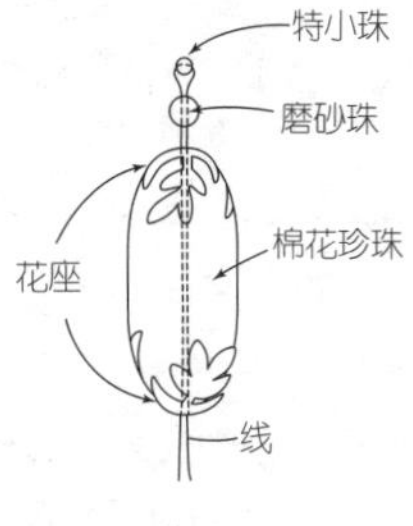

花片的连接方法

材料

奥林巴斯线　金票40号蕾丝线　原白色（852）110g/3团（每团50g）

工具

蕾丝针8号

成品尺寸

宽80cm，长51cm

编织密度

花片大小请参照图示

编织要点

●全部用连接带子的方法编织。带子a环形起针，做编织花样A，然后在另一侧做编织花样B。编织花样A、B端头均不规则，需要注意。从第2条带子开始，一边钩织引拔针和前面的带子连接，一边钩织。

15 页的作品 ★★★

带子a

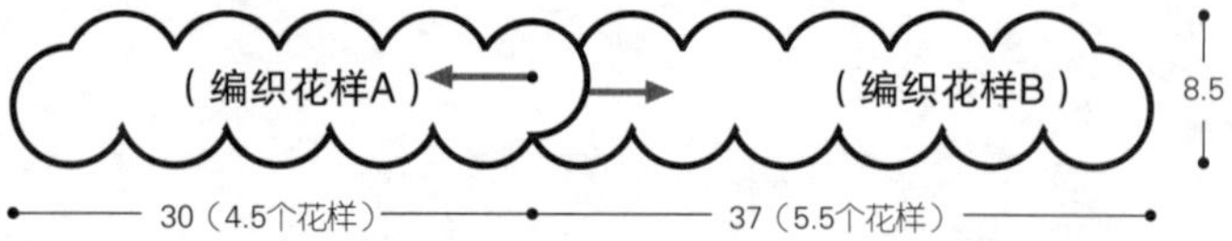

带子d

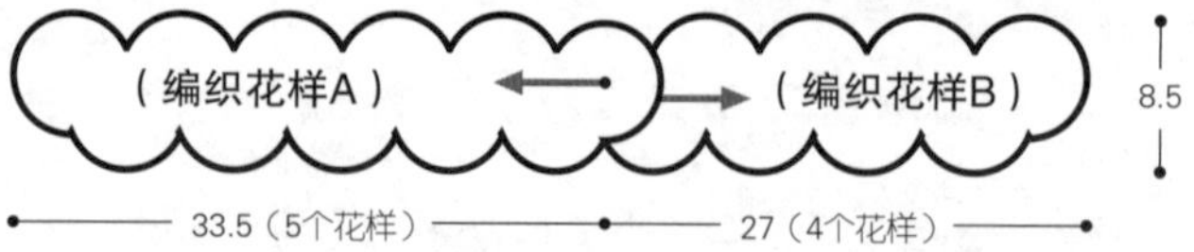

带子b

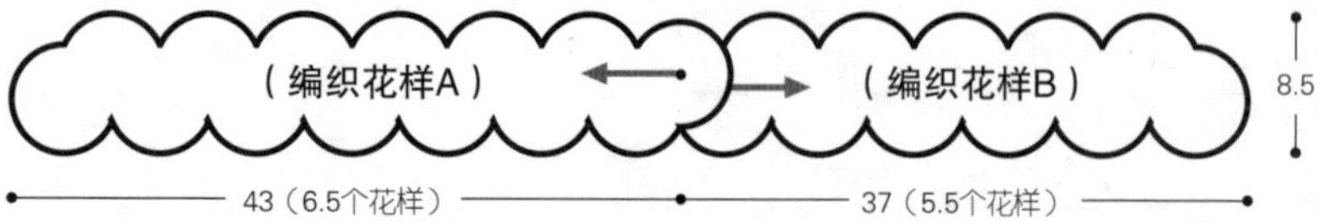

带子e

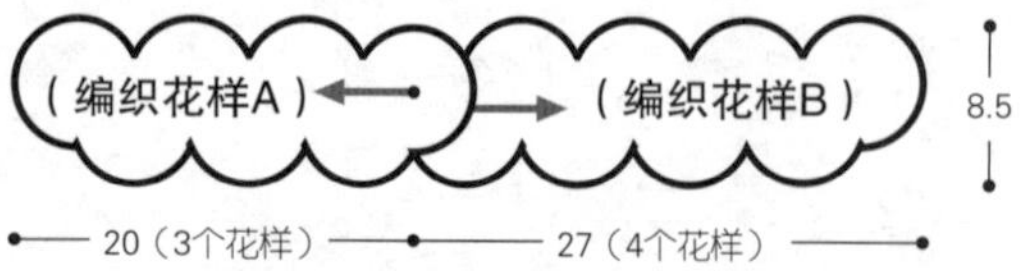

带子c

带子f

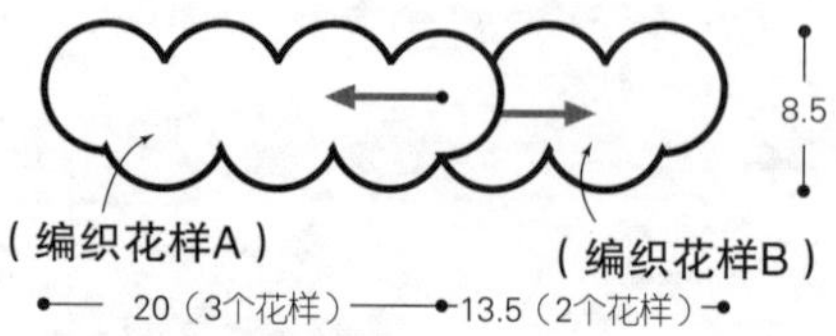

※全部用蕾丝针8号钩织

头纱
（连接带子）

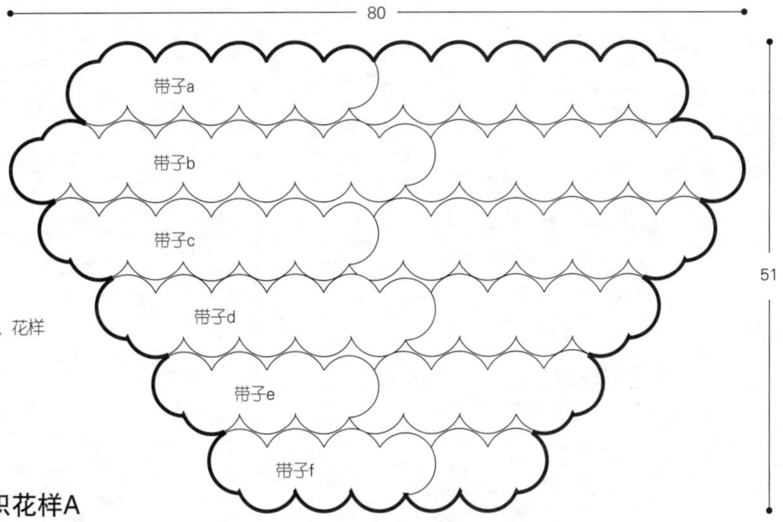

※带子的尺寸、花样
请参照图示

编织花样A

编织花样B

▷ =加线

带子的连接方法

带子端头的钩织方法

带子d~f端头的钩织方法和带子c的相同

（灰色标记）= 反拉针

► = 剪线

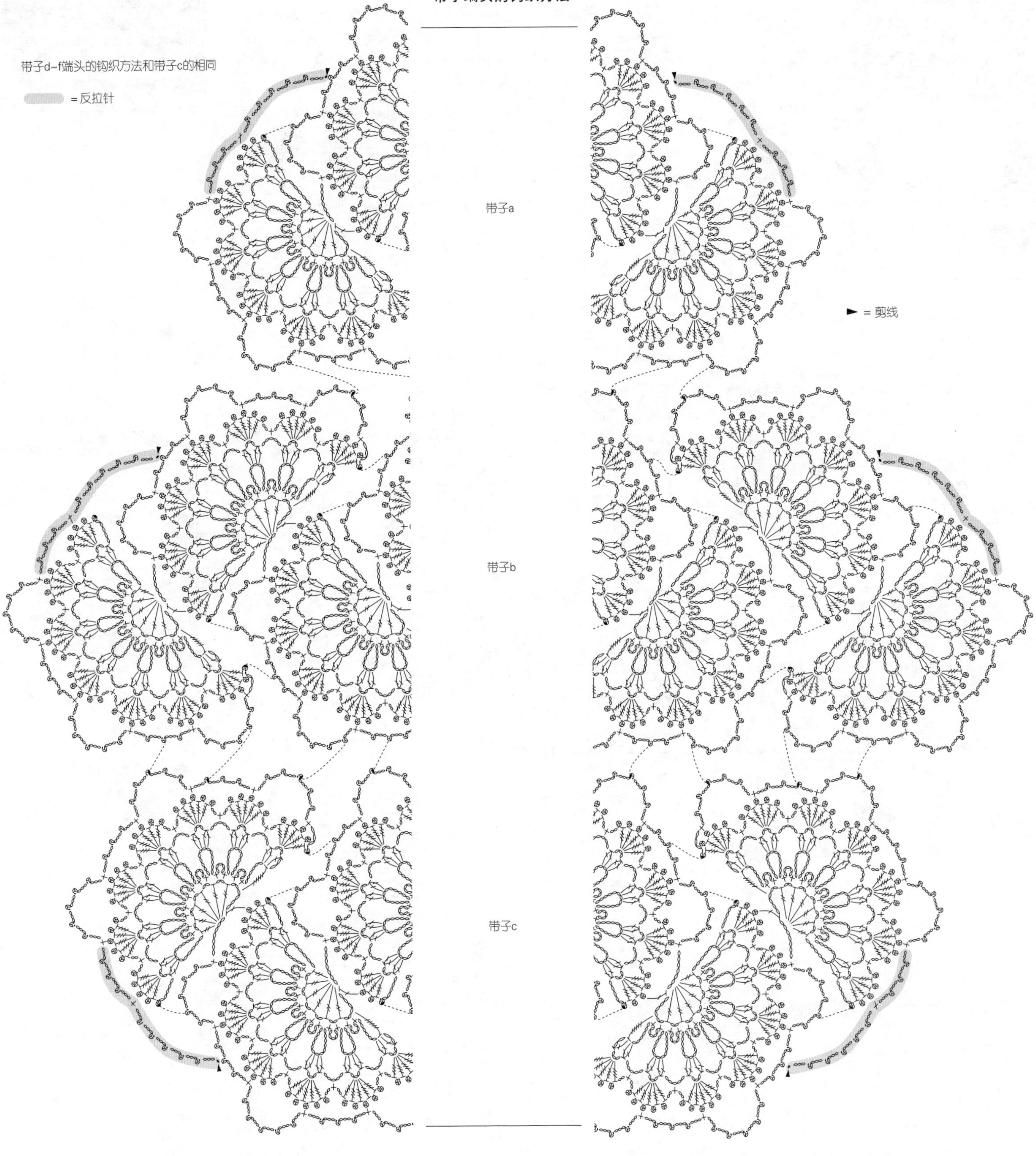

反拉针

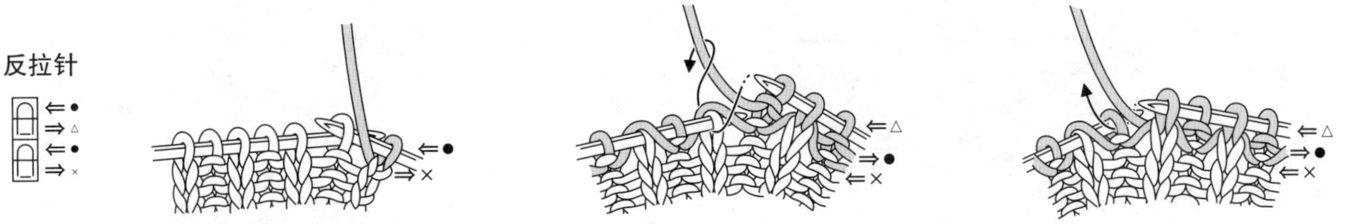

1 按照图示，编织时使×行成为上针。●行（正面行）从前面挂线，不编织直接移至右棒针上。

2 翻转织片，△行（反面行）和挂针一起编织下针。

3 △行全部编织。

材料

奥林巴斯线 Emmy Grande<Lame>白色（L801）290g/12团；直径10mm的纽扣12颗

工具

钩针2/0号

成品尺寸

胸围88cm，衣长41.5cm，连肩袖长25cm

编织密度

10cm×10cm面积内：编织花样A 35.5针，14行；编织花样B、B' 均为35.5针，20行

编织要点

●身片、下摆、花边…锁针起针，身片做编织花样A，下摆做编织花样A、B、B' 和边缘编织A。参照图示编织加、减针。参照图示钩织荷叶边，一边分散加针一边做编织花样C。

●组合…后身片、前身片和后胁、前胁使用毛线缝针做挑针缝合。下摆钩织引拔针接合。胁部使用毛线缝针做挑针缝合，后背开口、领窝和袖窿钩织1行短针。参照图示钩织花边。参照连接方法，缝上荷叶边和花边。钩织纽襻，缝上纽扣。

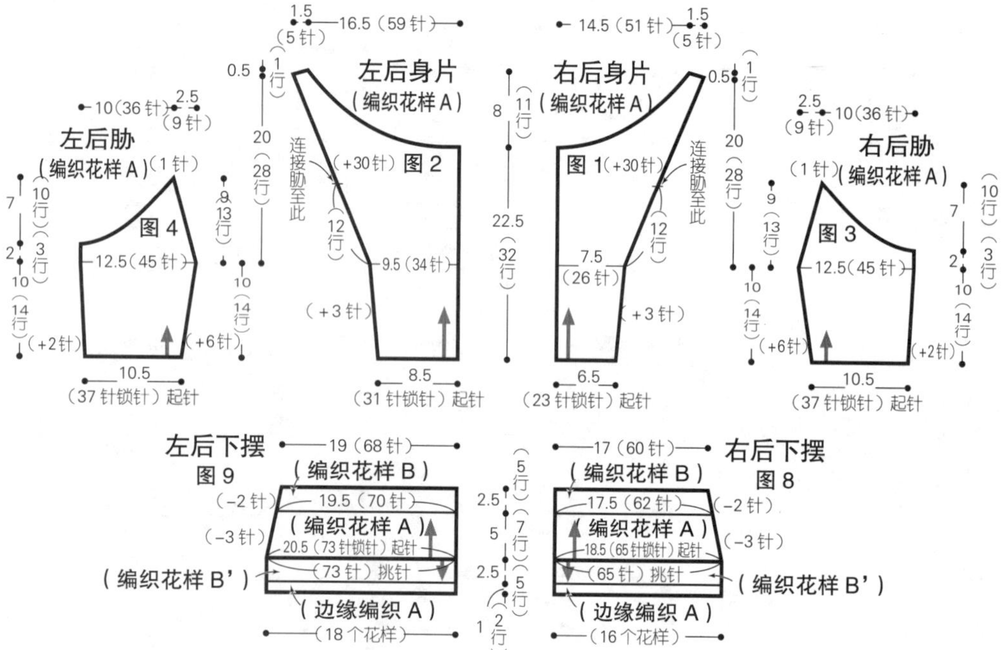

※ 全部使用2/0号针钩织

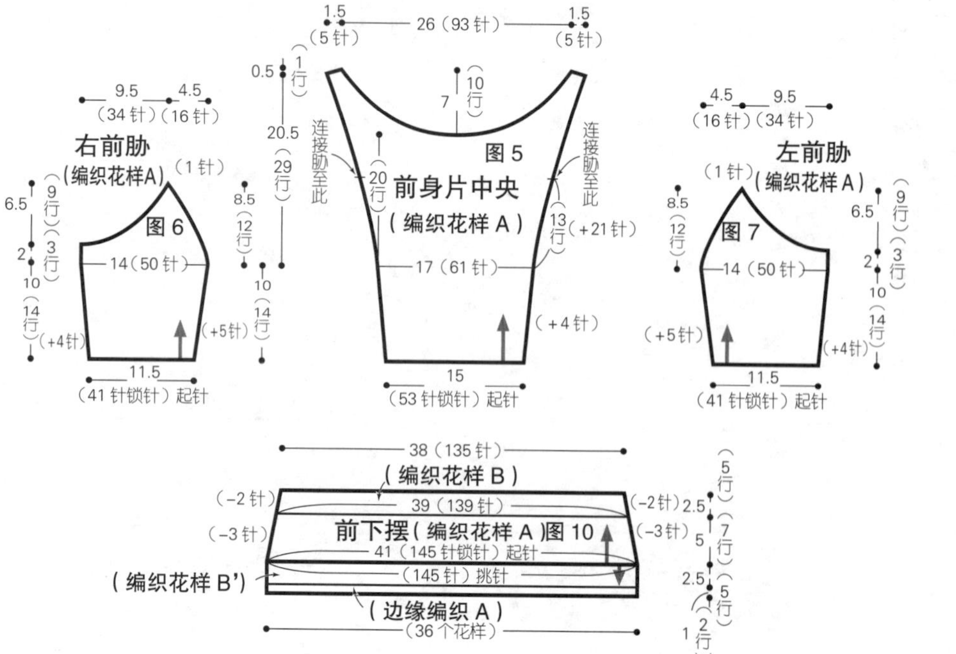

后背开口、领窝、袖窿

（短针）

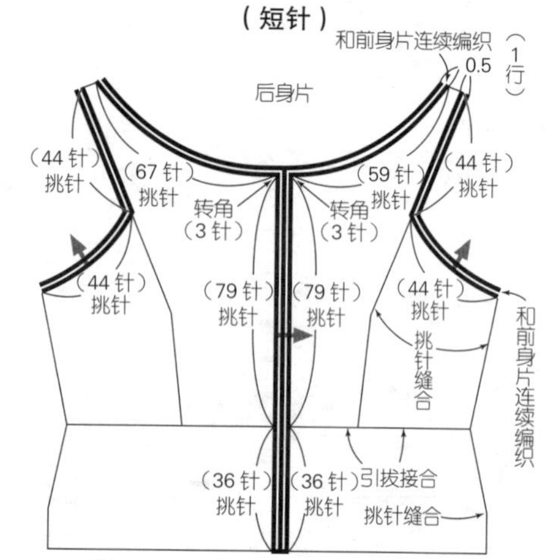

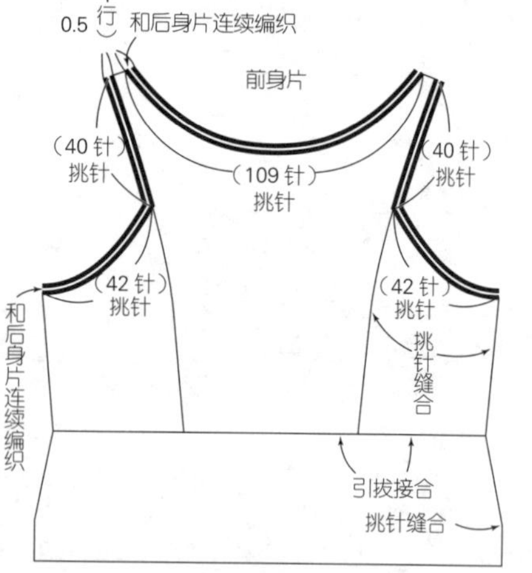

编织花样A

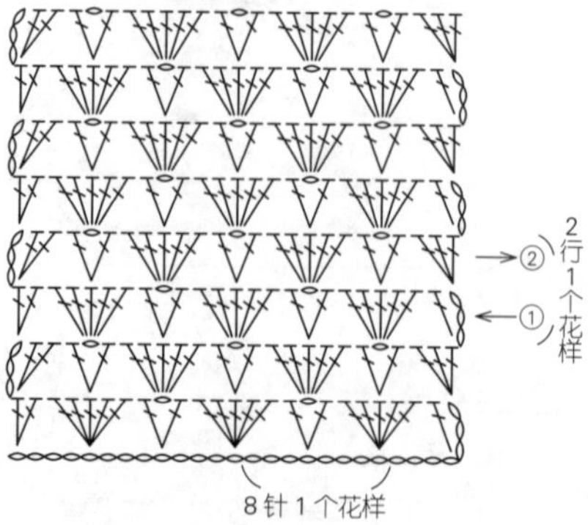

8针1个花样

边缘编织A

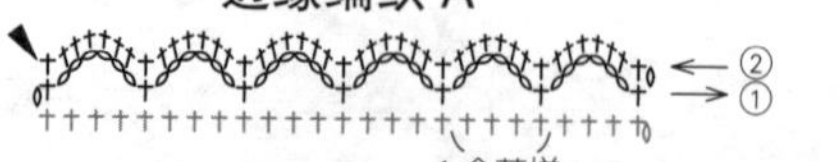

1个花样

花边（边缘编织B）

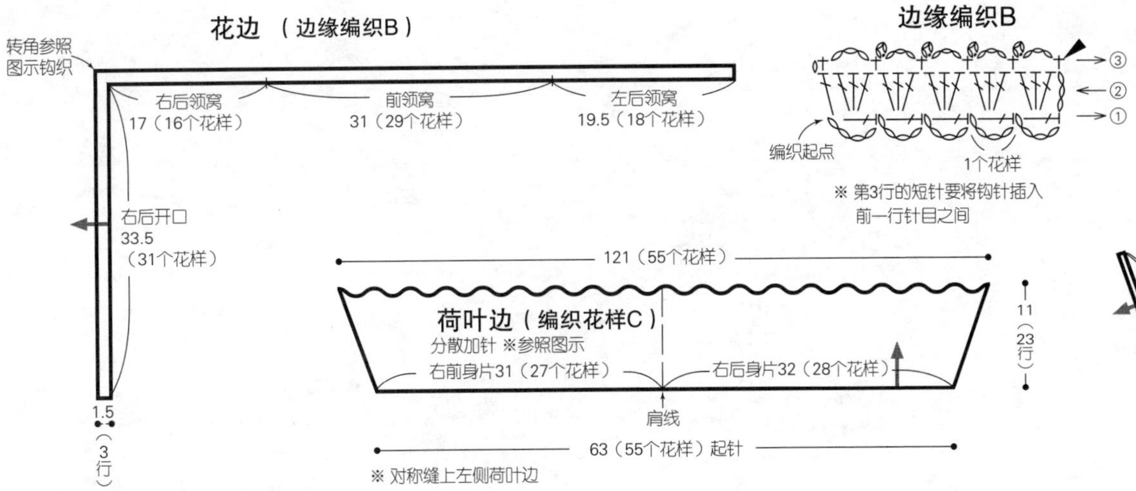

※ 对称缝上左侧荷叶边

荷叶边边缘（短针）

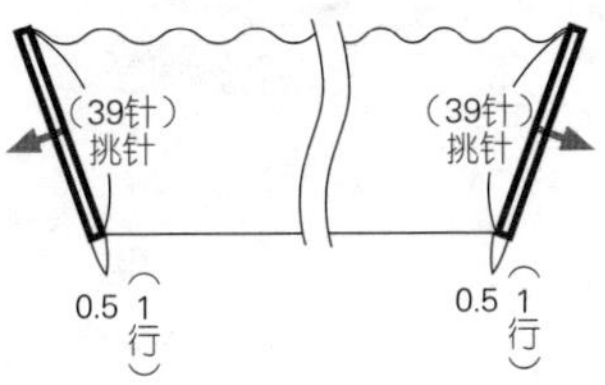

荷叶边、花边的连接方法

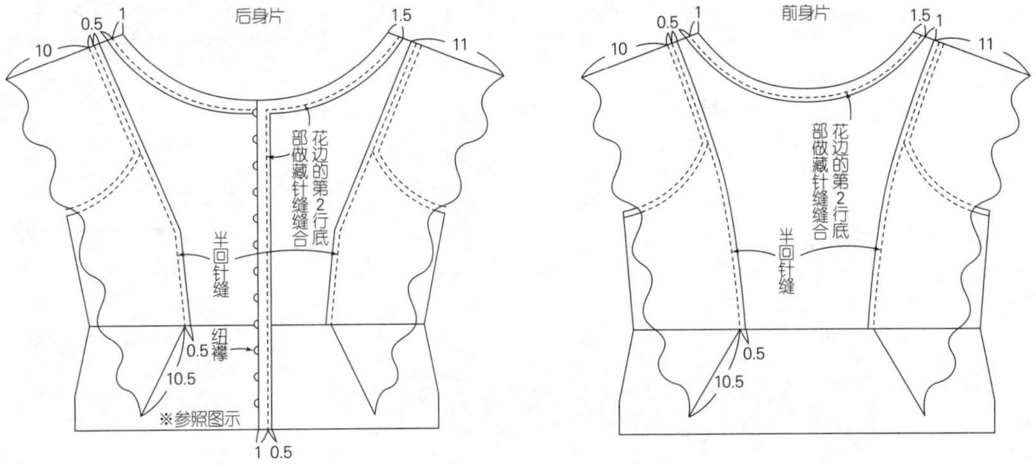

边缘编织B转角的钩织方法和纽襻

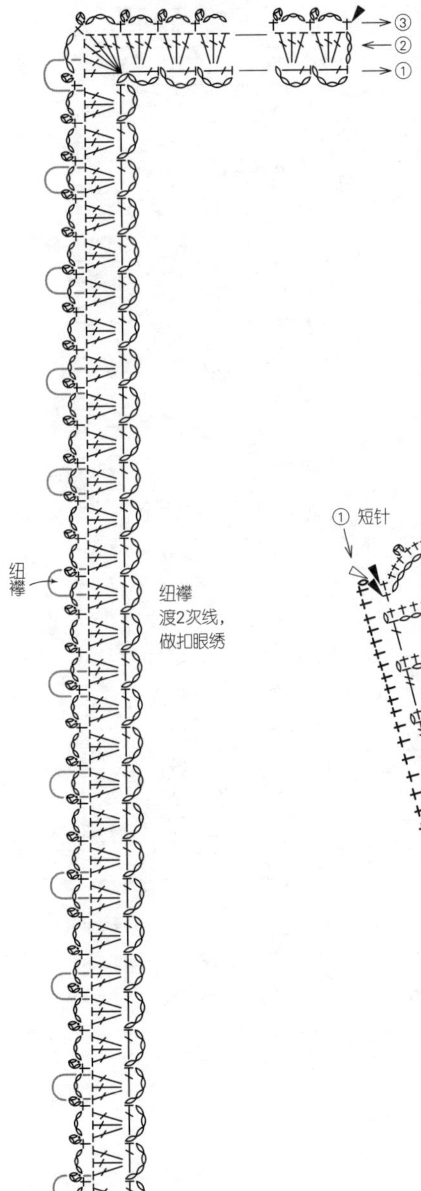

编织花样C

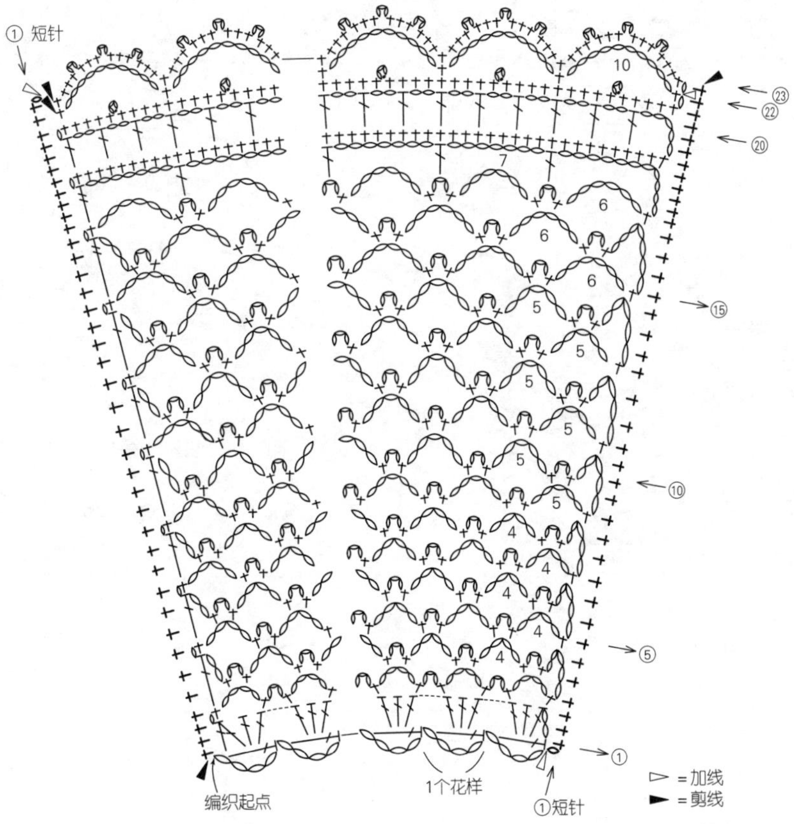

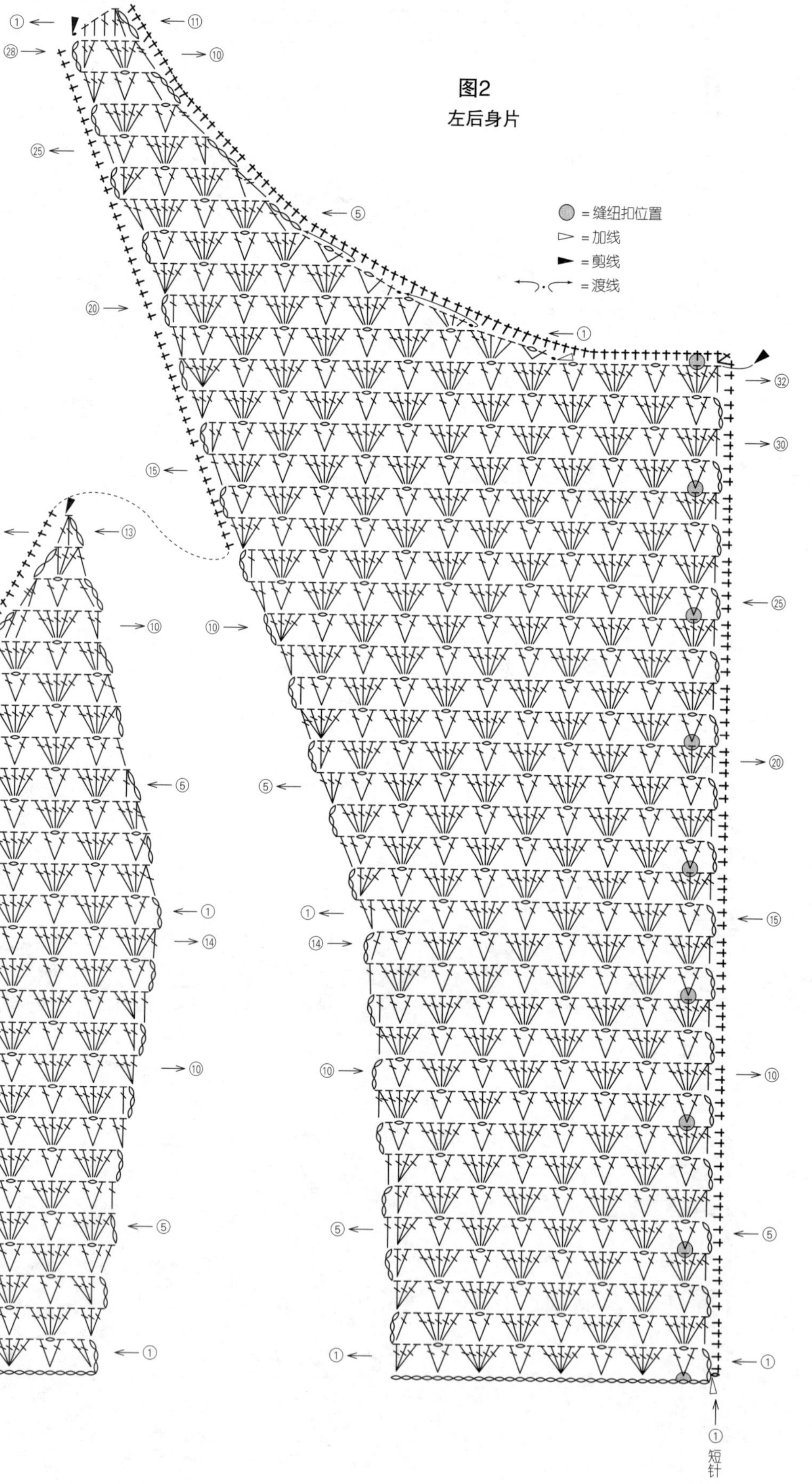
图2
左后身片
= 缝纽扣位置
= 加线
= 剪线
= 渡线
短针

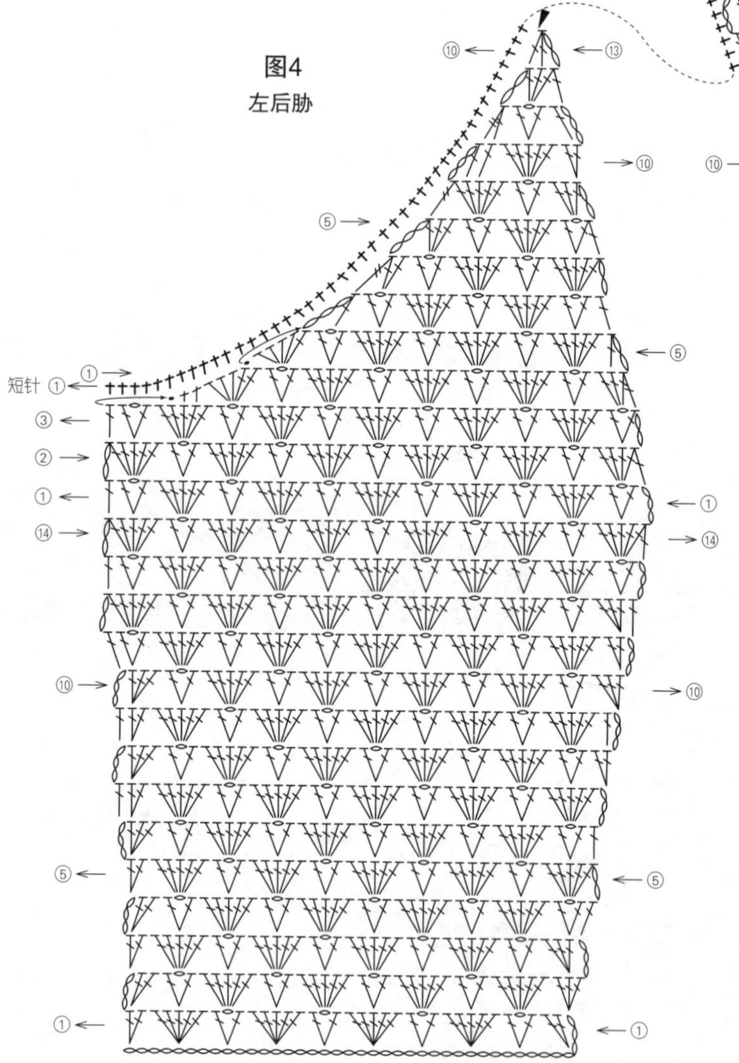
图4
左后胁
短针

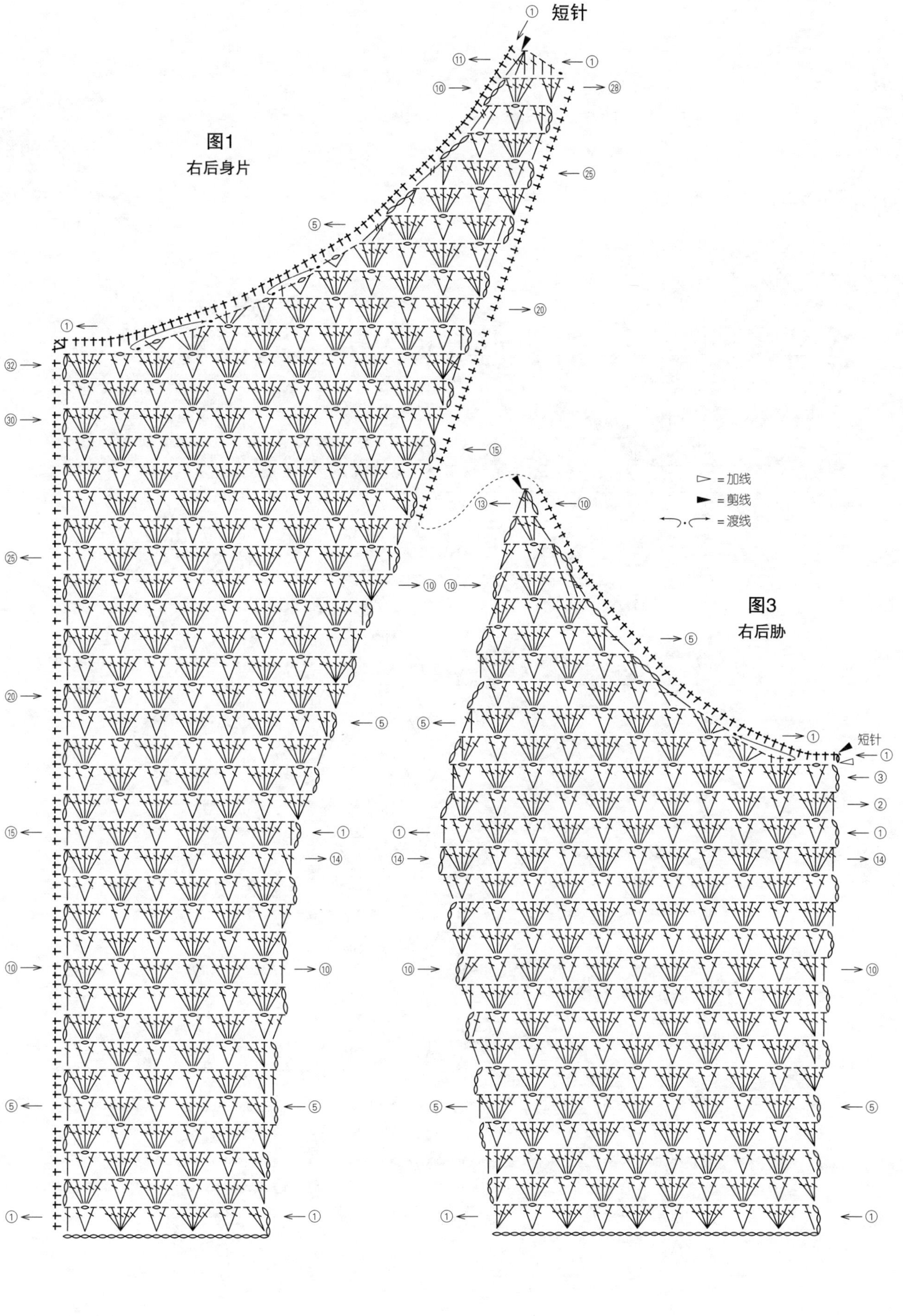

① 短针
图1
右后身片
▷ =加线
◀ =剪线
=渡线
图3
右后肋
短针

图5

前身片中央

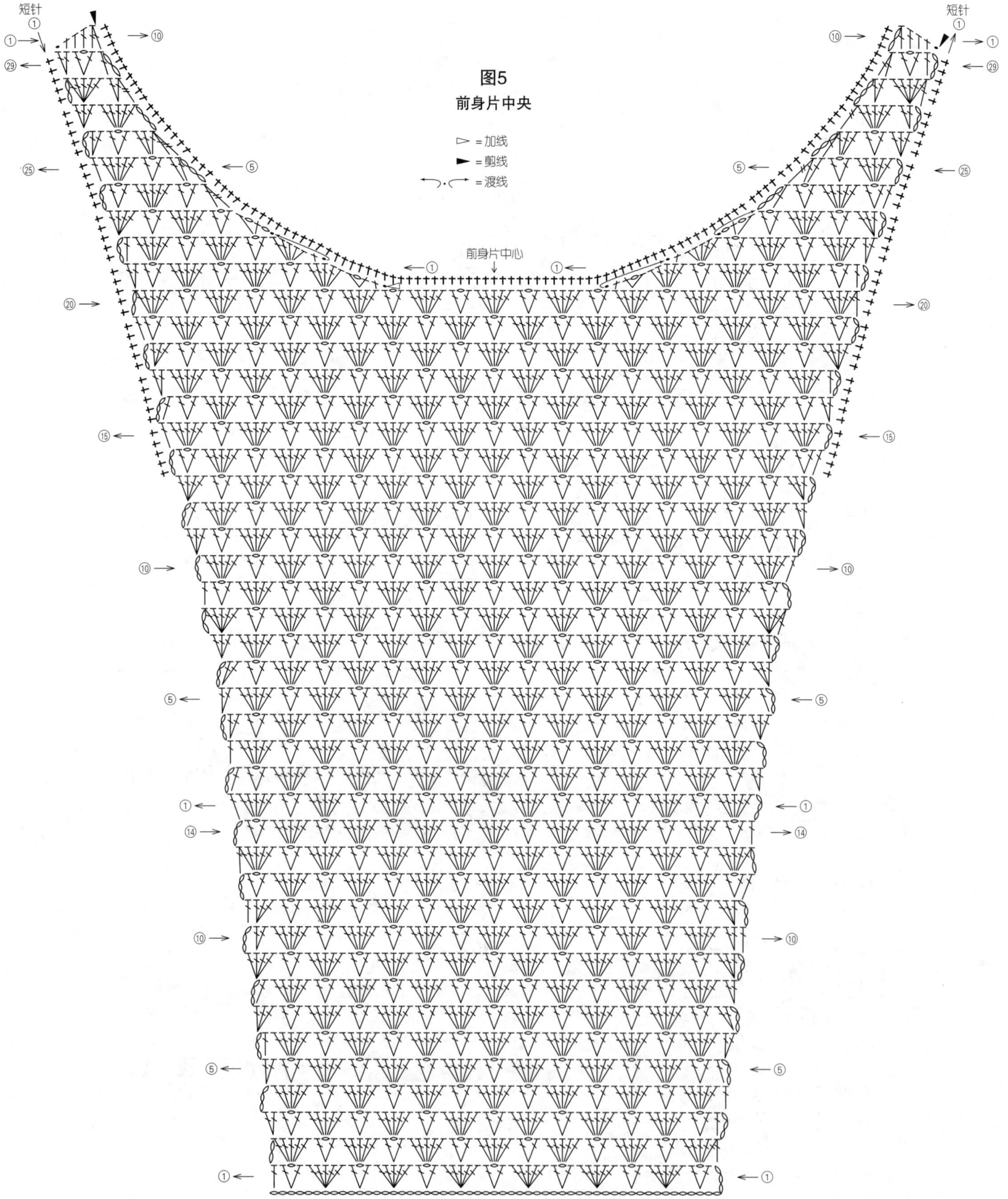

图6 右前胁

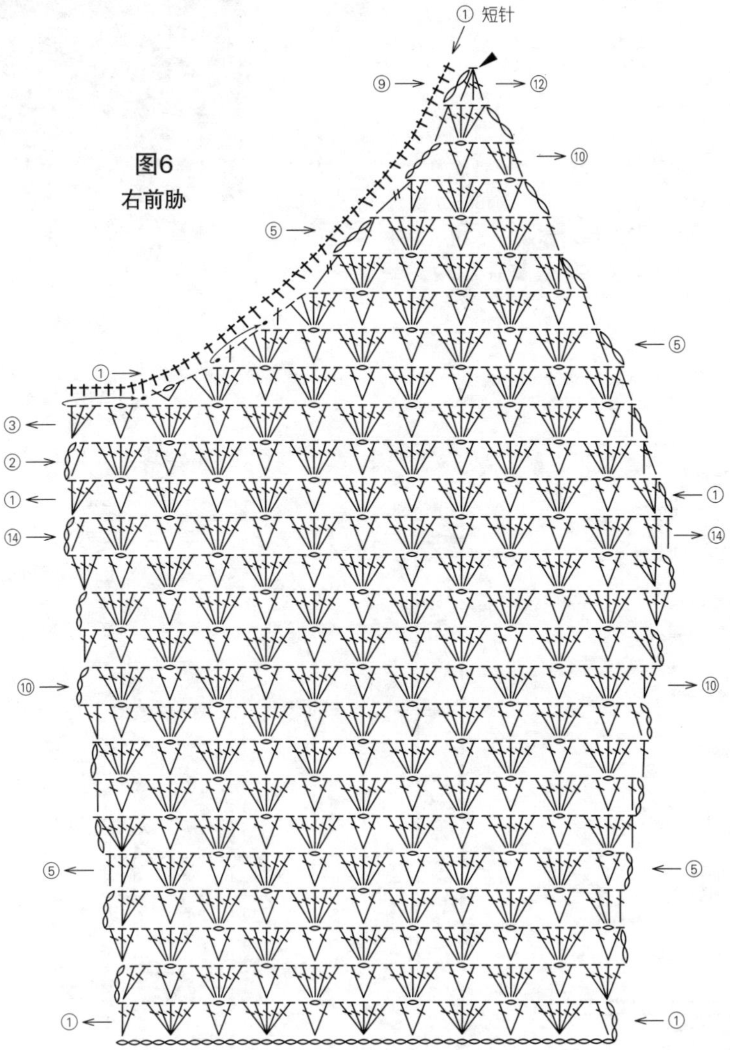

图7 左前胁

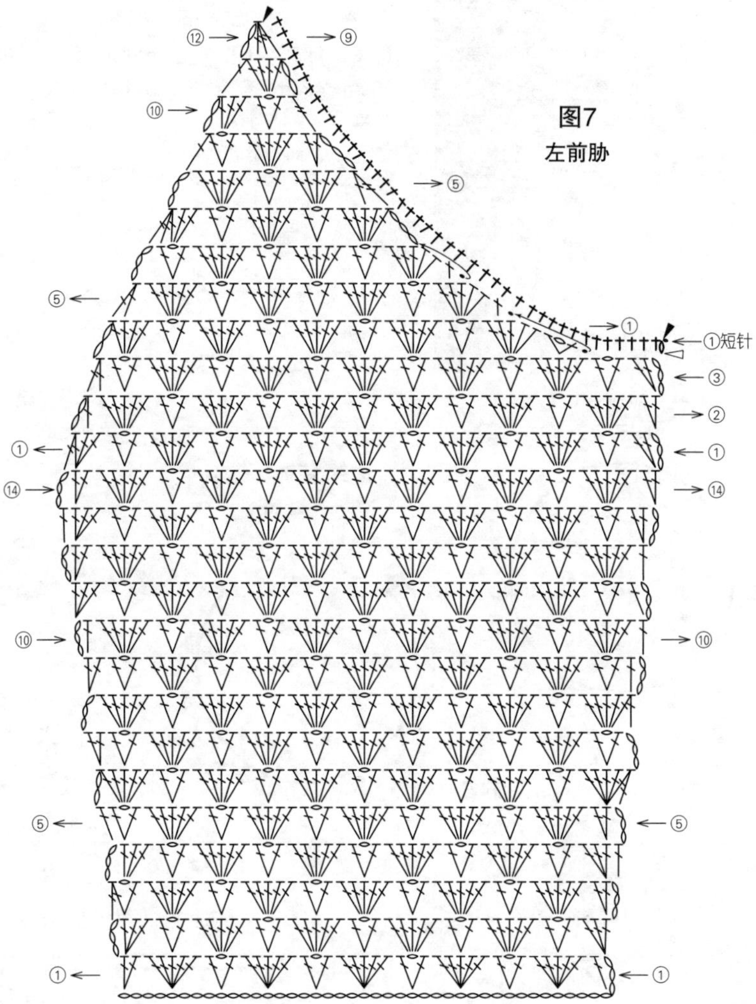

图9 左后下摆

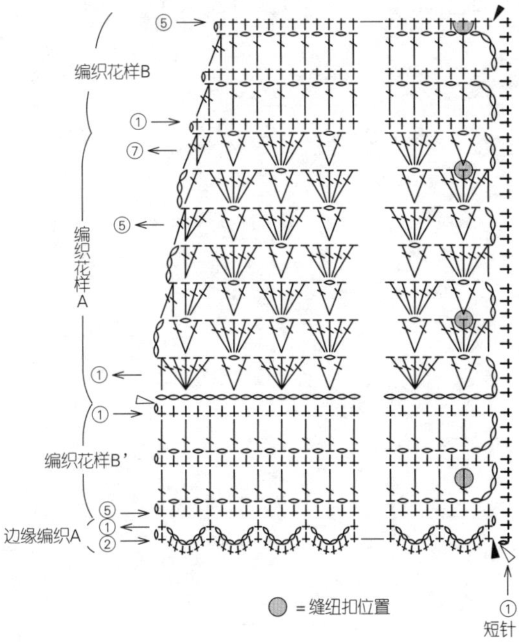

● = 缝纽扣位置

图8 右后下摆

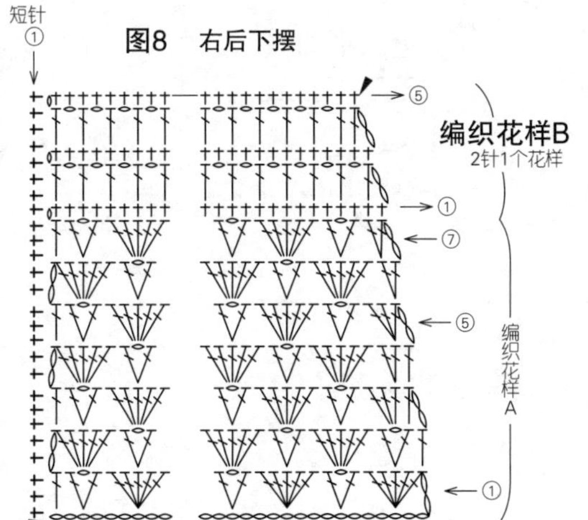

▷ = 加线
◀ = 剪线

图10 前下摆

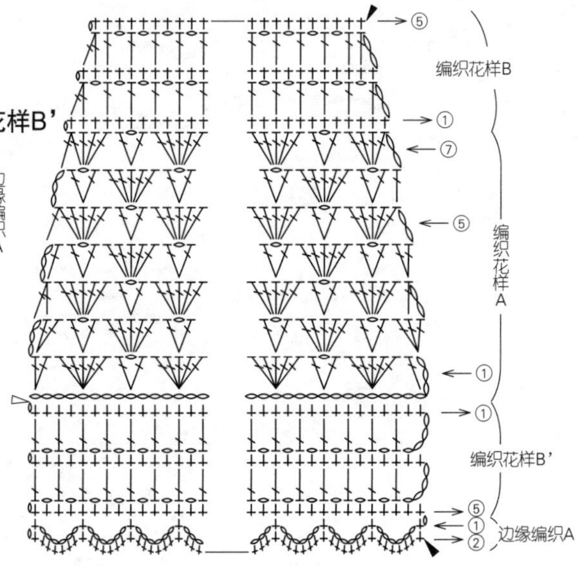

材料

奥林巴斯线 Emmy Grande<Lame>白色(L801) 55g/3团；内袋用布(缎面布) 50cm×43cm；黏合衬 21cm×41cm

工具

蕾丝针0号,钩针3/0号

成品尺寸

宽18cm,包深18cm

编织密度

花片直径为18cm

编织要点

●花片环形起针，钩织19行后在指定位置钩织边缘装饰。侧面锁针起针，做编织花样A和短针。另一面也从起针处挑针，按照相同的方法钩织。参照图示钩织提手、系绳和编织球。制作内袋，参照组合方法组合在一起。

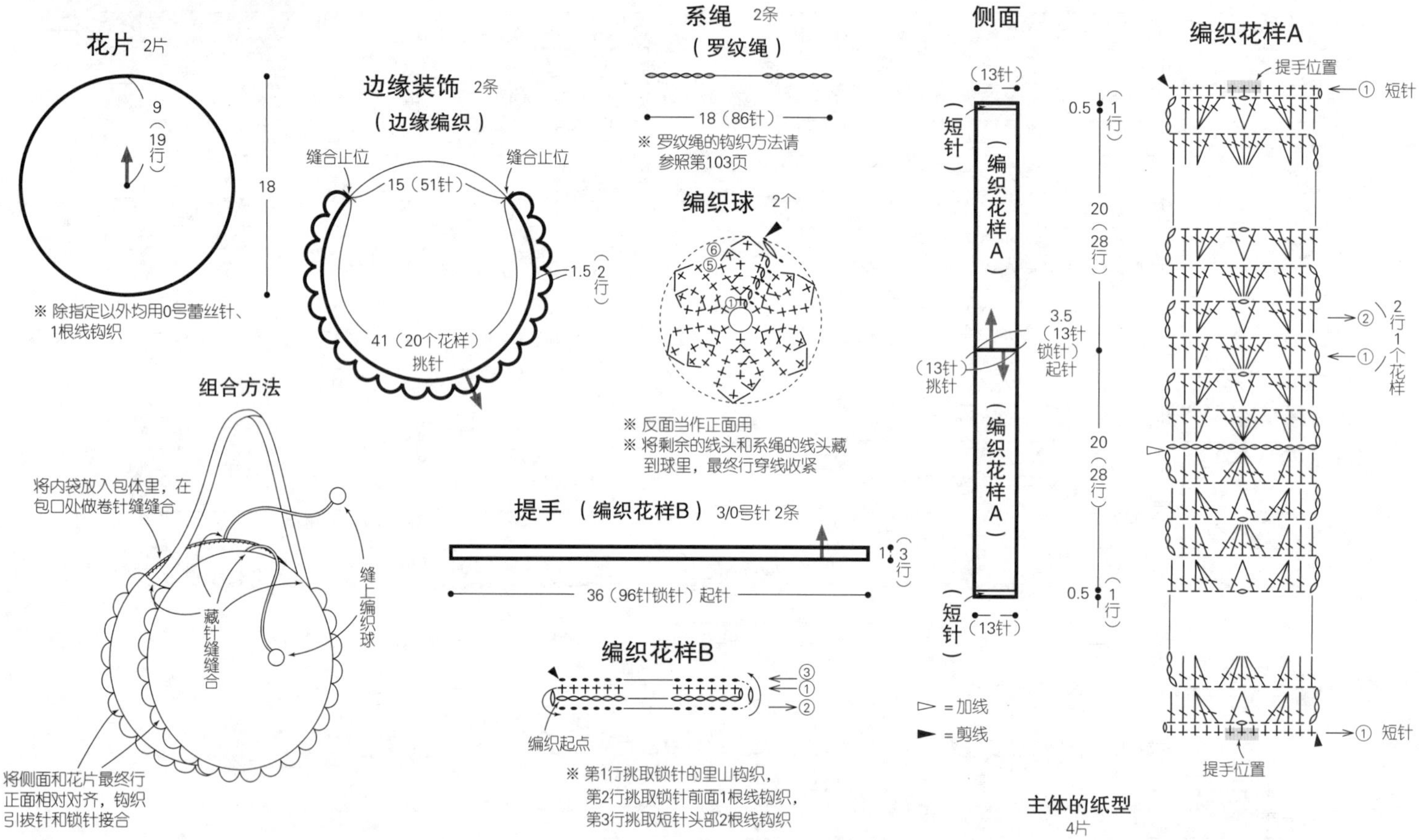

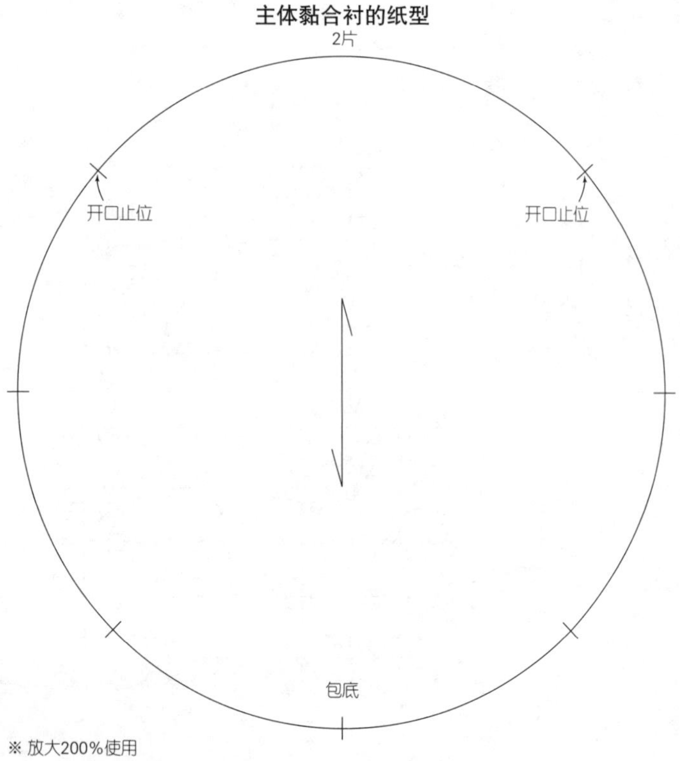

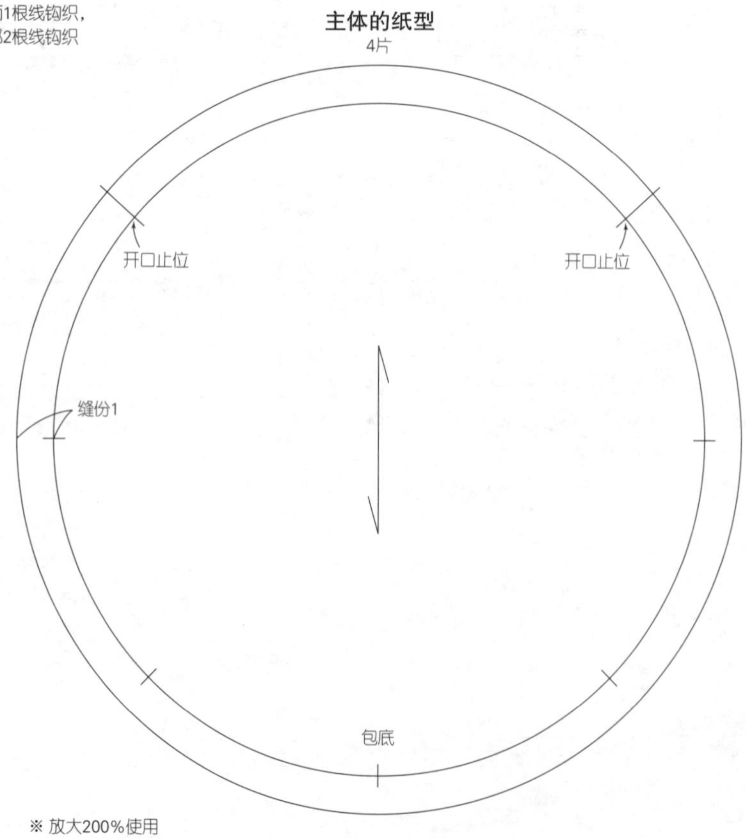

花片

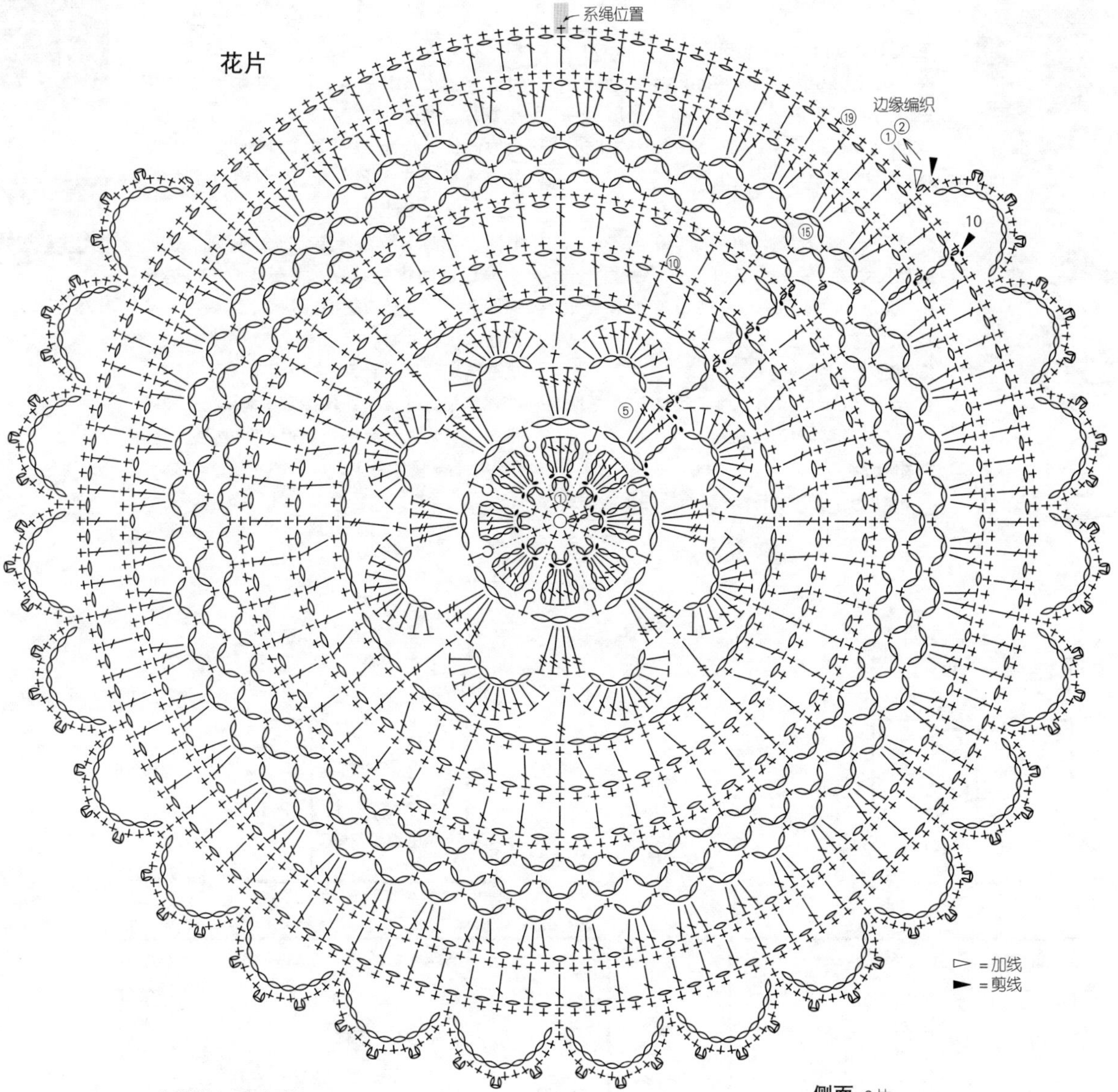

▷ = 加线
▶ = 剪线

内袋的组合方法

① 主体要用 4 片缎面布、2 片黏合衬，侧面要用 2 片缎面布、1 片黏合衬。
② 在主体的 2 片缎面布和侧面的 1 片缎面布上粘贴黏合衬。

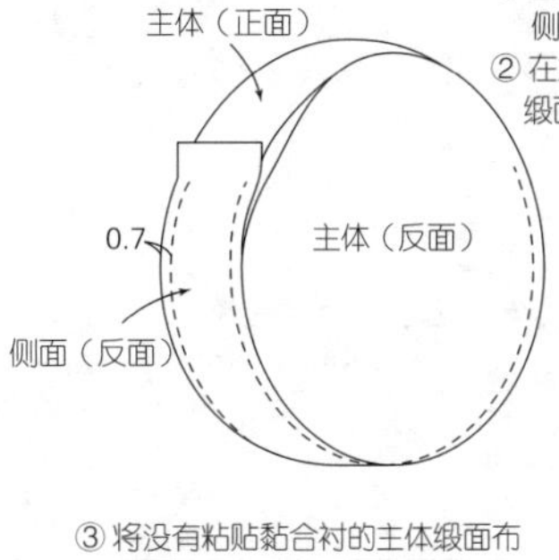

③ 将没有粘贴黏合衬的主体缎面布和侧面缎面布正面相对对齐，缝合后留 0.7cm 缝份。

侧面 2片

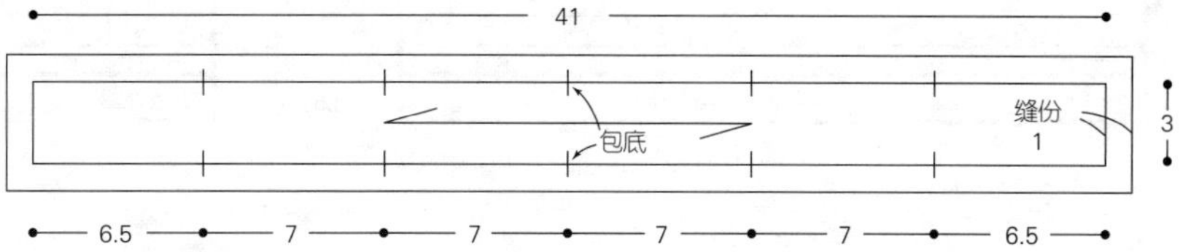

侧面的黏合衬 1片

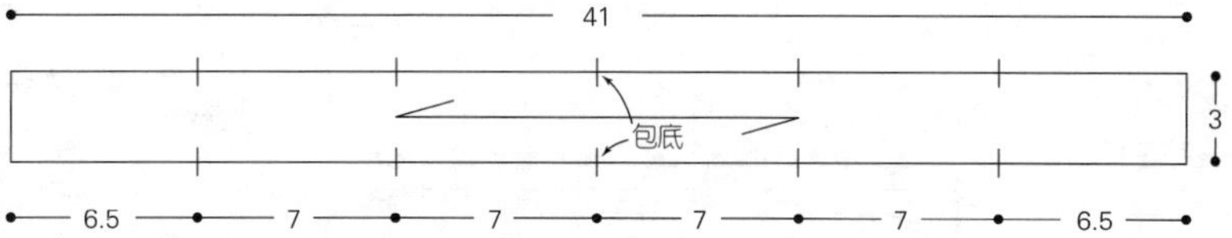

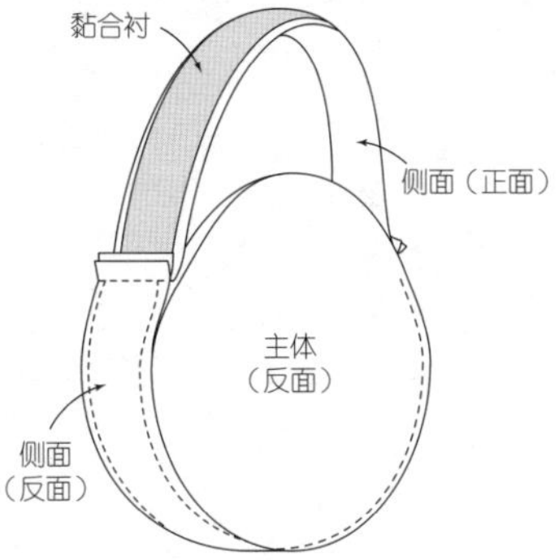

④ 将步骤③的侧面和粘贴黏合衬的侧面正面相对对齐，缝合两端。

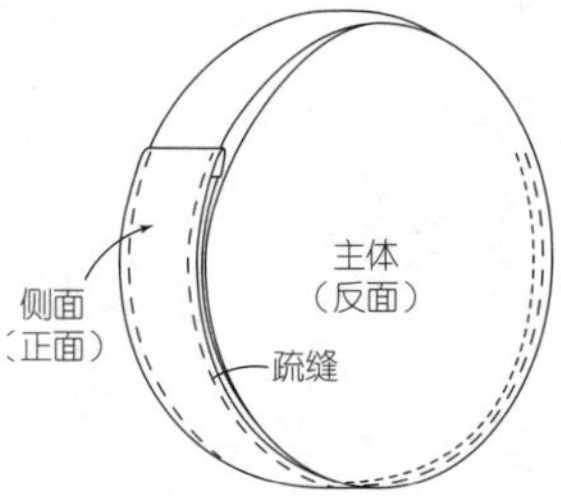

⑤ 将粘贴黏合衬的侧面翻到正面，将缝份疏缝以免侧面错开。

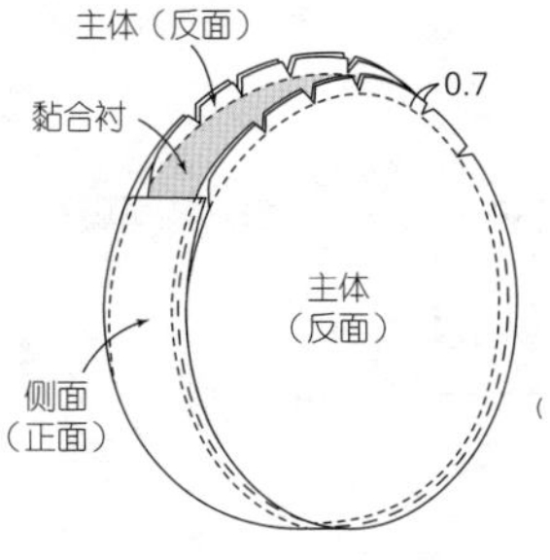

⑥ 将粘贴黏合衬的主体和主体缎面布正面相对对齐，缝合包口，留 0.7cm 缝份，然后剪几处牙口。

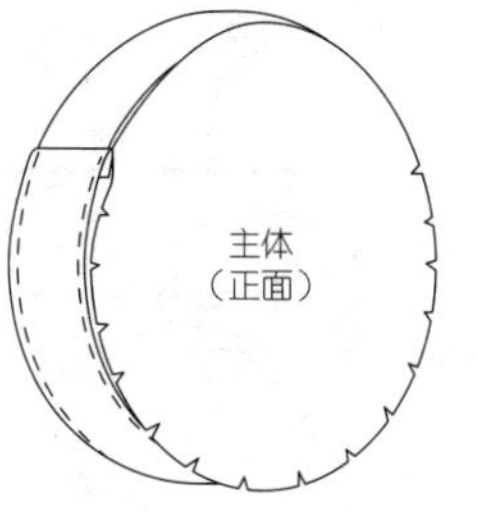

⑦ 将主体翻到正面，在剪成 0.7cm 的缝份上剪上牙口。

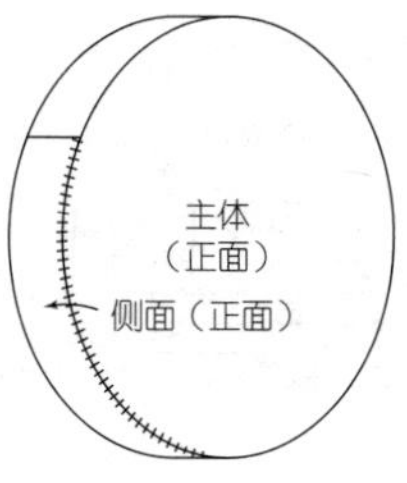

⑧ 将侧面的缝份折到主体侧。主体的缝份折到内侧，和侧面用藏针缝的方法缝合。

材料

芭贝 Cotton Kona 浅粉色(9) 245g/7团，原白色(2) 20g/1团；Cotton Kona Fine 原白色(302)、粉色(312)各25g/各1团，浅黄绿色(350) 20g/1团；直径10mm的纽扣4颗

工具

棒针5号、4号，钩针5/0号、4/0号、3/0号

成品尺寸

胸围60cm，肩宽23cm，衣长47cm，袖长12.5cm

编织密度

10cm×10cm面积内：编织花样B、C和下针编织均为24针，32行

编织要点

●身片、袖…身片手指起针，参照图示做编织花样A、B、C和下针编织。身片做75行编织花样B以后，一面从反面减针，一边做伏针收针，然后从伏针收针的地方挑针，继续编织身片。袖窿、领窝和袖山减针时，2针以上时做伏针减针，1针时立起侧边2针减针。袖口挑取指定数量的针目，做编织花样D。编织终点做伏针收针。

●组合…肩部做盖针接合，胁部、袖下使用毛线缝针做挑针缝合。下摆环形编织边缘编织A。后背开口编织起伏针，编织终点从反面做伏针收针。参照图示编织扣眼。衣领挑取指定数量的针目，做编织花样D。下摆、衣领和袖口缝上边缘编织B。编织花片和腰带缝在身片上。衣袖抽褶后，钩织引拔针和身片接合。缝上纽扣。

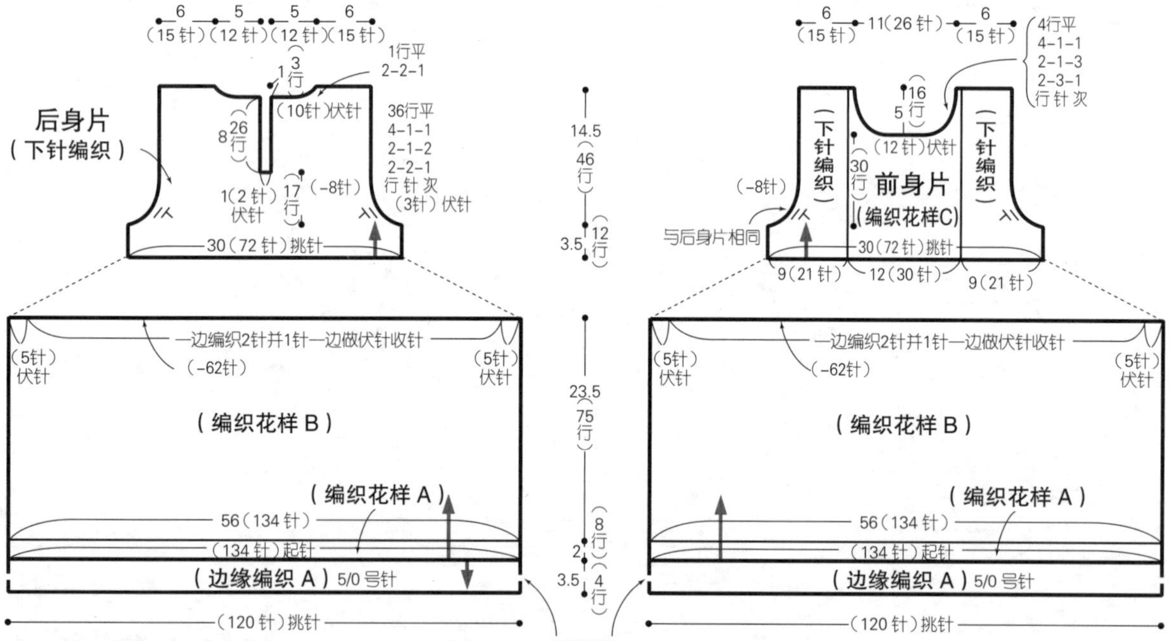

※除指定以外均用浅粉色线编织
※除指定外均用5号针编织

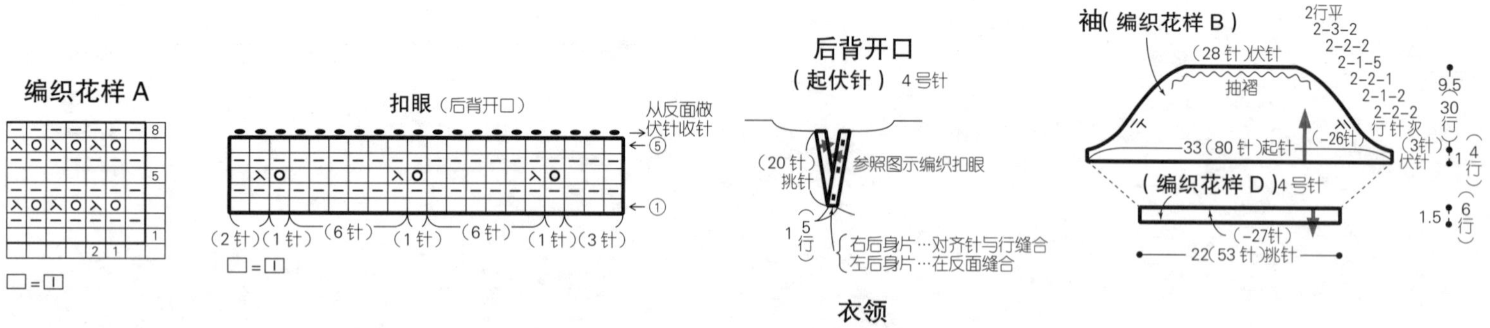

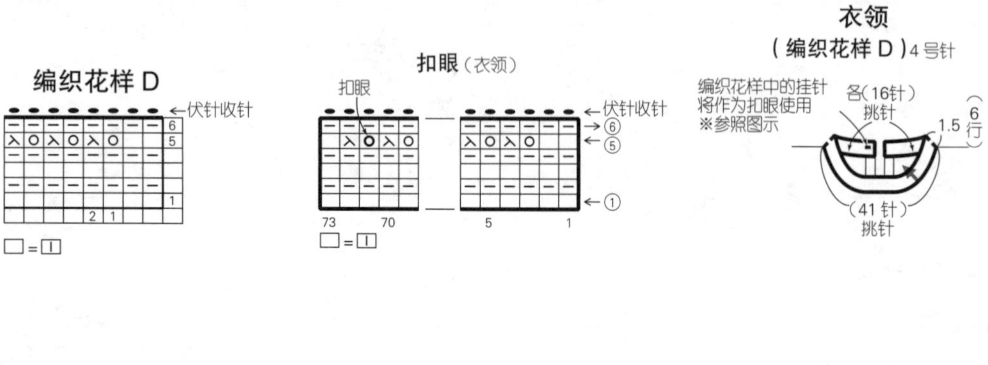

编织花样 B

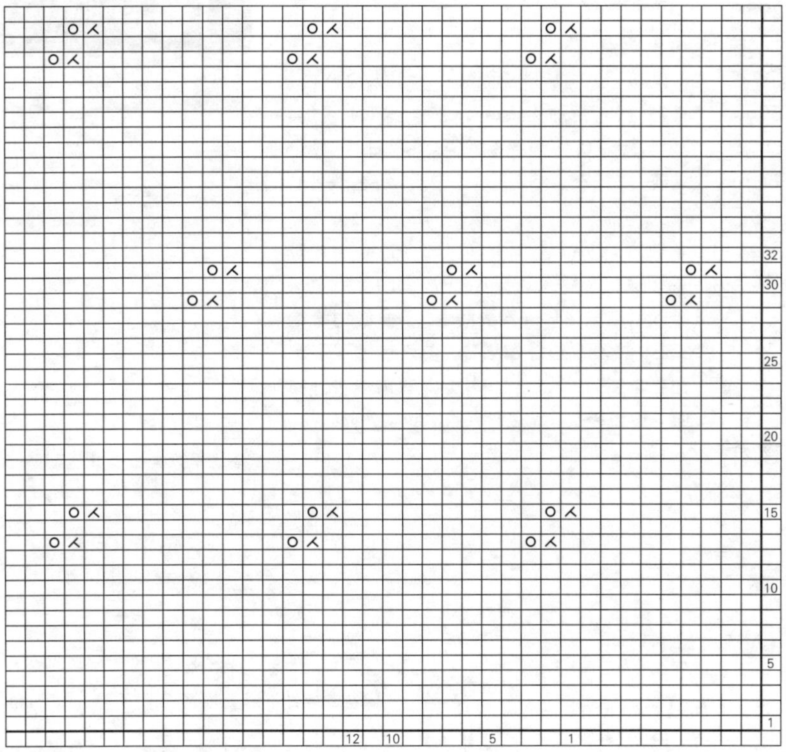

编织花样 C

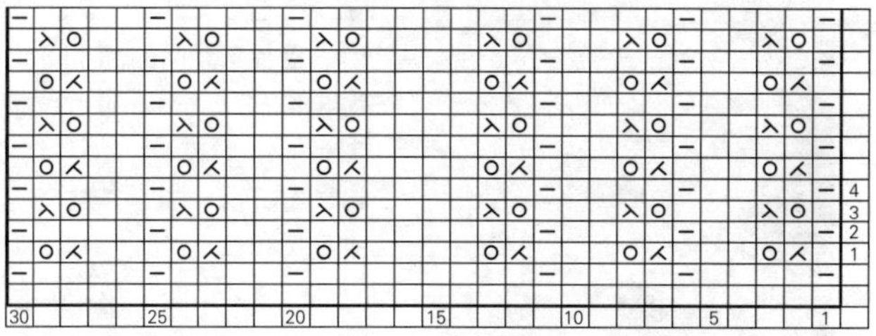

组合方法

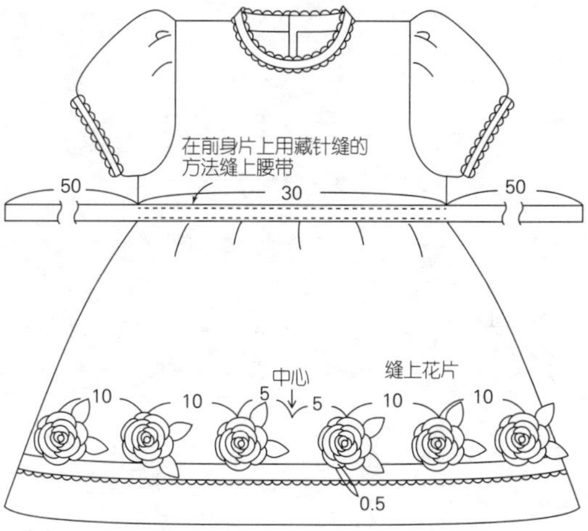

边缘编织 A

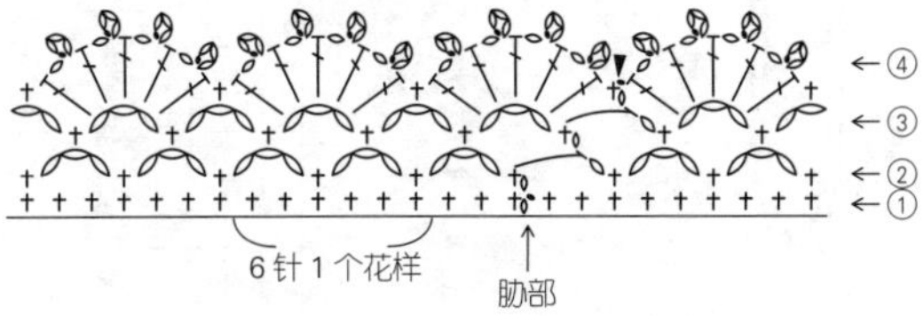

下摆边缘装饰（边缘编织 B）

4/0 号针 原白色（Cotton Kona 线）

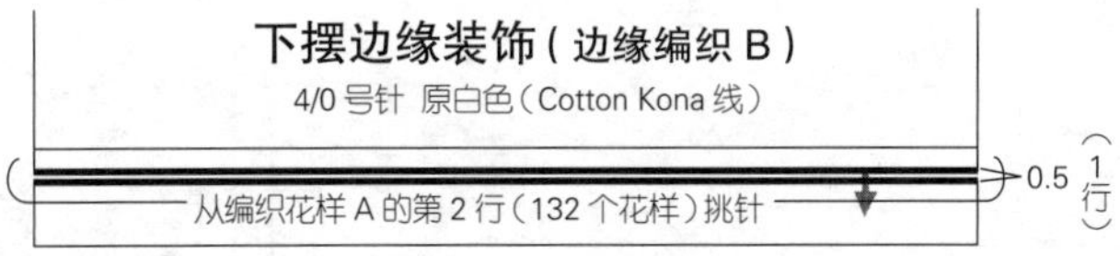

衣领边缘装饰（边缘编织 B）

4/0 号针 原白色（Cotton Kona 线）

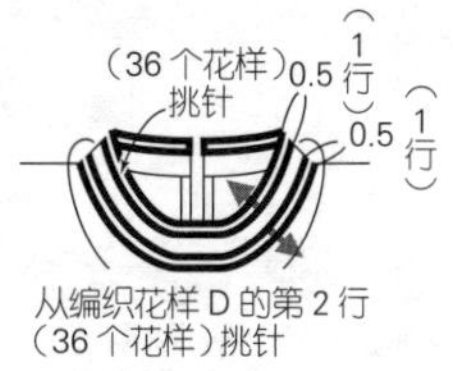

袖口边缘装饰（边缘编织 B）

4/0 号针 原白色（Cotton Kona 线）

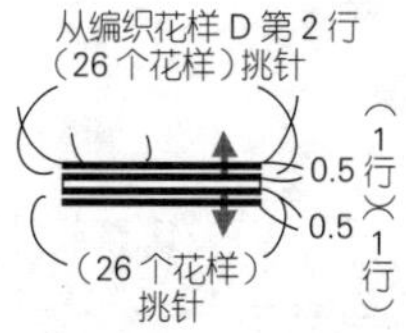

边缘编织 B 的编织方法（下摆）

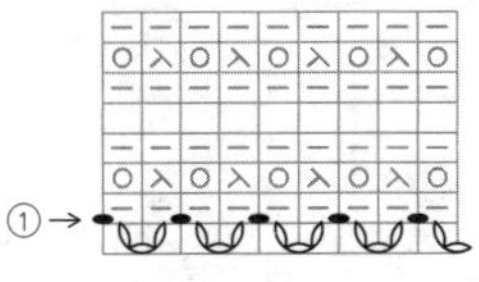

※ 缝在编织花样A
第2行的下弧上

边缘编织 B 的编织方法（衣领、袖口）

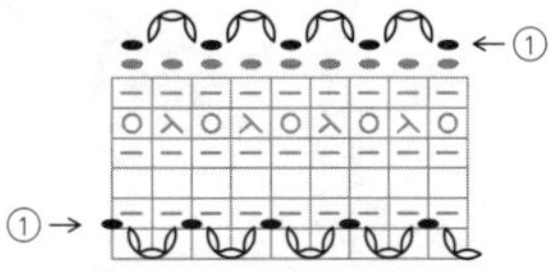

※ 缝在编织花样D第2行
的下弧和伏针上

边缘编织 B

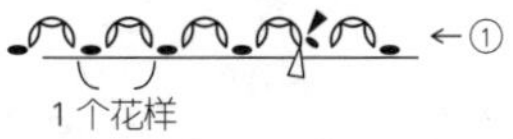

▷ = 加线

▶ = 剪线

腰带

（编织花样 E）4/0 号针

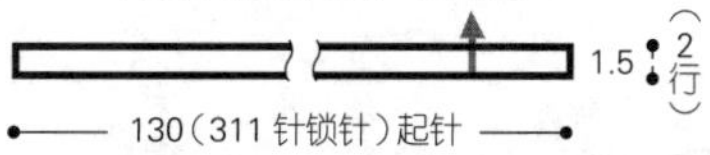

编织花样 E

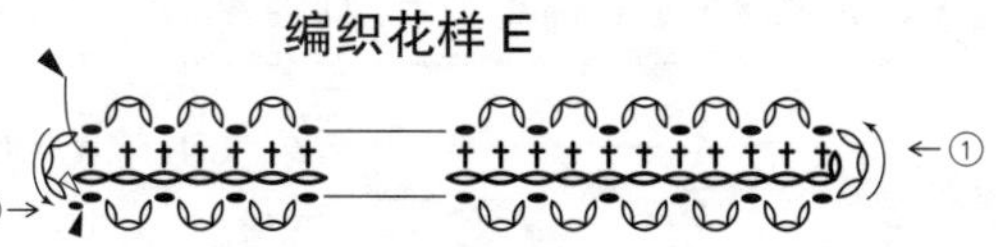

配色 { — = 浅粉色
— = 原白色（Cotton Kona）

花朵花片 12 片 3/0 号针

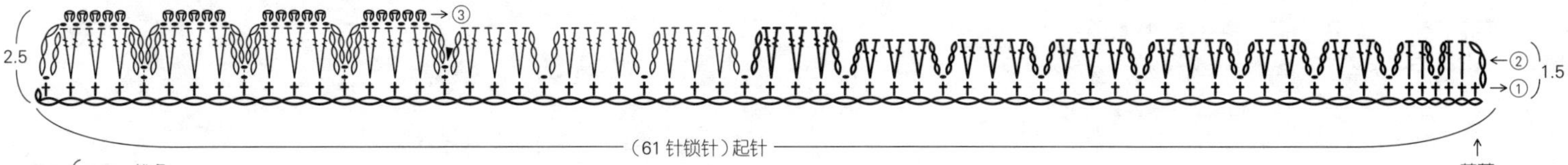

配色 { — = 粉色
— = 原白色（Cotton Kona Fine线）

叶子 24 片

3/0 号针 浅黄绿色

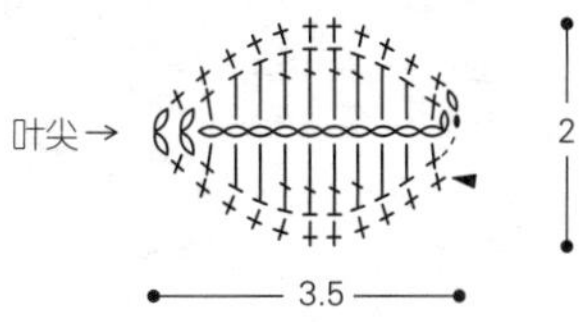

花片的组合方法

以花朵花片的花蕊为中心卷
起来，注意整体的平衡感，
在反面呈放射状缝合。

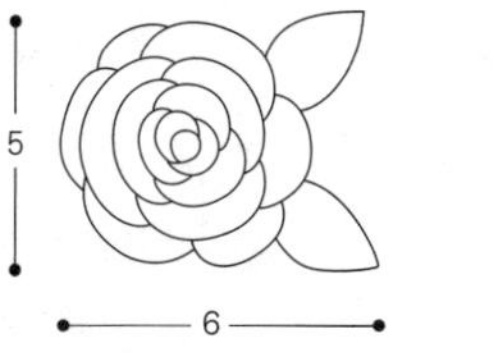

在每片花朵花片上缝上 2 片叶子。

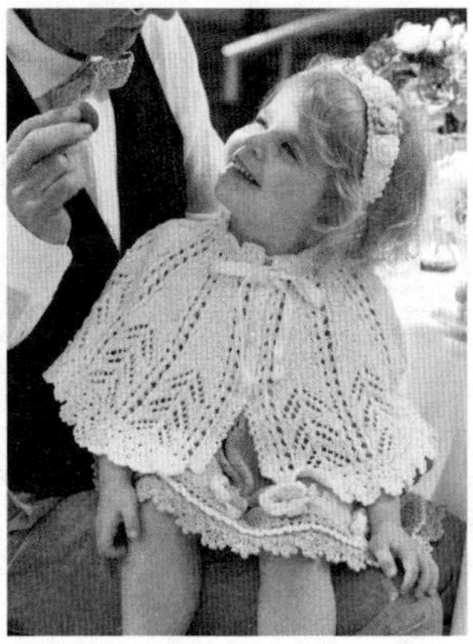

材料

[发带] 芭贝 Cotton Kona 原白色(2) 20g/1团，浅粉色(9) 5g/1团；直径4mm的珍珠62颗；宽6mm的缎带(白色) 100cm

[披肩] 芭贝 Cotton Kona 原白色(2) 150g/4团；直径12mm的纽扣3颗；直径5mm的珍珠112颗；宽13mm的缎带(白色) 66cm

工具

钩针4/0号、5/0号，棒针5号

成品尺寸

[发带] 宽4cm，长121cm

[披肩] 衣长27cm

编织密度

10cm×10cm面积内：短针26针，26行；编织花样A 1个花样7针2.5cm；编织花样B 1个花样11针6cm；编织花样A、B均为31行10cm

编织要点

●发带…先将珍珠穿到线上。主体钩织1针锁针起针，然后钩织短针。参照图示编织加、减针，接着钩织边缘编织A。钩织指定数量的花片，缝在主体上。钩织带头，缝在缎带的端头。

●披肩…手指起针，一边分散加针，一边做下针编织和编织花样A、B。编织终点做伏针收针。先将珍珠穿到线上，下摆做边缘编织B，衣领做边缘编织C。前门襟挑取指定数量的针目，做边缘编织D。右前门襟开扣眼。编织带头，缝在缎带的端头。缝上纽扣。

发带

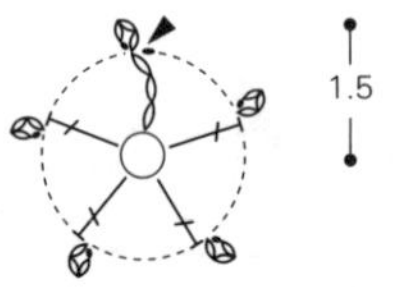

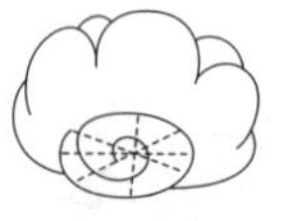

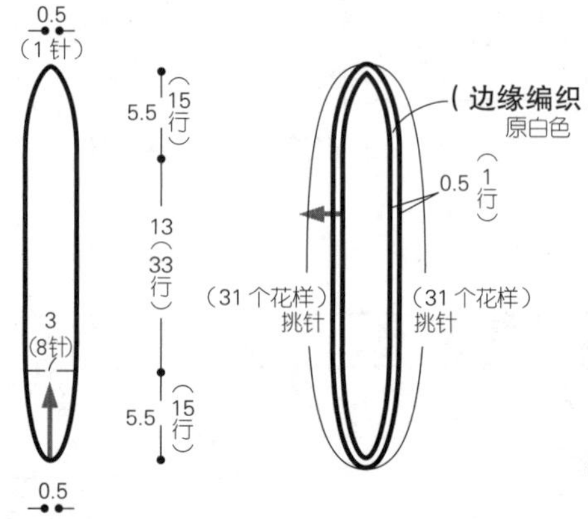

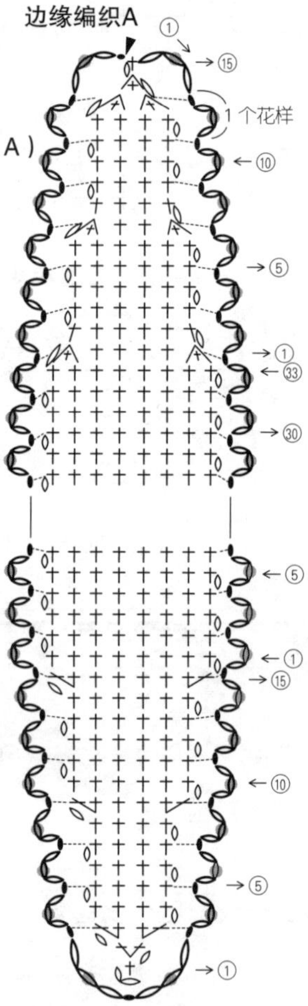

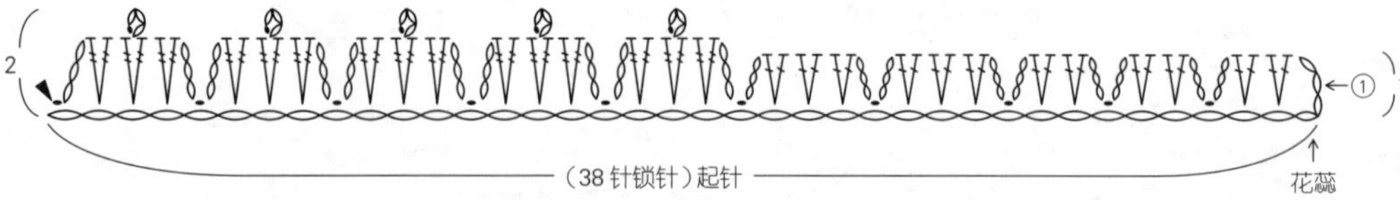

► = 剪线

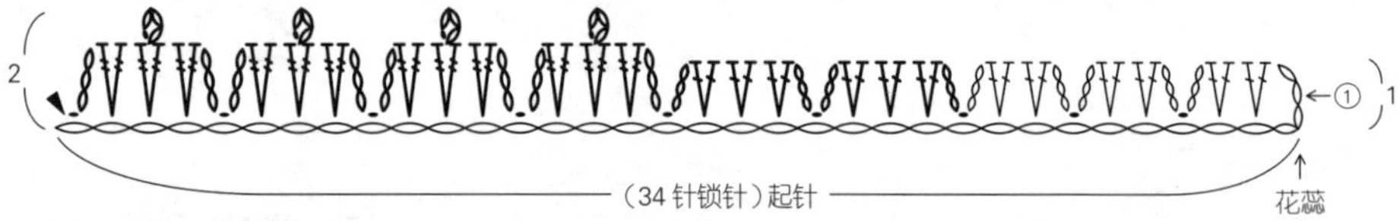

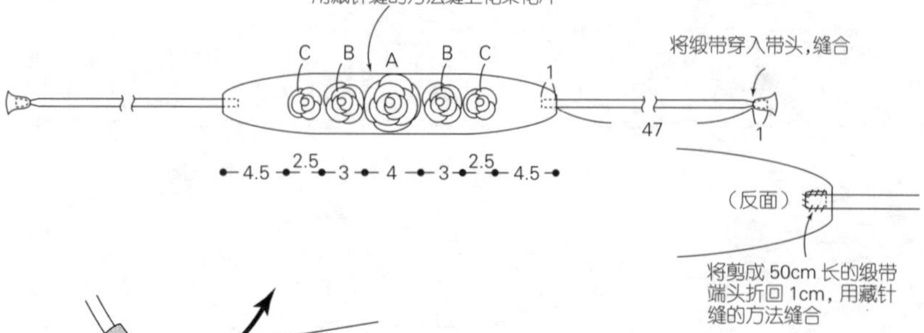

锁针中编入串珠的方法

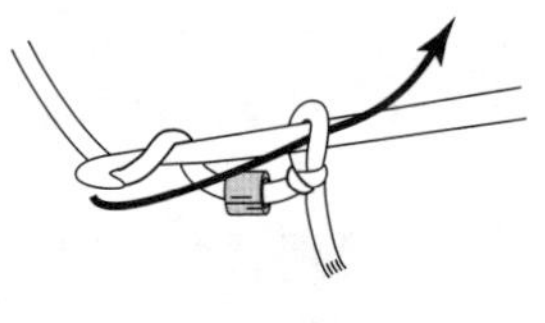

1 拨入1颗串珠，挂线并引拔。

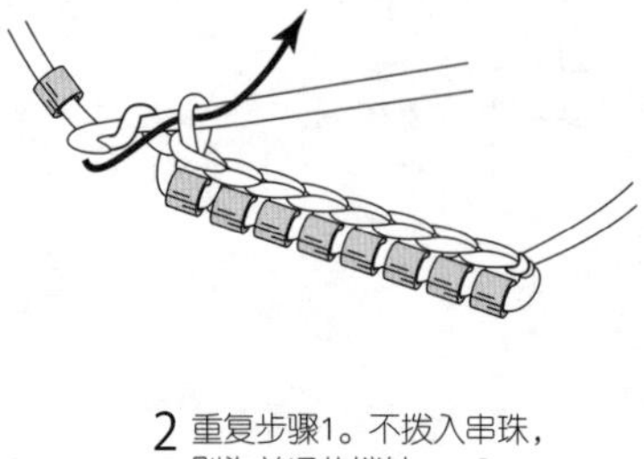

2 重复步骤1。不拨入串珠，则为普通的锁针。

披肩

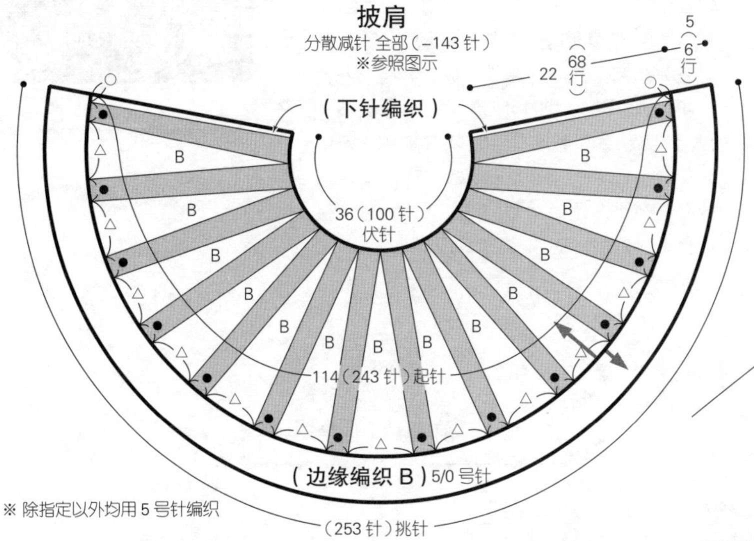

※ 除指定以外均用5号针编织

▒ =（编织花样A）
B =（编织花样B）

○ = 0.5（1针）
● = 2.5（7针）
△ = 6（11针）

衣领

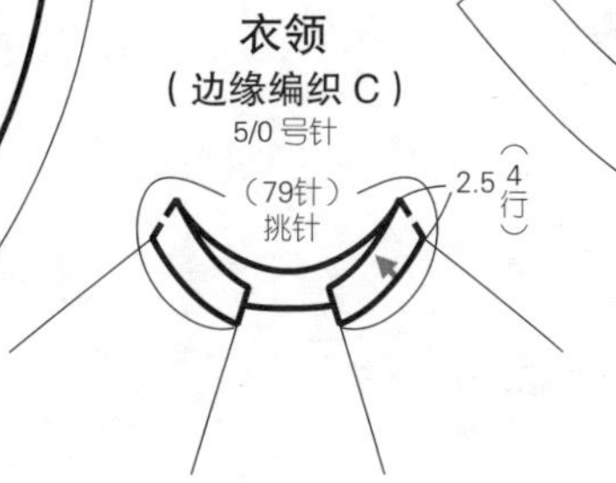

前门襟

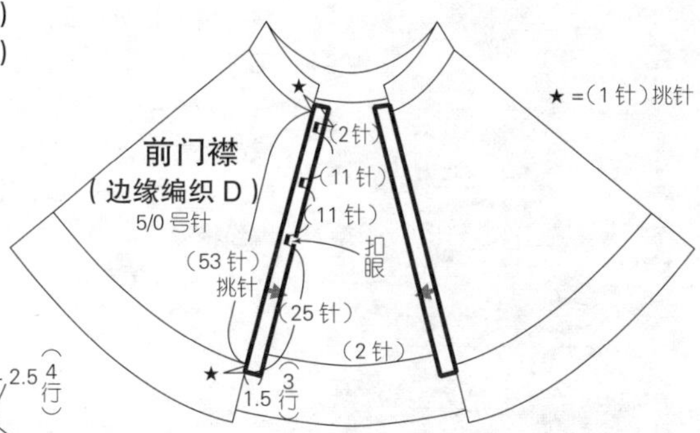

组合方法

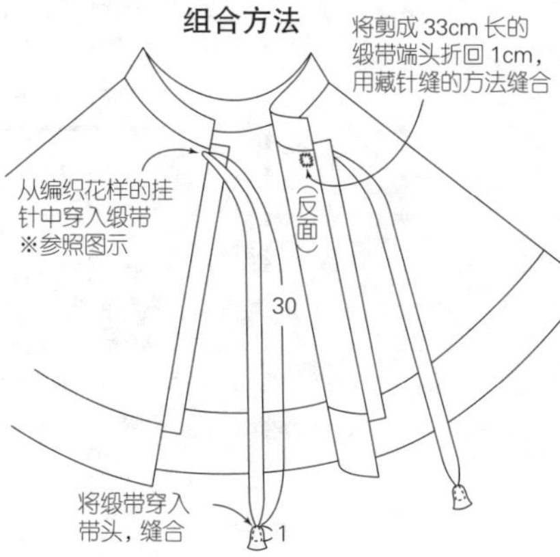

边缘编织C

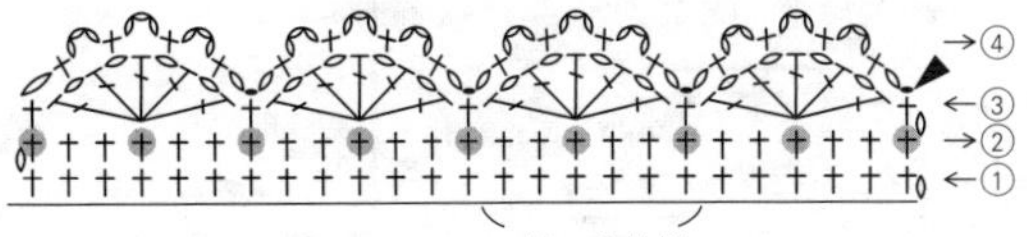

⊕ = 编入珍珠的位置

※编入珍珠的方法请参照第147页

边缘编织B

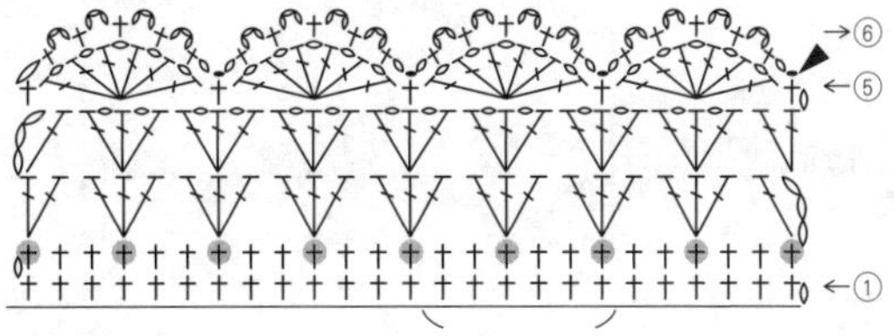

⊕ = 编入珍珠的位置

边缘编织D和扣眼

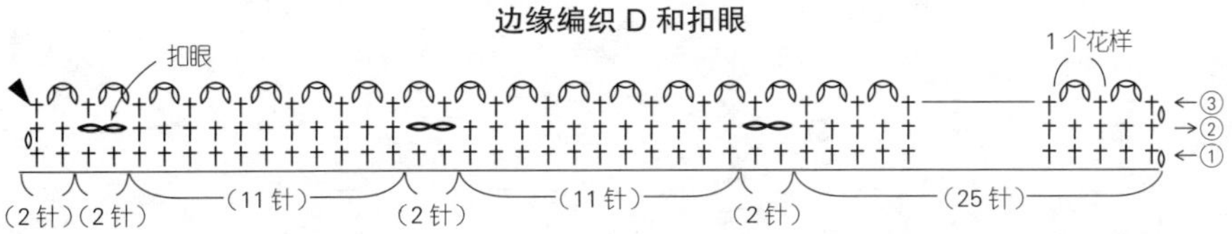

► = 剪线

编织花样A、B和分散减针

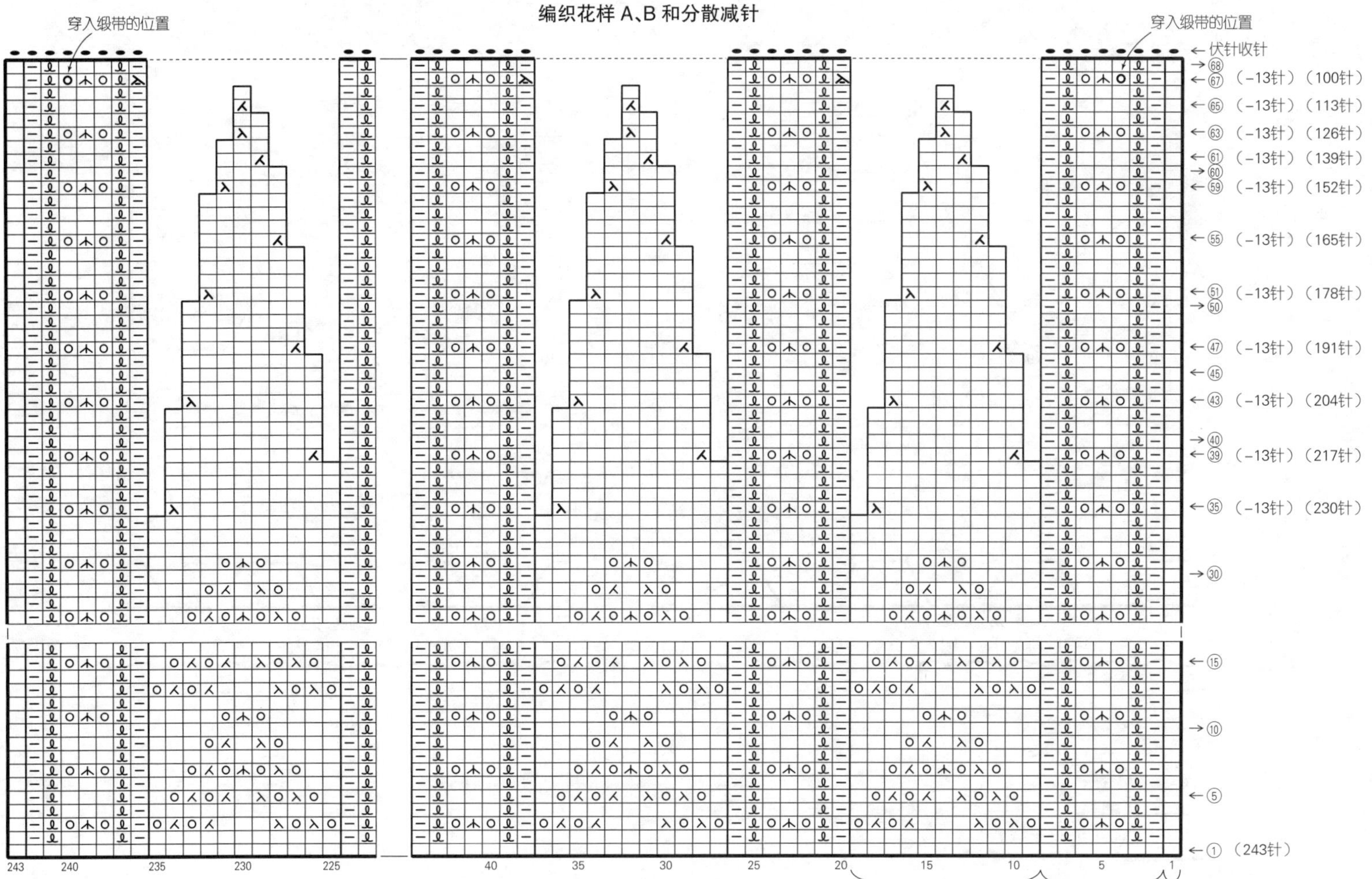

□ = ⊡

编织花样B
11针、10行1个花样

编织花样A
7针、4行1个花样

下针编织

材料

钻石线 Silk Domani 黑色(218) 330g/14团

工具

钩针2/0号、3/0号、4/0号

成品尺寸

胸围81cm，衣长96cm，连肩袖长21.5cm

编织密度

花片大小请参照图示

编织要点

●后身片、前身片用连接花片的方法钩织。从第2片花片开始，一边钩织引拔针和相邻花片连接，一边钩织。花片所用的钩针号数不一样，需要注意。下摆花片之间各钩织8行编织花样A，然后钩织12行编织花样B，环形编织。参照图示做分散加针。衣领、袖口挑取指定数量的针目，做边缘编织。

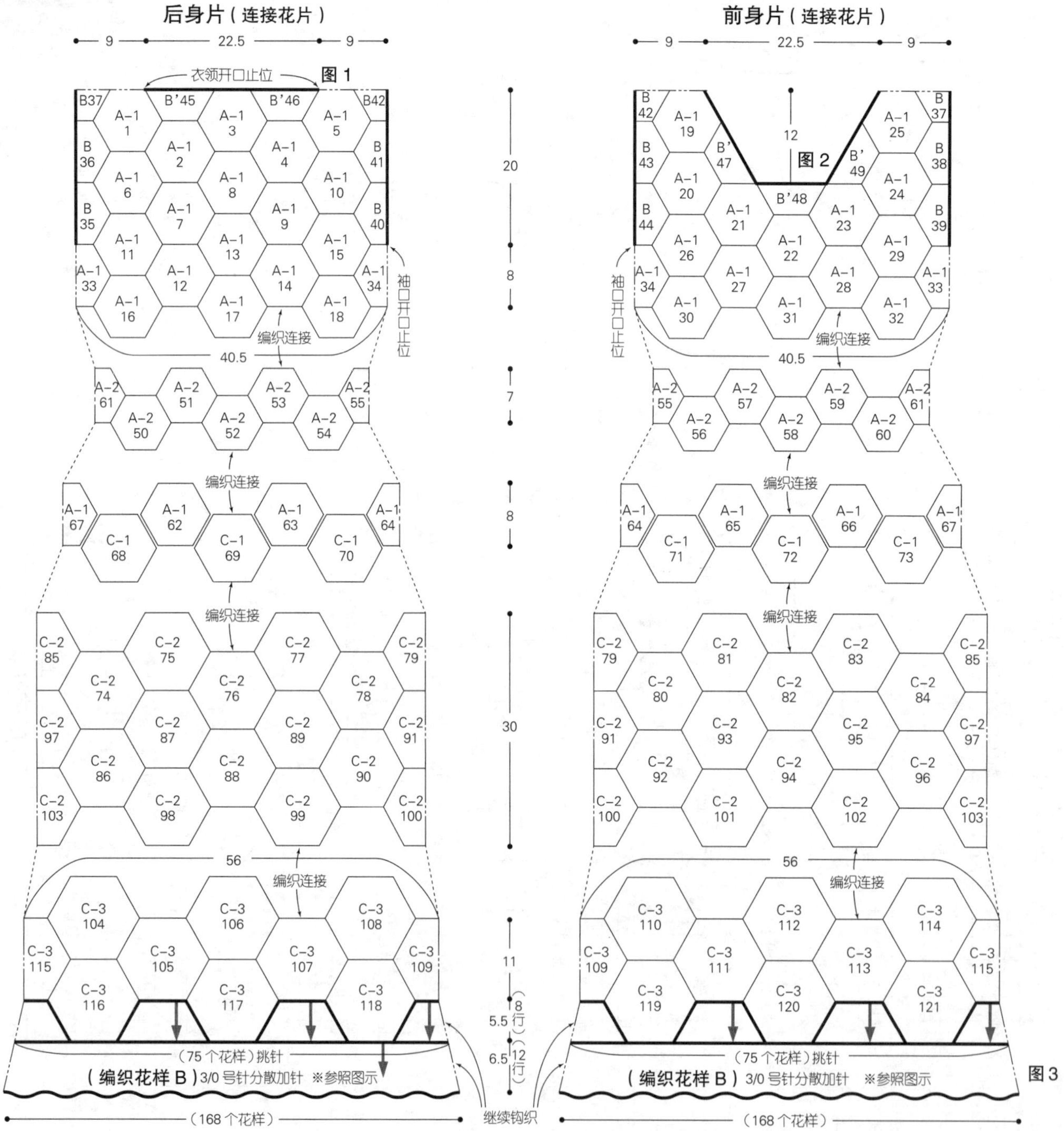

※ 花片内的数字表示钩织顺序

※ A-1、B、B'、C-2…3/0号针
A-2、C-1…2/0号针
C-3…4/0号针

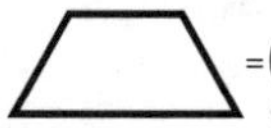

=（编织花样A）
3/0号针 ※参照图示

花片 A

A-1 : 3/0 号针 40 片
A-2 : 2/0 号针 12 片

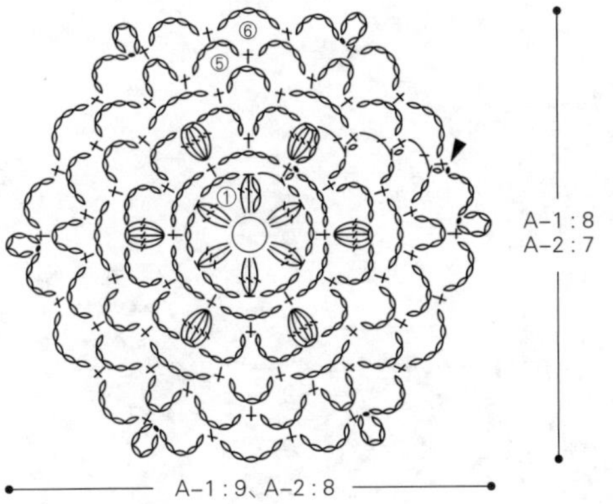

花片 B

3/0 号针 10 片

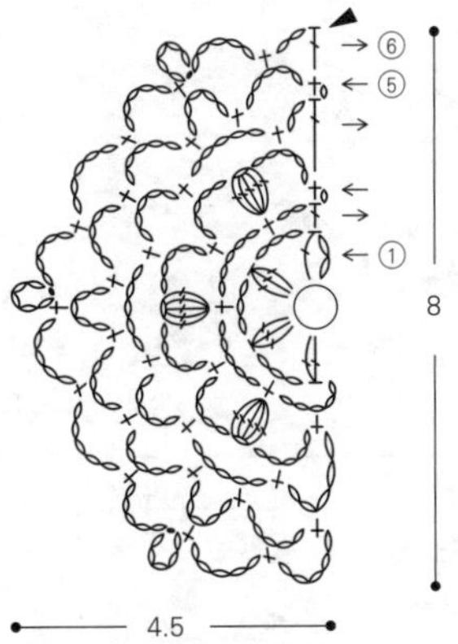

花片 C

C-1 : 2/0 号针 6 片
C-2 : 3/0 号针 30 片
C-3 : 4/0 号针 18 片

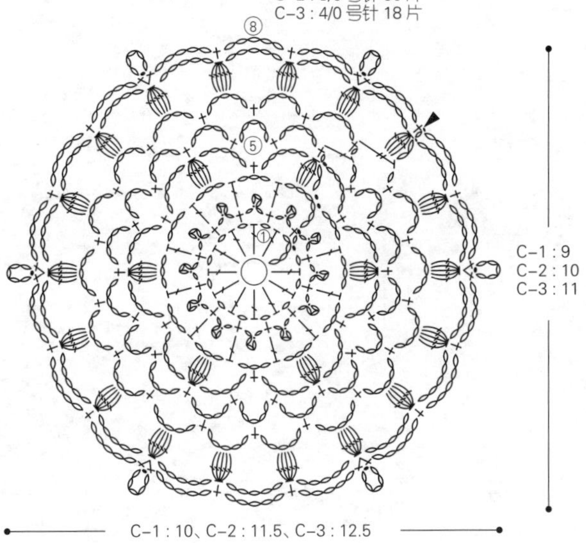

衣领、袖口（边缘编织）3/0 号针

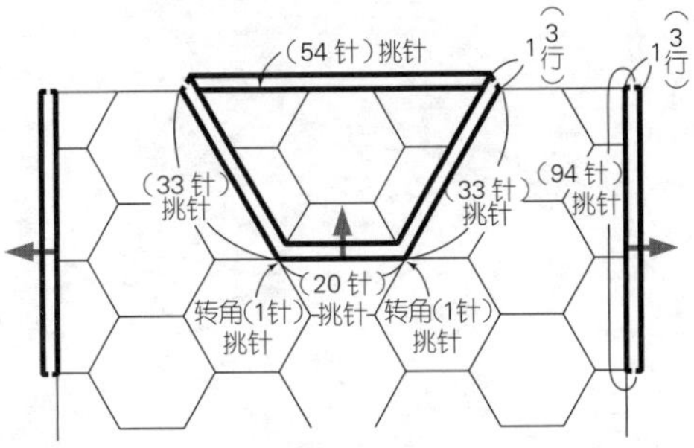

※ 衣领共（142针）挑针

花片 B'

3/0 号针 5 片

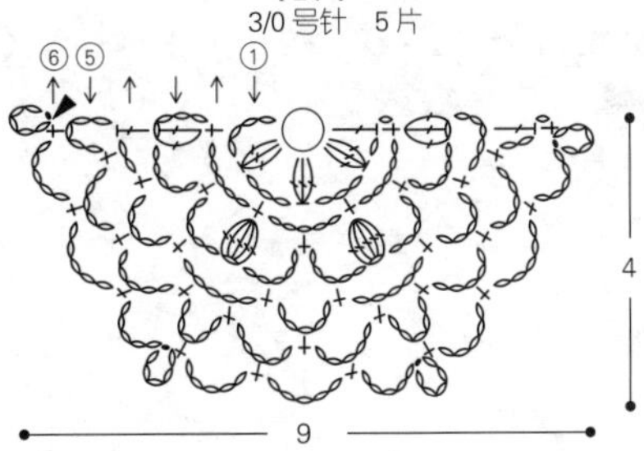

▶ = 剪线

= 5针长针的爆米花针

※ 编织方法见第148页

花片 A-1、A-2 和 C-1 的连接方法

边缘编织

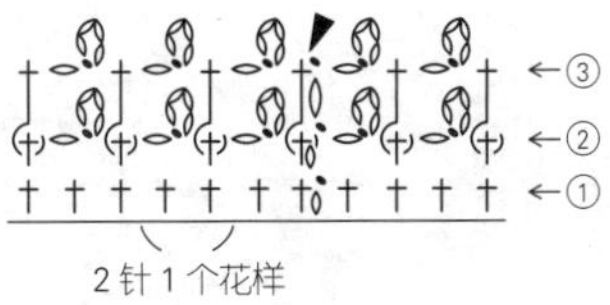

= 短针的反拉针

短针的反拉针

（在下面2行短针上钩织的情况）

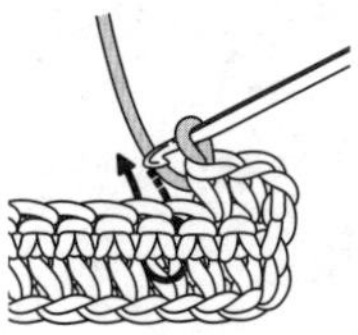

1 按照箭头方向，从反面将钩针插入下面2行的短针中，将线拉出。

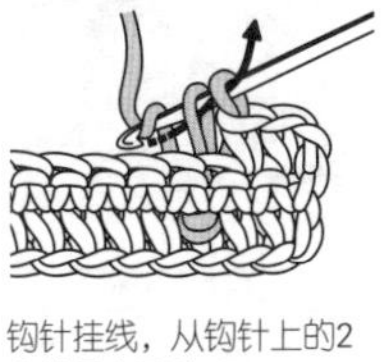

2 钩针挂线，从钩针上的2个线圈中引拔出。

图 1
后领窝

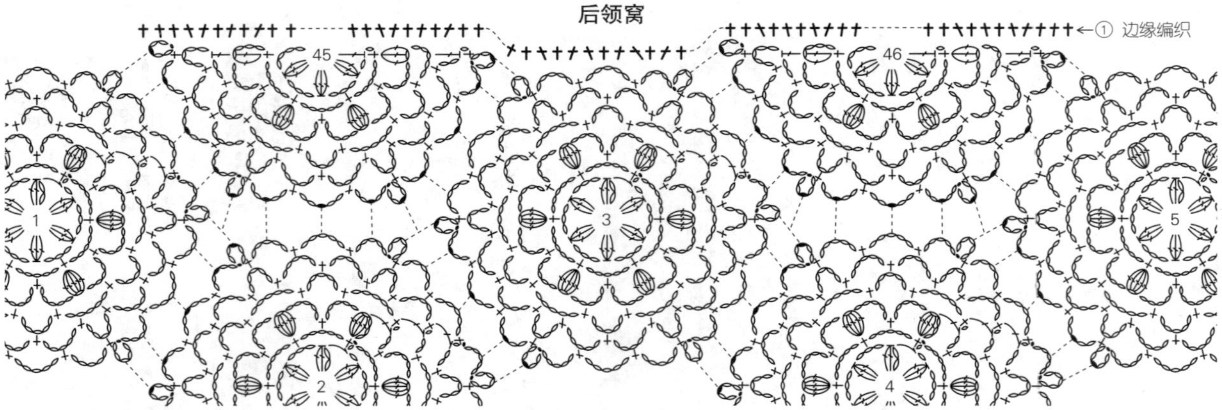

▷ = 加线
▶ = 剪线

图 2
前领窝

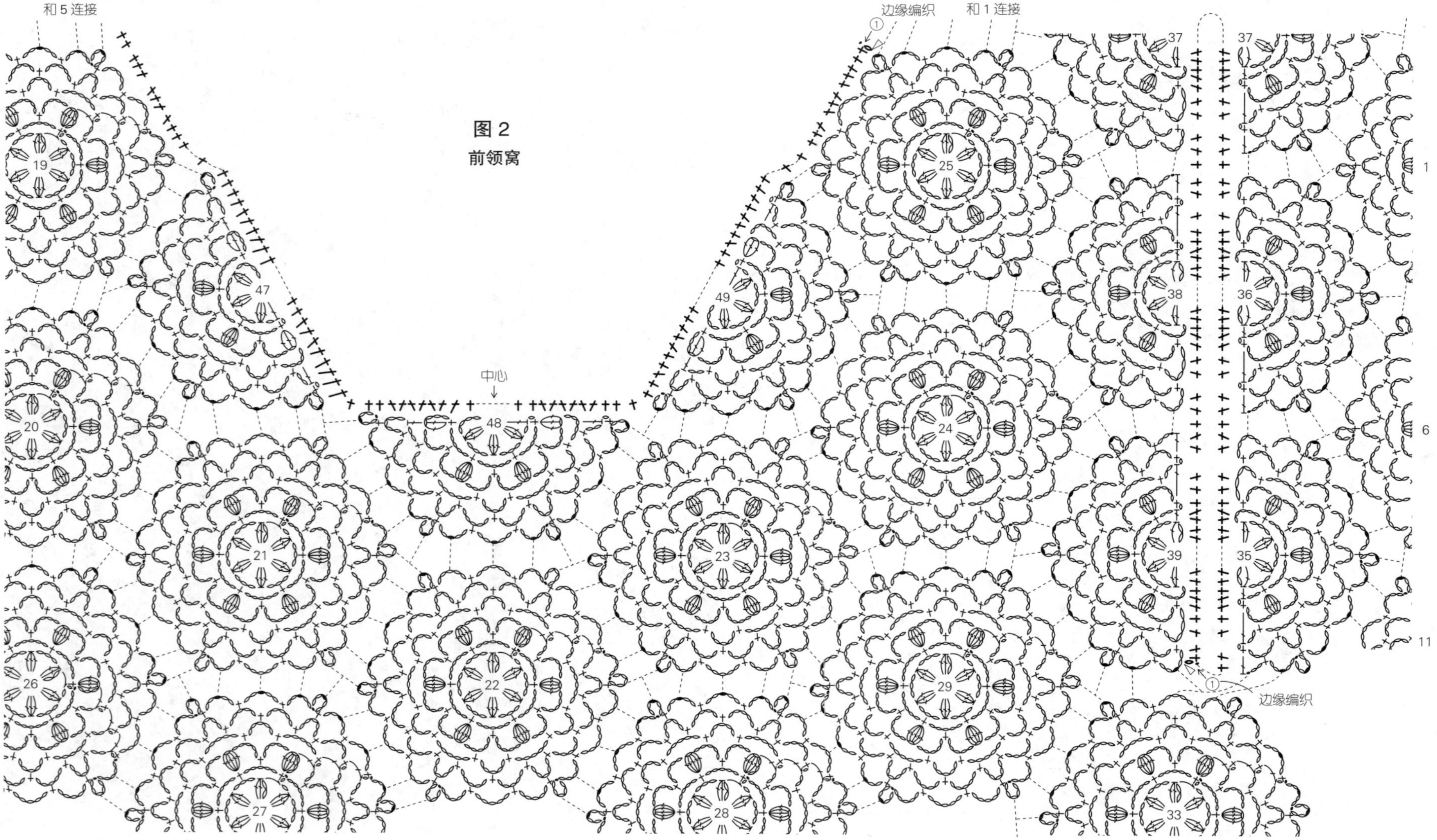

编织花样 A 和编织花样 B 的分散加针

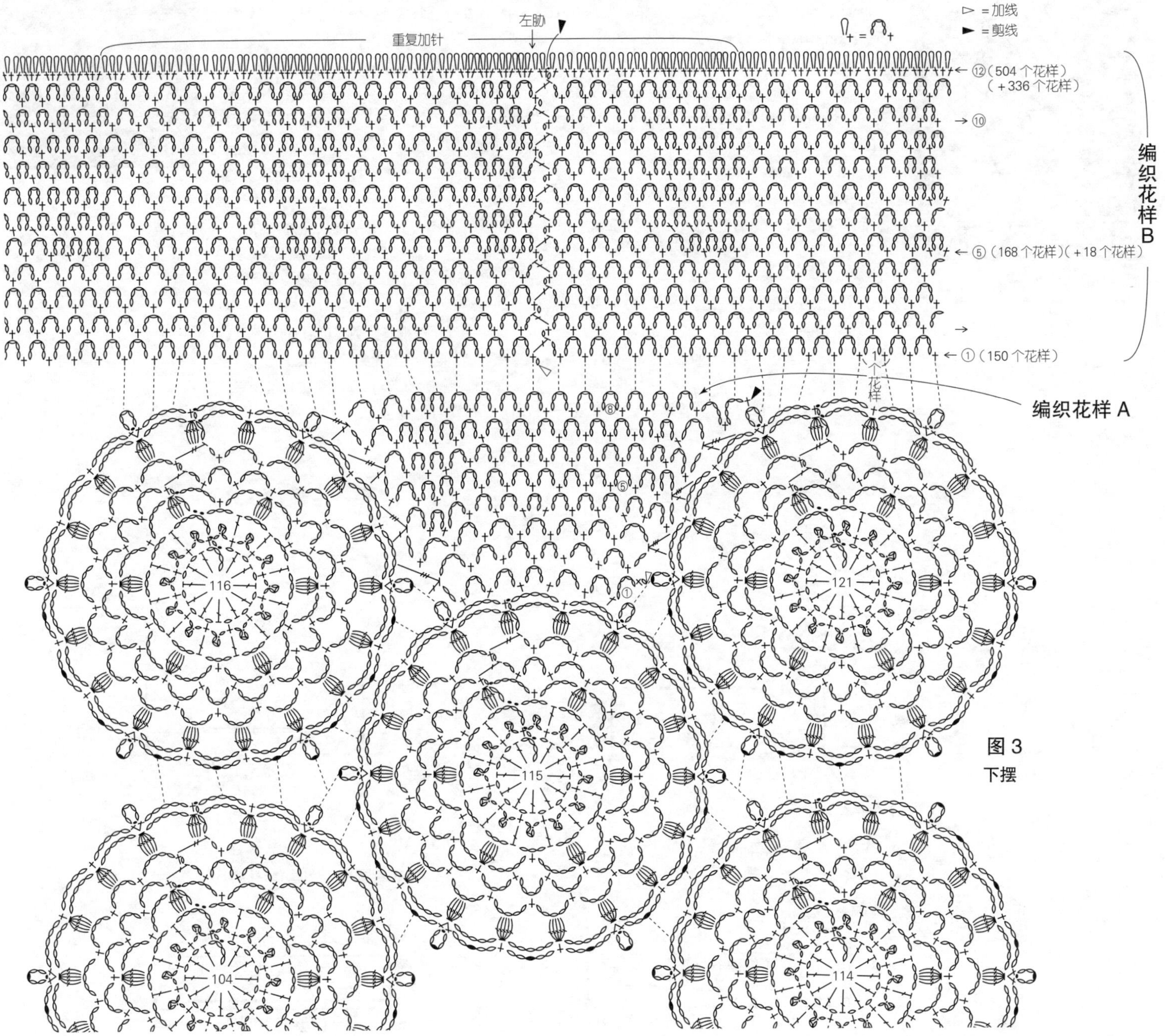

图 3
下摆

后领口的编织方法

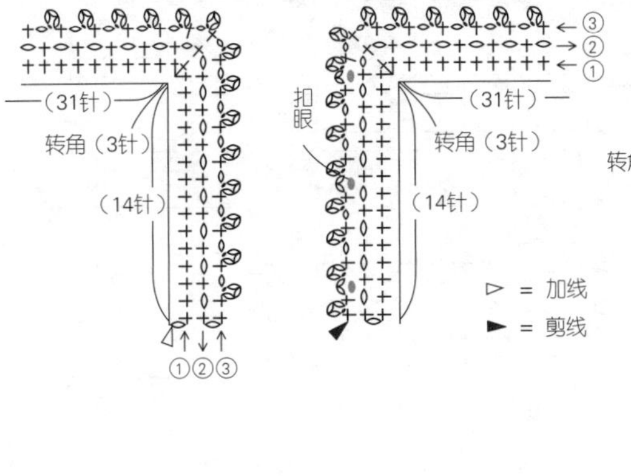

后领口、后背开口
（边缘编织B）
4/0号针

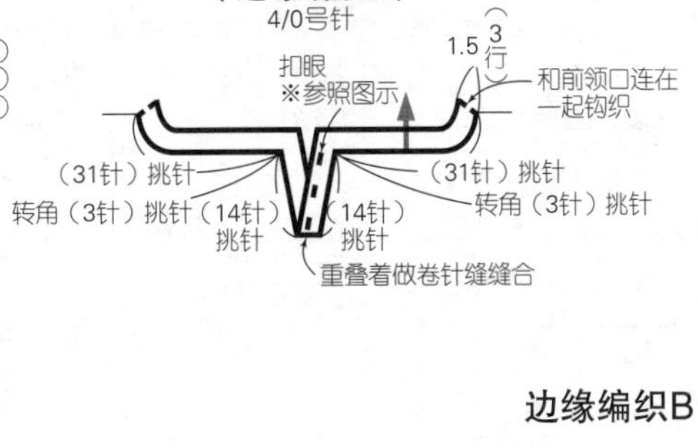

前领口
（边缘编织B）
4/0号针

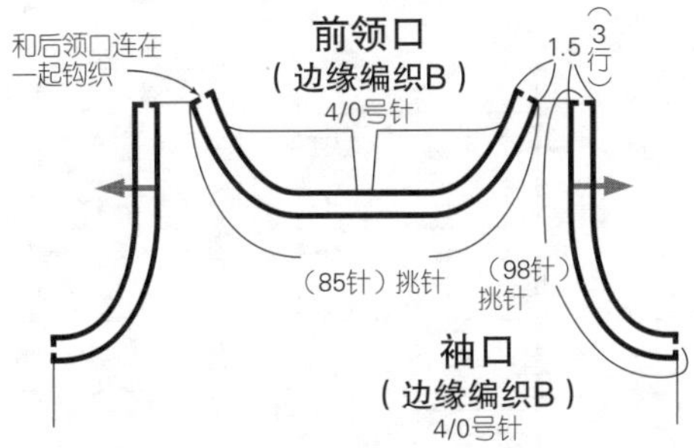

袖口
（边缘编织B）
4/0号针

边缘编织B（衣领）

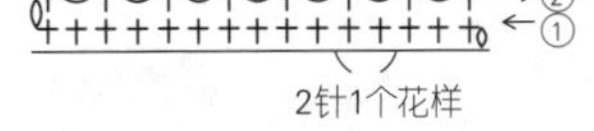

※ 前领窝第1行参照其他图示

边缘编织B（袖窿）

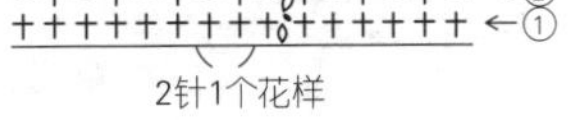

接第134页▶

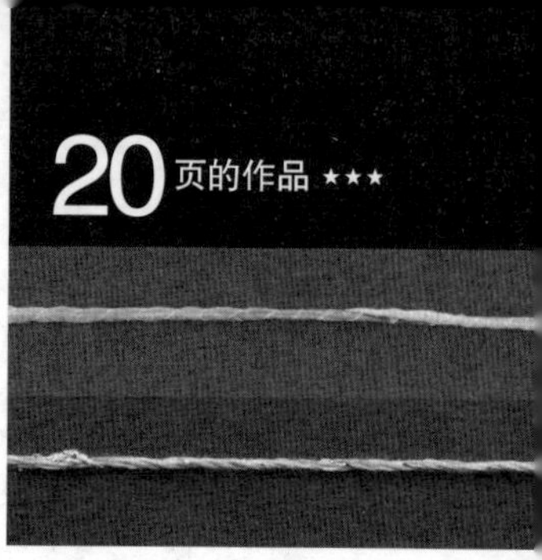

材料

[背心] 钻石线 Dia Lucia 粉色(6109) 130g/5团; Masterseed Cotton <Duet> 粉色(415)10g/1团; 直径10mm的纽扣3颗

[半身裙] 钻石线 Dia Lucia 粉色(6109) 370g/13团; Masterseed Cotton <Duet> 粉色(415)75g/3团; 宽35mm的松紧带66cm

工具

棒针5号,钩针4/0号

成品尺寸

[背心] 胸围90cm,肩宽34cm,衣长46cm

[半身裙] 腰围66cm,裙长64cm

编织密度

10cm×10cm面积内:编织花样A 27针,37行;编织花样B 26.5针,32行;编织花样C 25.5针,34行;条纹花样26.5针,35行

编织要点

●背心…手指起针,做编织花样A、B。前身片接着做编织花样A'和下针编织,注意编织花样A'中途需要换线。胁部加针时,在1针内侧编织扭针加针。减针时,2针以上时做伏针减针,1针时立起侧边1针减针。肩部做盖针接合,胁部使用毛线缝针做挑针缝合。将织片倒过来拿好,在编织花样A、A'的指定位置编织装饰。挑取指定数量的针目,下摆做边缘编织A,领口、后背开口、袖口做边缘编织B。后背开口处一边开扣眼,一边钩织。缝上纽扣。

●半身裙…手指起针,编织条纹花样,然后一边分散减针一边做编织花样C。编织终点松松地做伏针收针。侧缝使用毛线缝针做挑针缝合。将织片倒过来拿好,在条纹花样的指定位置编织装饰。挑取指定数量的针目,下摆做边缘编织A,腰头环形编织下针编织。腰头两端重叠2cm后缝合成环形。腰头夹入松紧带,折向反面做藏针缝合。

背心

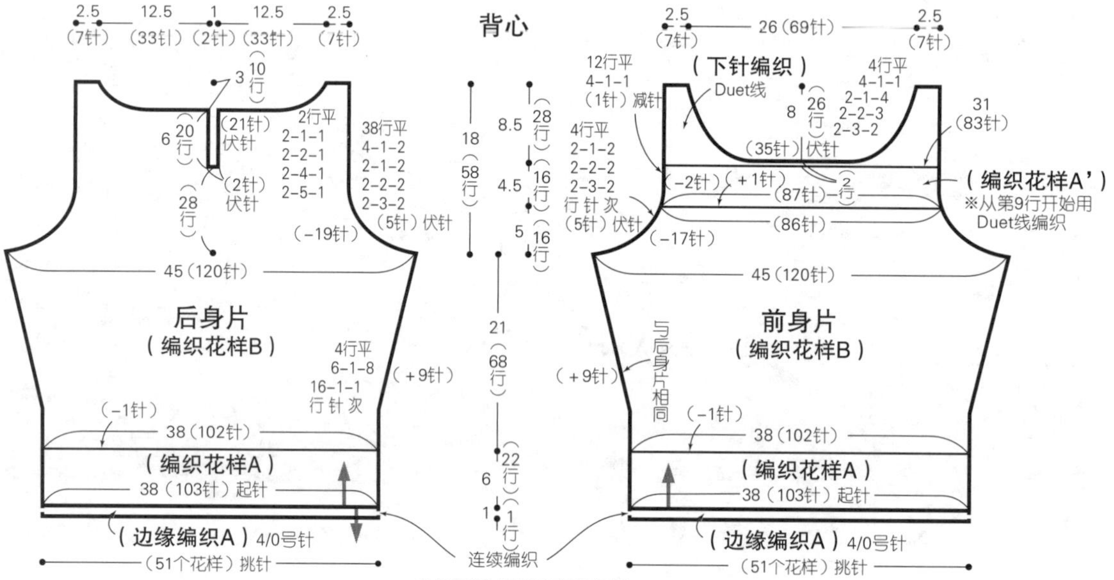

※ 除指定以外均用5号针编织
※ 除指定以外均用Lucia线编织

边缘编织A (下摆)

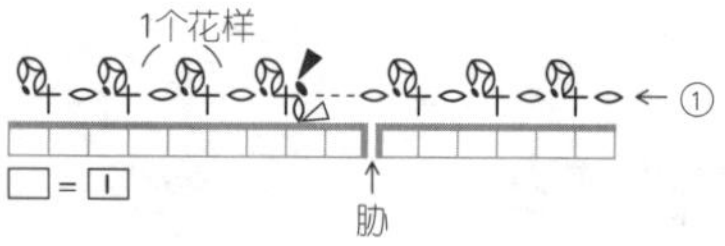

▷ =加线
▶ =剪线

编织花样A

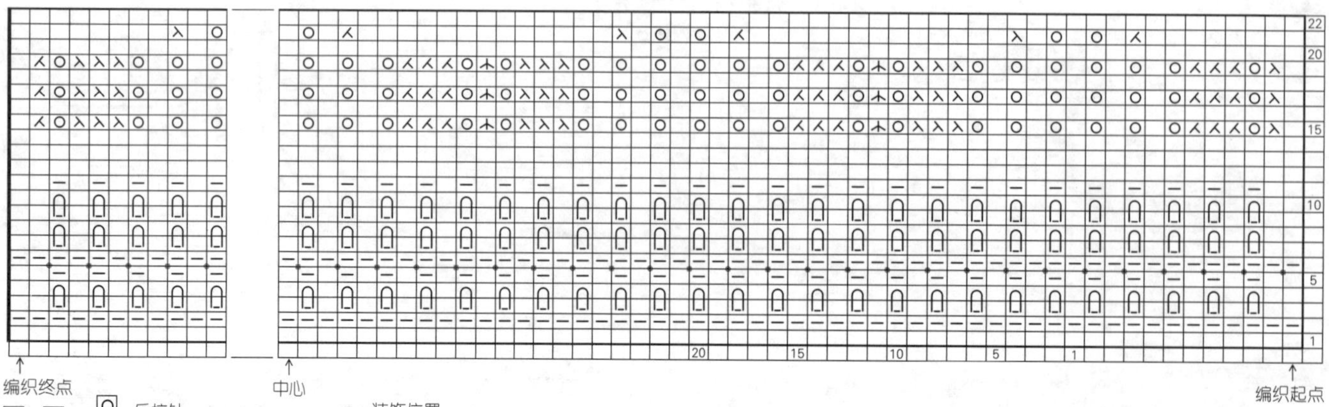

□=□　⌂=反拉针　• =装饰位置
※编织方法请参照第117页

◀接第133页

前领窝的编织方法

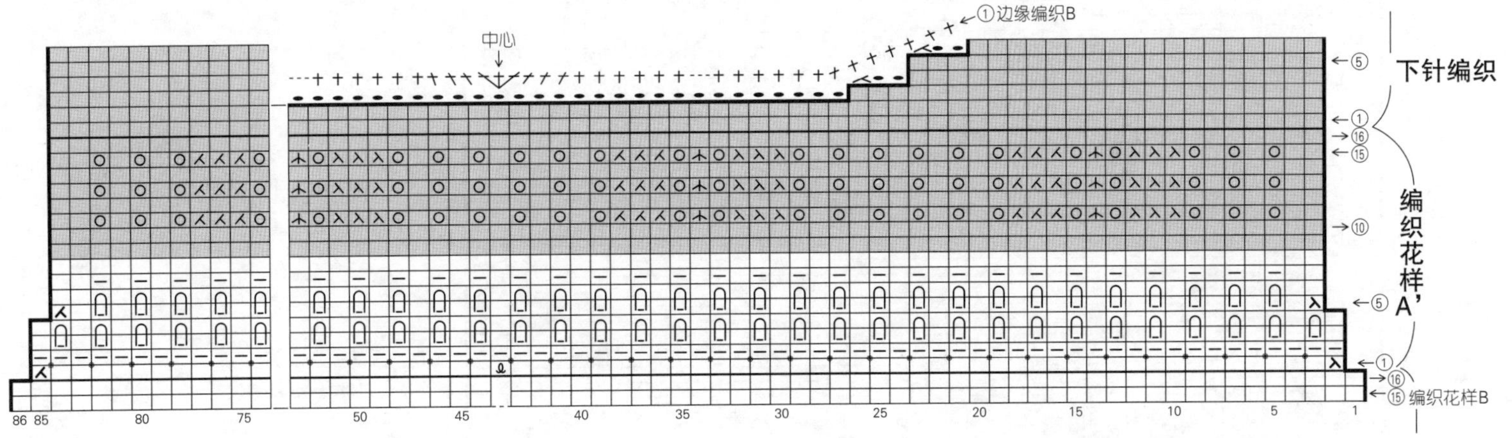

□ = ▯
扭加针
反拉针
※编织方法见第117页
• = 装饰位置

配色 □ = Lucia线
▩ = Duet线

装饰的编织方法
（编织花样A、条纹花样）

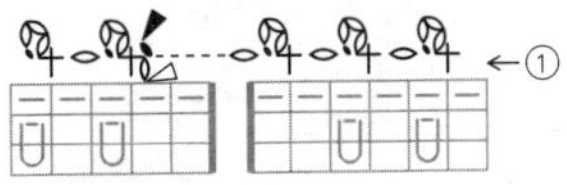

□ = ▯

※ 挑取下弧钩织
▷ = 加线
► = 剪线

装饰的编织方法
（编织花样A'）

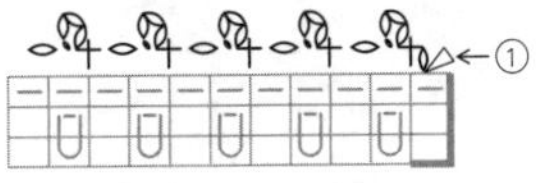

□ = ▯

编织花样B

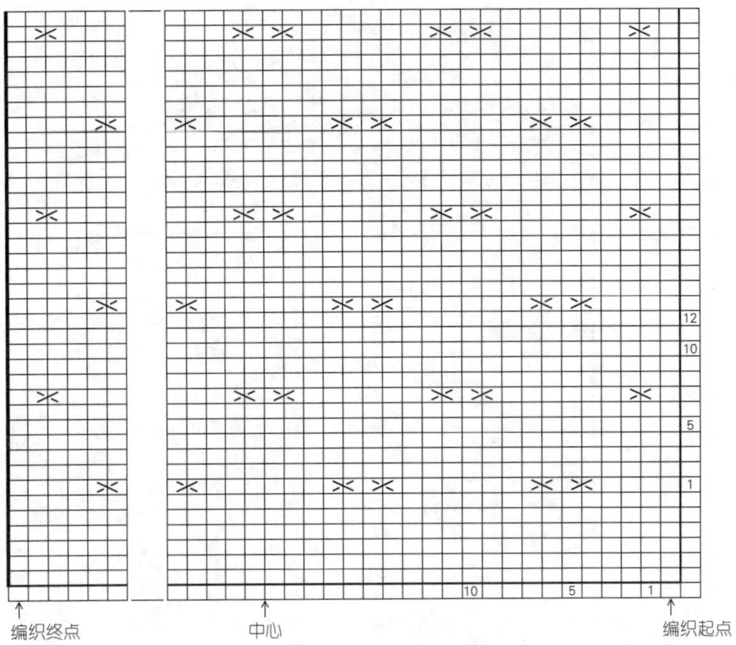

□ = ▯

半身裙

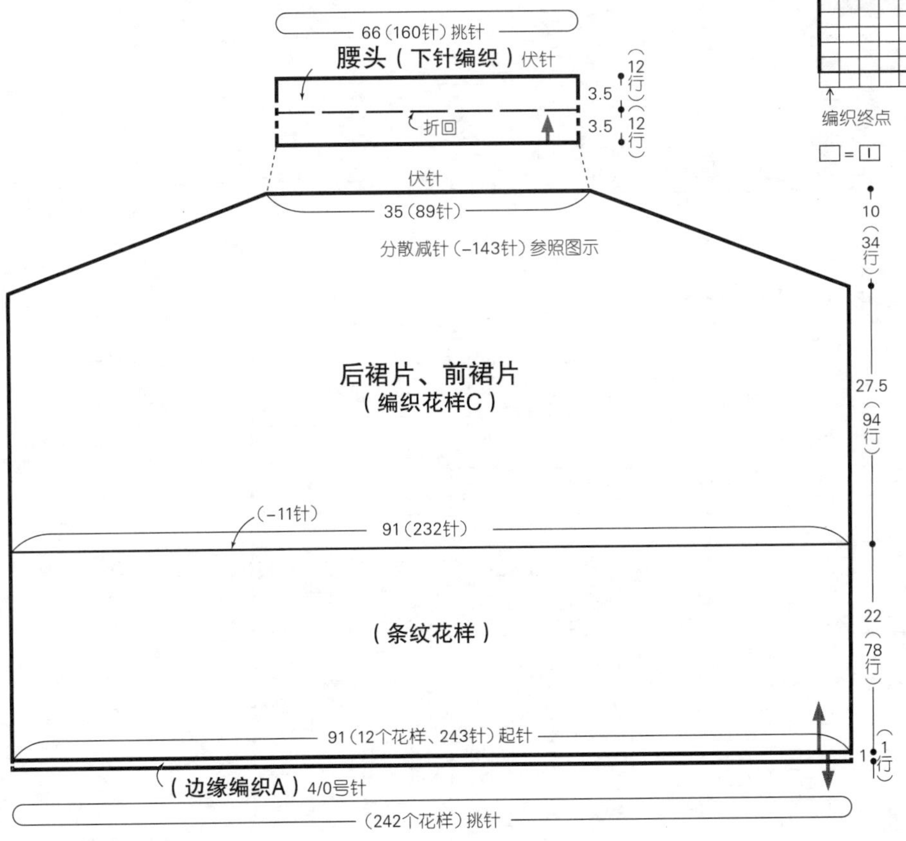

※ 除指定以外均用5号针编织
※ 除指定以外均用Lucia线编织

编织花样C

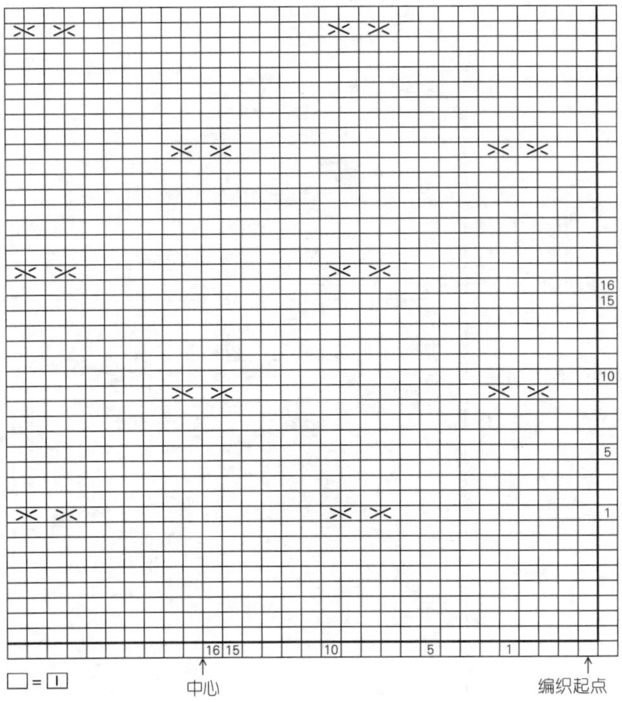

□ = ▯

条纹花样

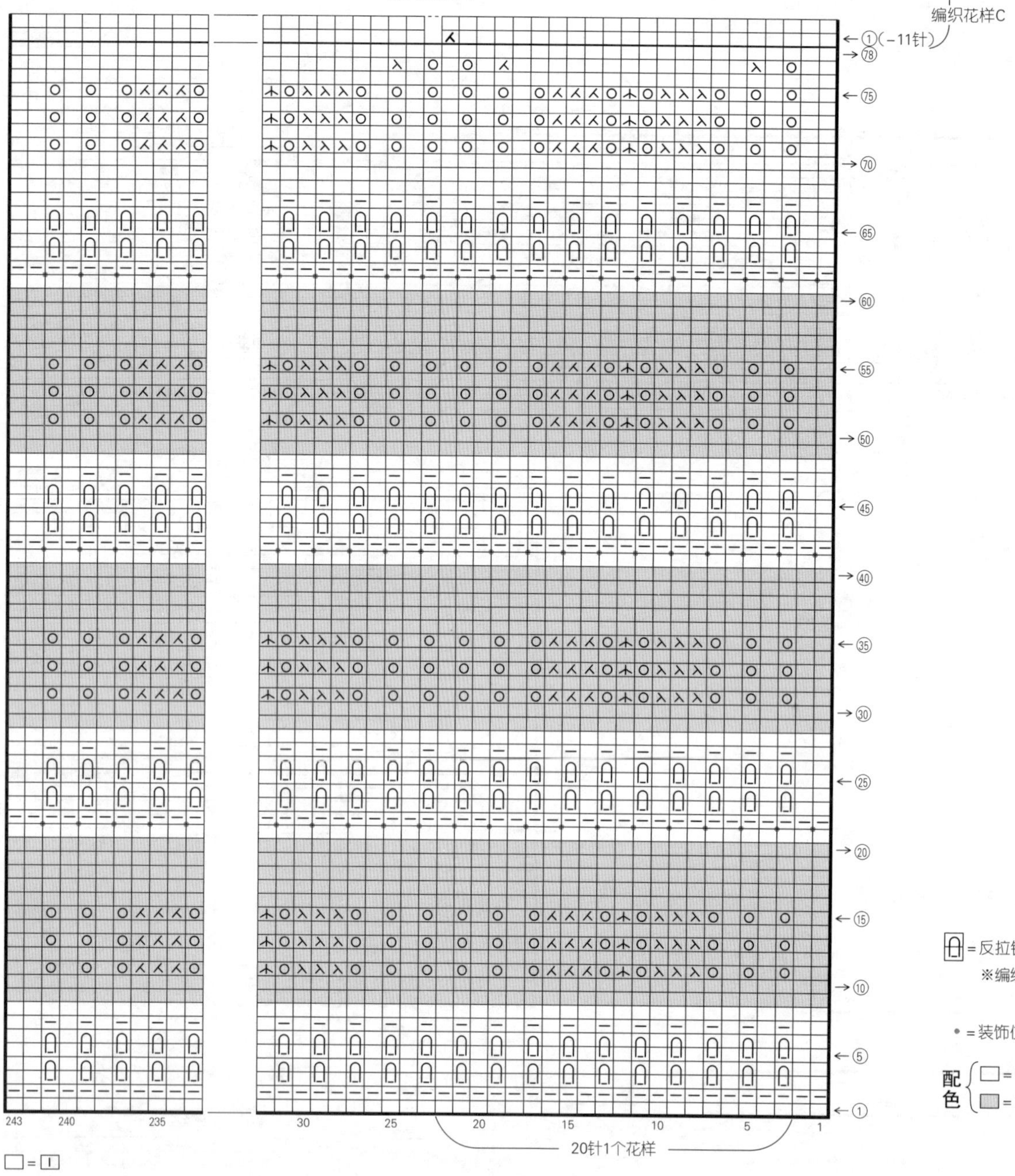

=反拉针

※编织方法请参照第117页

• =装饰位置

配色 { □=Lucia线 ▩=Duet线

编织花样C的分散减针

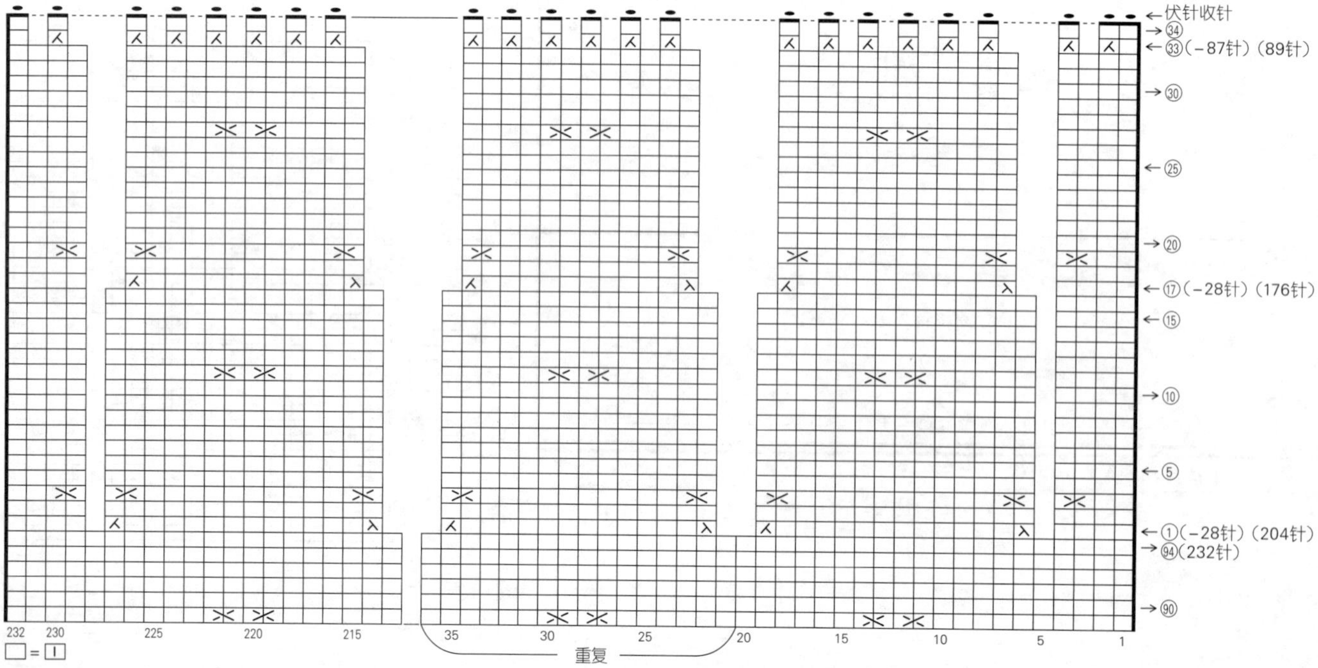

21 页的作品 ★★★

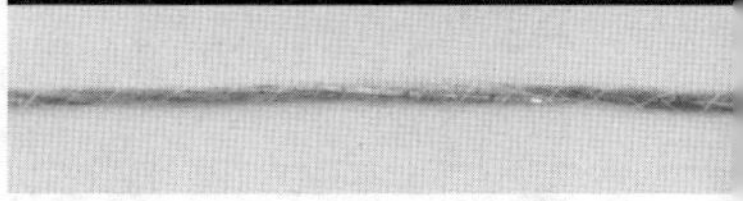

材料

钻石线 Dia Lucia<Varia>藏青色、青蓝色、米色系段染(8207) 185g/7团

工具

钩针4/0号

成品尺寸

宽30cm，长150cm(含流苏)

编织密度

编织花样1个花样6cm，11行10cm

编织要点

●锁针起针，做编织花样，然后编织流苏。另一侧也从起针处挑针，按照相同方法钩织。

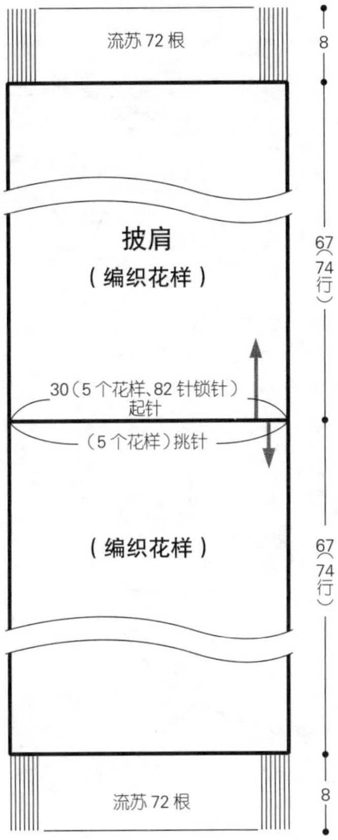

※ 全部使用4/0号针钩织

编织花样

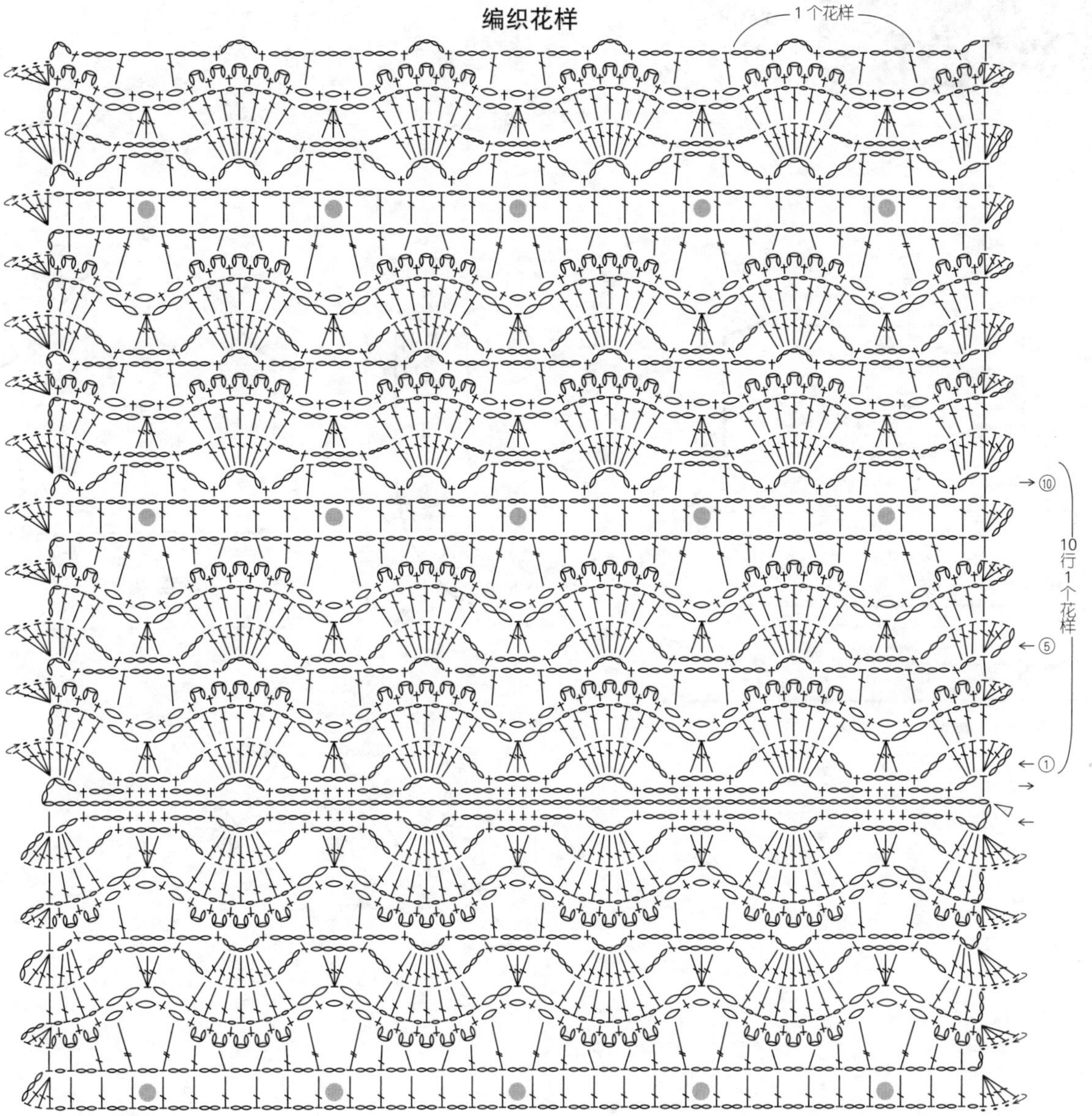

● 的编织方法

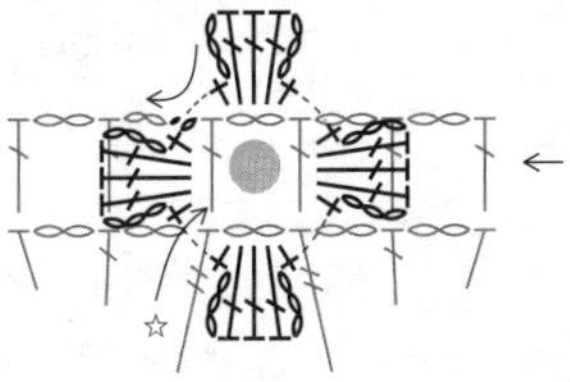

※ 接着☆的长针钩织1针锁针，然后整段挑起长针的底部钩织短针、3针锁针、3针长针、3针锁针、短针。遇见锁针时同样挑针钩织一周，然后和最初的短针头部引拔继续做编织花样

▷ = 加线
► = 剪线

流苏的编织方法

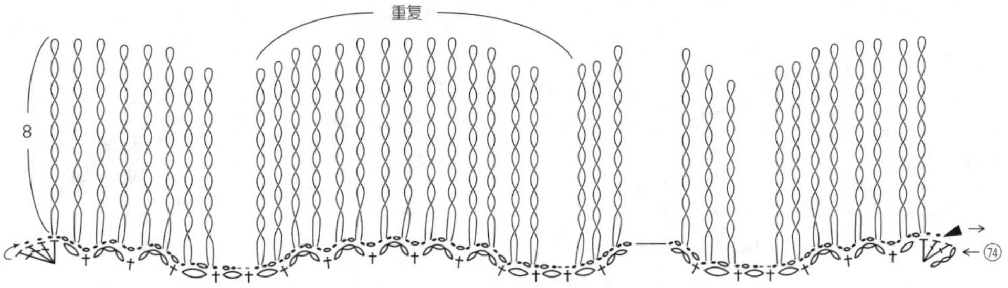

※ 钩织完引拔针和锁针后，将钩针上挂的线圈拉至18cm长，然后顺时针方向转20次将其搓成绳，对折后钩织下一针引拔针

材料

[开衫] 钻石线 Dia Lucia<Varia>灰褐色(6112) 130g/5团；Masterseed Cotton 灰褐色(129) 110g/4团

[手拎包] 钻石线 Dia Lucia<Varia>灰褐色(6112) 75g/3团；直径30mm的包扣芯1个；直径12cm的子母扣1对

工具

钩针4/0号、6/0号、3/0号

成品尺寸

[开衫] 胸围94cm，肩宽35cm，衣长45cm，袖长42cm

[手拎包] 宽20cm，包深11.5cm

编织密度

10cm×10cm面积内：编织花样A 32针，9.5行；编织花样B 24针，17行

编织要点

●开衫…身片、袖锁针起针，做编织花样A。参照图示编织加、减针。肩部做卷针缝缝合，胁和袖下钩织引拔针和锁针接合。下摆、前边缘、衣领和袖口挑取指定数量的针目，环形做编织花样B。钩织引拔针和锁针，将衣袖和身片连在一起。

●手拎包…锁针起针，包底钩织短针，做环形的往返编织。主体做编织花样C、短针，包盖做编织花样D。钩织提手、装饰和装饰扣，参照组合方法缝在指定位置。缝上子母扣，完成。

开衫

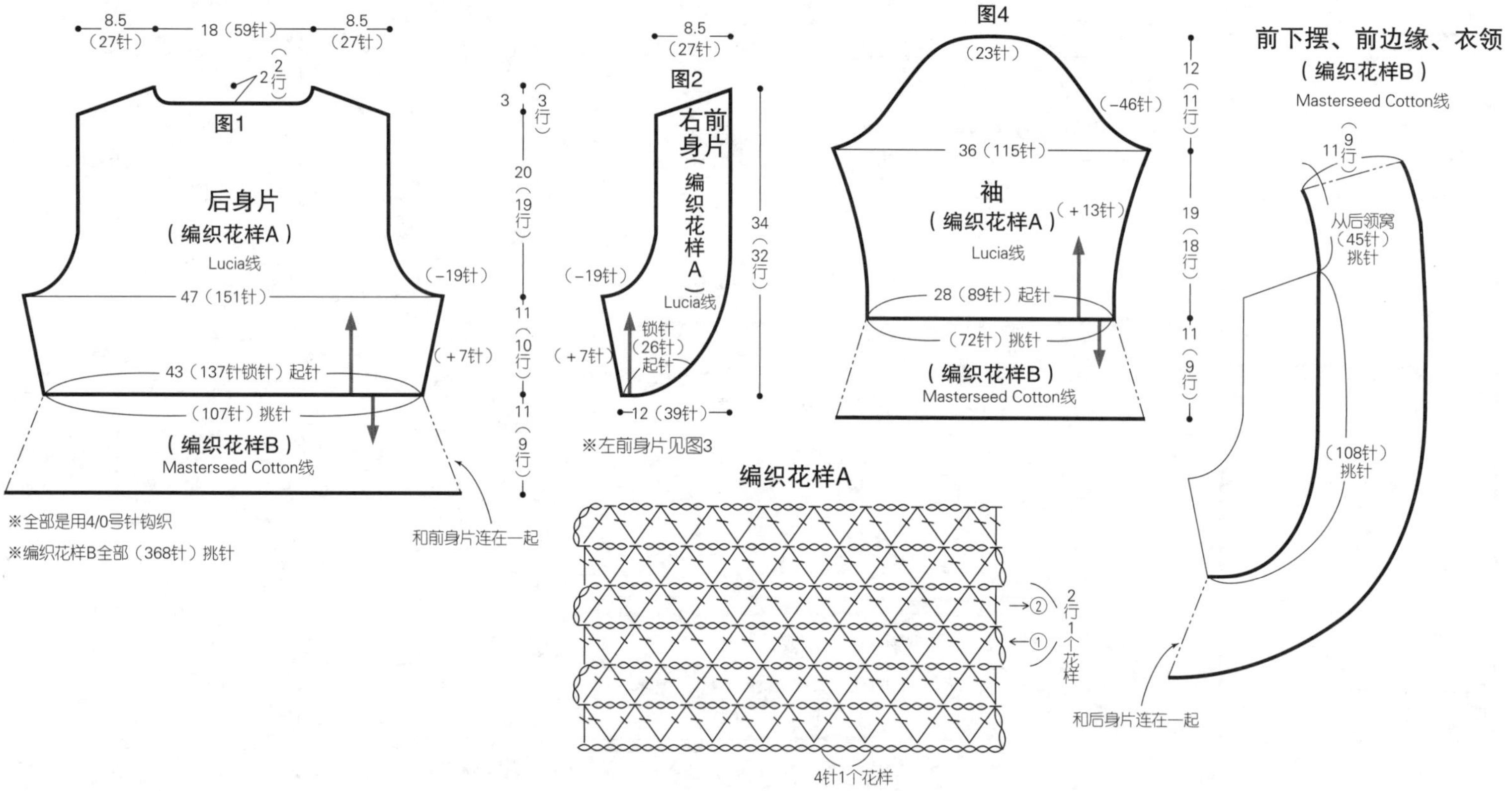

龙虾绳

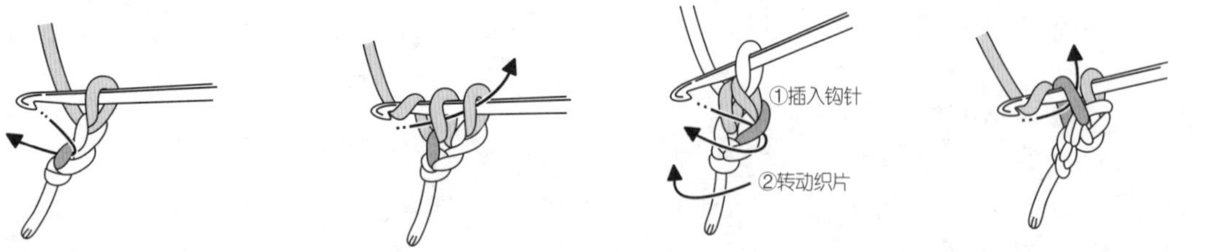

1 钩织2针锁针，将钩针插入第1针的半针和里山，挂线并拉出。

2 挂线并从钩针上的2个线圈中引拔出。

3 将钩针插入步骤1中的第2针锁针的半针中，然后向左转动织片。

4 挂线并拉出，钩织短针。

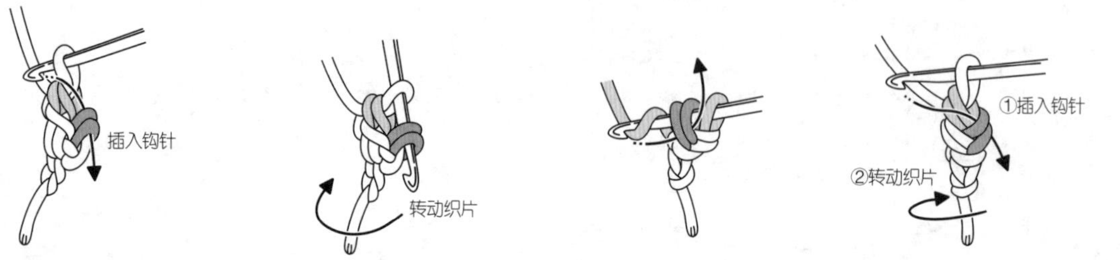

5 如箭头所示将钩针插入2根线中。

6 保持钩针插入的状态，向左转动织片。

7 钩针挂线，钩织短针。

8 重复“将钩针插入2根线中，向左转动织片，钩织短针”。

图1 后身片

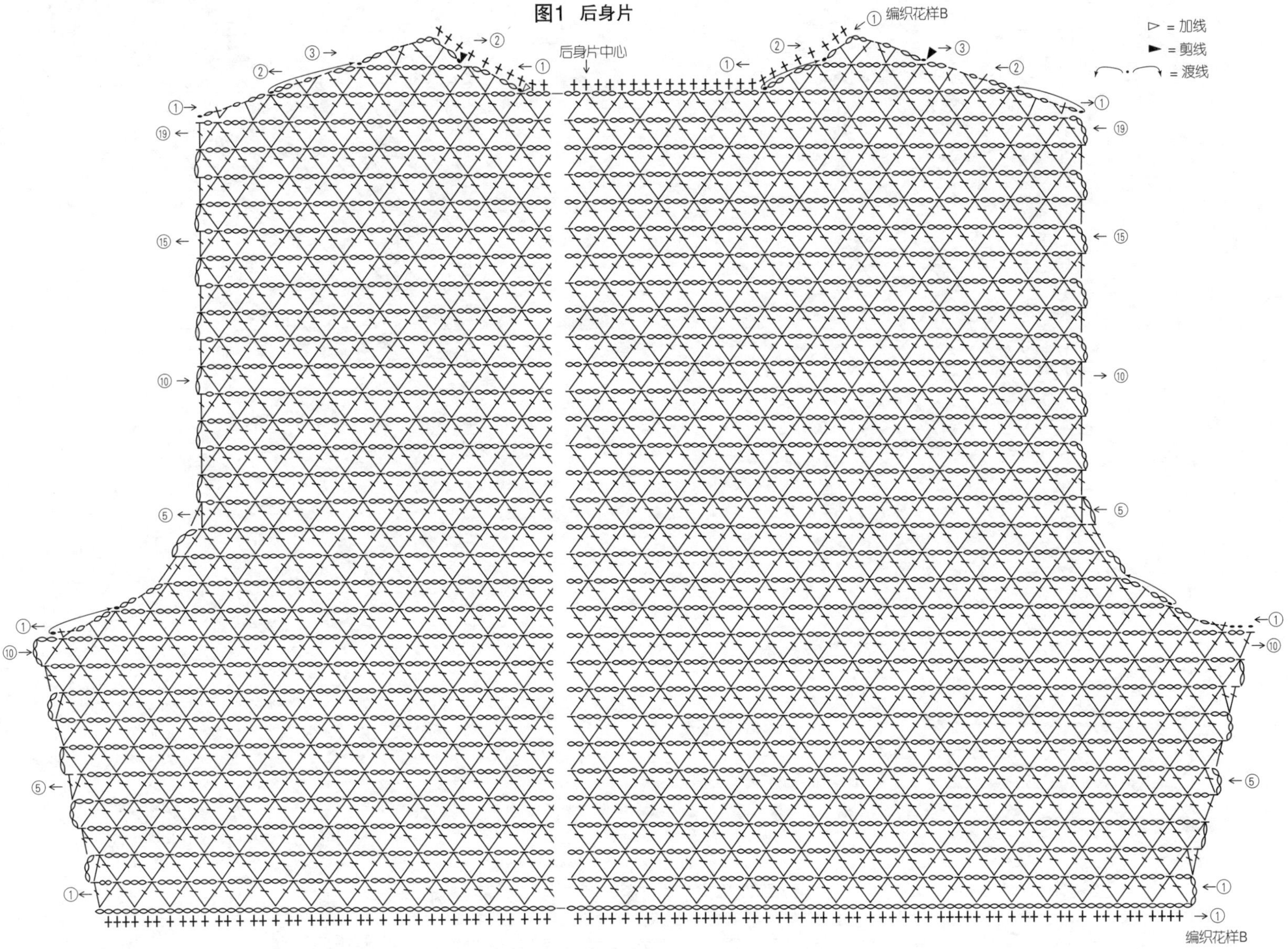

编织花样B

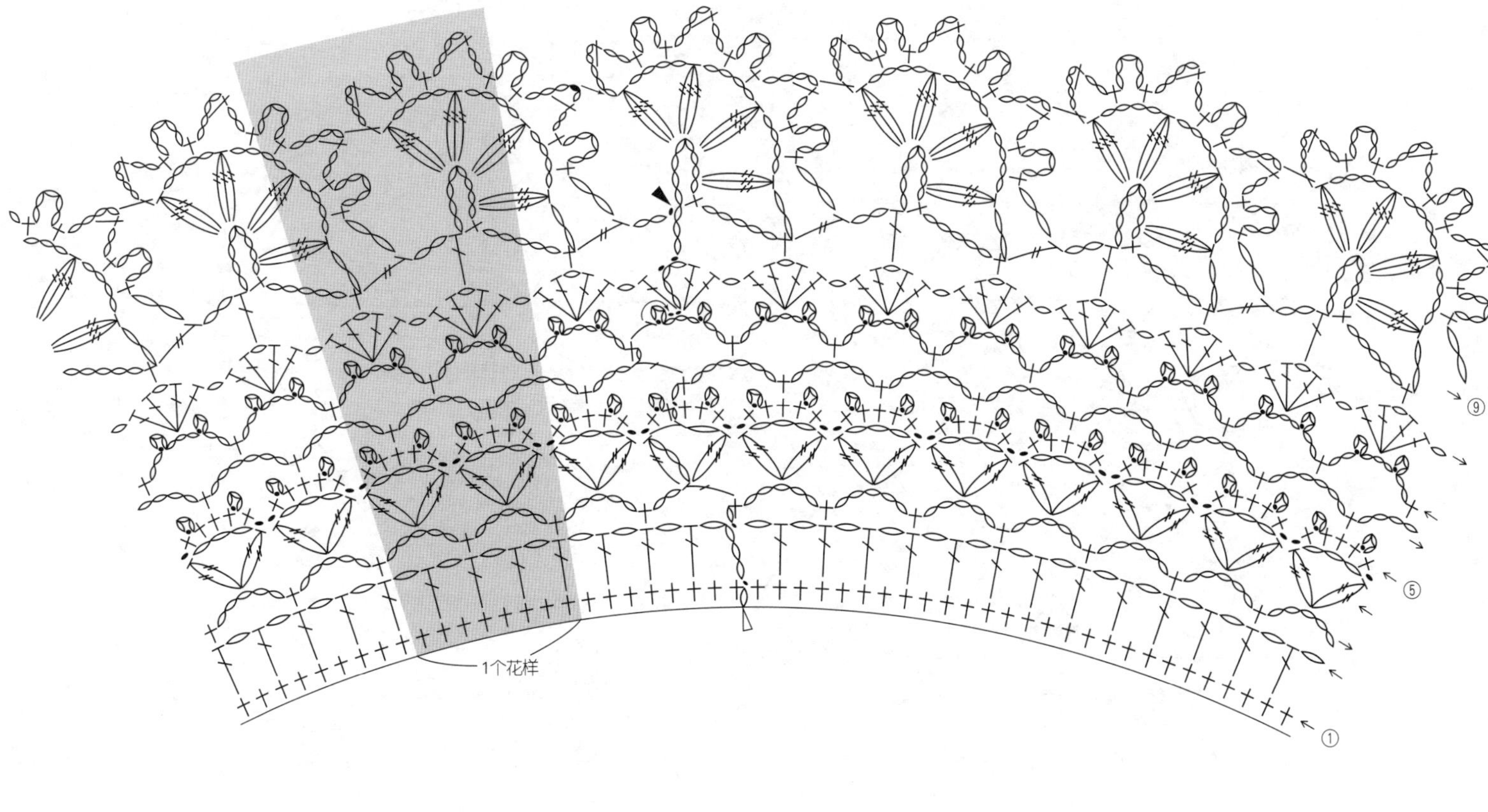

图 2
右前身片

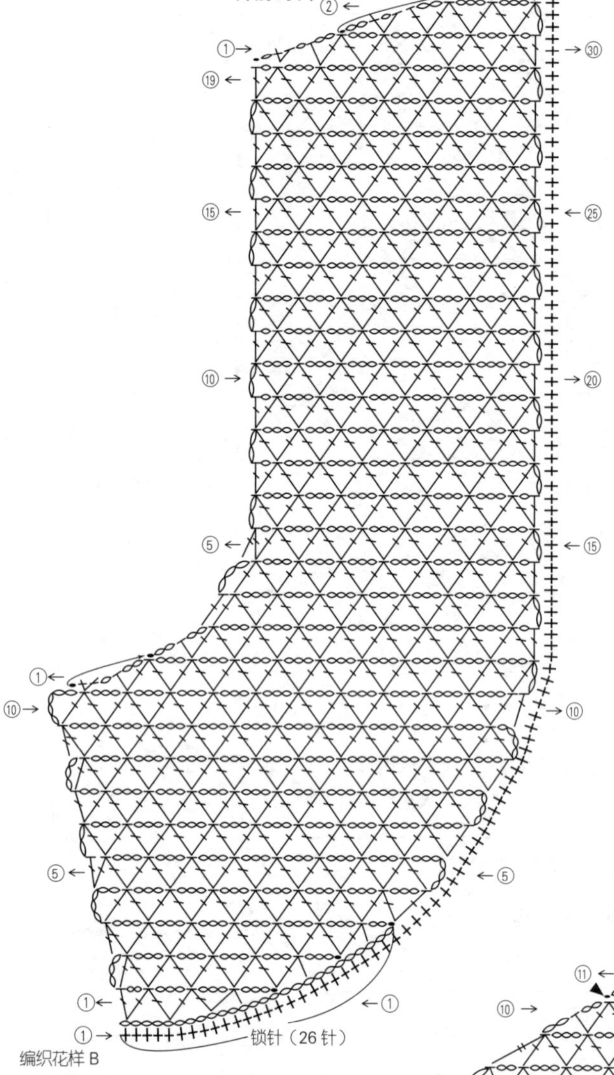

▷ = 加线
▶ = 剪线
⌒·⌒ = 渡线

图 3
左前身片

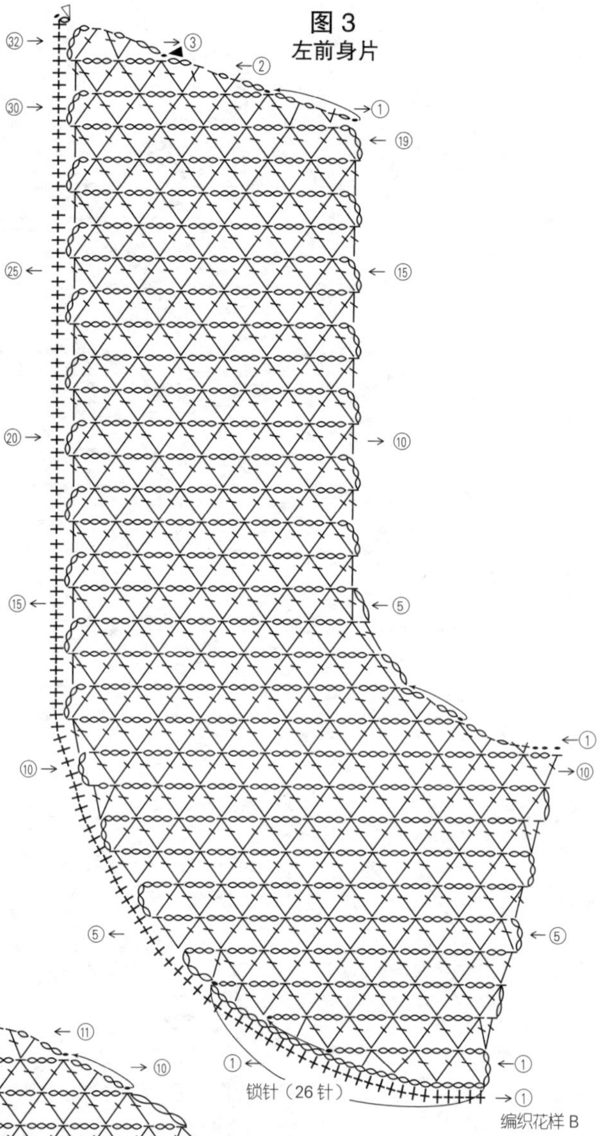

图 4 袖

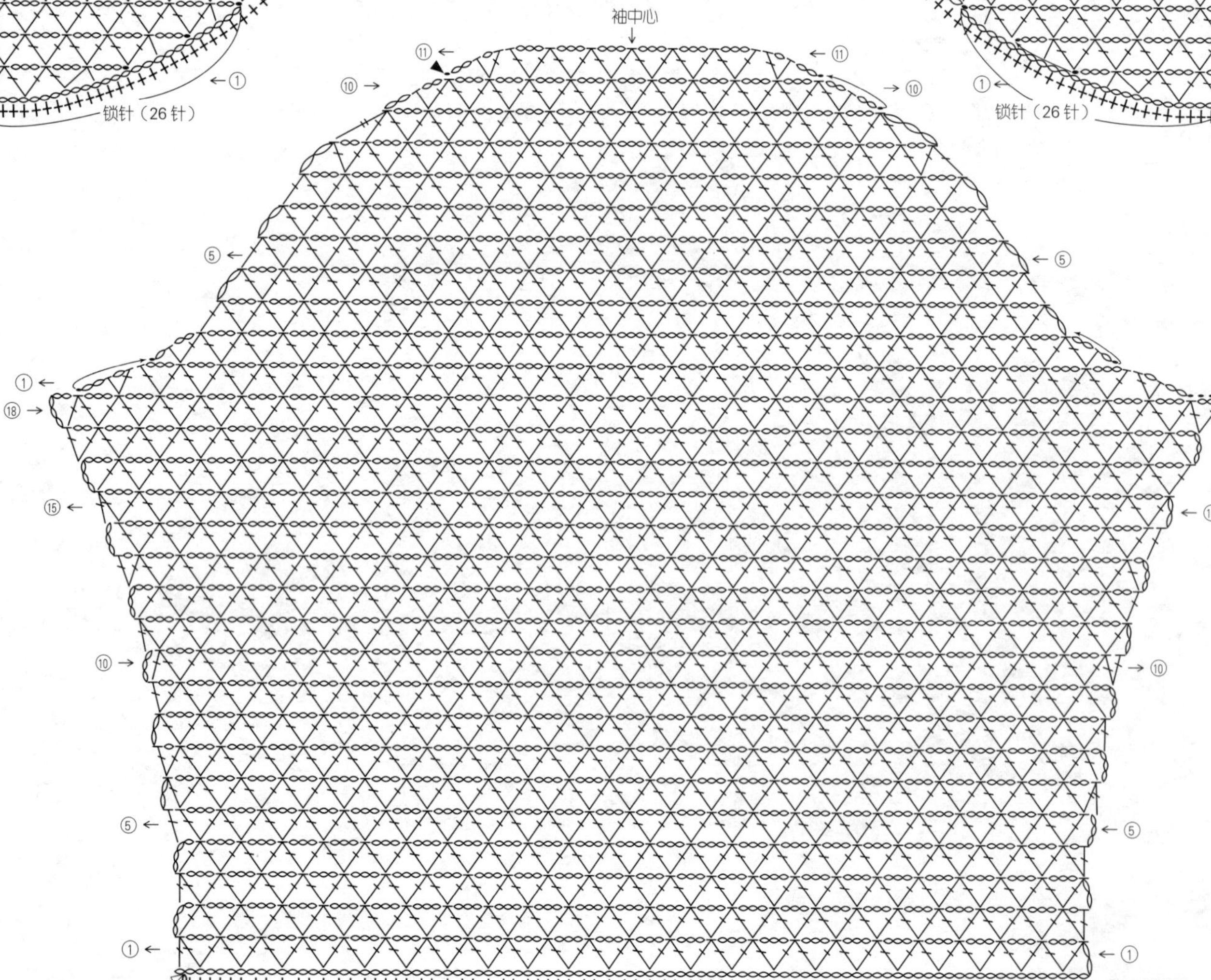

手拎包

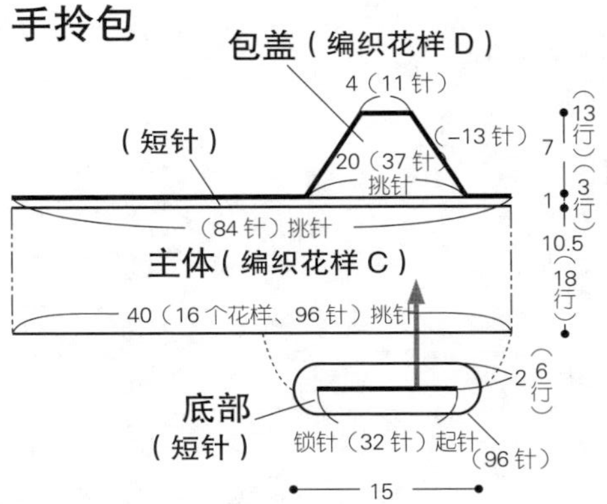

※除指定以外均用 3/0 号针钩织

装饰

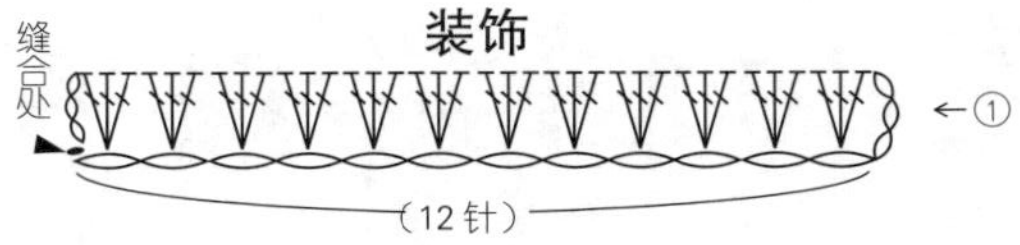

组合方法

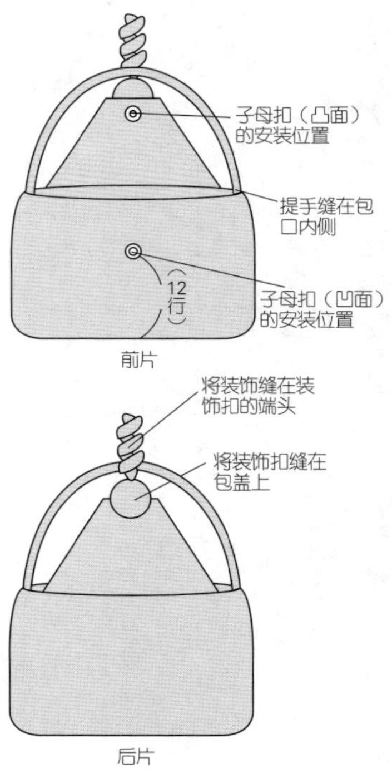

▷ = 加线

▶ = 剪线

= 长针的正拉针

※编织方法请参照第 112 页

= 长针的反拉针

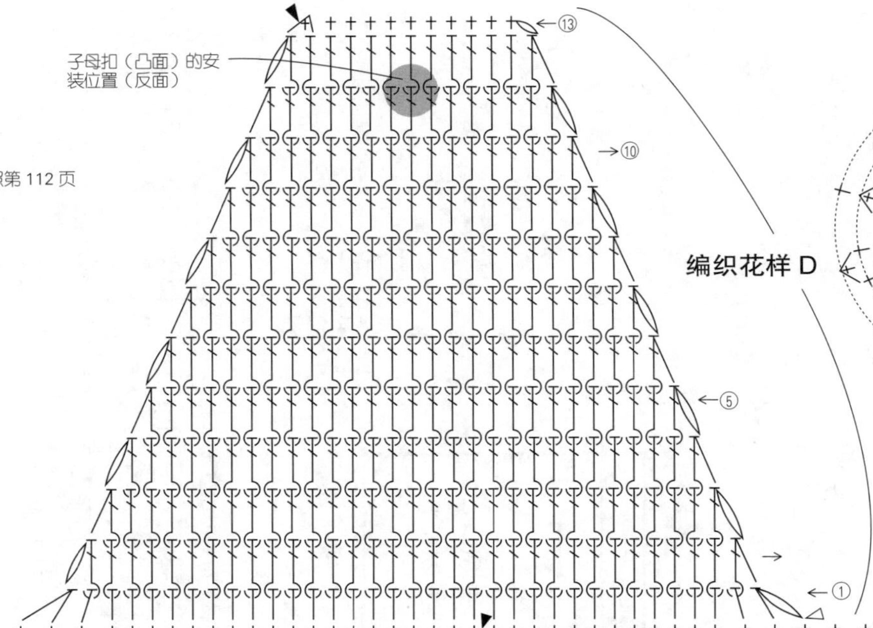

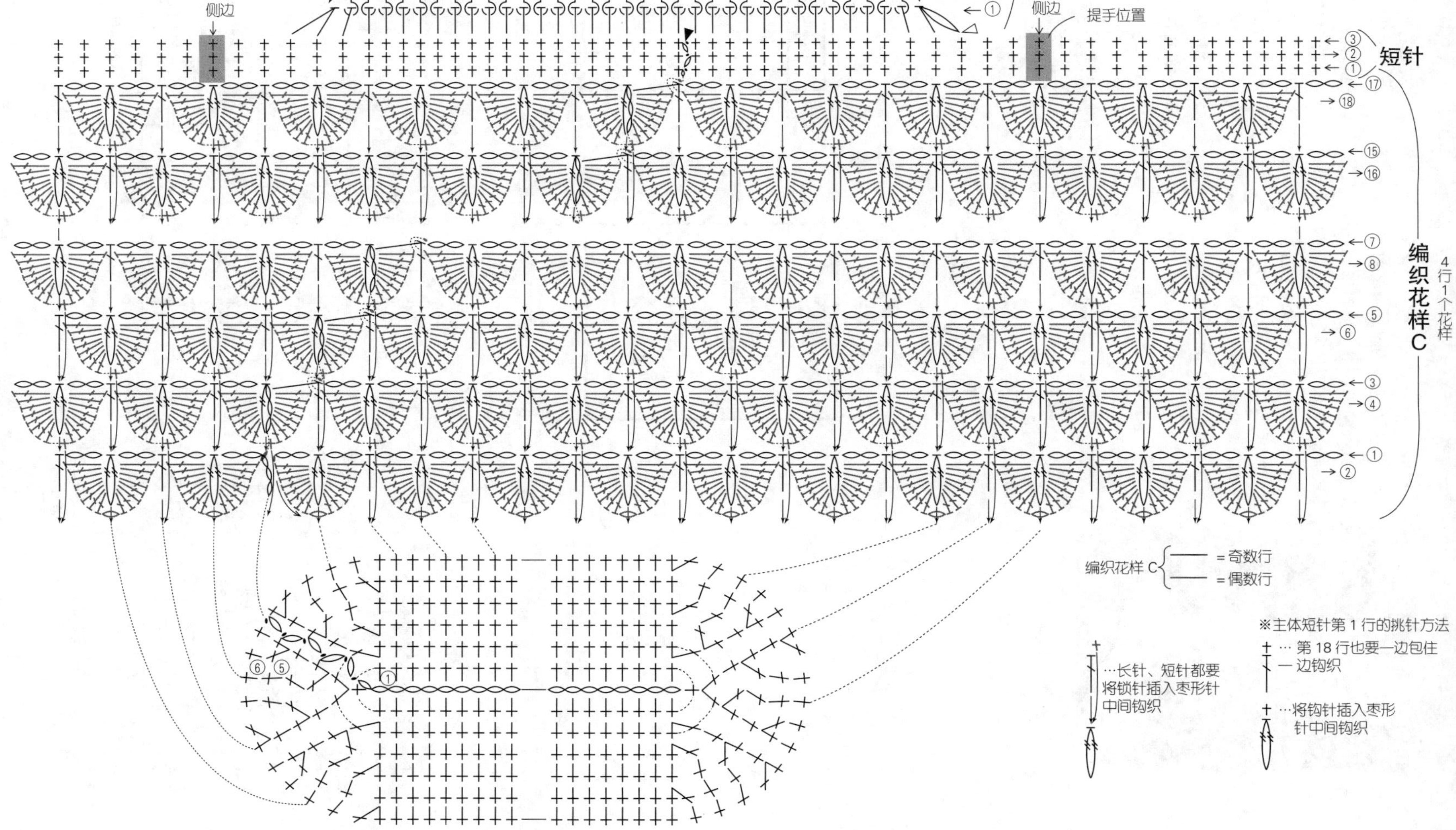

编织花样 C { —— = 奇数行　—— = 偶数行

※主体短针第 1 行的挑针方法

…长针、短针都要将锁针插入枣形针中间钩织

…第 18 行也要一边包住一边钩织

…将钩针插入枣形针中间钩织

装饰扣

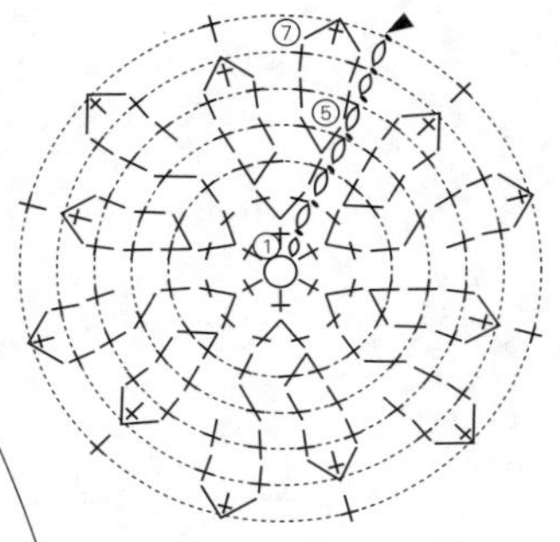

※放入包扣芯，最终行穿线并收紧

提手（龙虾绳）

6/0 号针取 2 根线

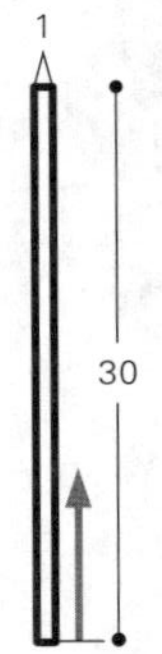

※龙虾绳的编织方法请参照第 138 页

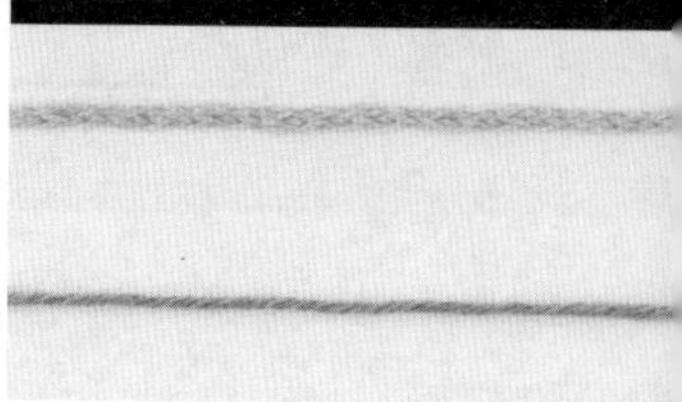

材料

［手拿包］钻石线 Dia Mio 黑色（810）150g/6团；Linen Silk 黑色（7110）15g/1团；直径4mm的串珠（黑色）32颗；内袋用布（62cm×56cm）1片；黏合衬（31cm×56cm）1片；底板（25cm×4cm）1片；直径22mm的缝合式磁扣（黑色）2组

［手套］钻石线 Linen Silk 黑色（7110）90g/4团

工具 钩针4/0号、3/0号

成品尺寸

［手拿包］宽25cm，包深18.5cm

［手套］掌围20cm，长32cm

编织密度

10cm×10cm面积内：编织花样A 28针，18行；编织花样C 1个花样2.5cm，14.5行10cm（基本）

编织要点

●手拿包…锁针起针，主体做编织花样A、流苏A和流苏B，侧面和包底做编织花样B和短针。提手口钩织边缘编织A，主体B事先穿上串珠，一边编入串珠一边钩织。主体和侧面、包底做卷针缝缝合。参照图示制作内袋，放到包包里，做卷针缝缝合。制作流苏，缝在指定位置。

●手套…锁针起针，环形做编织花样C、流苏C。参照图示编织分散加、减针。从起针处挑针，钩织边缘编织B。将流苏C倒向外侧，看着内侧从编织花样C的最终行挑针钩织流苏D。

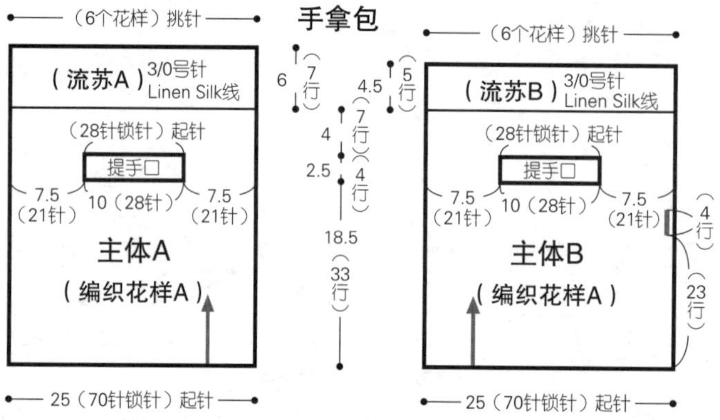

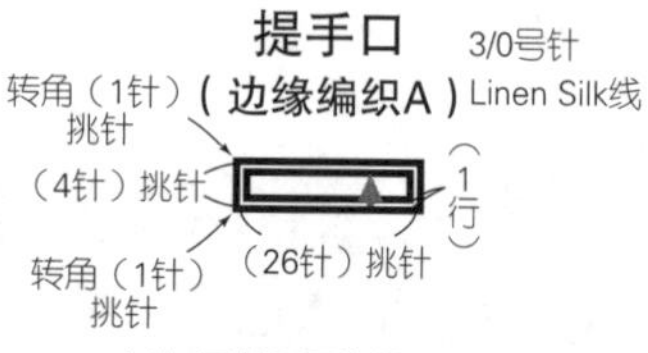

= 长针的反拉针

= 长针的正拉针

※编织方法请参照112页

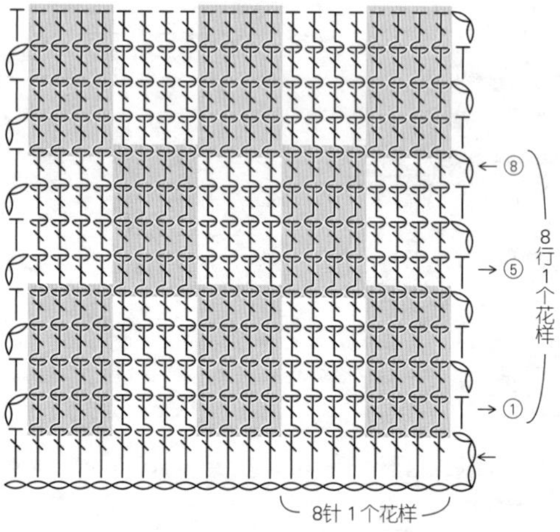

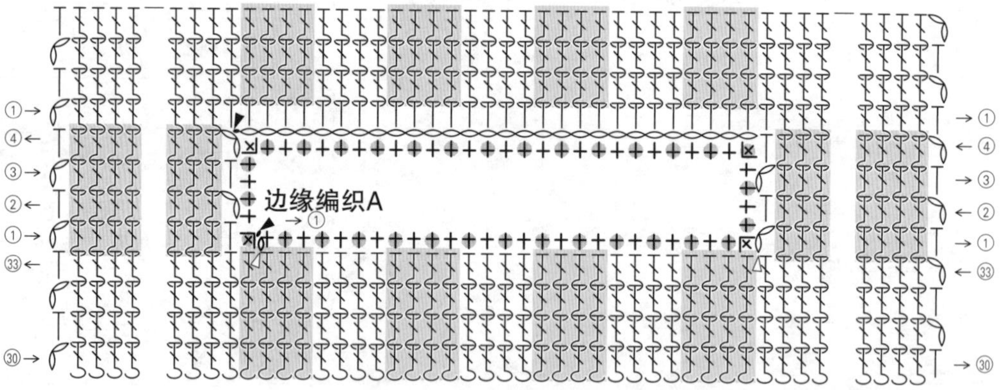

= 短针2针并1针中编入串珠 ※编织方法请参照第143页

= 短针中编入串珠 ※编织方法请参照第147页

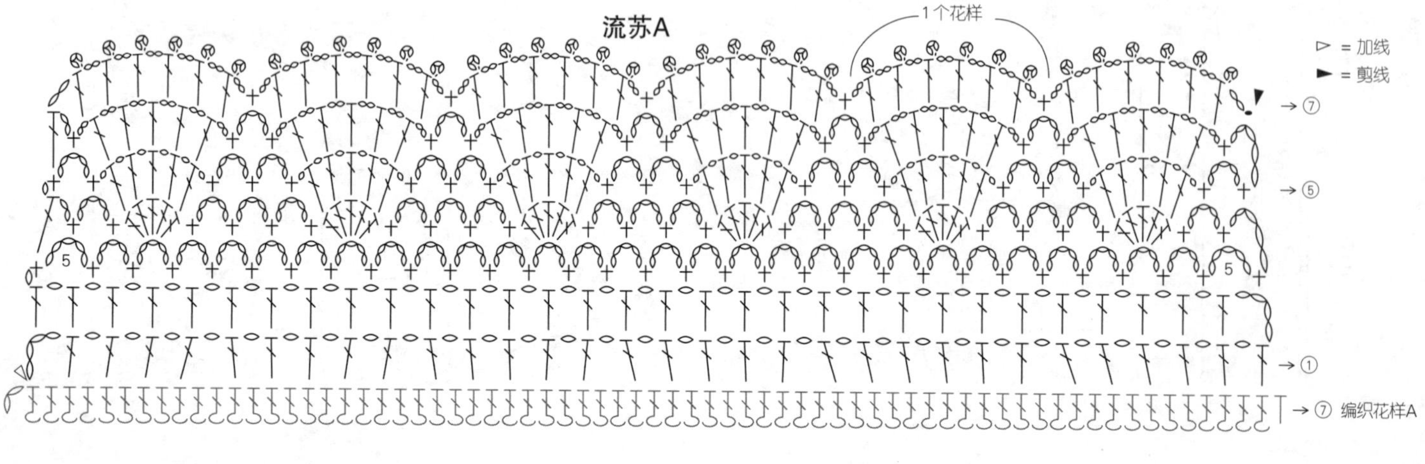

流苏B

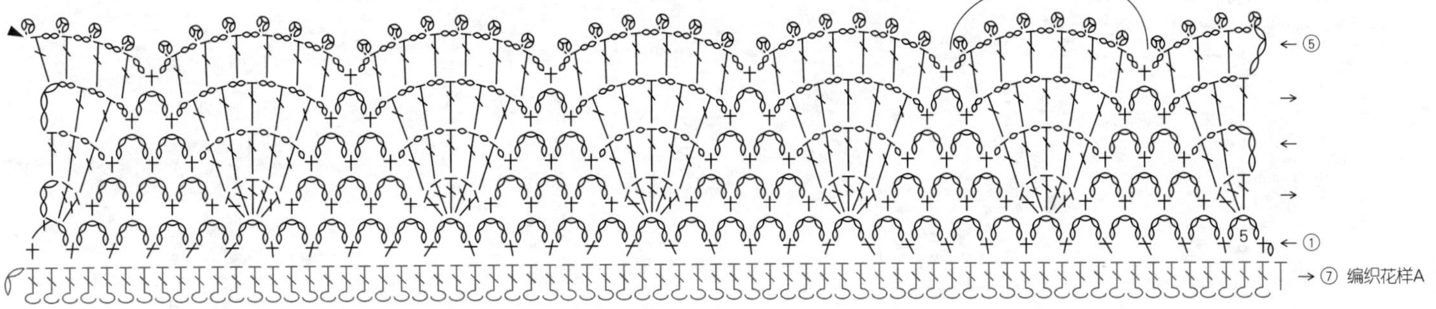

侧面、包底

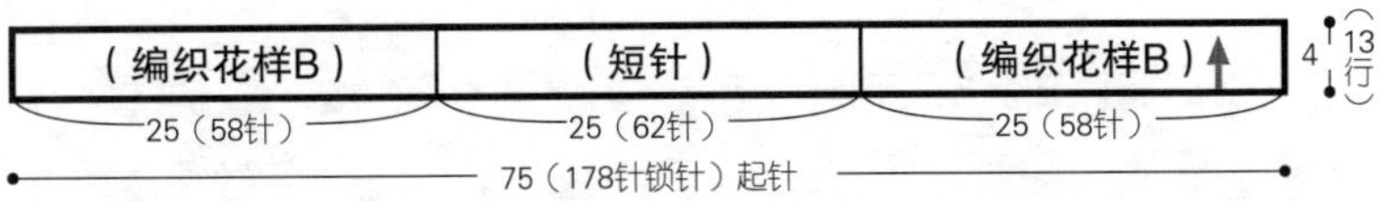

侧面、包底

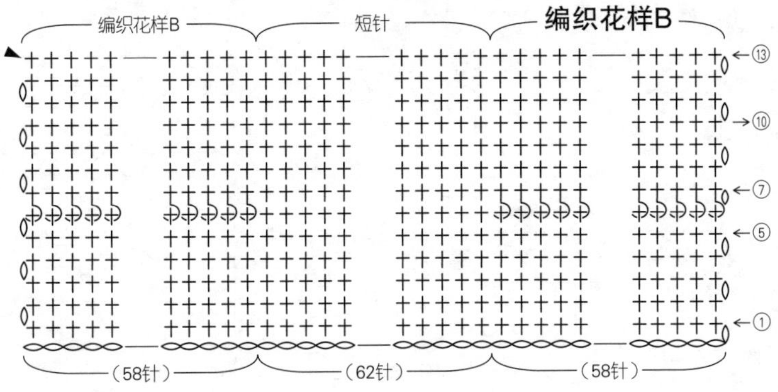

= 短针的正拉针
※编织方法请参照第96页

= 剪线

内袋裁剪方法图

布2片、黏合衬1片

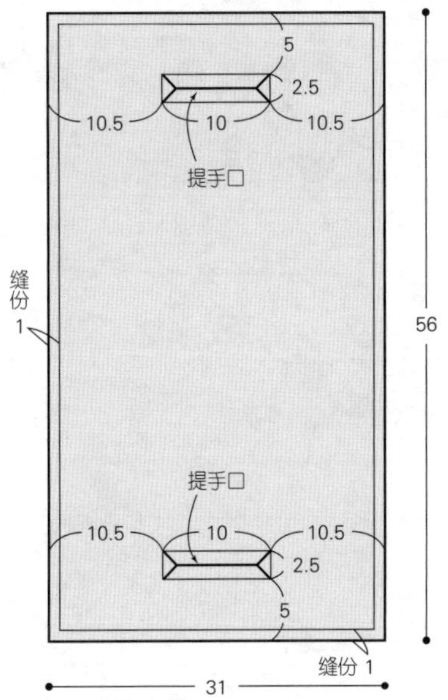

※黏合衬只粘贴1片布，提手口剪牙口

短针2针并1针中编入串珠

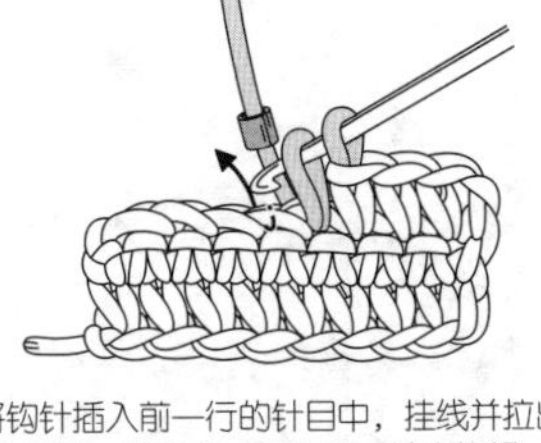

1 将钩针插入前一行的针目中，挂线并拉出。然后拨入1颗串珠，插入下一针中钩织。

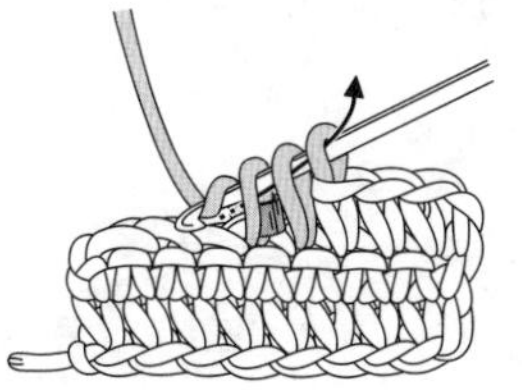

2 这是未完成的2针短针，再次挂线并从3个线圈中引拔出。

内袋的制作方法

布A：有黏合衬
布B：无黏合衬

①A使黏合衬成为外侧，
B正面相对折叠，缝合两端
②将提手口折到反面，熨烫出折痕

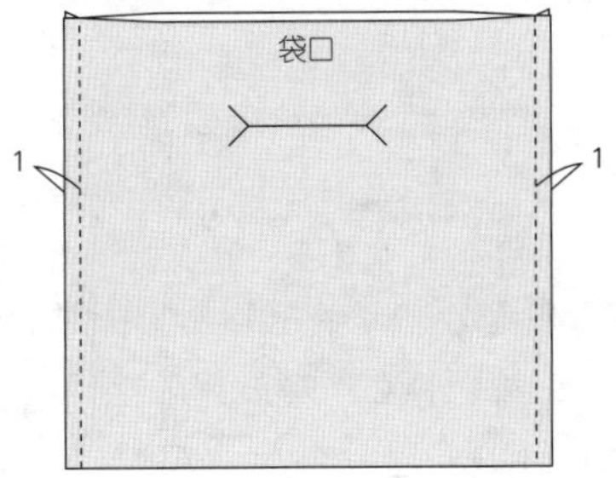

③在A和B的底部缝4cm作为侧面，
然后将三角形折到侧面缝合

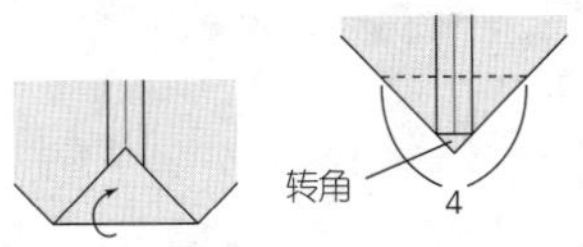

④将A翻到正面，放入底板，然后放入B
⑤袋口的缝份折到A、B 2片之间

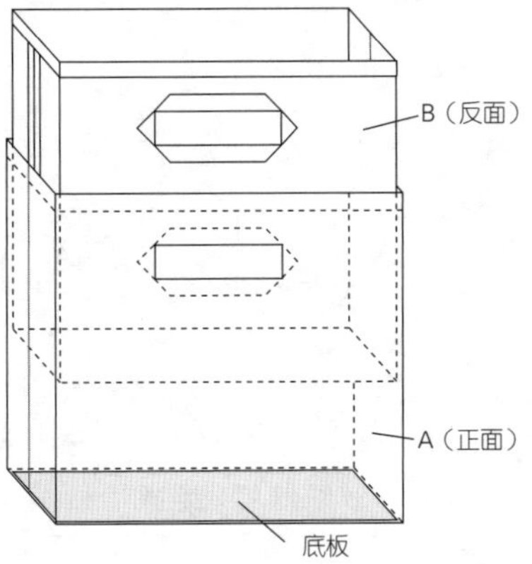

⑥将A、B重叠在一起缝合袋口

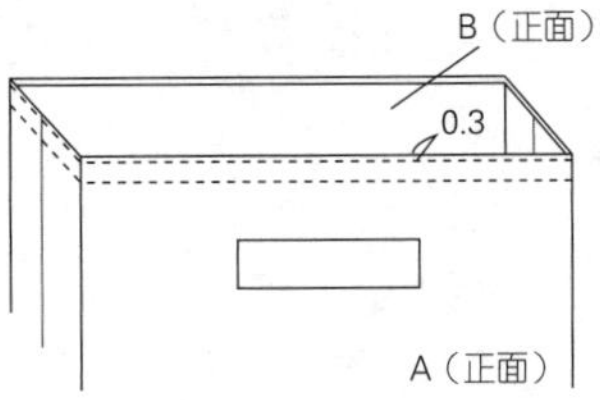

⑦在内侧缝上磁扣

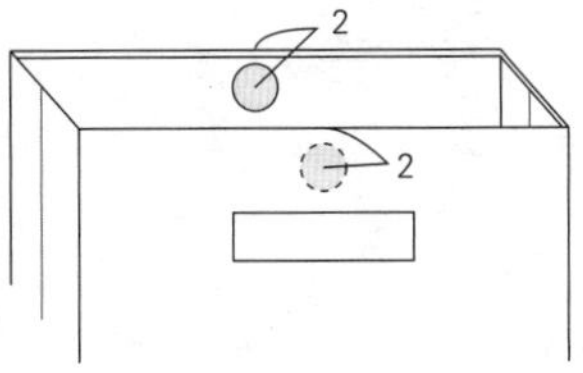

流苏的制作方法

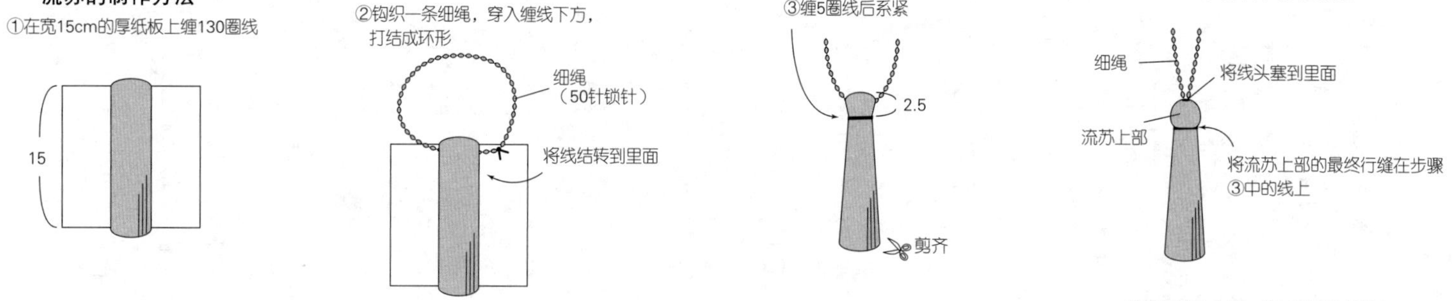

流苏上部

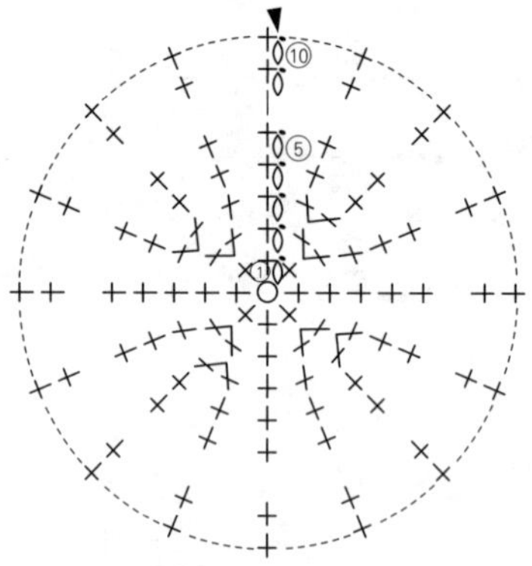

※中心的圆环中穿入细绳后收紧

流苏上部的加针

行数	针数	
第4~10行	16针	
第3行	16针	（+4针）
第2行	12针	（+4针）
第1行	8针	

主体的组合方法

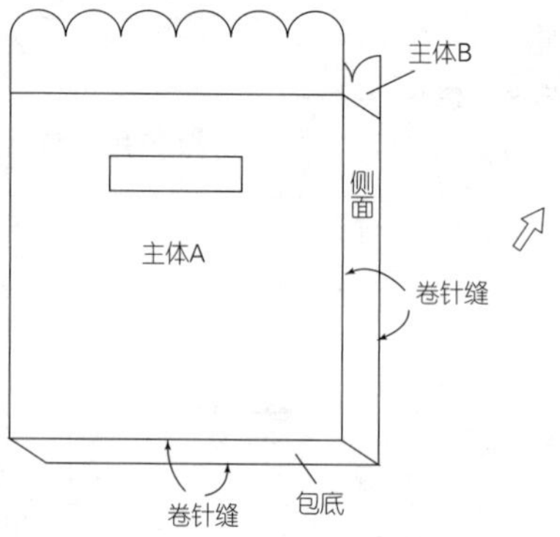

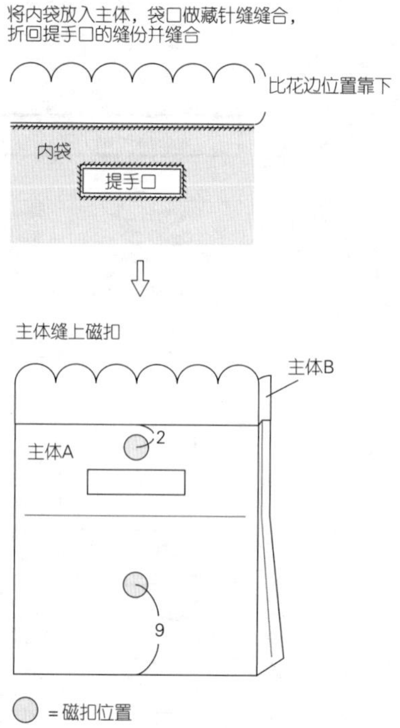

▷ = 加线
▶ = 剪线

手套 2只

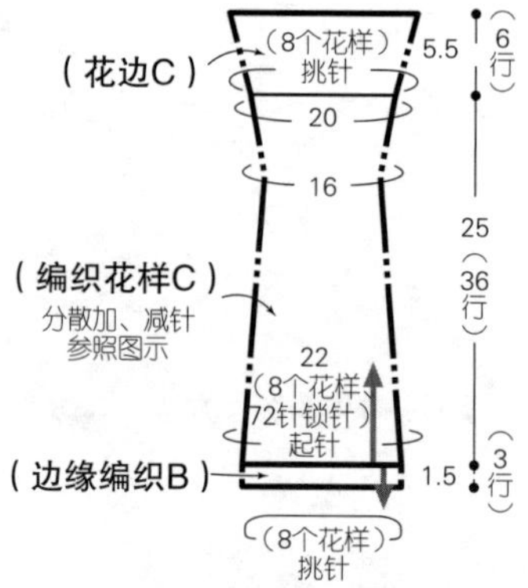

※全部使用3/0号针钩织

边缘编织B

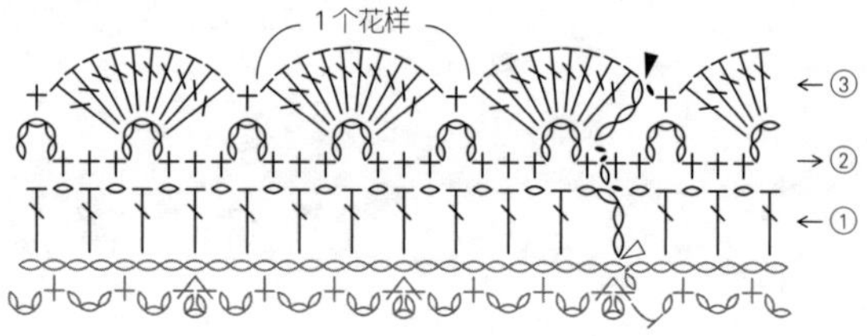

（花边D）

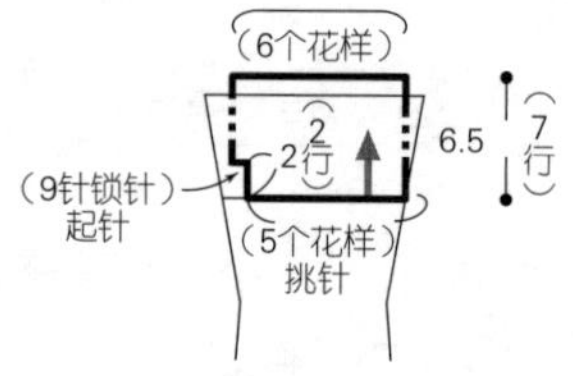

※在花边C的内侧编织

花边D

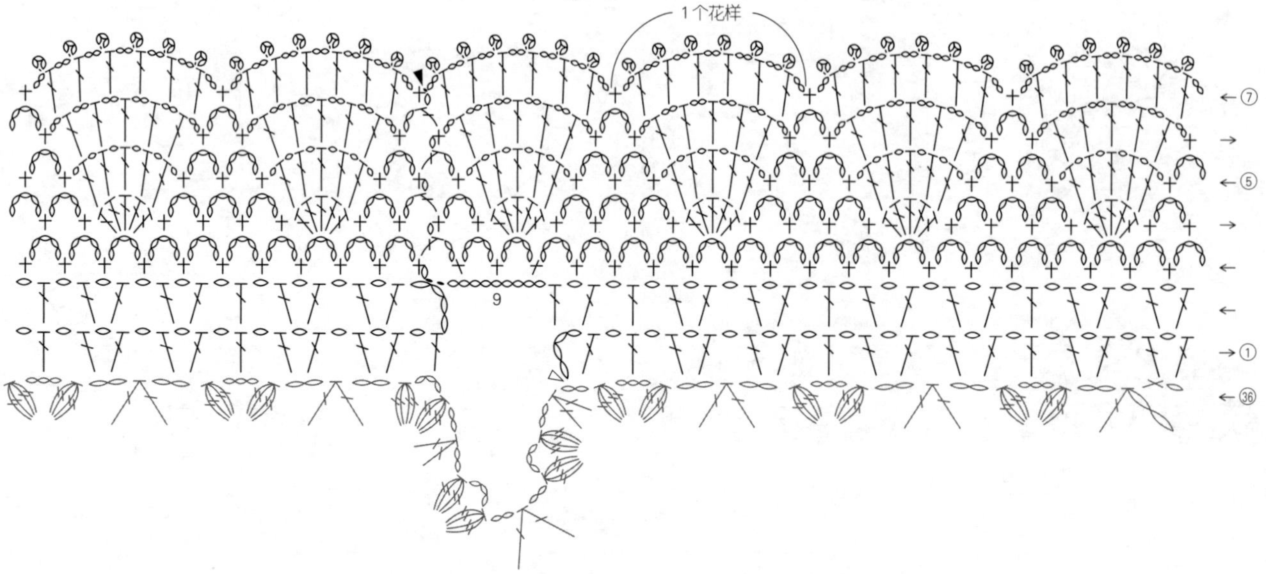

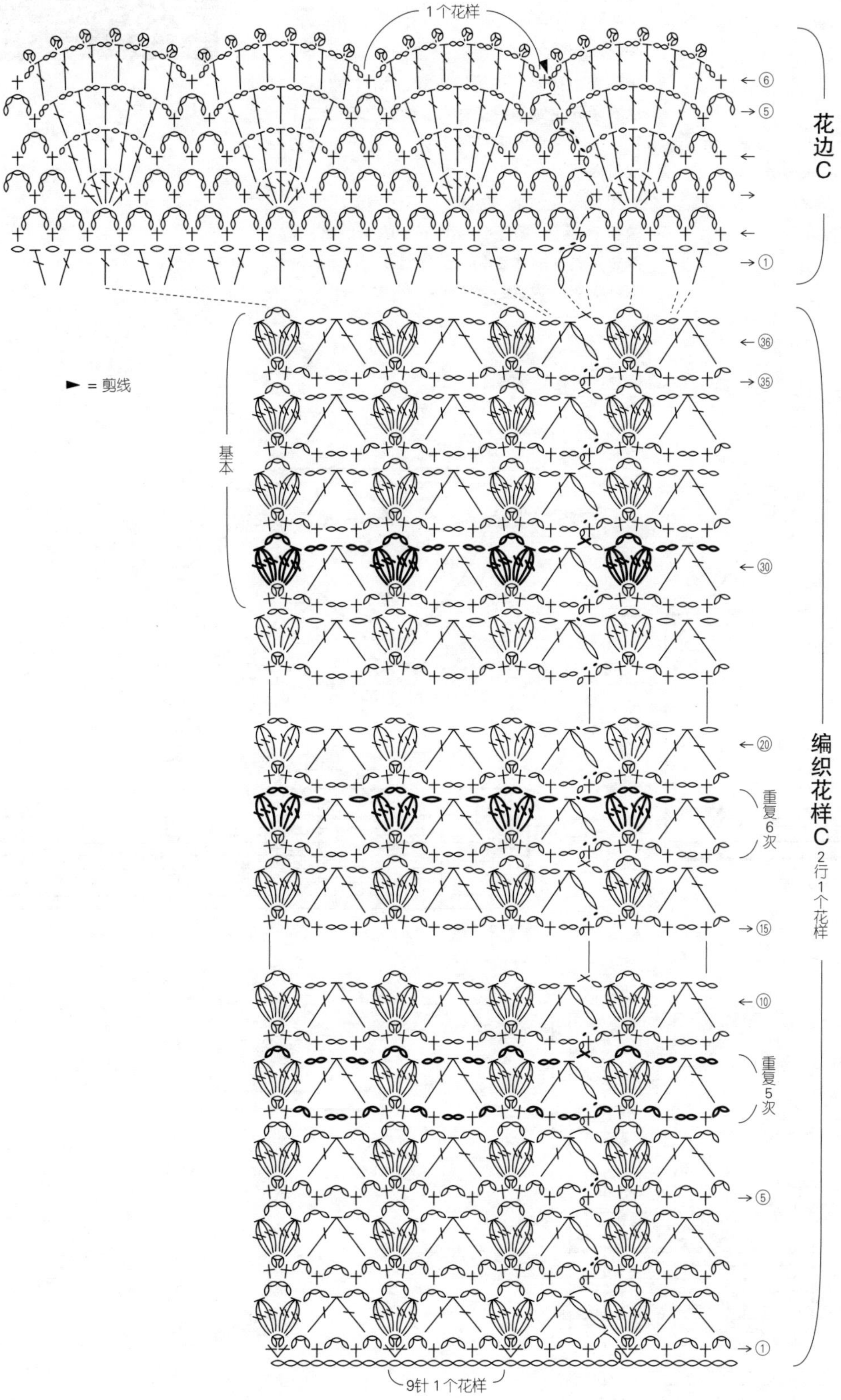

2卷绕线编

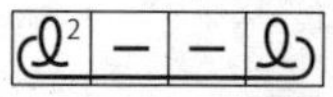

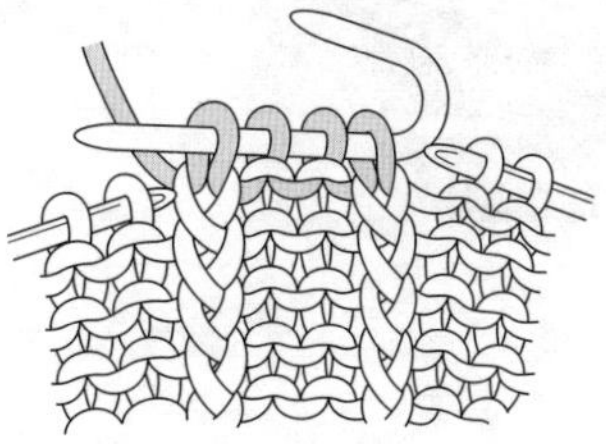

1 编织4针扭针和上针，移到麻花针上。

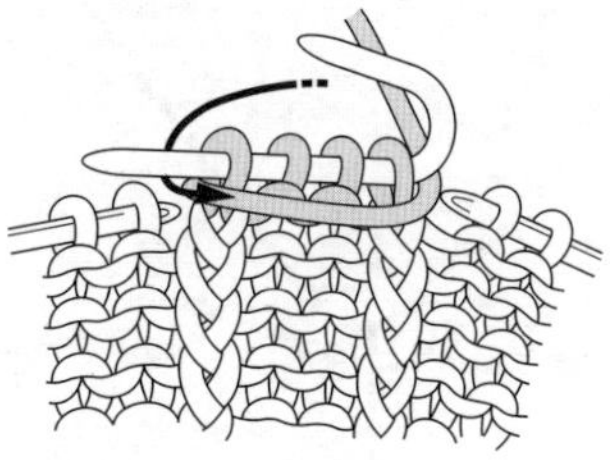

2 如箭头所示将线绕在移走的4针上。

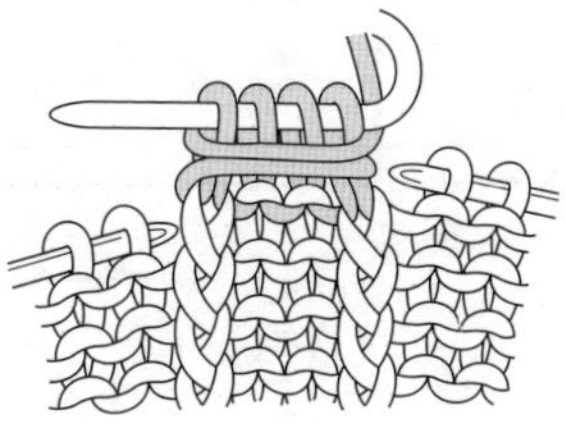

3 绕2次线。

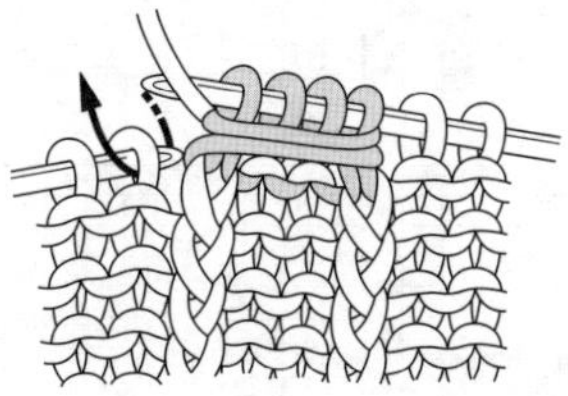

4 将4针从麻花针上移到右棒针上。

孔斯特起针

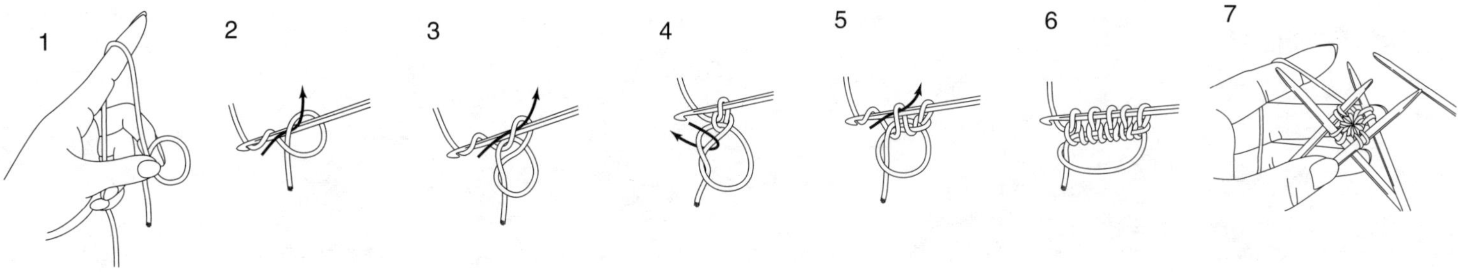

材料

ISAGER TRIO蓝紫色(Granite) 220g/5团

工具

棒针3号

成品尺寸

胸围114cm，衣长47cm，连肩袖长31cm

编织密度

10cm×10cm面积内：编织花样B 25针，32行；编织花样A 27针，33行(袖)

编织要点

●身片、袖…全部取2根线编织。身片手指起针，做编织花样A、B。参照图示编织减针。编织终点休针。袖的编织起点和身片相同，从衣领开始做编织花样A。参照图示钩织加针。编织终点做下针织下针、上针织上针的伏针收针。

●组合…插肩线、胁部、袖下使用毛线缝针做挑针缝合，腋下针目做下针的无缝缝合。衣领从身片的休针和袖的起针挑针，环形做下针编织。编织终点做伏针收针。

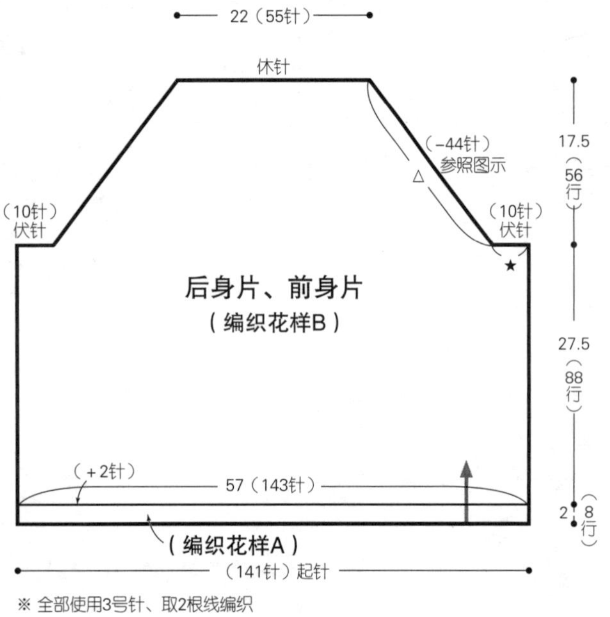

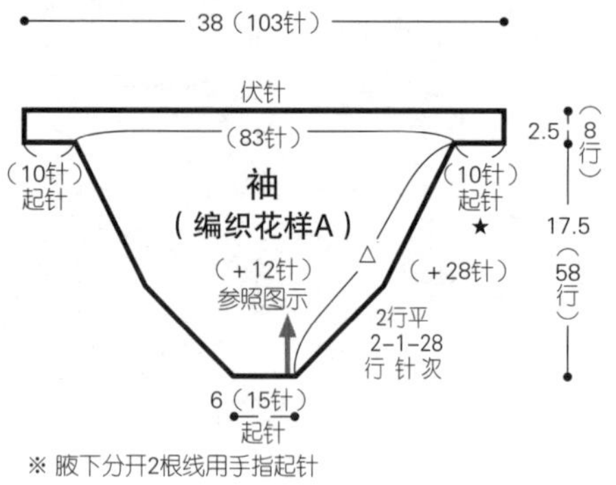

编织花样A（下摆）

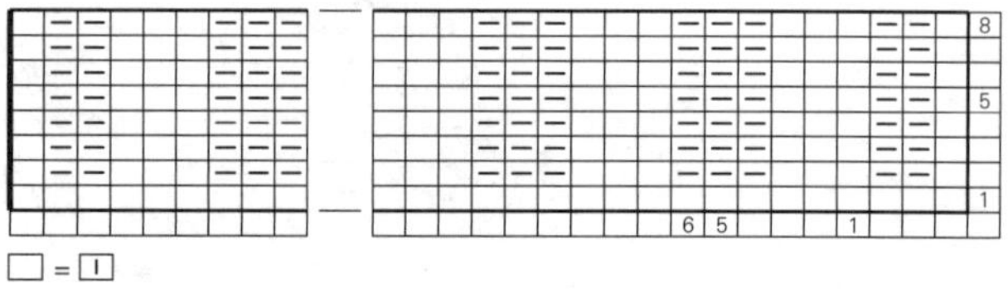

编织花样B

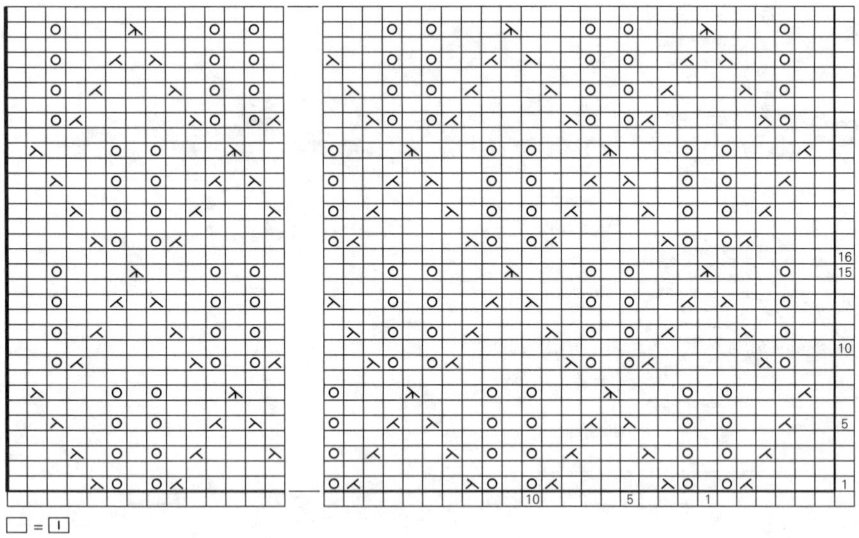

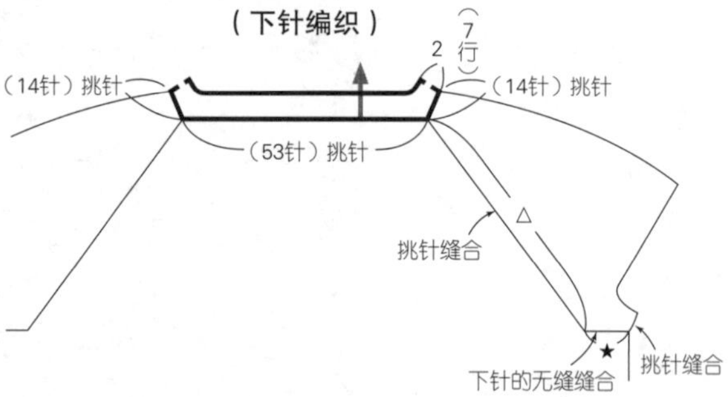

分开2根线用手指起针

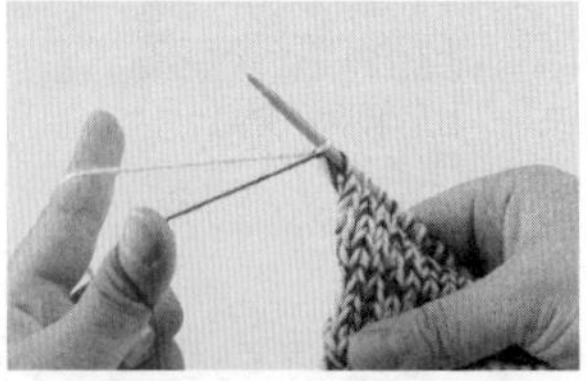

1 将2根线分开，分别挂到拇指和食指上。

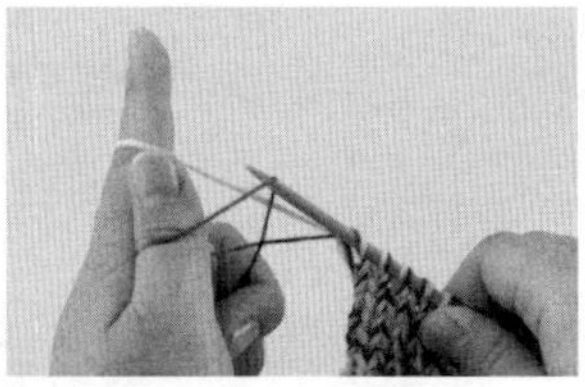

2 按照手指挂线起针的要领运针。

3 将线拉出。

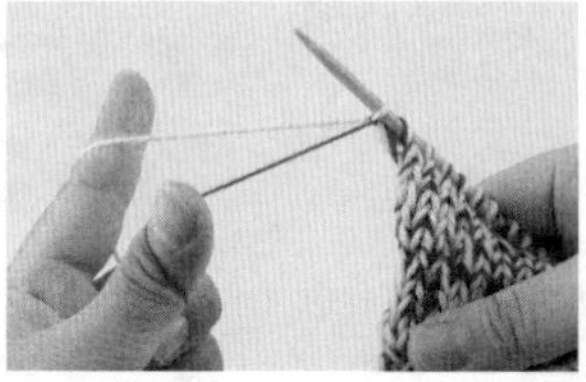

4 拉出左手上的线将针目收紧。

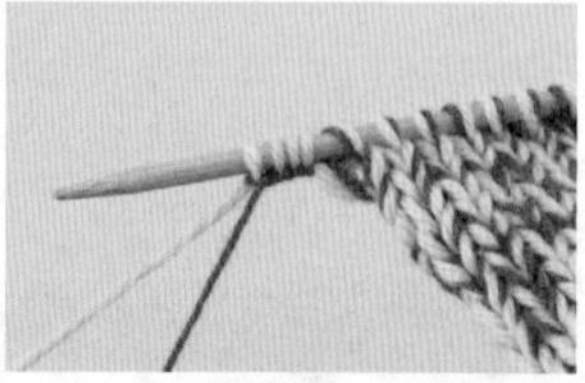

5 重复起所需要的针数。

插肩线的减针

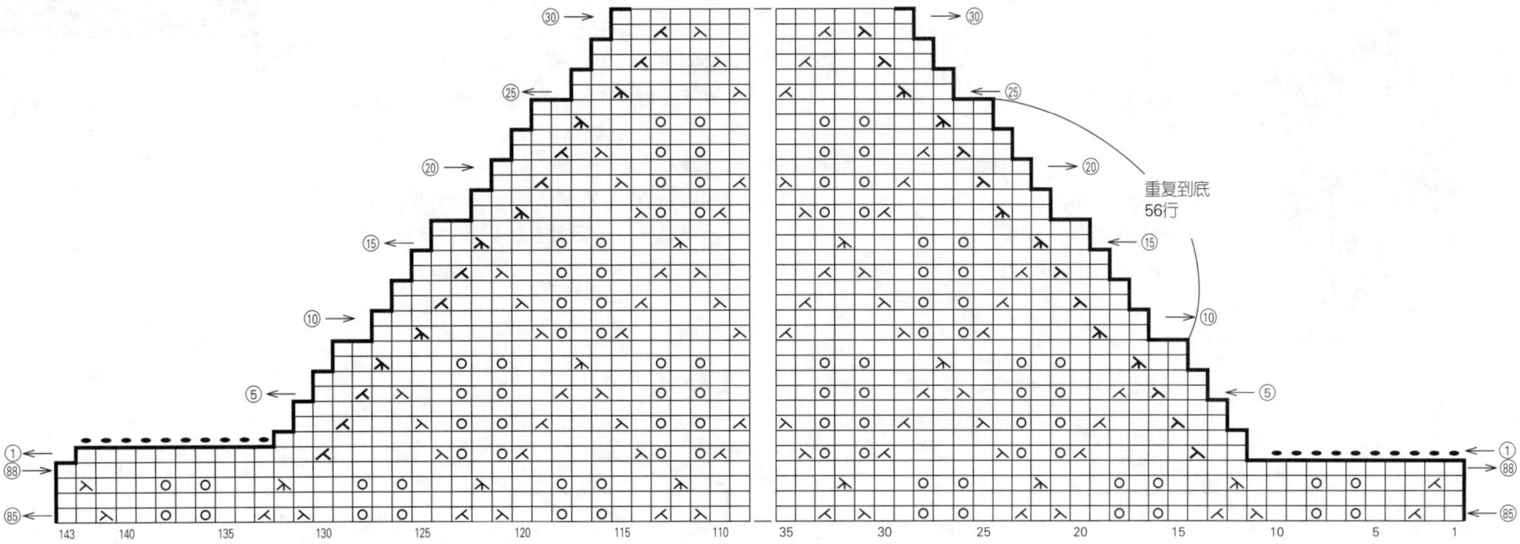

□ = I

衣袖的编织方法

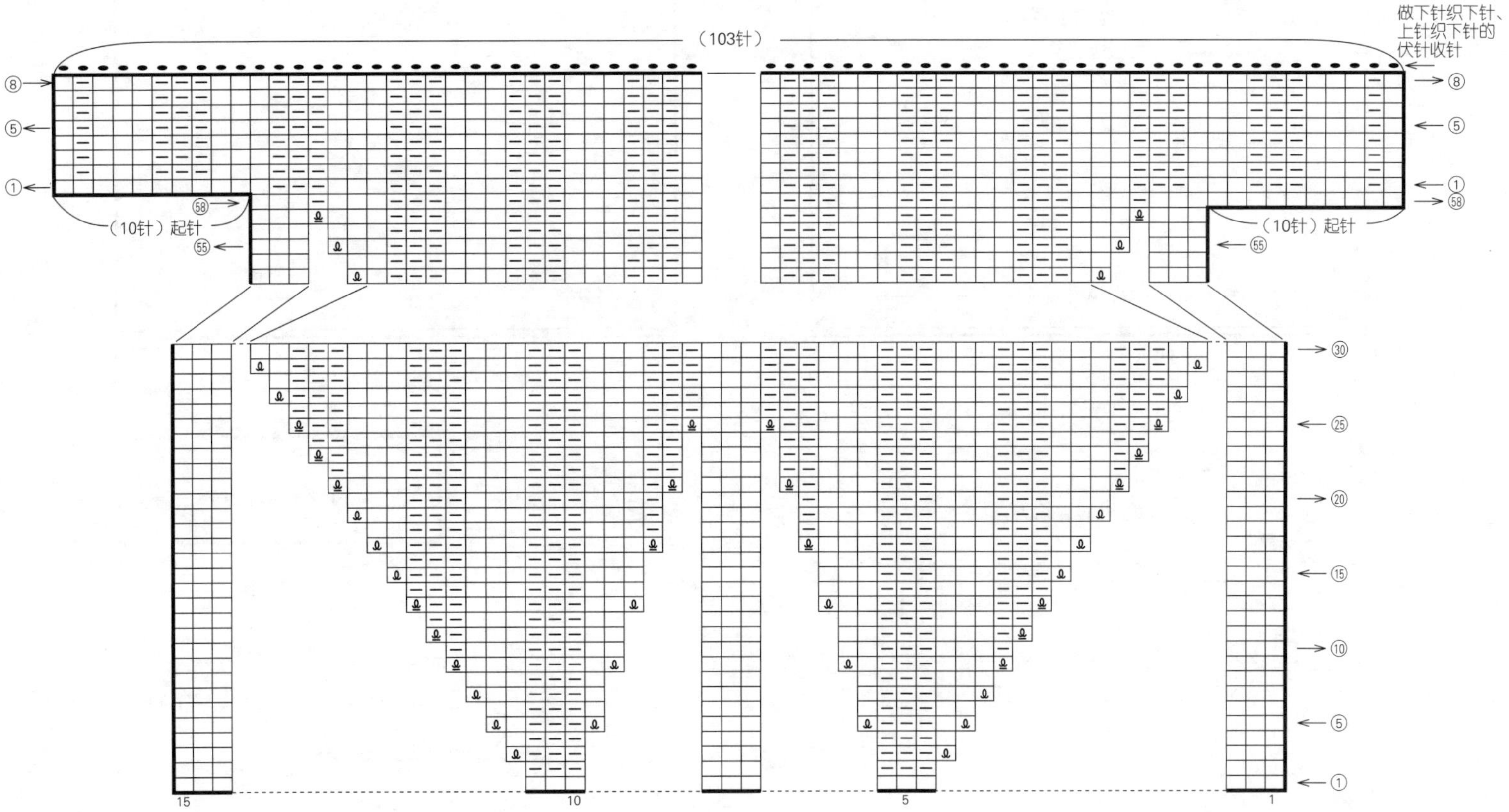

□ = I

= 扭加针

= 上针的扭加针

短针中编入串珠

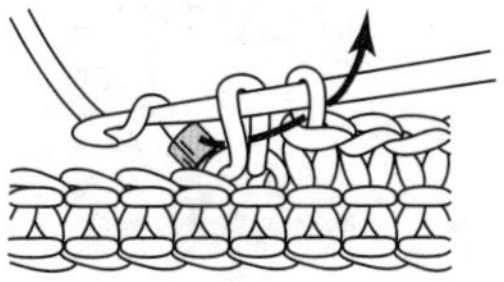

1 挑取前一行针目的头部，挂线并拉出。
拨入1颗串珠，挂线并引拔。

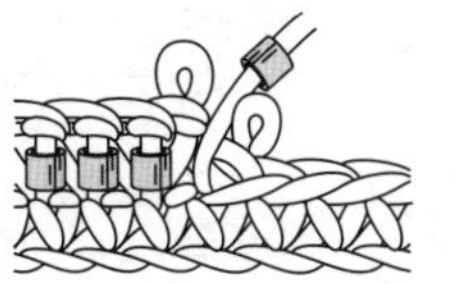

2 完成后，串珠出现在织片的反面。

材料

手织屋 Hard Linen A 浅粉色(01)、深粉色(02)、浅紫色(08)各50g

工具

棒针8号

成品尺寸

胸围122cm，衣长52.5cm，连肩袖长41.5cm

编织密度

10cm×10cm面积内：下针编织16针，27行

编织要点

●身片、袖…手指起针，编织起伏针、下针编织。后肩参照图示编织减针，编织终点做引拔收针。前领窝减针时，端头第4针和第5针编织2针并1针。肩部对齐针与行缝合。衣袖挑取指定数量的针目做下针编织。编织终点从反面松松地引拔收针。

●组合…胁部、袖下使用毛线缝针做挑针缝合。衣领挑取指定数量的针目做下针编织。编织终点的处理方法和袖的相同。

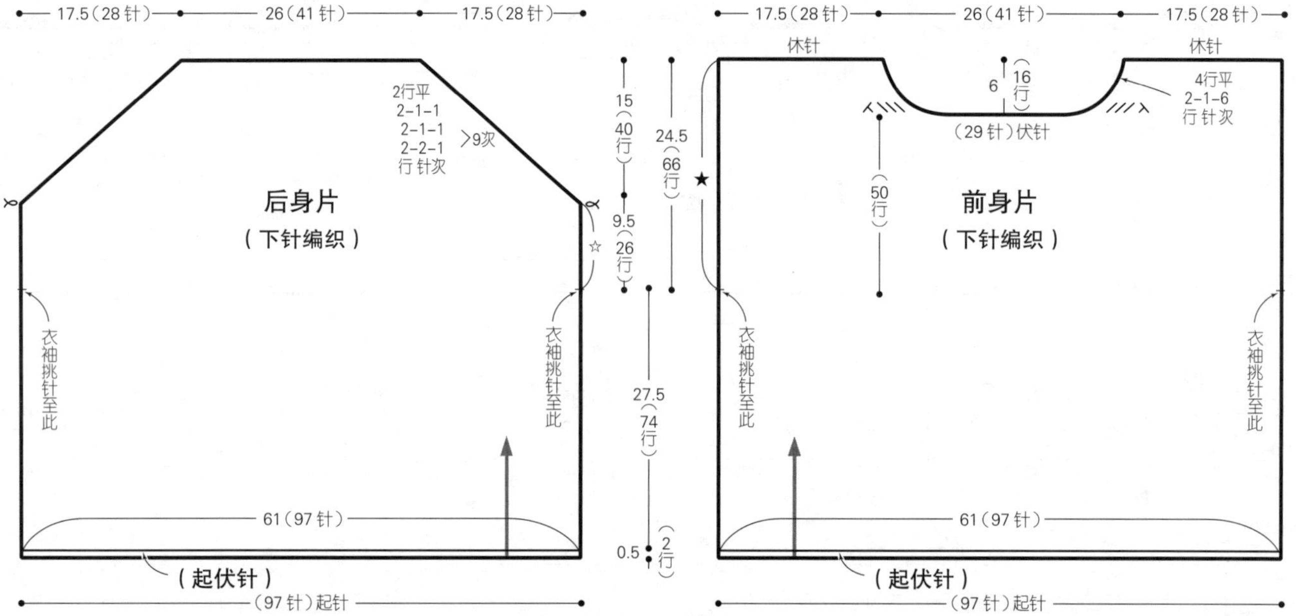

※ 全部使用8号针钩织，取浅粉色线、深粉色线、浅紫色线各1根，共3根线

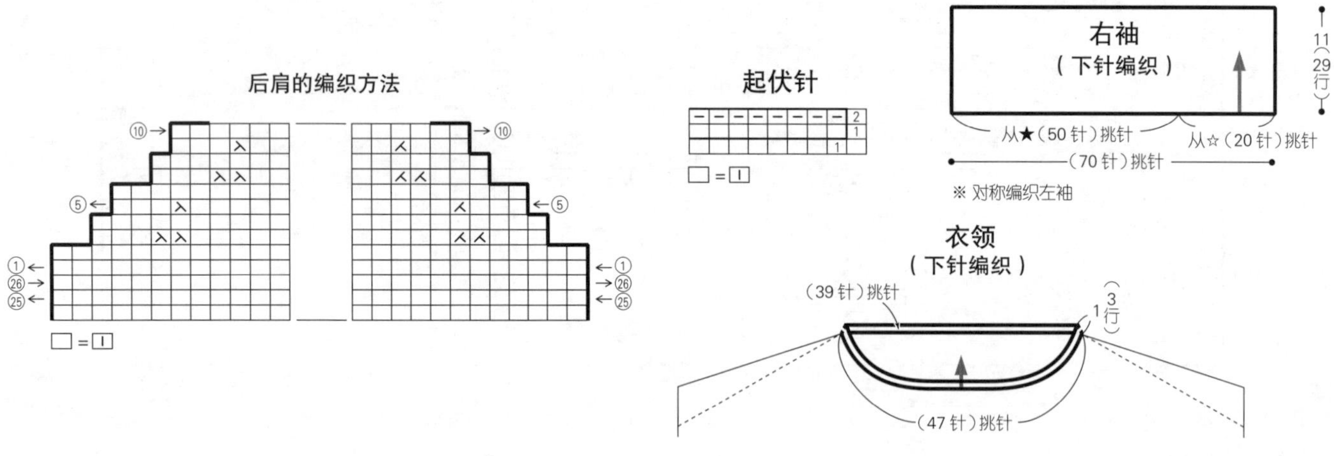

5针长针的爆米花针

(从1针上挑针)

1 在1针上钩织5针长针，然后抽出钩针，插入第1针长针的头部和抽出的针目中。

2 将抽出的针目从第1针长针的头部拉出。

3 再钩织1针锁针将针目收紧。5针长针的爆米花针（从1针上挑针）完成。

材料

手织屋 Hard Linen A 黑色（41）、白色（42）各80g

工具

棒针6号

成品尺寸

胸围120cm，衣长54cm，连肩袖长30cm

编织密度

10cm×10cm面积内：下针编织20针，29行

编织要点

●身片…全部取3根指定颜色的线编织。手指起针，做下针编织。前身片编织138行后，左右分开编织。织完前身片，衣领开口的44针织入另线。继续编织后身片。编织终点松松地做伏针收针。

●组合…衣领开口处拆开另线挑针，从反面做伏针收针。胁部使用毛线缝针做挑针缝合。

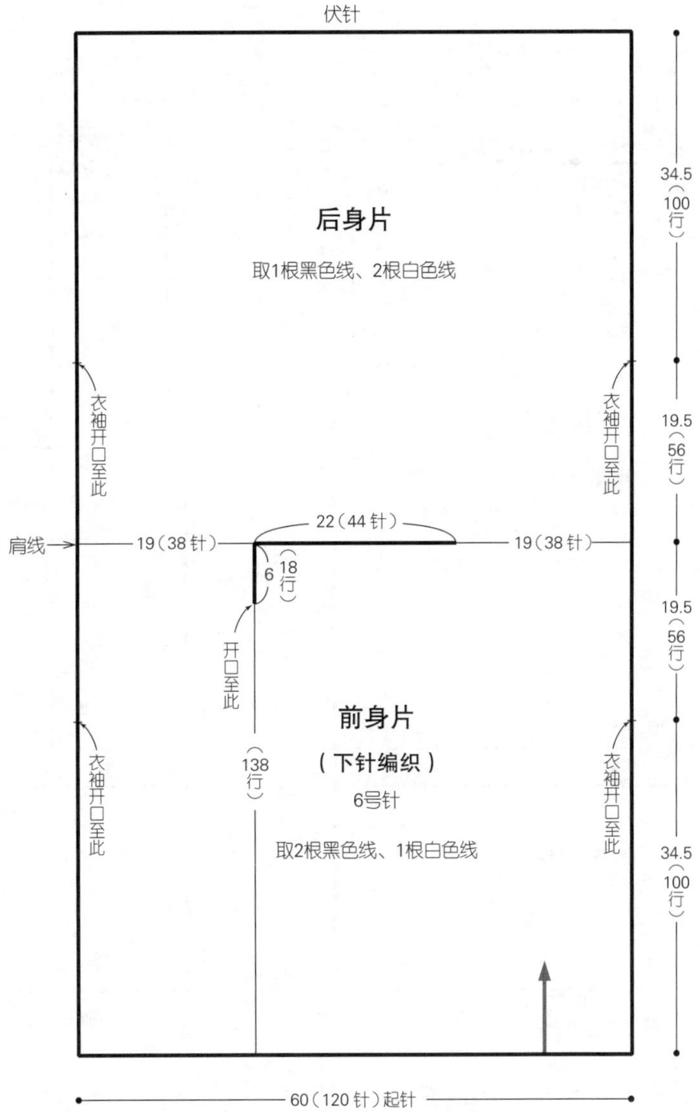

5针长针的爆米花针

（整段挑针）

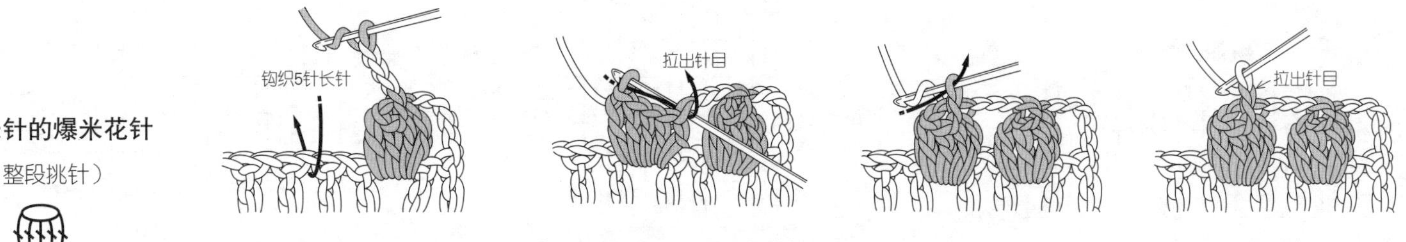

1 挂线并将钩针插入锁针的下方钩织5针长针。

2 取下钩针，从织片前面插入第1针长针的头部和休针的第5针中，如箭头所示将针目拉出。

3 钩织1针锁针使针目收紧。

4 5针长针的爆米花针（整段挑针）织好了2个。

材料

手织屋 T Silk 灰色(15) 400g；Hard Linen B 浅紫色(08) 50g；直径15mm的纽扣5颗

工具

钩针4/0号、3/0号

成品尺寸

胸围108cm，肩宽50cm，衣长89.5cm，袖长11cm

编织密度

10cm×10cm面积内：编织花样A、C均为27.5针，12行；短针26针，35行(育克)

编织要点

●身片、袖、育克…锁针起针，身片做编织花样A、B，袖做编织花样C，育克钩织短针。注意短针不要织得太紧。参照图示编织减针。右前育克开扣眼。

●组合…右前边缘做边缘编织，左前边缘钩织短针。将左、右育克对齐，在周围做边缘编织。将育克和身片缝合。肩部钩织引拔针和锁针接合，胁部钩织引拔针和锁针接合。下摆周围钩织1行短针收尾。袖口挑取指定数量的针目，做边缘编织。衣领钩织边缘编织，但前后颜色不同，需要注意。钩织细绳，穿在指定位置。衣袖和身片引拔接合。缝上纽扣。

短针

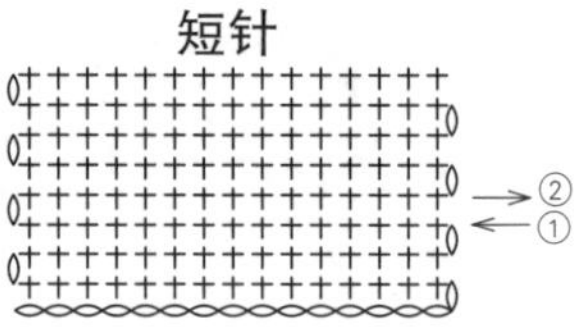

边缘编织

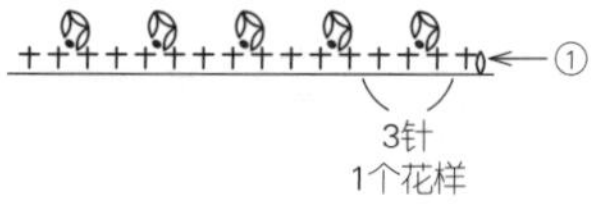

细绳
(短针)

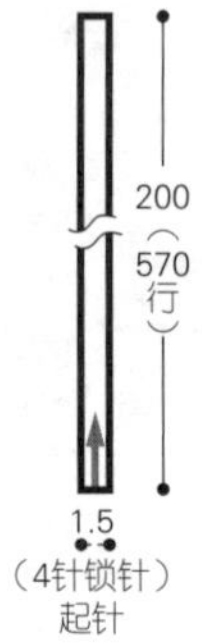

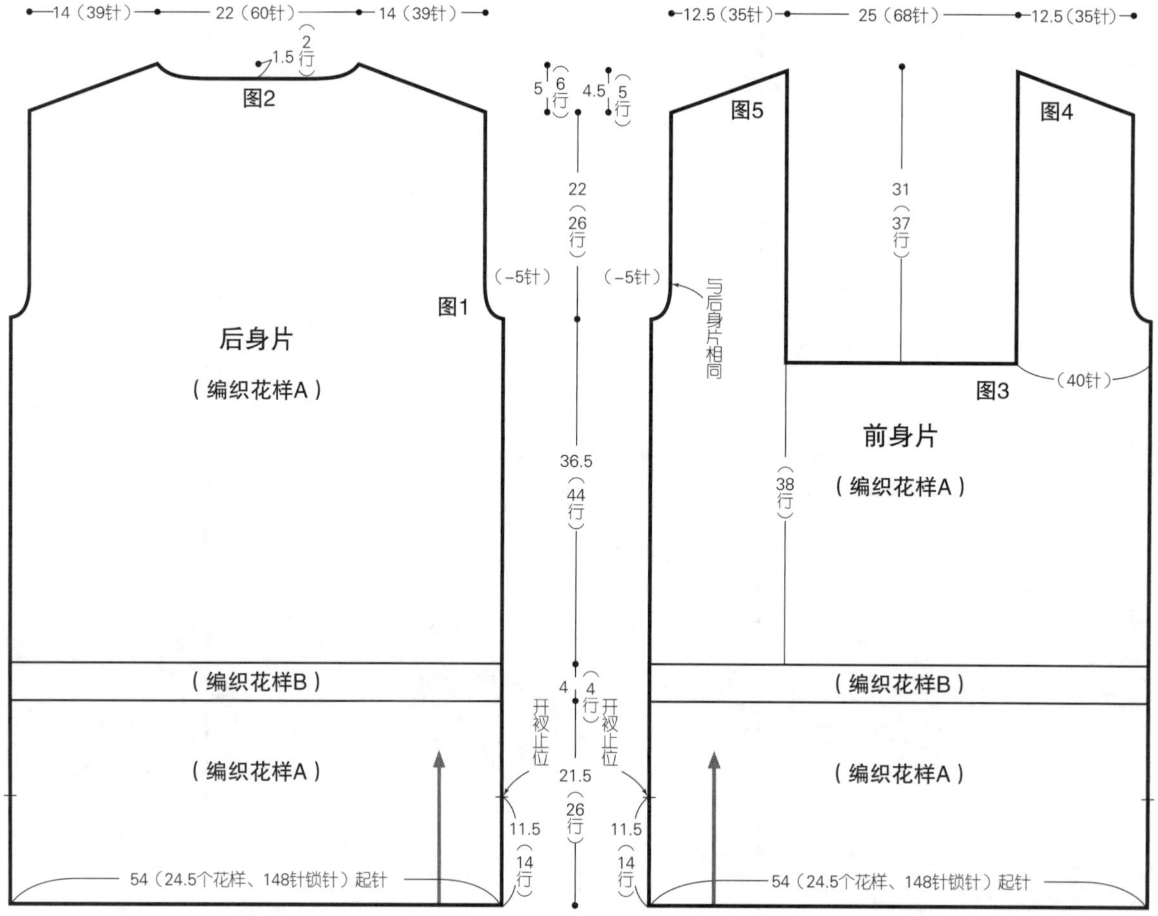

※ 除指定以外均用4/0号针、灰色线钩织

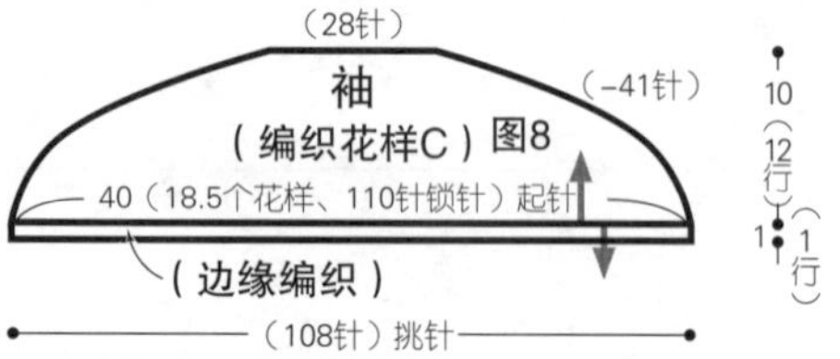

编织花样B

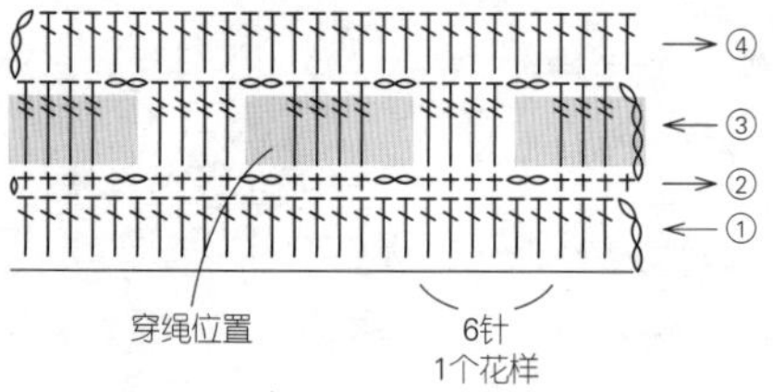

编织花样A

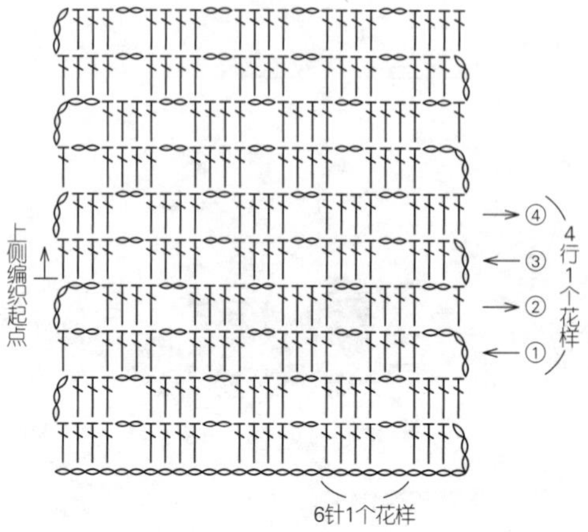

编织花样C

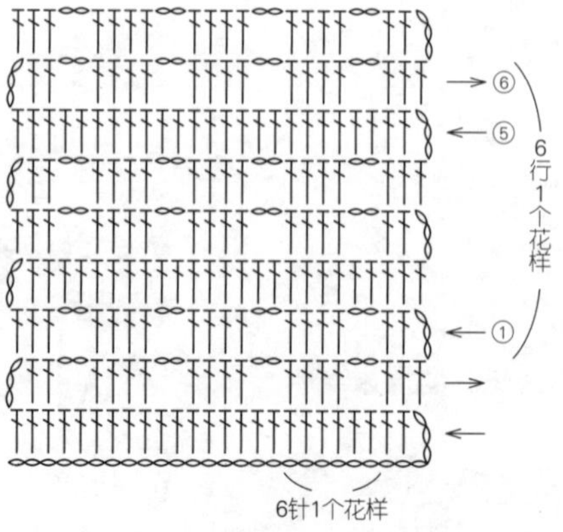

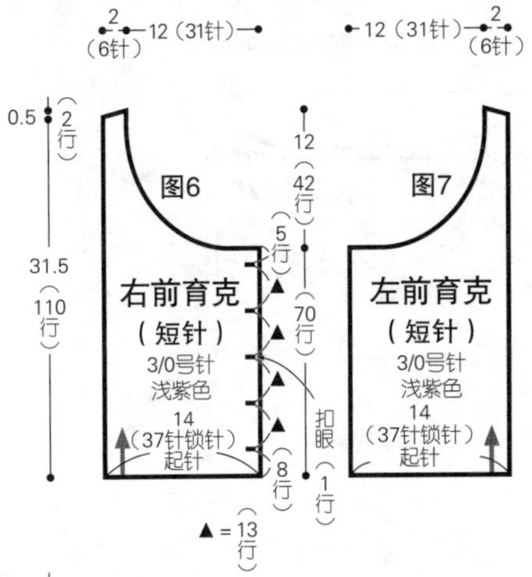
图6
右前育克
（短针）
3/0号针
浅紫色
14
（37针锁针）
起针
图7
左前育克
（短针）
3/0号针
浅紫色
14
（37针锁针）
起针
2
（6针）
12（31针）
0.5（2行）
31.5
110行
12
42行
5行
70行
扣眼
8行
1行
▲=13行

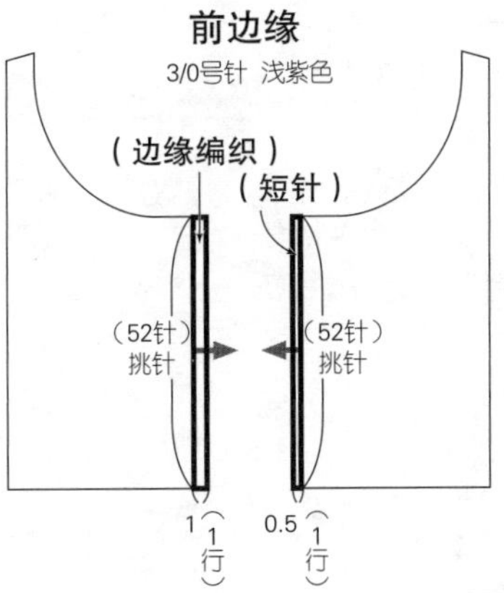
前边缘
3/0号针 浅紫色
（边缘编织）
（短针）
（52针）
挑针
1（1行）
0.5（1行）

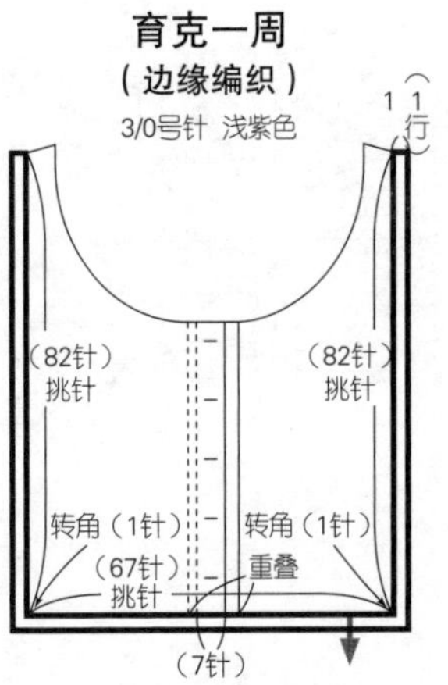
育克一周
（边缘编织）
3/0号针 浅紫色
1（1行）
（82针）
挑针
转角（1针）
（67针）
挑针
重叠
（7针）

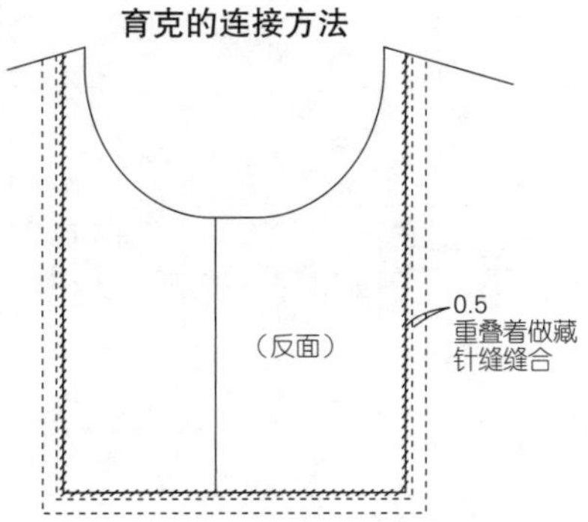
育克的连接方法
（反面）
0.5
重叠着做藏
针缝缝合

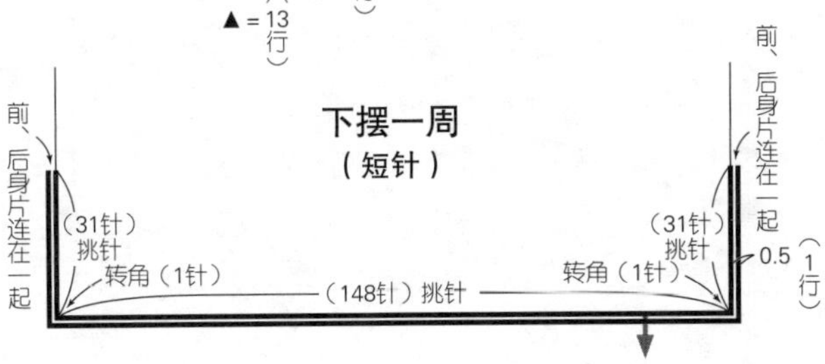
下摆一周
（短针）
前、后身片连在一起
（31针）
挑针
转角（1针）
（148针）挑针
0.5（1行）

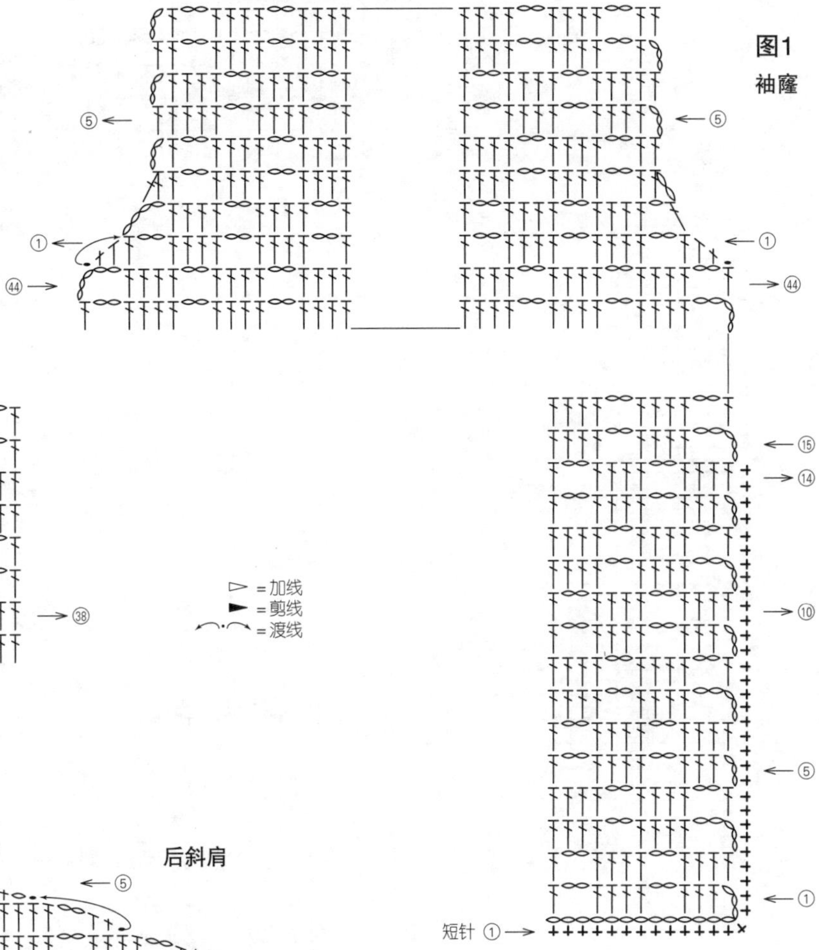
图1
袖窿
⑤
①
㊹
⑮
⑭
⑩
短针 ①

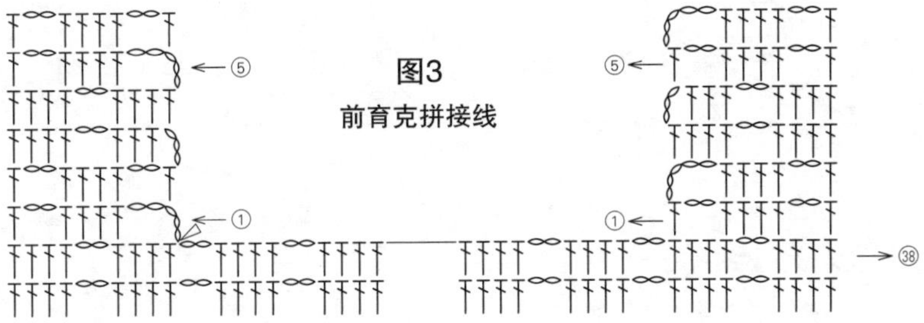
图3
前育克拼接线
⑤
①
㊳

▷ = 加线
◀ = 剪线
= 渡线

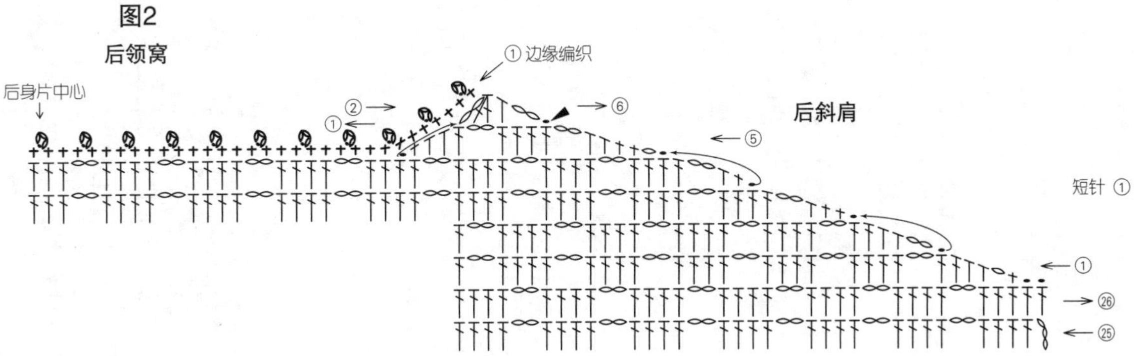
图2
后领窝
后身片中心
① 边缘编织
②
①
⑥
⑤
后斜肩
㉖
㉕

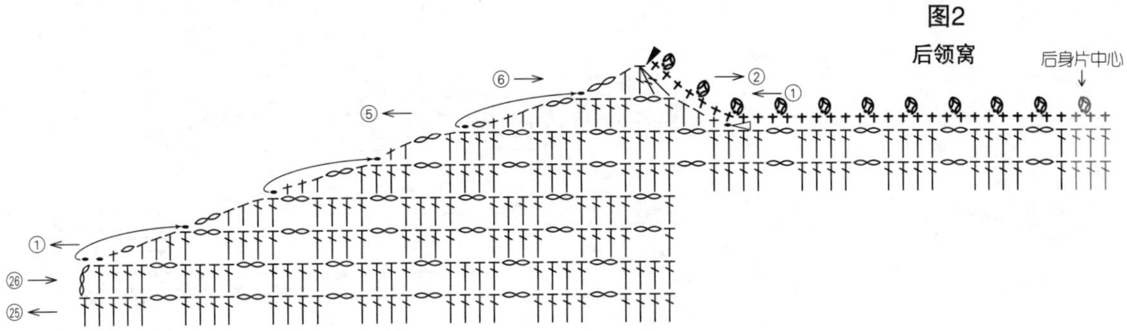
图2
后领窝
后身片中心
⑥
②
①
⑤
㉖
㉕

图5
右前斜肩

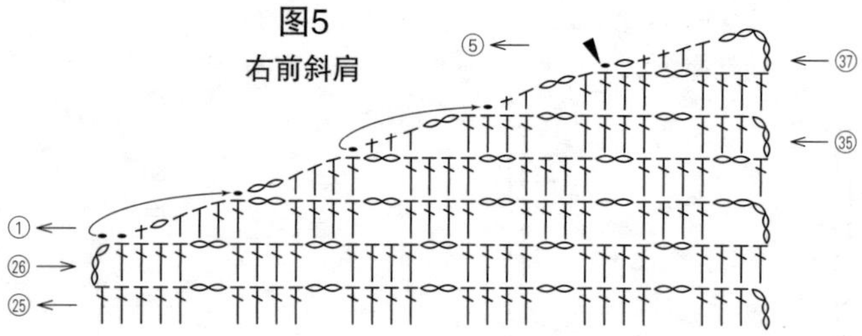

▷ = 加线
◀ = 剪线
⌒·⌒ = 渡线

衣领（边缘编织）3/0号针

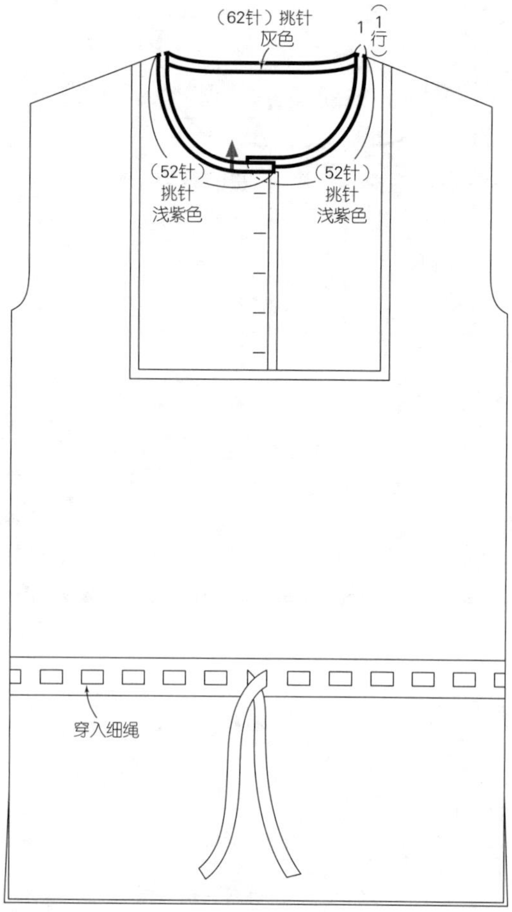

图4
左前斜肩

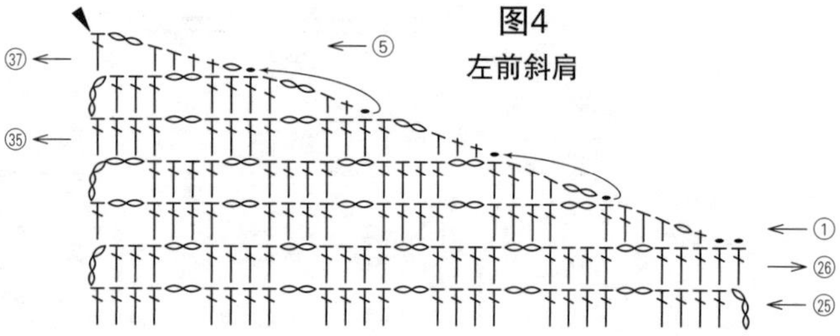

图6
右前育克

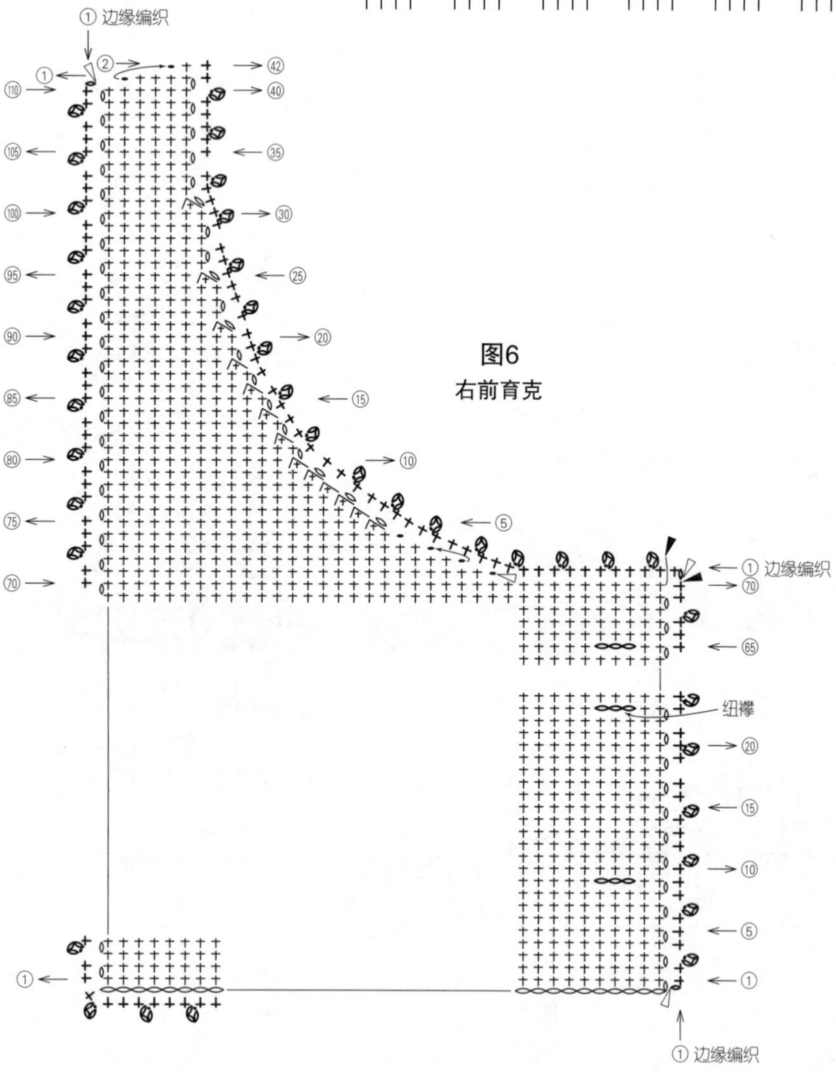

图7
左前育克

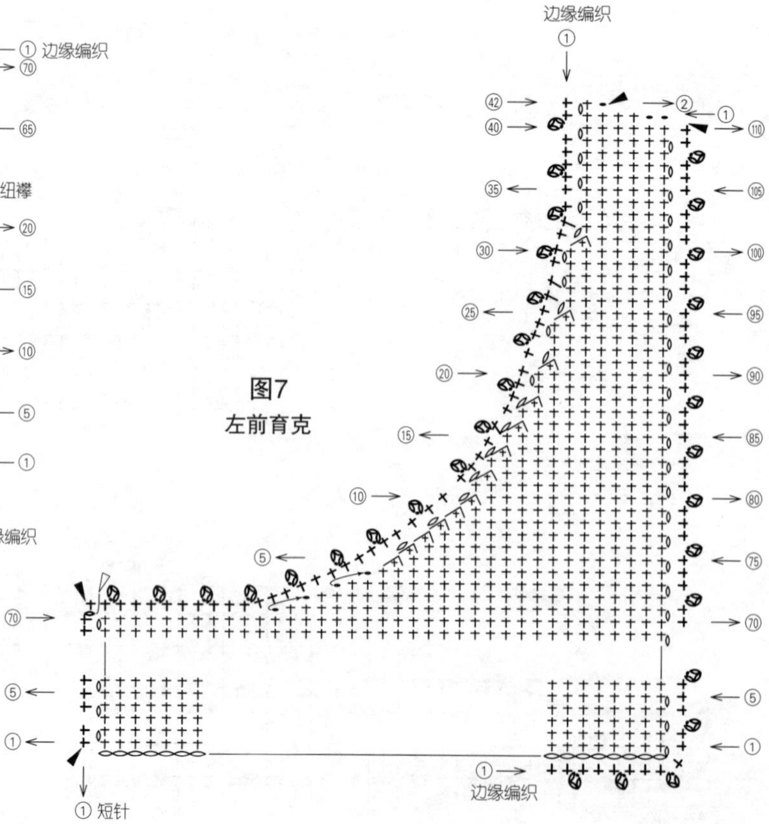

图8 袖

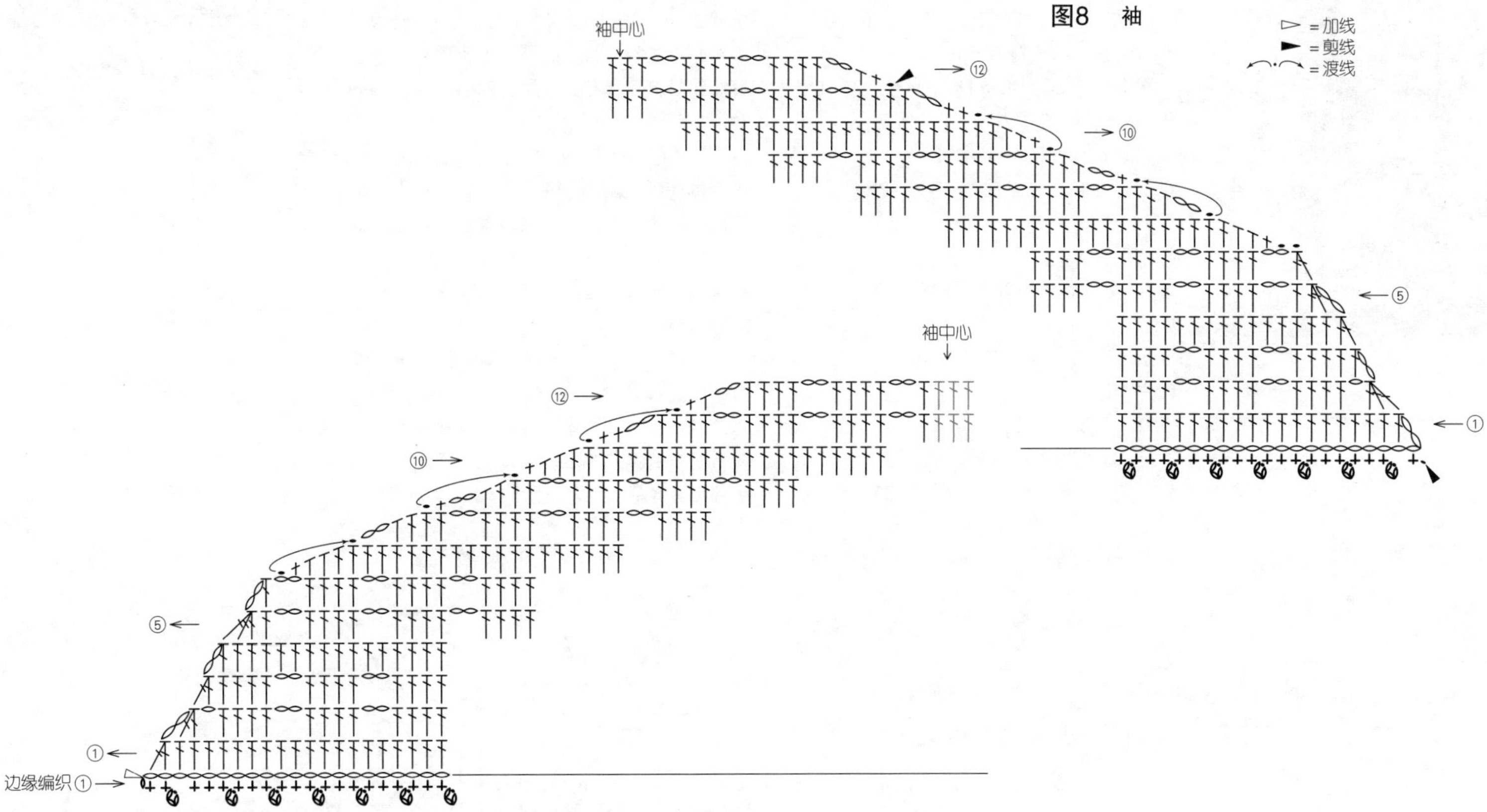

接第154页▶

衣袖的往返编织

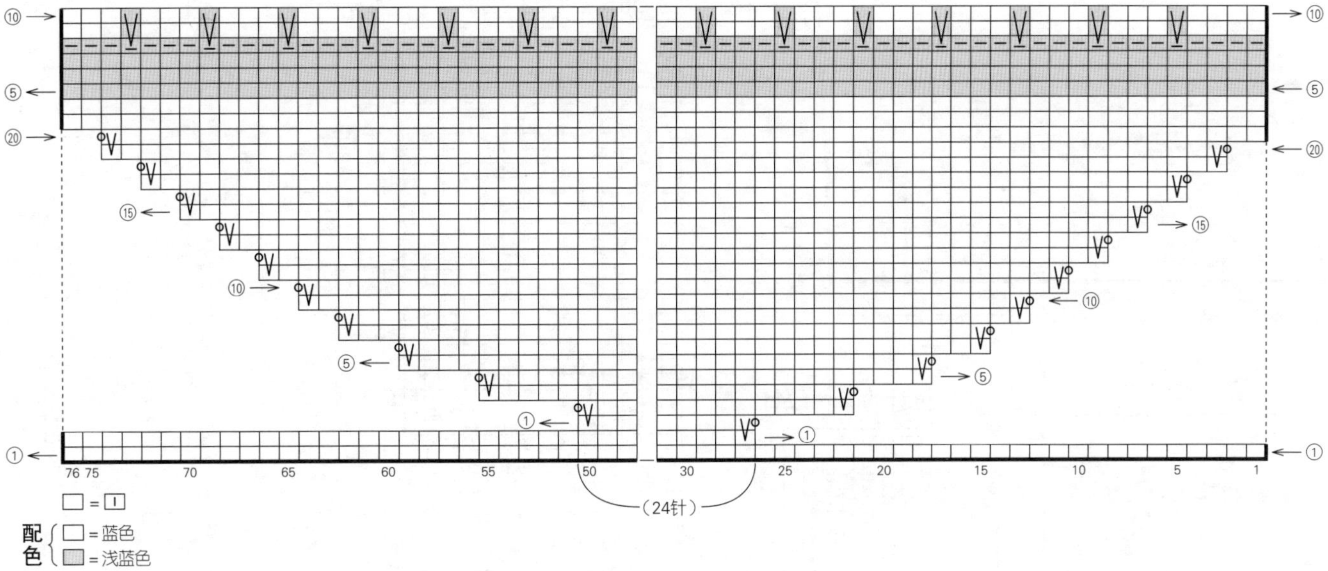

上针的滑针（2行的情况）

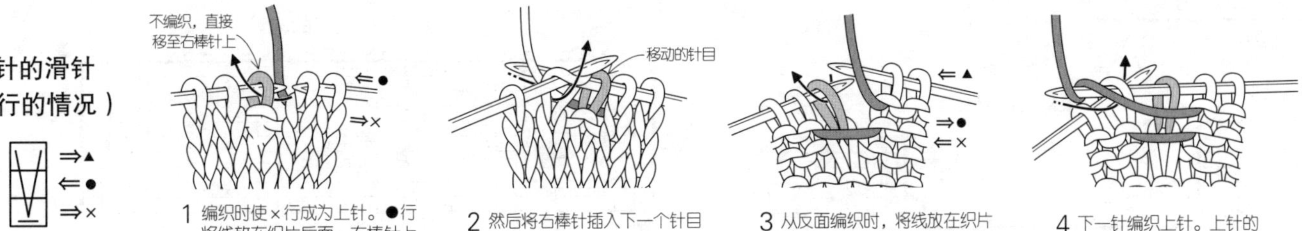

1 编织时使×行成为上针。●行将线放在织片后面，左棒针上的针目不编织、不改变方向，直接移至右棒针上。

2 然后将右棒针插入下一个针目编织下针。

3 从反面编织时，将线放在织片前面，滑针不编织直接移至右棒针上。

4 下一针编织上针。上针的滑针（2行的情况）完成。

35页的作品★★★

材料

[套头衫] DMC Natura Linen蓝色(17) 110g/3团，黑灰色(123) 100g/2团，浅蓝色(07) 80g/2团，灰色(071) 65g/2团

[长围巾] DMC Natura Linen蓝色(17) 30g/1团，浅蓝色(07) 20g/1团，黑灰色(123) 15g/1团，灰色(071) 10g/1团

工具

棒针5号、3号

成品尺寸

[套头衫] 胸围132cm，衣长64.5cm，连肩袖长58.5cm

[长围巾] 宽11cm，长150cm

编织密度

10cm×10cm面积内：条纹花样A 19针，31行；条纹花样B 21针，36行

编织要点

●套头衫…身片手指起针，组合编织扭针的单罗纹针、条纹花样A。加针时，在1针内侧编织扭针加针。领窝的减针参见图示。衣袖另线锁针开始编织，做加针的引返编织的同时，按条纹花样A编织。编织终点休针备用。袖口拆开起针的锁针，挑取针目，在中心附近减针的同时，编织边缘编织。编织终点在编织前一行的编织花样的同时做伏针收针。肩部做盖针接合，对齐针与行，使用毛线缝针将衣袖缝合到身片上。胁部、袖下使用毛线缝针做挑针缝合。

●长围巾…另线锁针起针，参照图示组合编织条纹花样B、编织花样。编织终点将线穿入剩余的1针中收针。编织起点一侧也拆开起针的锁针挑取针目，按编织花样编织。编织终点同样将线穿入剩余的1针中收针。

◀接第153页

套头衫

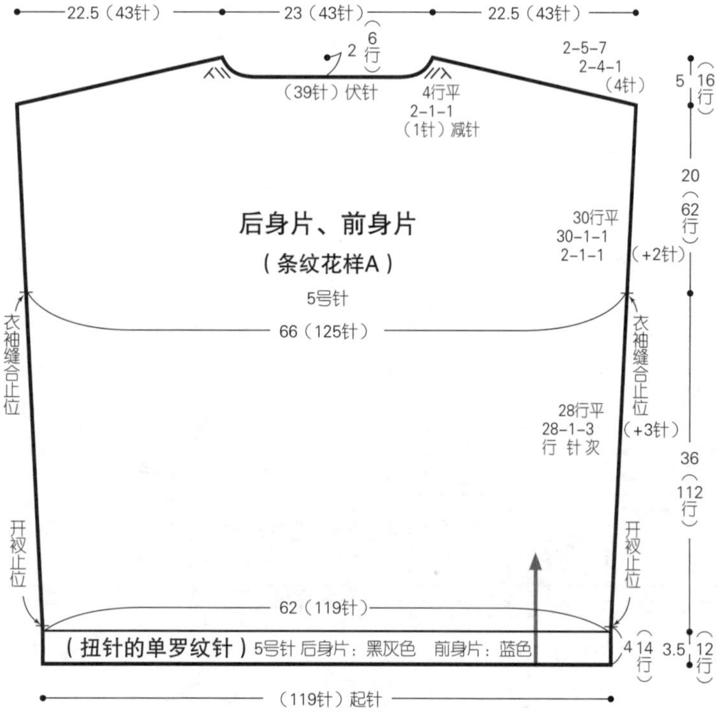

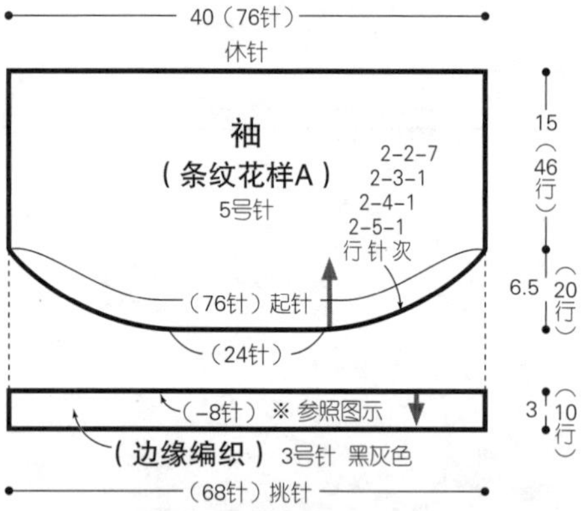

扭针的单罗纹针

条纹花样A

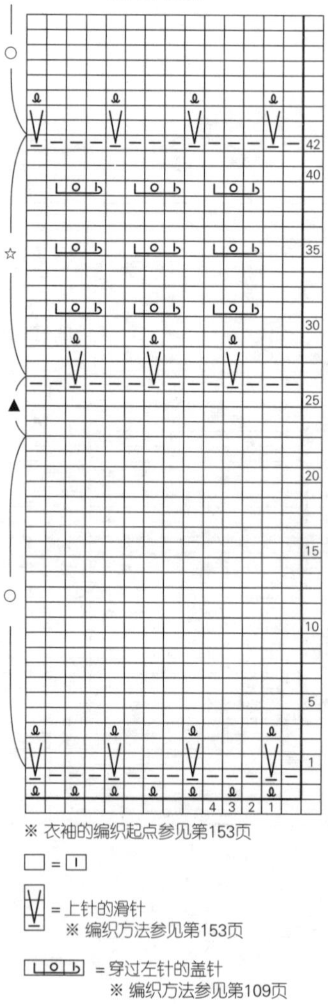

条纹花样A的配色

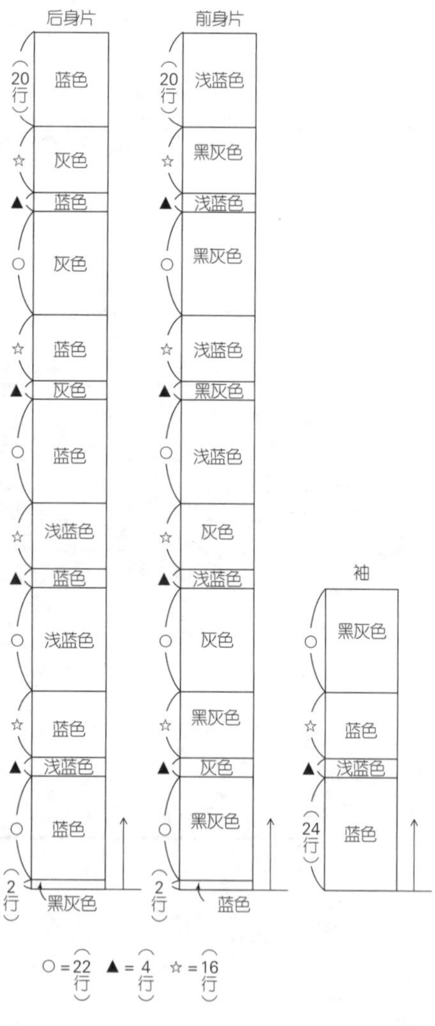

领窝的减针

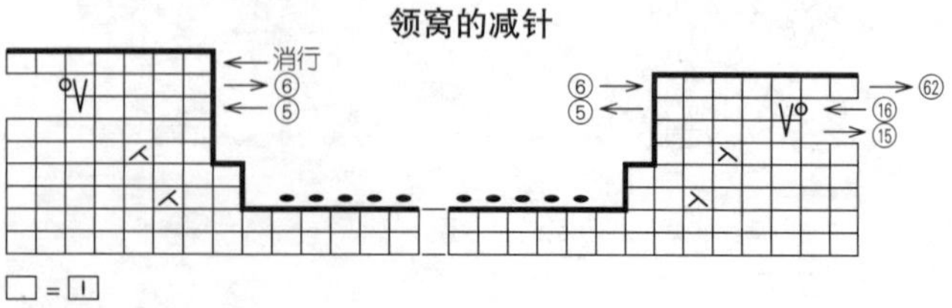

边缘编织和袖口的减针

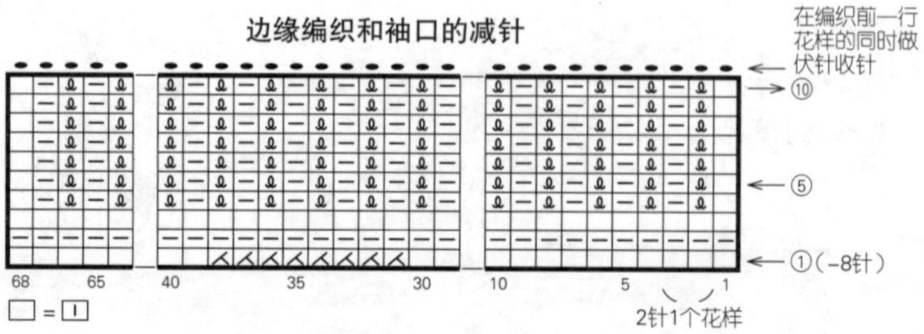

※ 全部使用5号针编织

条纹花样B

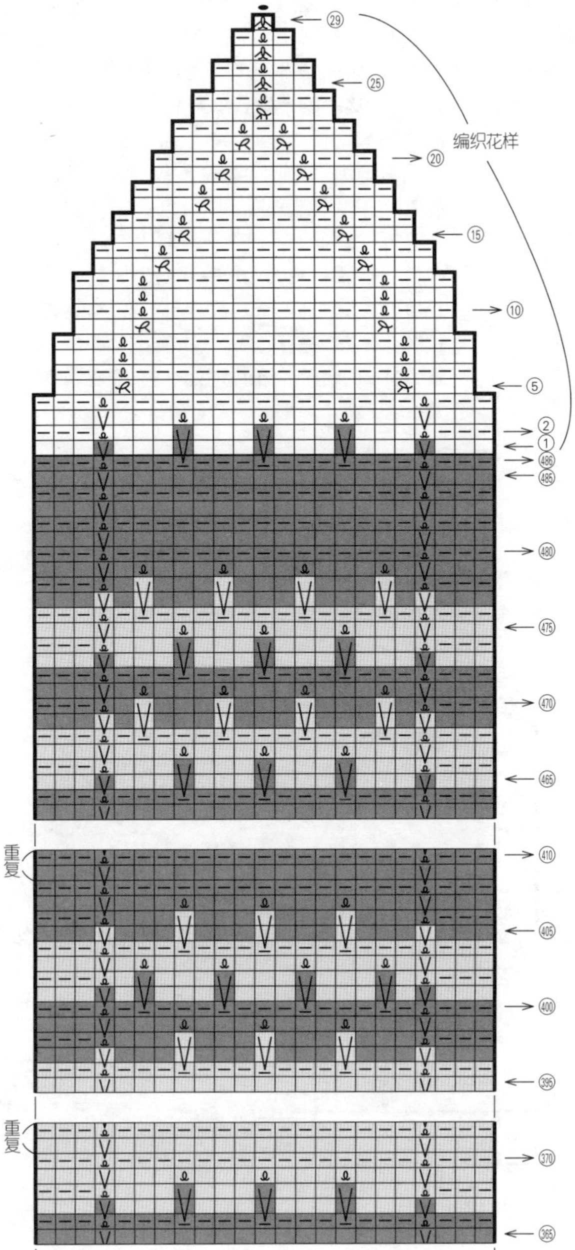

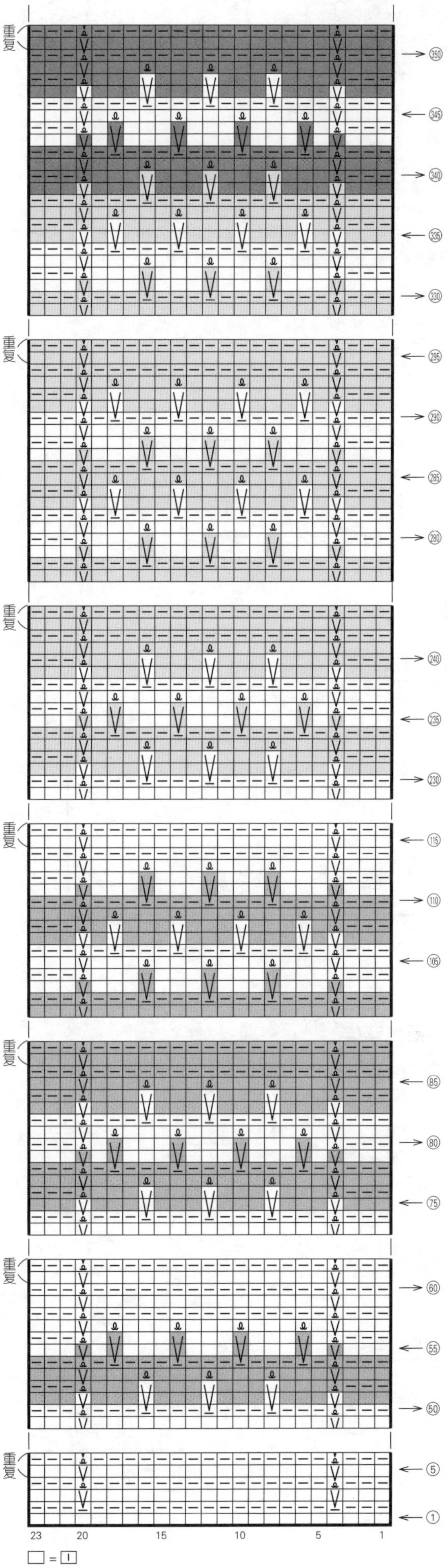

编织花样

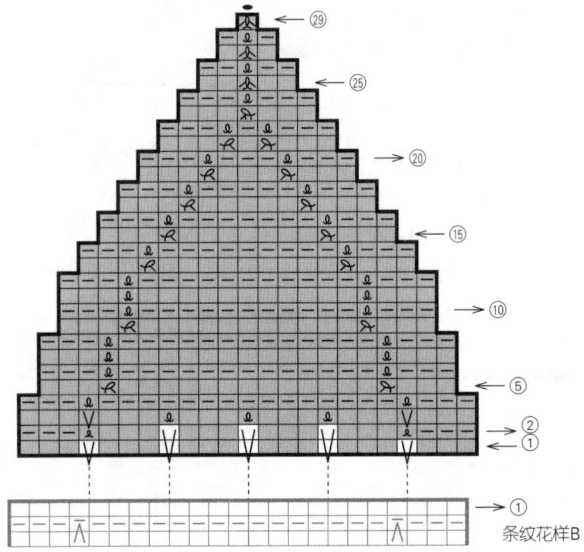

= 上针的滑针（1行的情况）
※ 编织方法参见第104页

= 编织扭针，在下一行该针目做滑针

= 上针的滑针（2行的情况）
※ 编织方法参见第153页

= 扭针的右上2针并1针

= 扭针的左上2针并1针
※ 编织方法参见第184页

= 扭针的右上3针并1针

= 扭针的中上3针并1针
※ 编织方法参见第166页

配色
- = 蓝色
- = 灰色
- = 浅蓝色
- = 黑灰色

材料

手织屋 T Silk 原白色(05) 105g；Hard Linen B 芥末黄色(34) 95g；Hard Linen A 芥末黄色(34) 25g；直径15mm的纽扣5颗

工具

棒针4号

成品尺寸

胸围106.5cm，肩宽49cm，衣长50.5cm，袖长30.5cm

编织密度

10cm×10cm面积内：条纹花样、下针编织均为20针，28行

编织要点

●身片、袖…手指起针，编织起伏针，注意第1行为反面行。继续编织双罗纹针、条纹花样和下针编织。在前身片口袋位置编入另线。减针时，2针以上做伏针减针，1针时立起侧边1针减针。拆开另线挑针，口袋内层做下针编织，袋口编织起伏针，编织终点做伏针收针。

●组合…肩部做盖针接合，胁、袖下使用毛线缝针做挑针缝合。口袋侧边也一起做挑针缝合。衣领挑取指定数量的针目，编织起伏针。右前门襟开扣眼。编织终点的处理方法和袋口的相同。钩织引拔针连接衣袖和身片。缝上纽扣。

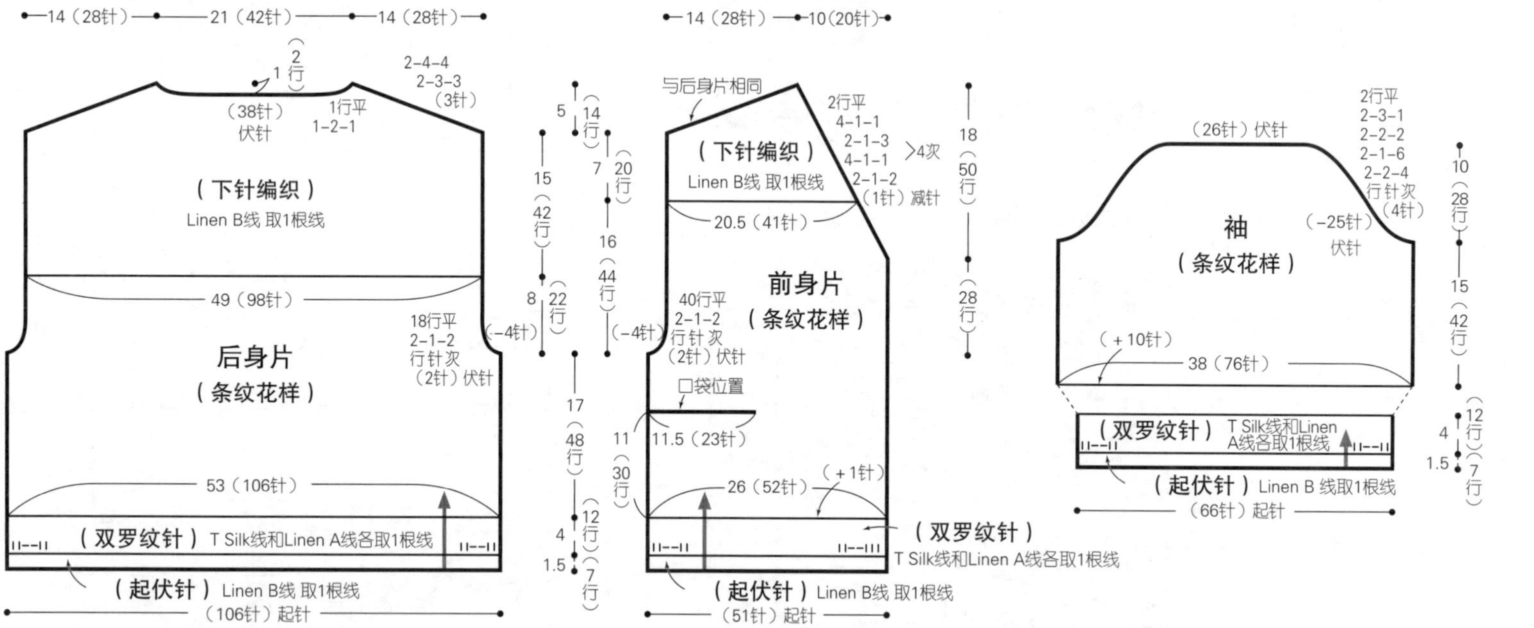

※ 全部用4号针编织

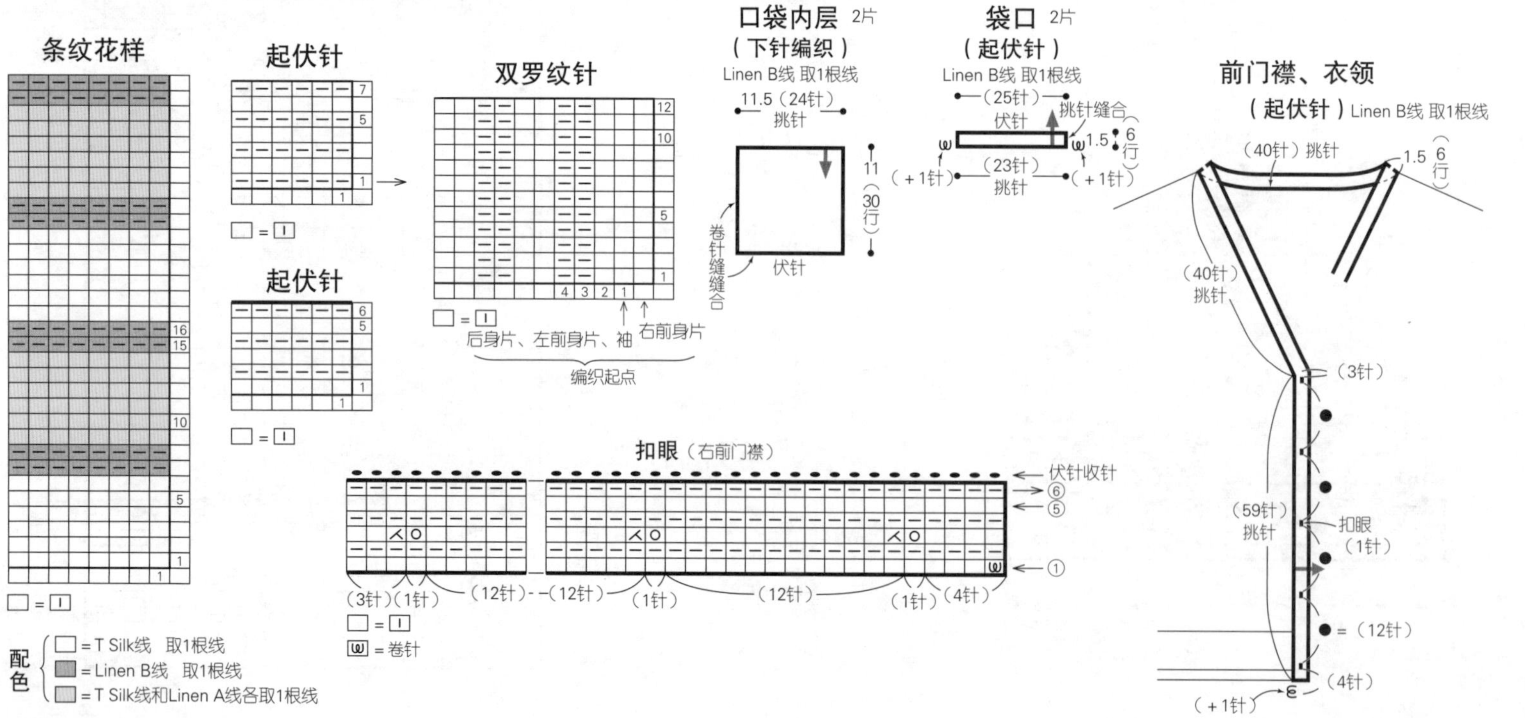

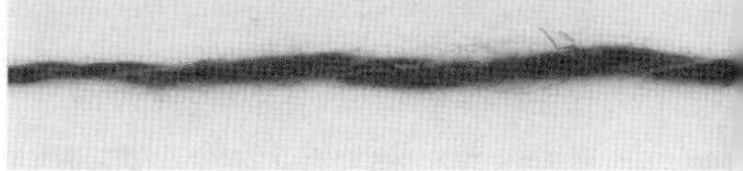

材料

DMC Natura Linen 米色(03) 255g/6团，直径15mm的纽扣3颗

工具

棒针4号、3号

成品尺寸

胸围93.5cm，衣长50cm，连肩袖长41.5cm

编织密度

10cm×10cm面积内：下针编织20.5针，34.5行；编织花样B、B'均1个花样24针为9cm，34.5行为10cm

编织要点

●身片、袖…另线锁针起针，右后身片组合做编织花样A、B和下针编织。减针时，2针及2针以上时做伏针减针，1针时立起侧边1针减针。编织终点休针。左后身片拆开起针的锁针，挑取针目，组合做编织花样A'、B'和下针编织。前身片与后身片使用同样的方法开始编织。加针时，在1针内侧编织扭针加针。编织32行后，从事先钩好的另线锁针上挑取针目，继续编织。编织终点与后身片的处理方法相同。

●组合…肩部使用毛线缝针做挑针缝合。袖口挑取指定数量的针目，编织起伏针。编织终点从反面做伏针收针。胁部、袖下做盖针接合并使用毛线缝针做下针编织无缝缝合、挑针缝合。下摆、衣领、前门襟与袖口使用同样的方法编织。在右前门襟的指定位置编织扣眼。钉上纽扣后即完成。

编织花样A

（右后身片、左前身片）

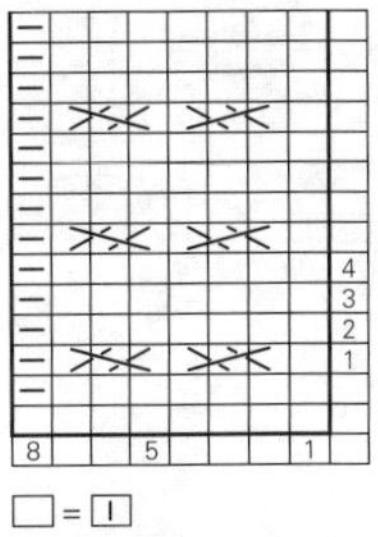

编织花样A'

（左后身片、右前身片）

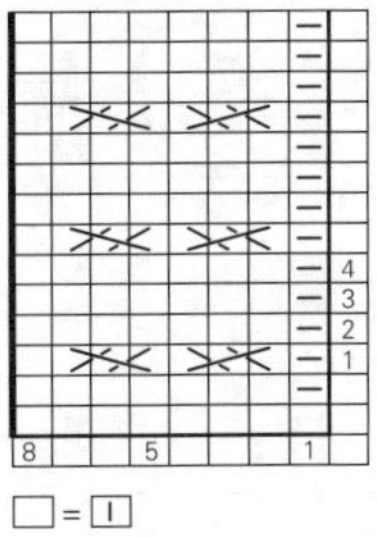

起伏针

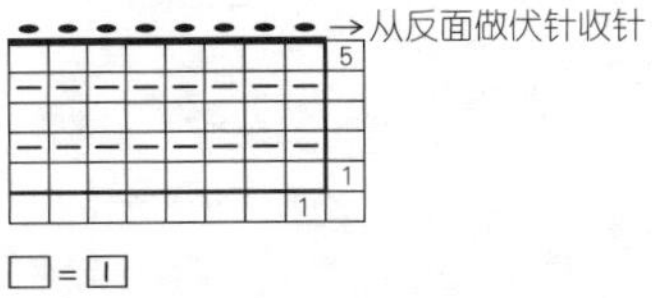

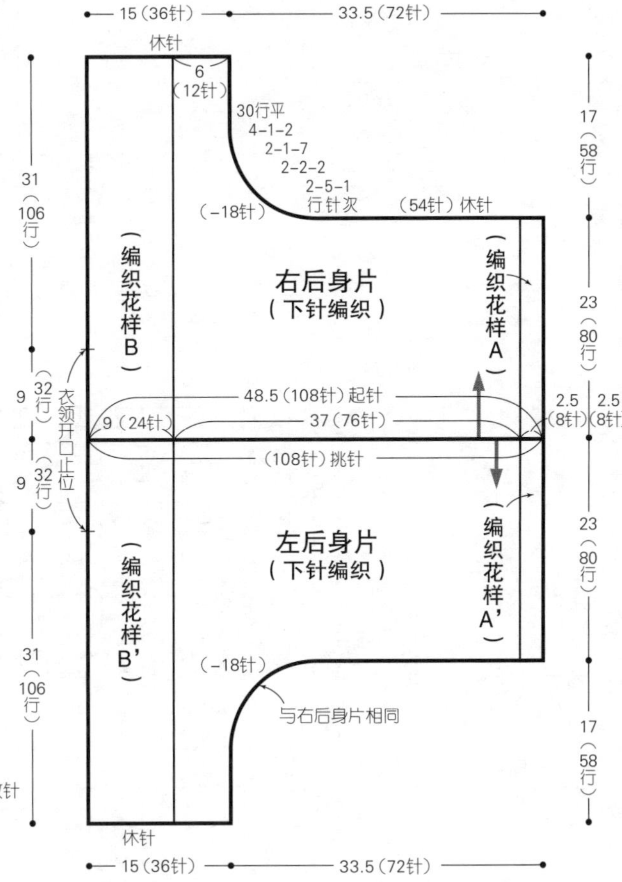

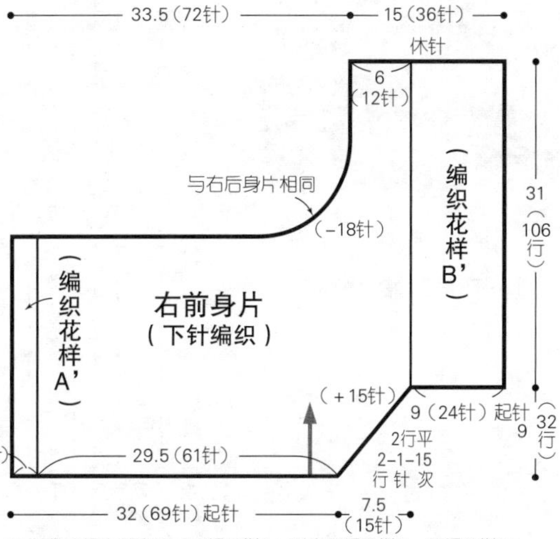

※ 对称编织左前身片（编织花样A'对应编织花样A，编织花样B'对应编织花样B）

编织花样B（右后身片、左前身片）

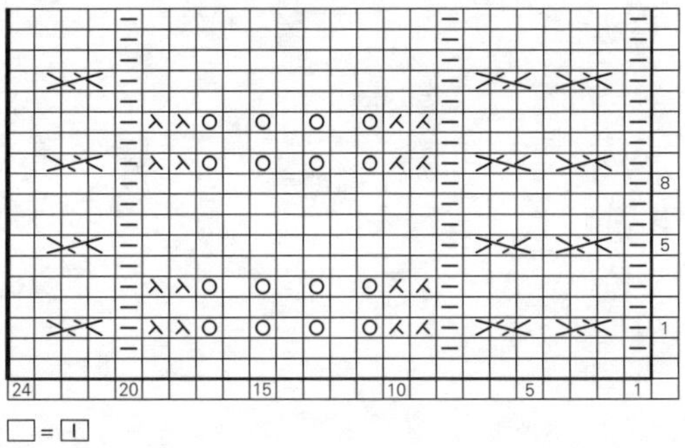

编织花样B'（左后身片、右前身片）

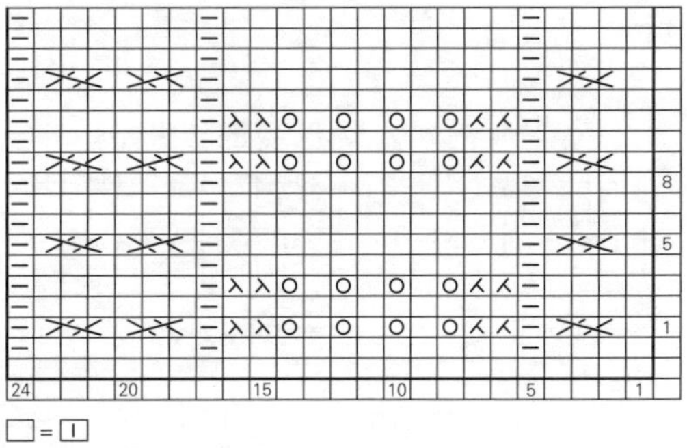

下摆、衣领、前门襟、袖口（起伏针）3号针

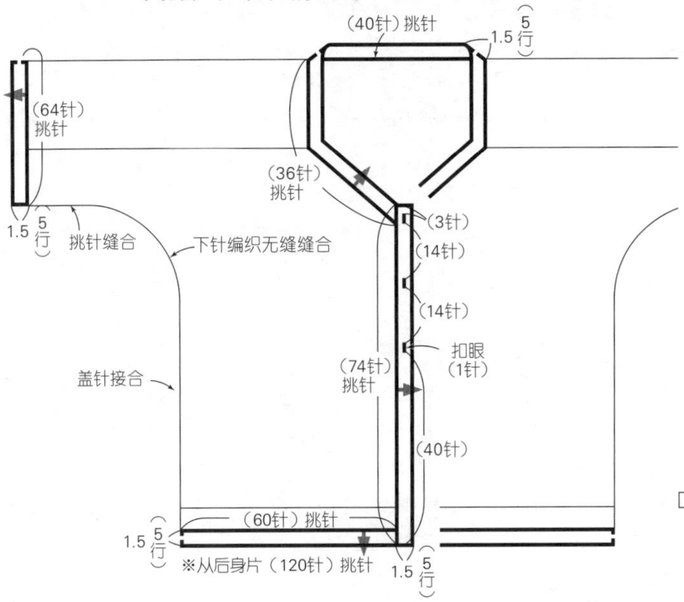

扣眼（右前门襟）

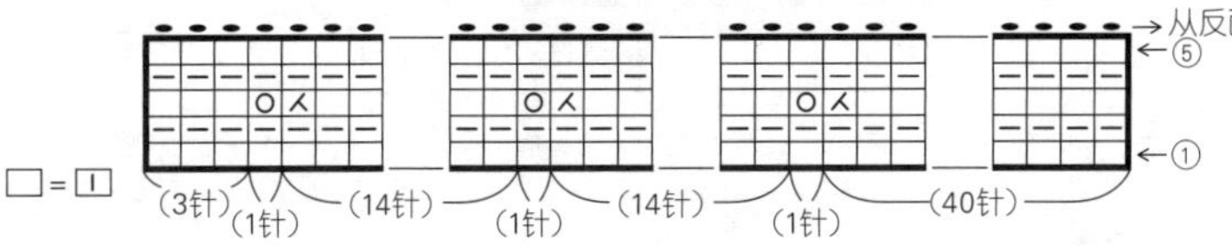

材料

DMC Coton Perle5号线 线的色名、色号、使用量、配件等参照图表

工具

蕾丝针0号

成品尺寸

参见图示

编织要点

●参照图示钩织各个部件。参照组合方法组合完成。

长条诗笺

奶油色 2片
原白色 2片
浅灰蓝色 1片

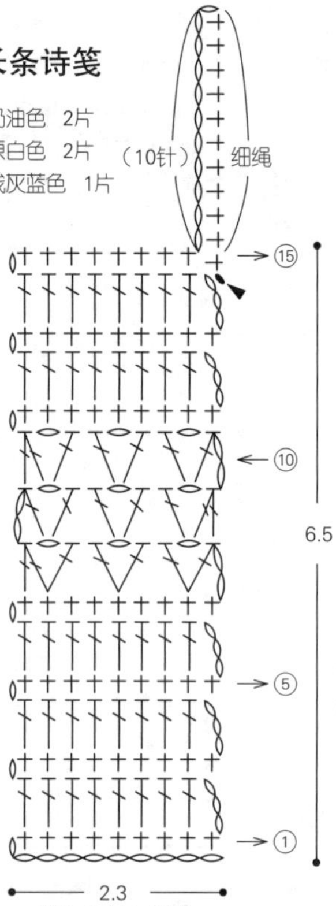

材料使用量一览表

色名（色号）		使用量	配件、辅助材料
深黄绿色（3347）	细竹叶（33片量）	23g/5桄	包纸花艺铁丝26号 绿色 18cm×33根
浅绿色（988）	茎	5g/1桄	花艺铁丝18号 裸线 36cm×6根
金色（5282）	星星（10片量）	8g/2桄	4mm的水滴形串珠 浅黄色 30颗
橙色（740）	环形装饰（2片量）、灯笼（1片量）	4g/1桄	
粉色（335） 红色（817）	环形装饰（1片量）、 灯笼（1片量）	各3g/各1桄	
奶油色（727）	环形装饰（1片量）、长条诗笺（2片量）	3g/1桄	
原白色（712）	长条诗笺（2片量）	3g/1桄	
黄色（444）	灯笼（1片量）	3g/1桄	
浅灰蓝色（598）	长条诗笺（1片量）	2g/1桄	
柠檬黄色（307） 蓝色（825） 黄绿色（907）	环形装饰（2片量）	各2g/各1桄	
深粉色（309） 紫色（552） 浅蓝色（807）	环形装饰（1片量）	各1g/各1桄	

※全部使用蕾丝针0号钩织
※在细竹叶、环形装饰、灯笼、长条诗笺上涂上薄薄的一层液体糊糊加固

环形装饰的配色

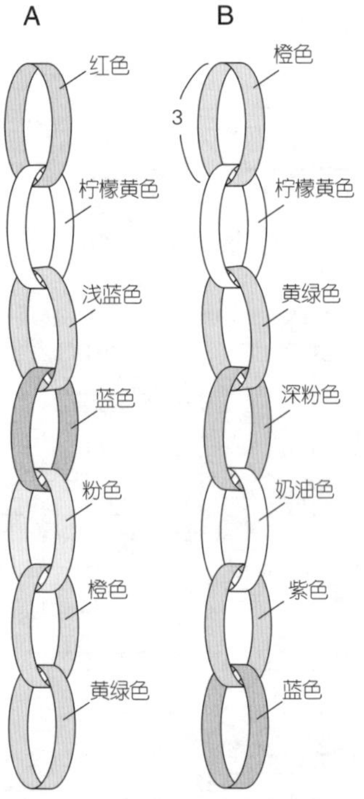

星星 金色 10片

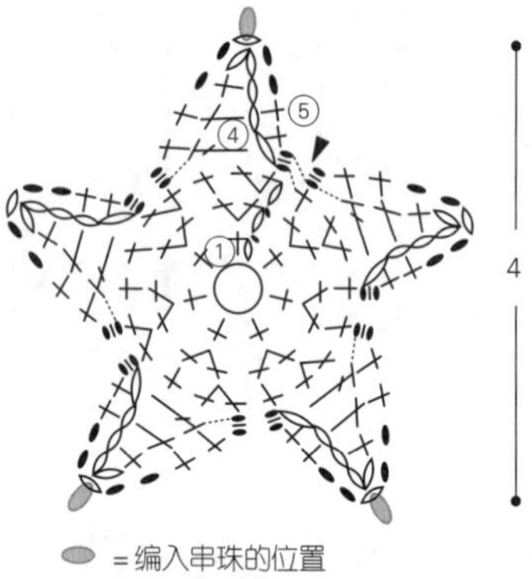

= 编入串珠的位置
※编入串珠的方法参见第128页
= 劈开前一行引拔针的针目，钩织引拔针

灯笼

橙色、粉色、红色、黄色：各1个
钩织在起针的锁针上，连接成环形

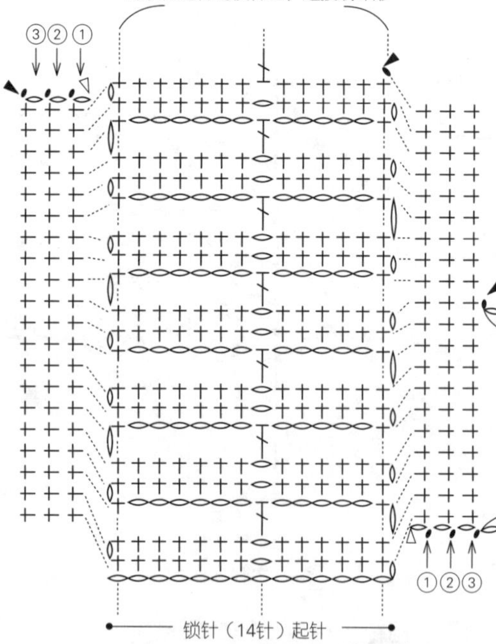

※钩织短针时，拆开锁针的针目进行挑针

▷ = 加线
► = 剪线

灯笼

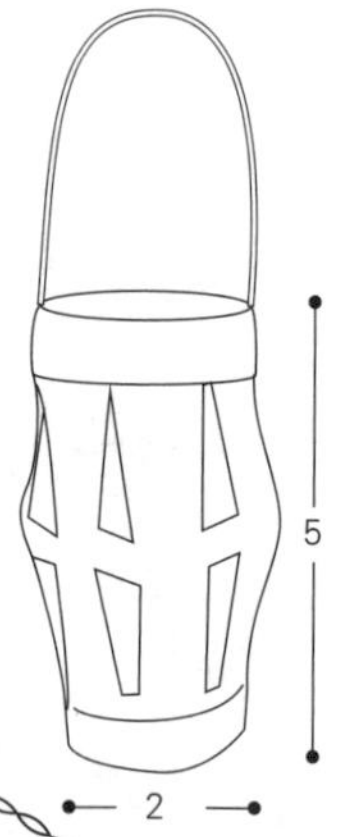

环形装饰（短针） 14片

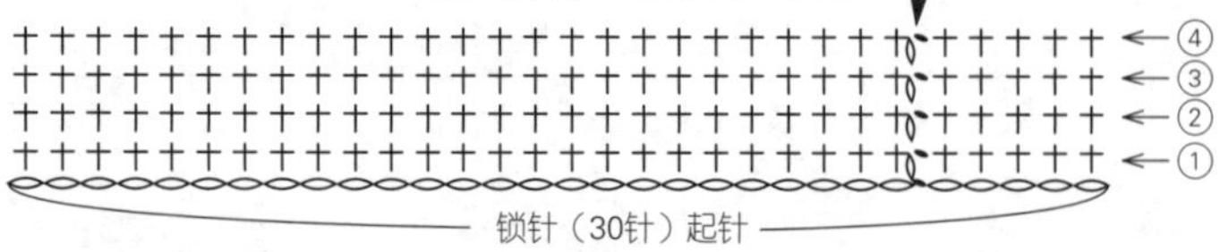

※从第2片开始，将起针的锁针穿过前一个环形装饰，再连接成环形

细竹叶 深黄绿色 33片

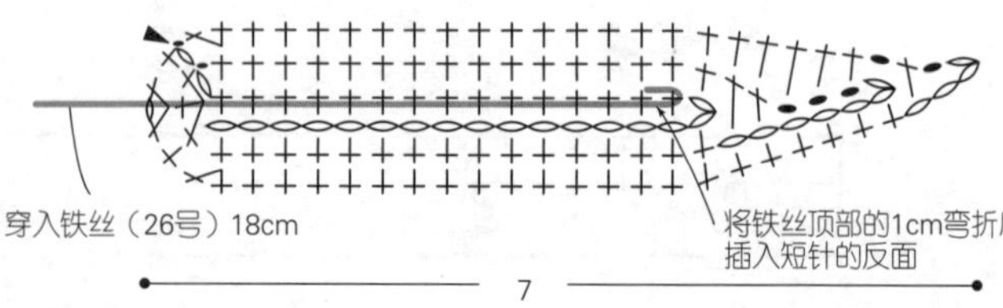

细竹叶的组合方法

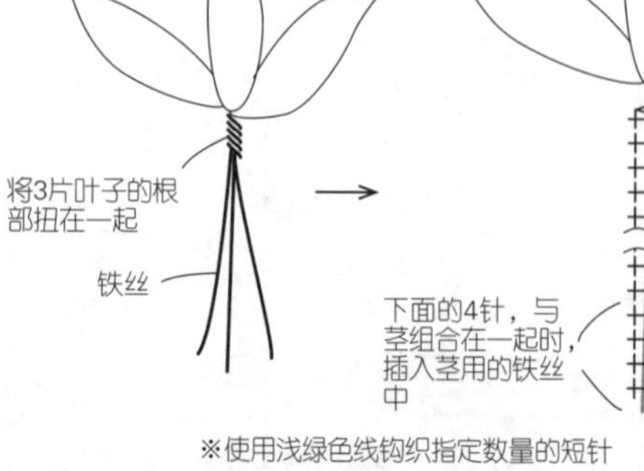

※使用浅绿色线钩织指定数量的短针
※有2组保持着铁丝的形态，备用

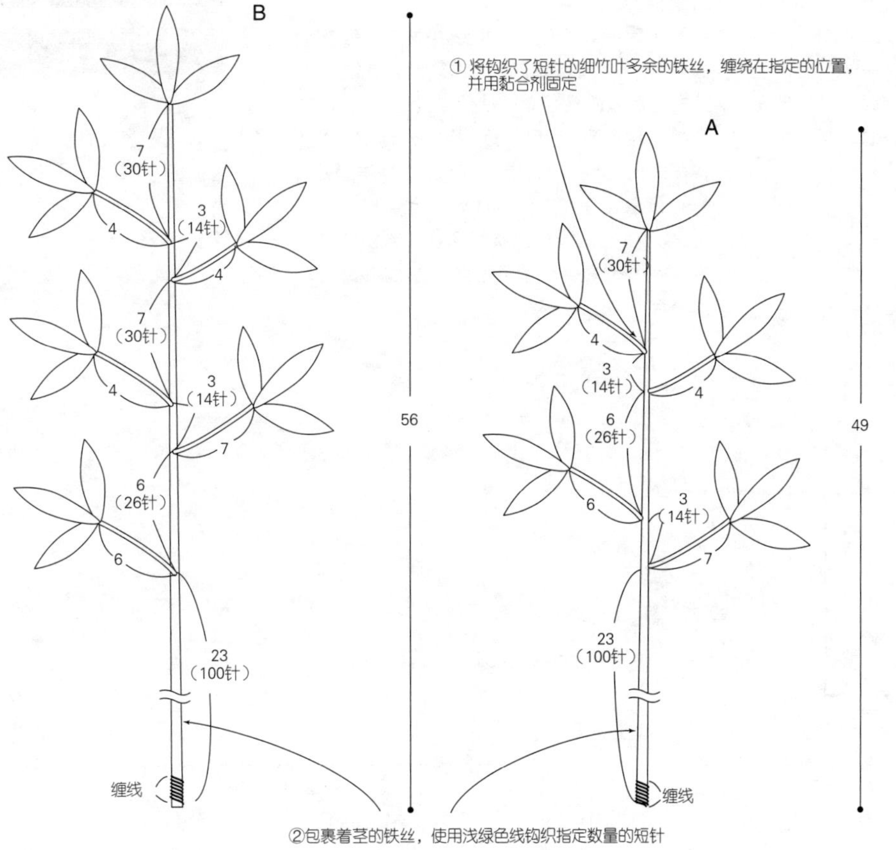

茎和叶的组合方法

将3根茎用的铁丝（18号）36cm长和直接留着铁丝的细竹叶，
参照图示叠放，再扭在一起
长茎和短茎各制作1根

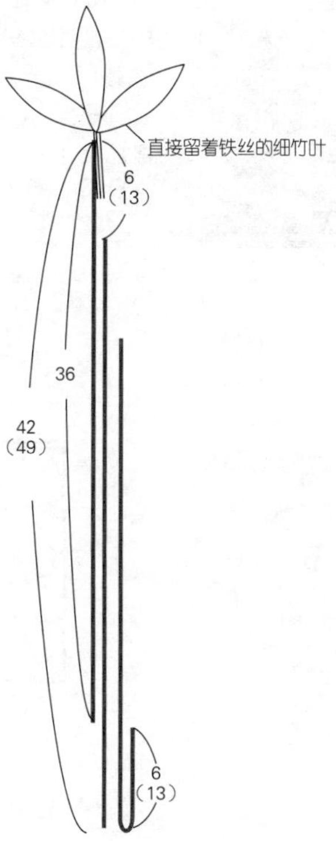

※（ ）内为B的尺寸

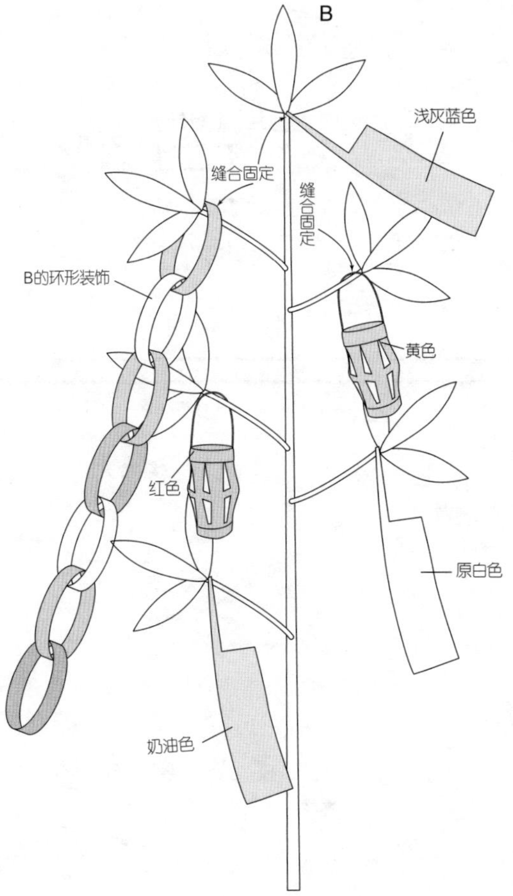

组合方法

将环形装饰和灯笼穿到细竹叶上后再缝合固定
将长条诗笺的细绳的顶端缝合固定

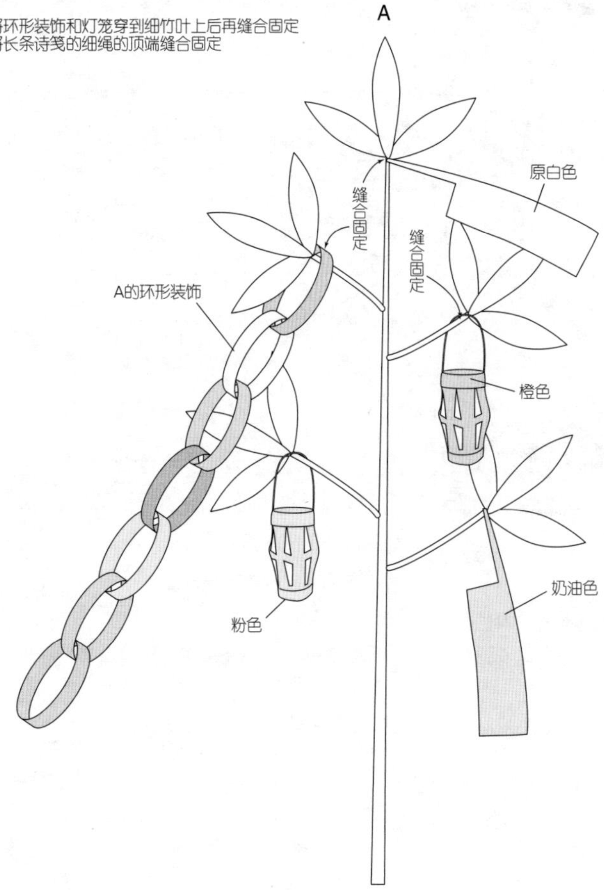

材料

芭贝Leafy米色(761) 220g/6团，宽20cm、高13cm的竹提手1个，长55cm的链子(金色)1根，内径33mm的可开闭式圆环(金色)2个，宽25mm的D环(复古金)2个，直径14mm的手缝磁扣(复古金)1组，直径16cm的塑料底板(白色)1块，装饰纽扣1颗

工具

钩针6/0号、7/0号

成品尺寸

宽16cm，包深22cm

编织密度

10cm×10cm面积内：短针15针，14.5行

编织要点

●除指定以外均使用3根线并为1股钩织。包底A、B环形起针开始钩织，钩织短针，其中包底B的最后2行使用2根线并为1股钩织。钩织了2片包底后，要好好地熨烫平整。使用包底A、B夹住底板，2片重叠在一起挑取侧面第1行的针目。钩织32行之后，钩织1行引拔针调整好形状。钩织口袋、袋盖、包带和垂片。参照组合方法收尾。

包底A、包底B 各1片

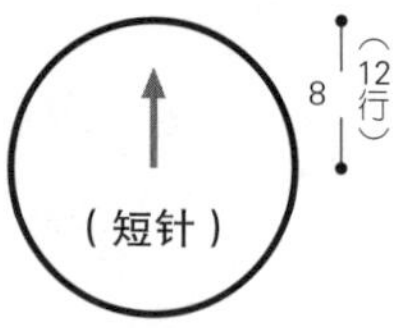

※除指定以外均用6/0号针钩织
※除指定以外均3根线并为1股钩织
※包底B的最后2行使用2根线并为1股钩织

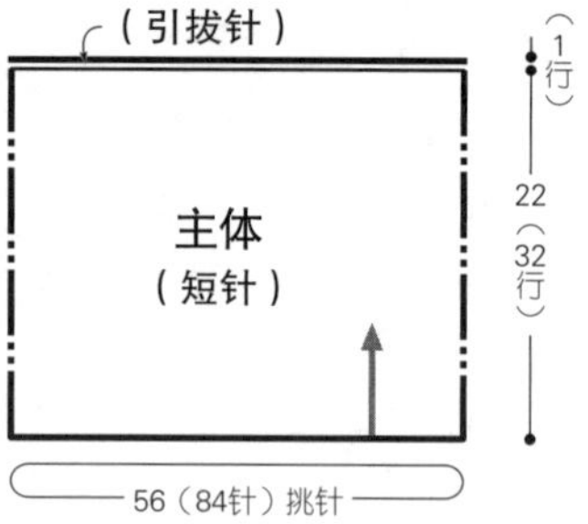

※将包底A、B反面相对，夹着底板，2片重叠在一起挑取针目

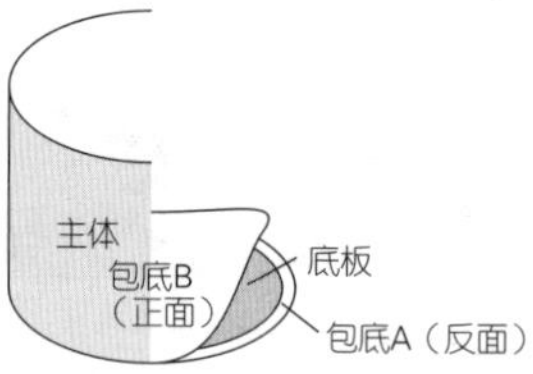

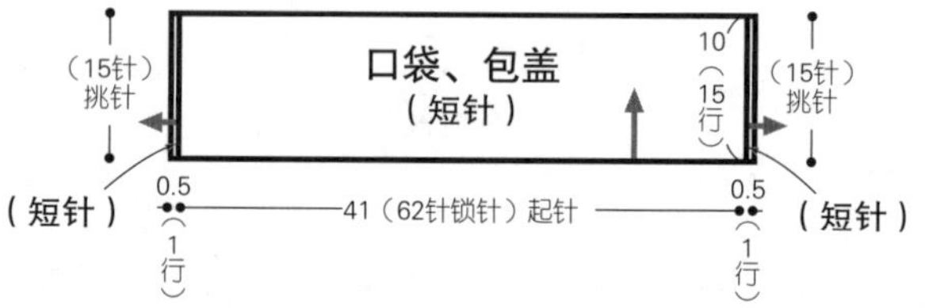

※起针为7/0号针

包底A、包底B

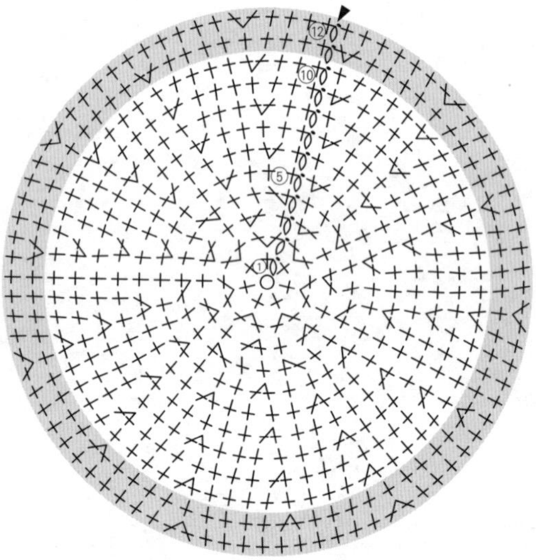

包底的加针

行数	针数	
第12行	84针	(+7针)
第11行	77针	(+7针)
第10行	70针	(+7针)
第9行	63针	(+7针)
第8行	56针	(+7针)
第7行	49针	(+7针)
第6行	42针	(+7针)
第5行	35针	(+7针)
第4行	28针	(+7针)
第3行	21针	(+7针)
第2行	14针	(+7针)
第1行	7针	

▒ = 包底B使用2根线并为1股钩织

► = 剪线

垂片 (短针) 2片

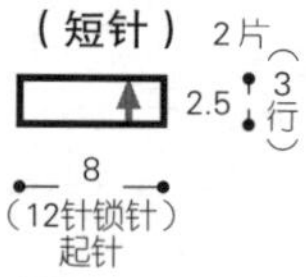

包带 (短针)

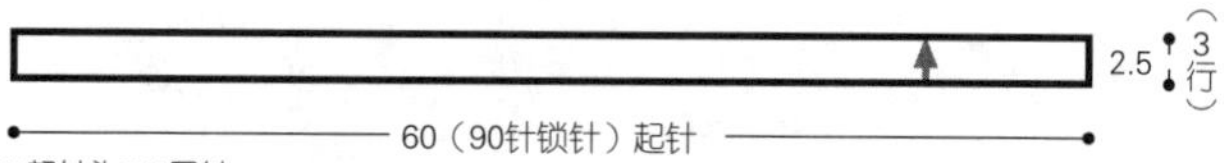

※起针为7/0号针

组合方法

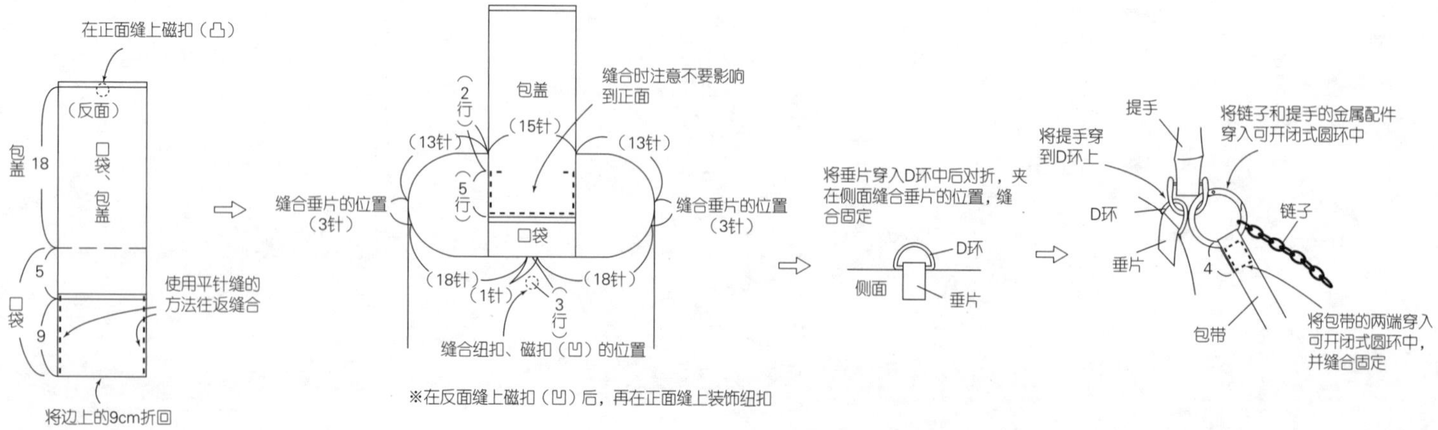

※在反面缝上磁扣(凹)后，再在正面缝上装饰纽扣

材料
芭贝 Leafy 红色(764) 90g/3团，Caterina 橙色(909) 85g/3团

工具
钩针 8/0 号

成品尺寸
宽 46cm，包深 35cm

编织密度
10cm×10cm 面积内：短针 12 针，13.5 行

编织要点
●主体环形起针，在钩织短针的同时加针。提手锁针起针，钩织短针。在指定的位置系上流苏。参照组合方法缝上提手。

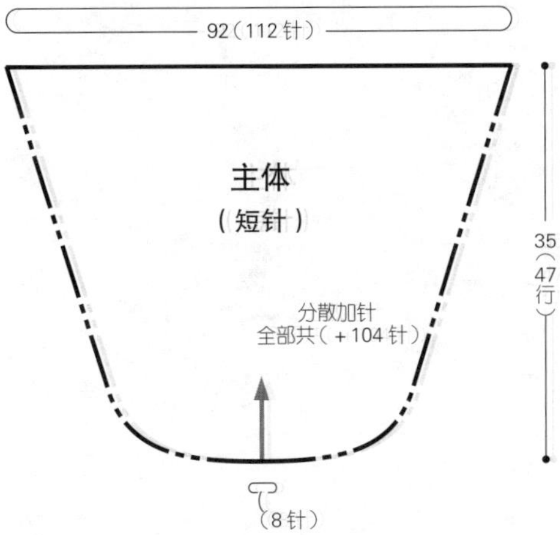

※ 全部使用 8/0 号针钩织
※ 除指定以外均用 Leafy 线和 Caterina 线各 1 根，并为 1 股编织

提手 2 根

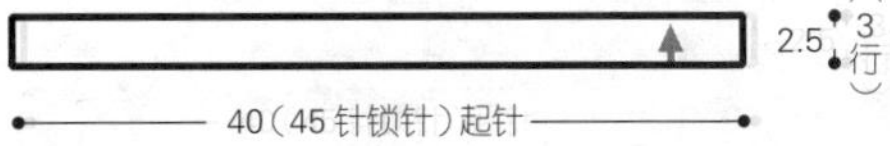

短针 (提手)

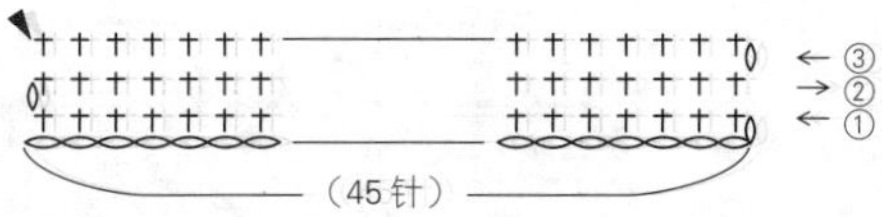

主体的加针

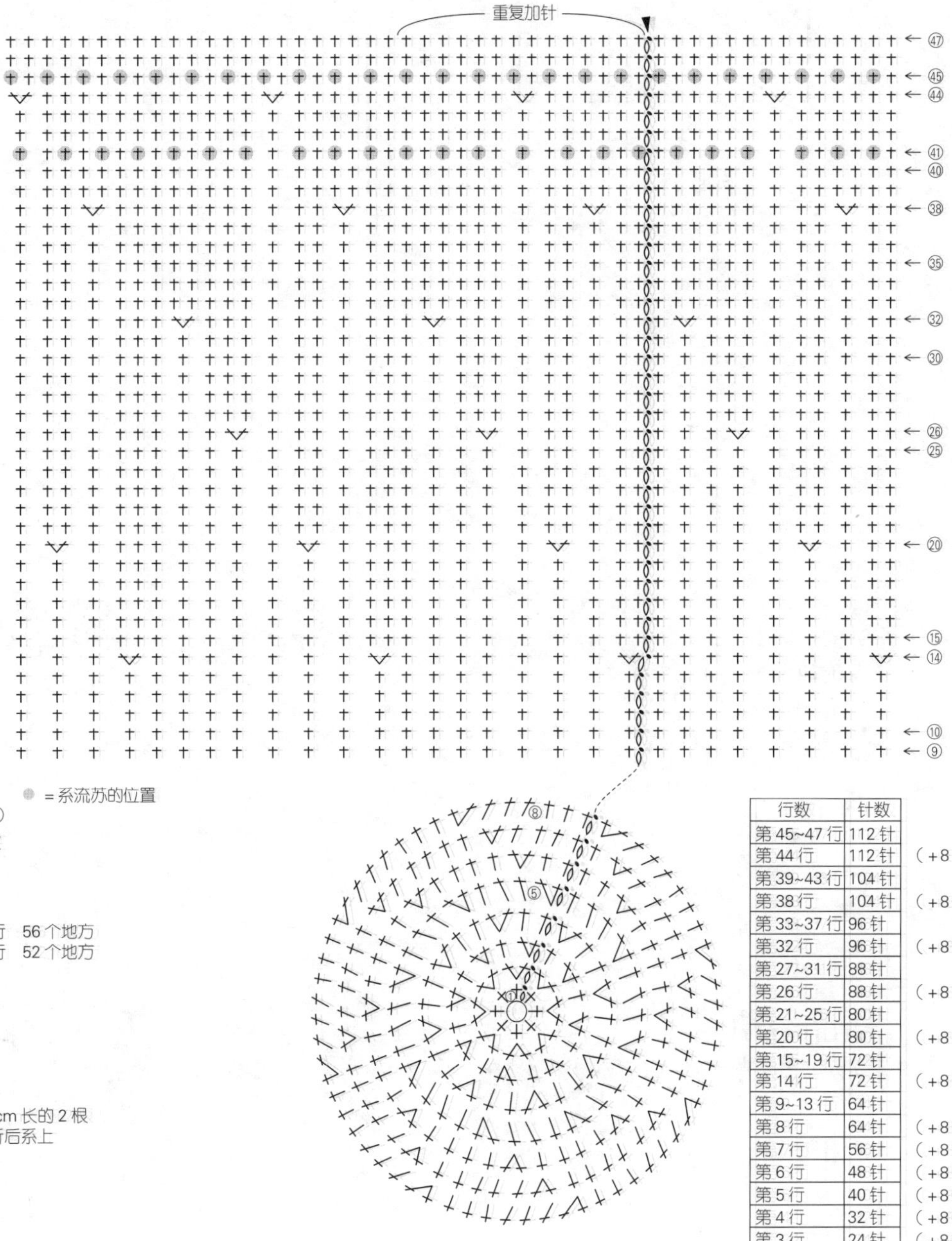

行数	针数	
第 45~47 行	112 针	
第 44 行	112 针	(+8 针)
第 39~43 行	104 针	
第 38 行	104 针	(+8 针)
第 33~37 行	96 针	
第 32 行	96 针	(+8 针)
第 27~31 行	88 针	
第 26 行	88 针	(+8 针)
第 21~25 行	80 针	
第 20 行	80 针	(+8 针)
第 15~19 行	72 针	
第 14 行	72 针	(+8 针)
第 9~13 行	64 针	
第 8 行	64 针	(+8 针)
第 7 行	56 针	(+8 针)
第 6 行	48 针	(+8 针)
第 5 行	40 针	(+8 针)
第 4 行	32 针	(+8 针)
第 3 行	24 针	(+8 针)
第 2 行	16 针	(+8 针)
第 1 行	8 针	

组合方法

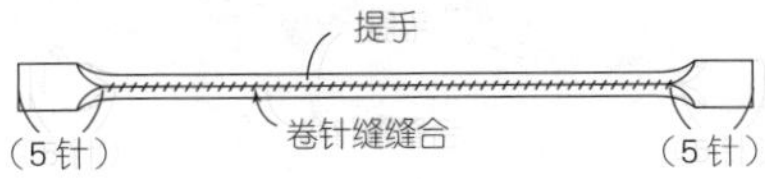

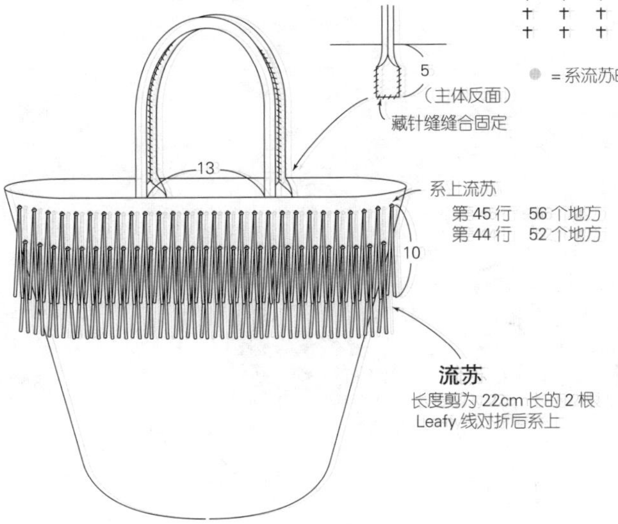

45 页的作品 ★★

材料
芭贝 Leafy 浅紫色（762）65g/2团，原白色（751）15g/1团，粉色（740）10g/1团

工具
钩针 5/0 号

成品尺寸
宽 19cm，包深 24.5cm

编织密度
10cm×10cm 面积内：条纹花样 20 针，16 行

编织要点
●锁针起针开始钩织，包底钩织短针。随后，主体钩织条纹花样、短针。在指定的位置钩织用于穿细绳的孔。包口钩织 1 行短针，调整好形状。钩织提手和细绳，将提手缝到指定的位置。将细绳穿入指定的位置，并在两端分别打一个单结。

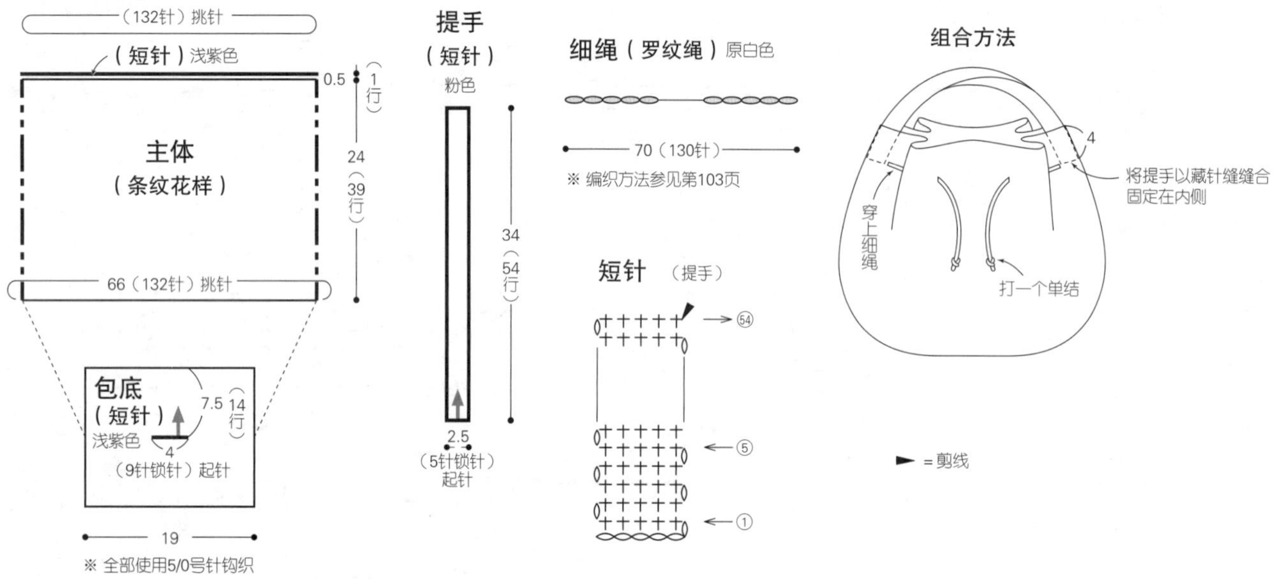

短针的条纹针（环形编织的情况）

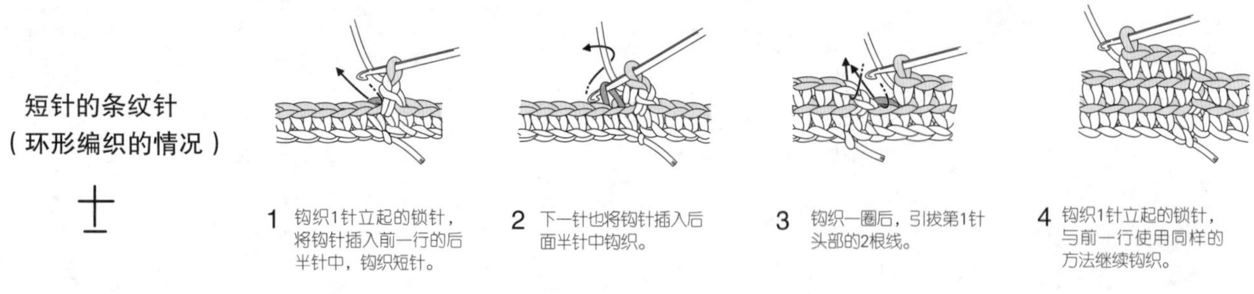

1 钩织1针立起的锁针，将钩针插入前一行的后半针中，钩织短针。

2 下一针也将钩针插入后面半针中钩织。

3 钩织一圈后，引拔第1针头部的2根线。

4 钩织1针立起的锁针，与前一行使用同样的方法继续钩织。

长针的条纹针（环形编织的情况）

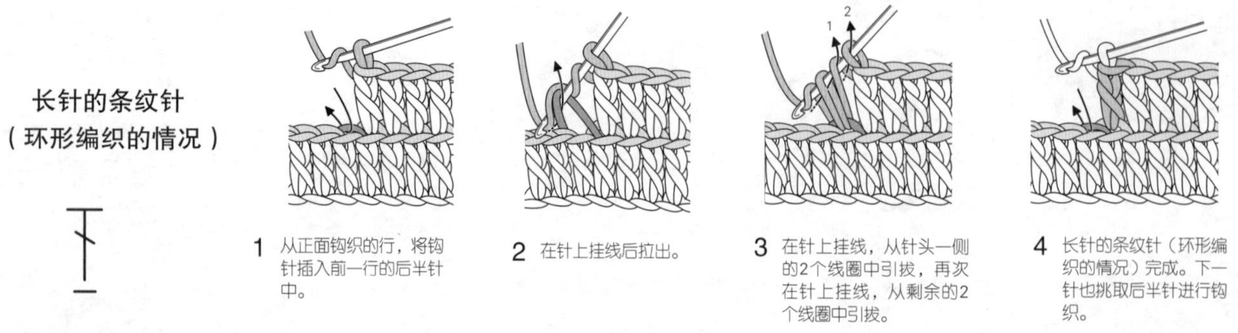

1 从正面钩织的行，将钩针插入前一行的后半针中。

2 在针上挂线后拉出。

3 在针上挂线，从针头一侧的2个线圈中引拔，再次在针上挂线，从剩余的2个线圈中引拔。

4 长针的条纹针（环形编织的情况）完成。下一针也挑取后半针进行钩织。

手提包的编织方法

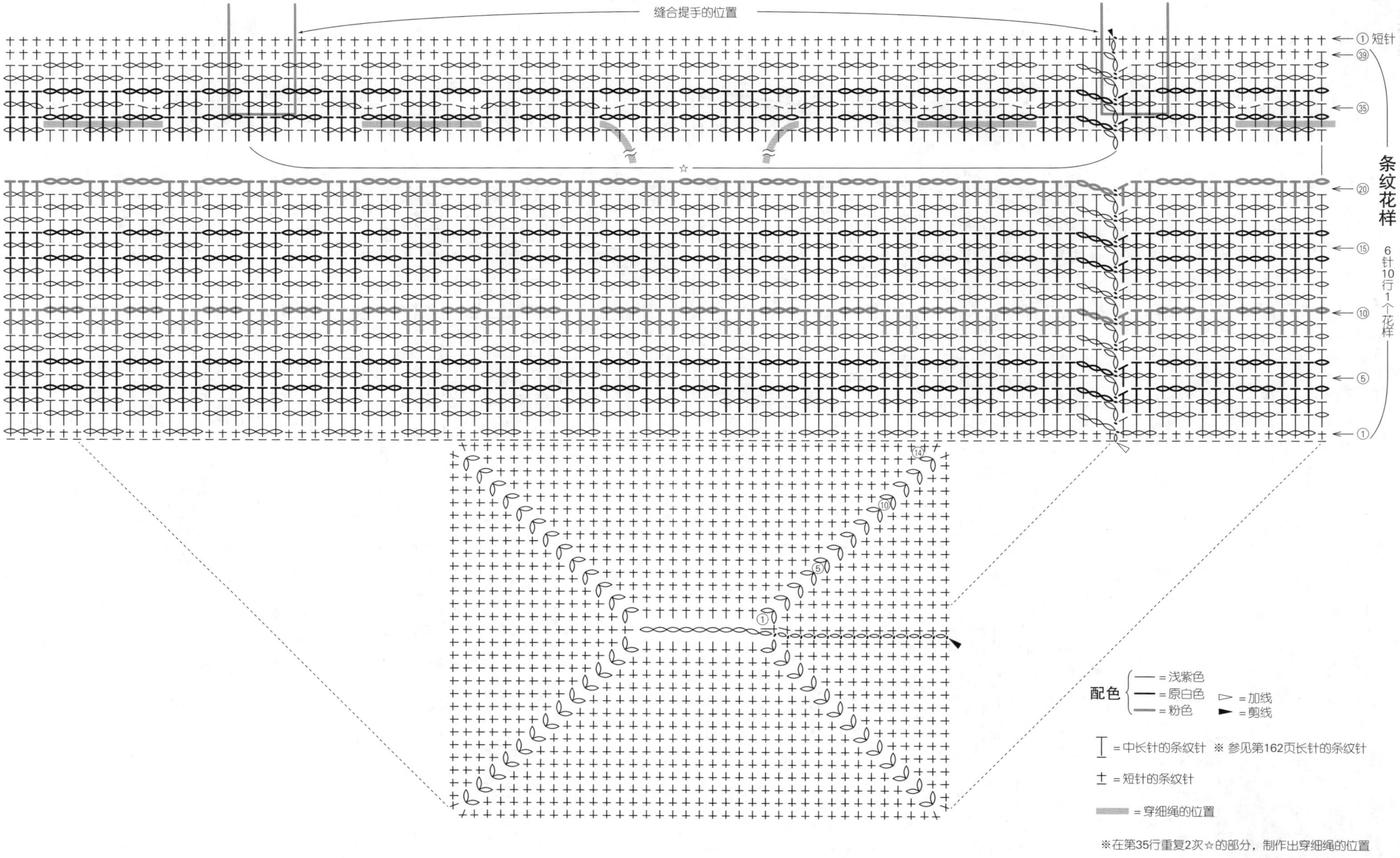
缝合提手的位置
①短针
39
35
☆
20
15
10
5
1
条纹花样
6针10行1个花样
14
10
5
1
配色
=浅紫色
=原白色
=粉色
=加线
=剪线
=中长针的条纹针 ※ 参见第162页长针的条纹针
=短针的条纹针
=穿细绳的位置
※在第35行重复2次☆的部分，制作出穿细绳的位置

材料

芭贝Leafy藏青色（763）70g/2团，原白色（751）45g/2团

工具

钩针7/0号

成品尺寸

宽50cm，包深41cm

编织密度

编织花样、条纹花样均1个花样为3.7cm，9行为10cm

编织要点

●主体锁针起针开始钩织，组合钩织编织花样、条纹花样。包口、提手从起针上挑取针目，钩织短针。包口、提手的四周钩织1行短针调整好形状。将2片反面相对对齐，钩织边缘编织。

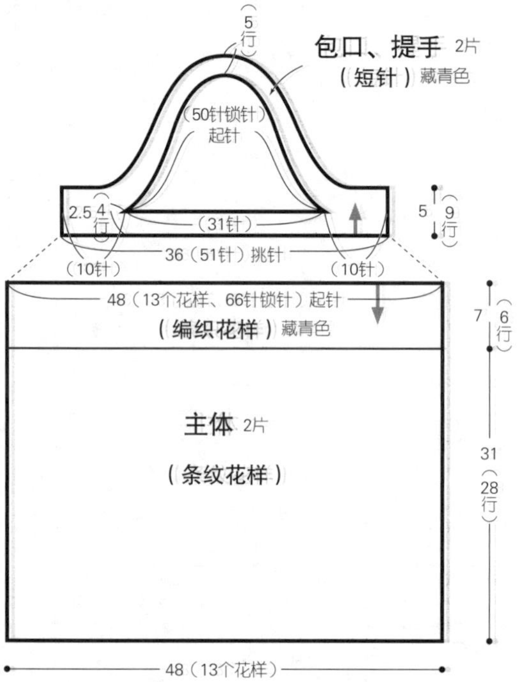

※ 全部使用7/0号针钩织

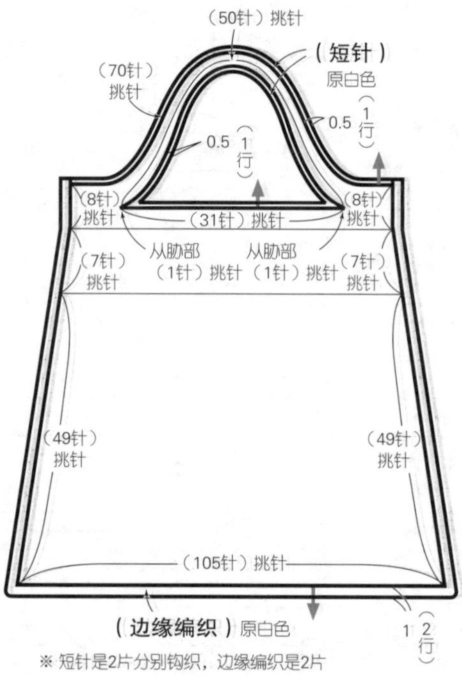

※ 短针是2片分别钩织，边缘编织是2片反面相对对齐一起钩织

▷ = 加线
▶ = 剪线

包口、提手的编织方法

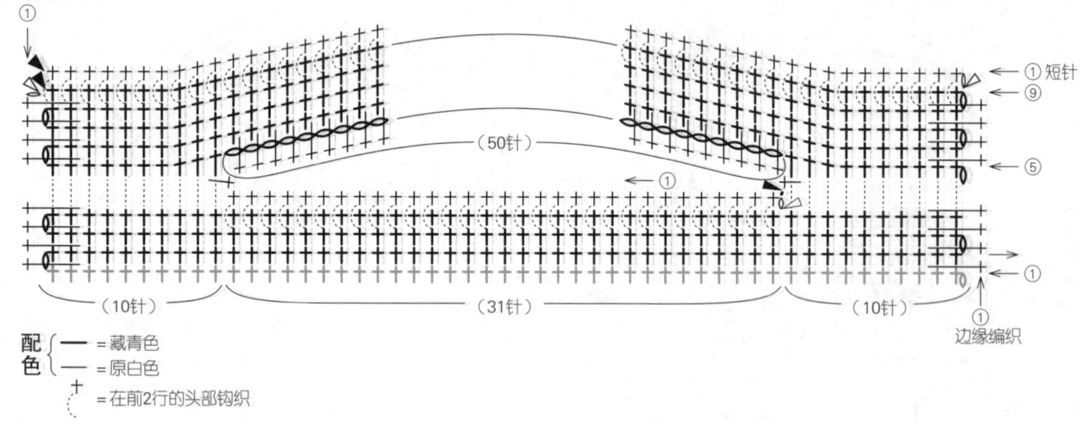

边缘编织

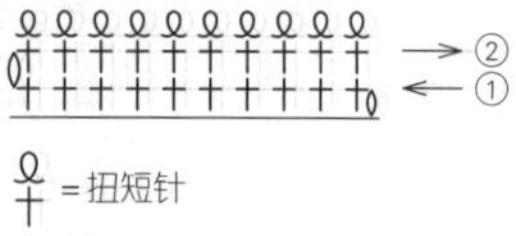

扭短针

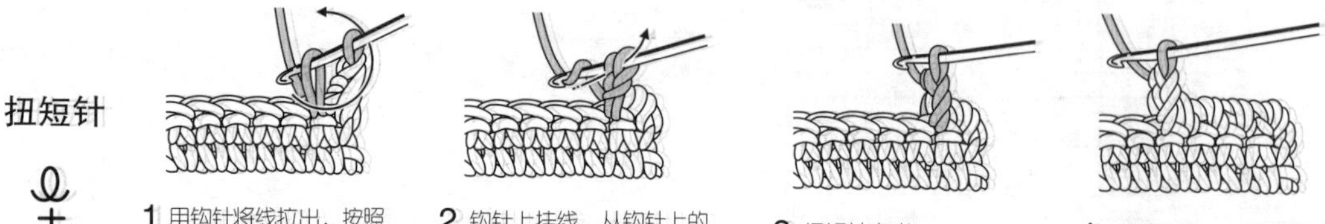

1 用钩针将线拉出，按照箭头的方向转动钩针。

2 钩针上挂线，从钩针上的2个线圈中一次性引拔出。

3 扭短针完成。

4 重复步骤1、2继续钩织。

主体的编织方法

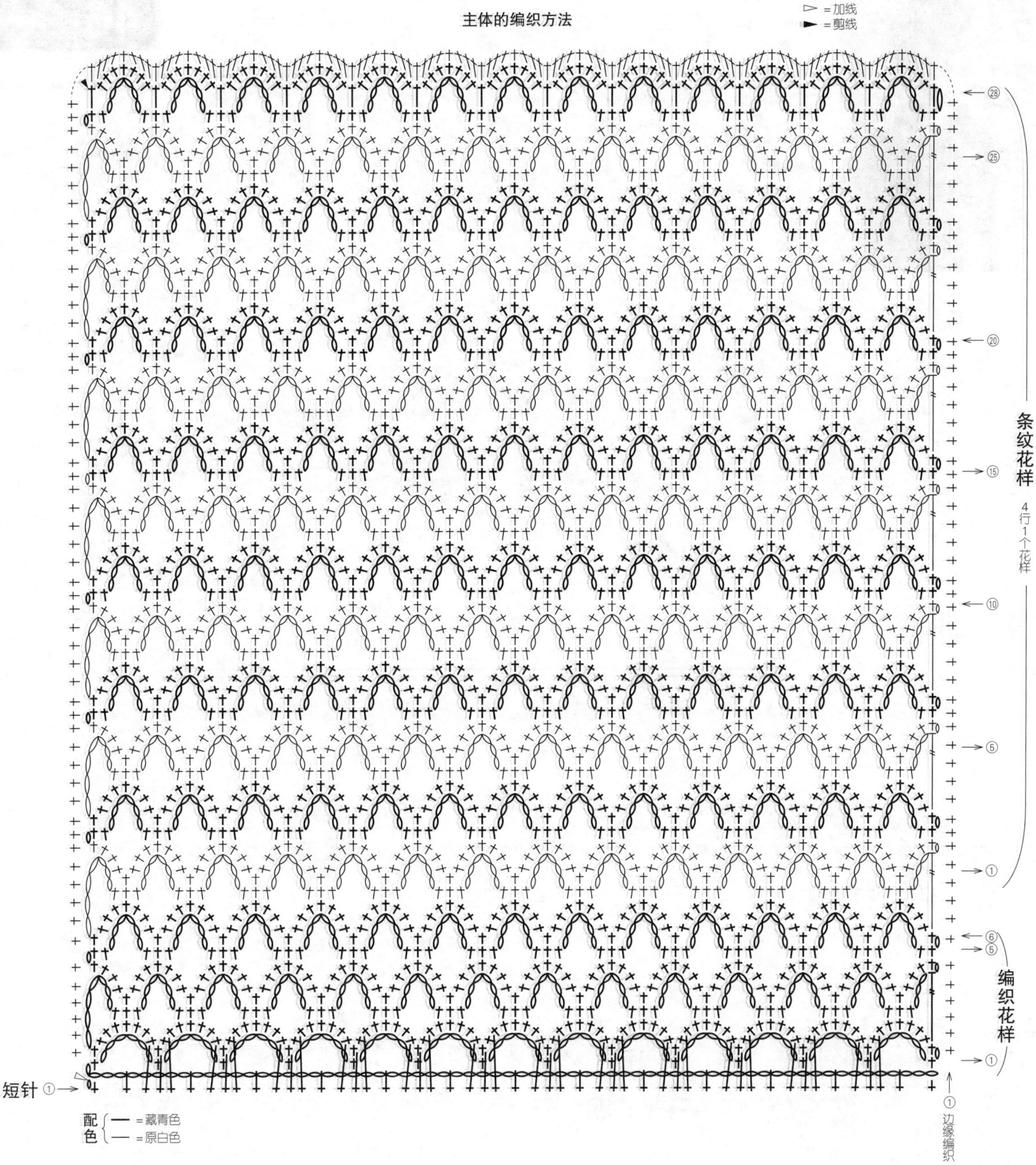

挂线的短针

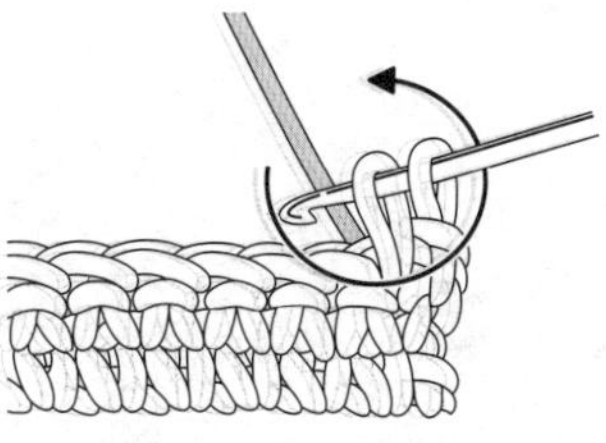

1 钩织1针立起的锁针，将钩针插入前一行右端的针目中，将线拉出。将编织线按照箭头的方向绕一圈，挂到编织的针目上。

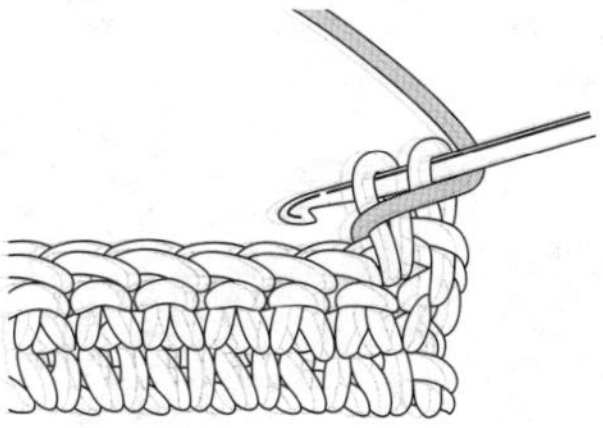

2 挂线后的样子。

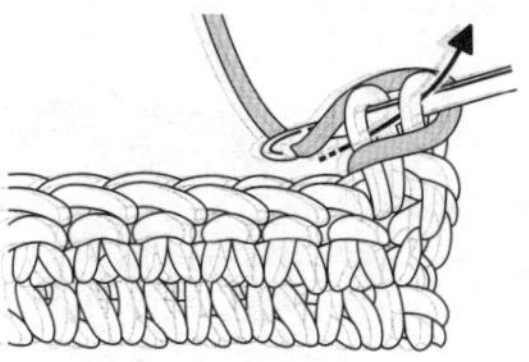

3 将绕过来的线挂到钩针上，从2个线圈中一次性引拔出。

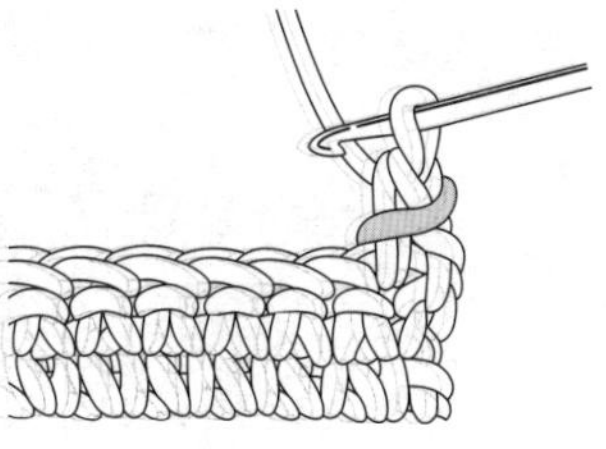

4 挂线的短针完成。

材料

Madelinetosh TOSH MERINO LIGHT粉色系段染(395 Popoki) 45g/1桄；LANA GATTO CABLE'5(MIX Colour)灰色(7851) 45g/1团，粉色(7853) 40g/1团

工具

钩针5/0号、4/0号

成品尺寸

长97cm，宽49.5cm

编织密度

条纹花样1个花样为2.9cm，14行为10cm

编织要点

●从钩织1针锁针开始，钩织条纹花样，在最终行继续钩织1行边缘编织A。换针，挑取指定数量的针目，钩织边缘编织B，注意第2行要钩织挂线的短针。

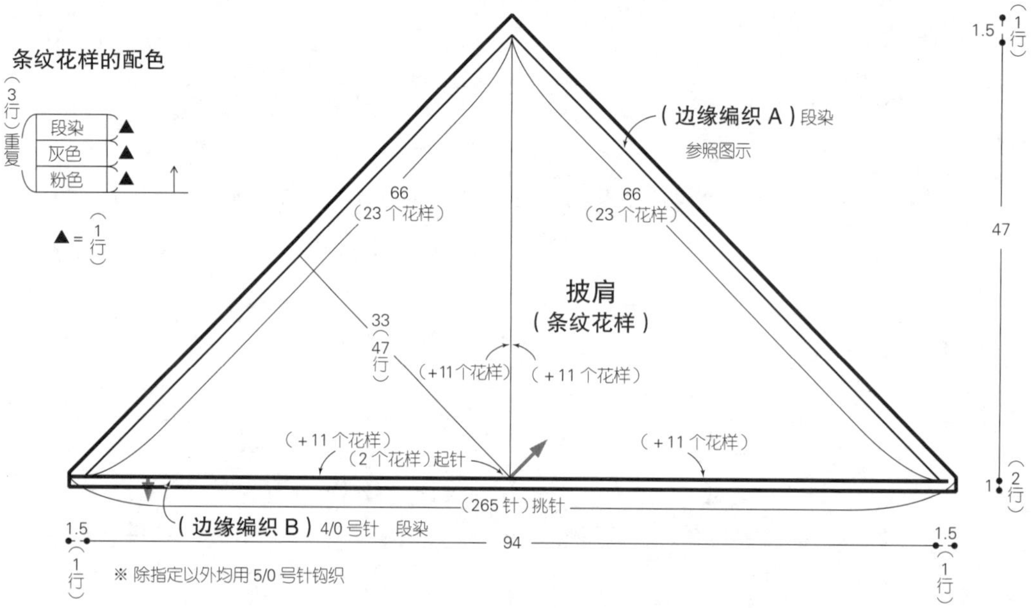

扭针的中上3针并1针

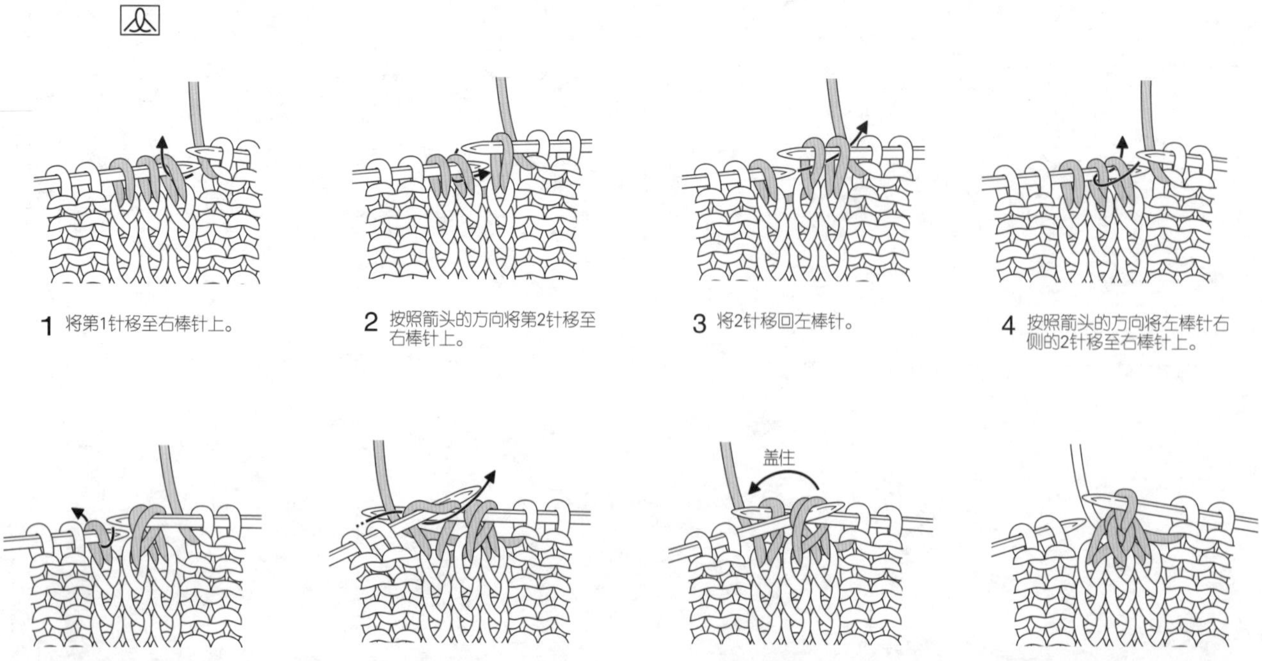

1 将第1针移至右棒针上。

2 按照箭头的方向将第2针移至右棒针上。

3 将2针移回左棒针。

4 按照箭头的方向将左棒针右侧的2针移至右棒针上。

5 再将右棒针插入第3针中。

6 在右棒针上挂线后拉出。

7 将左棒针插入右棒针右侧的2针中，盖住第3针。

8 扭针的中上3针并1针完成。

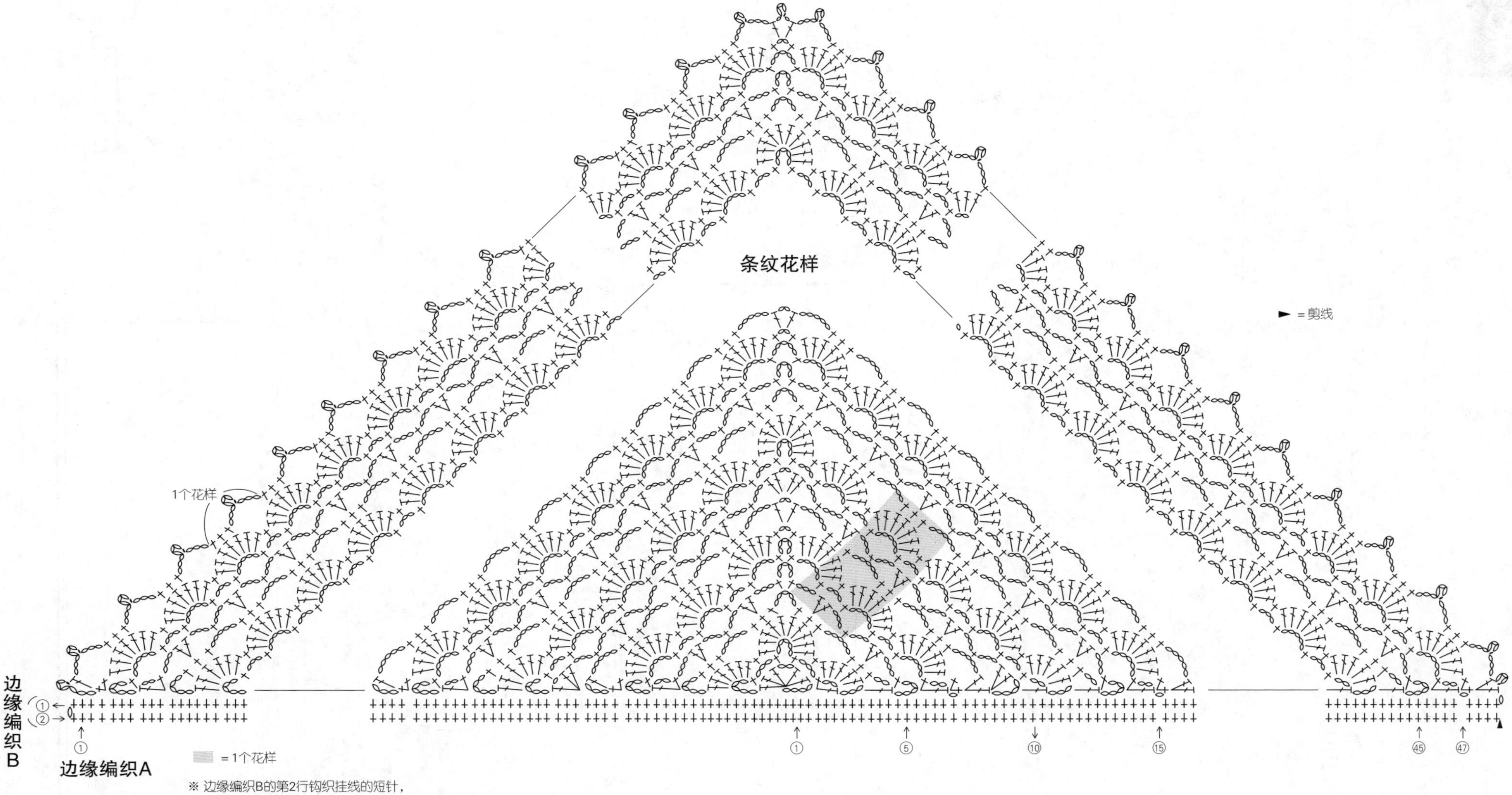

※ 边缘编织B的第2行钩织挂线的短针，
编织方法参见第165页

材料

和麻纳卡 Flax Tw 沙米色(701)

[S号] 240g/10团

[M号] 265g/11团

[L号] 290g/12团

[XL号] 330g/14团

工具

棒针7号、5号、4号

成品尺寸

[S号] 胸围90cm，肩宽36cm，衣长54.5cm，袖长20cm

[M号] 胸围96cm，肩宽38cm，衣长57.5cm，袖长22.5cm

[L号] 胸围102cm，肩宽41cm，衣长60.5cm，袖长23cm

[XL号] 胸围108cm，肩宽44cm，衣长66.5cm，袖长25cm

编织密度

10cm×10cm面积内：编织花样22针，21行；下针编织23针，28行(将编织花样纵向拉伸，用蒸汽熨斗熨烫后测量密度)

编织要点

●身片、袖…松松地手指起针，身片编织单罗纹针、编织花样和下针编织，衣袖编织单罗纹针和下针编织。身片减针时，端头第3针和第4针编织2针并1针，袖山参照图示减针。

●组合…肩部做盖针接缝，胁部使用毛线缝针做挑针缝合。衣领挑取指定数量的针目，编织单罗纹针，编织终点做单罗纹针收针。衣袖使用毛线缝针和身片挑针缝合。袖下使用毛线缝针做挑针缝合。

S、M号

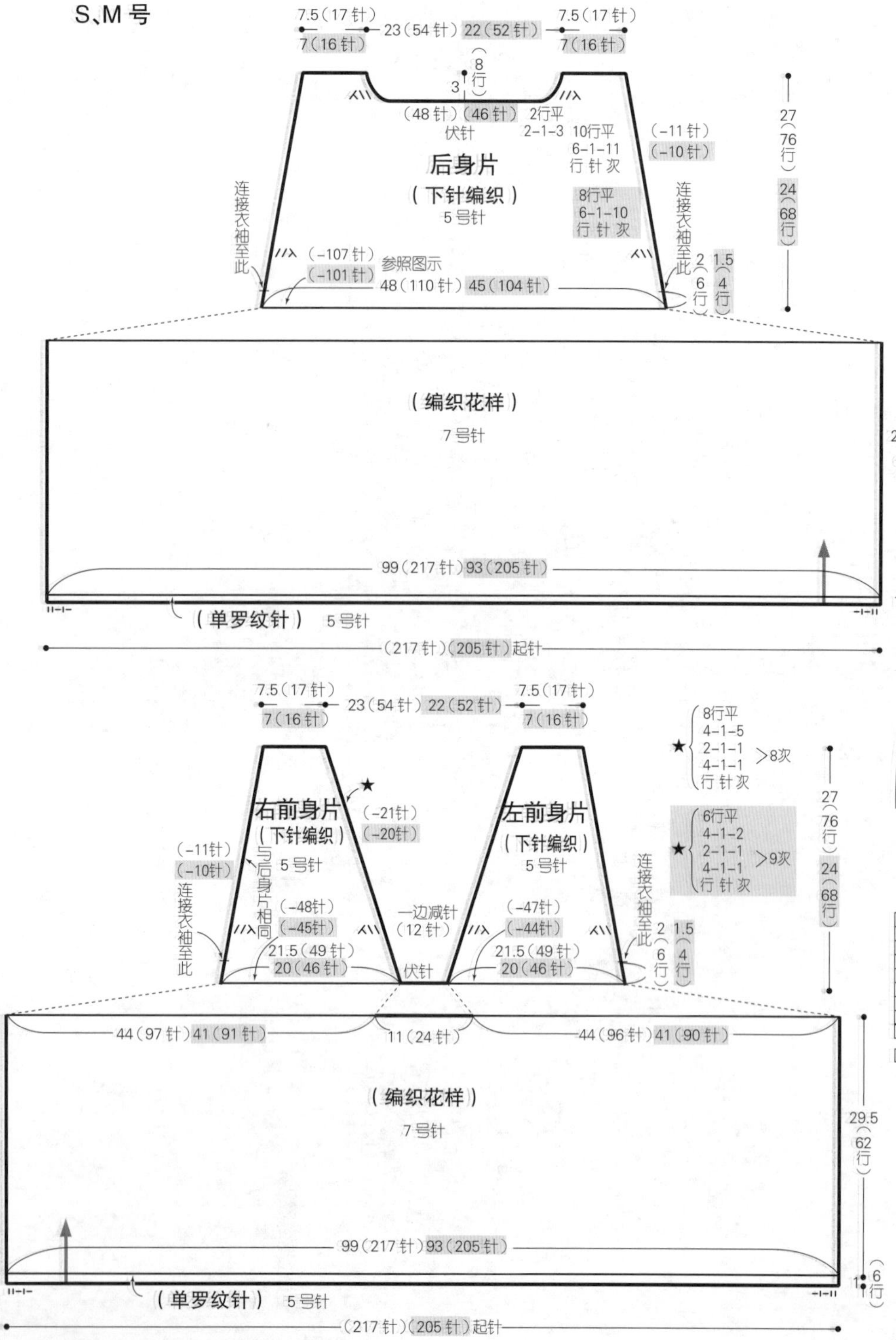

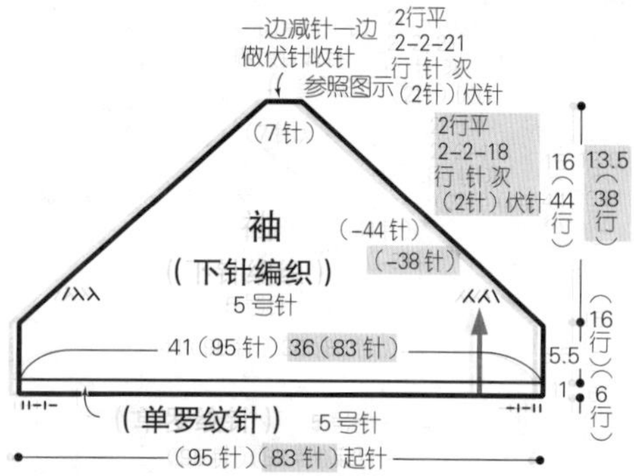

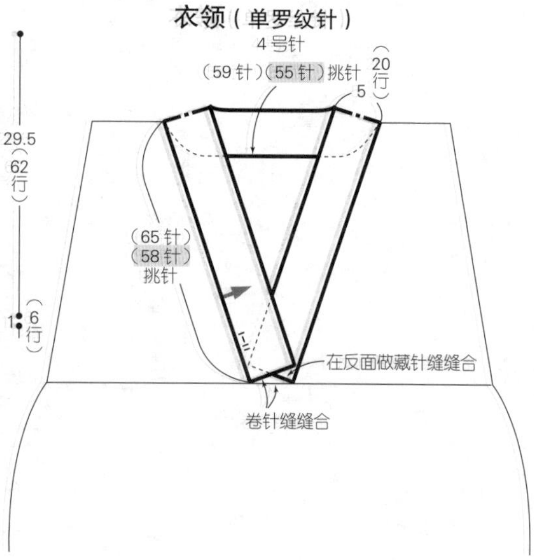

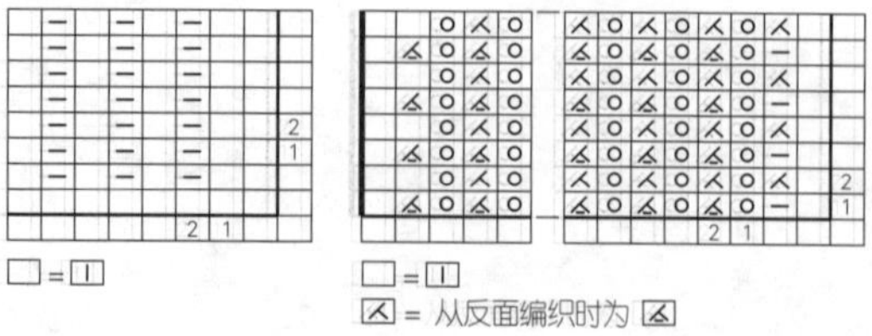

袖山的编织方法

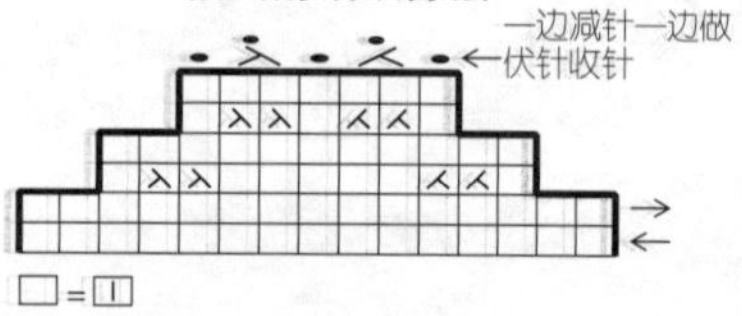

无方框处＝M号、通用

▒＝S号

L、XL 号

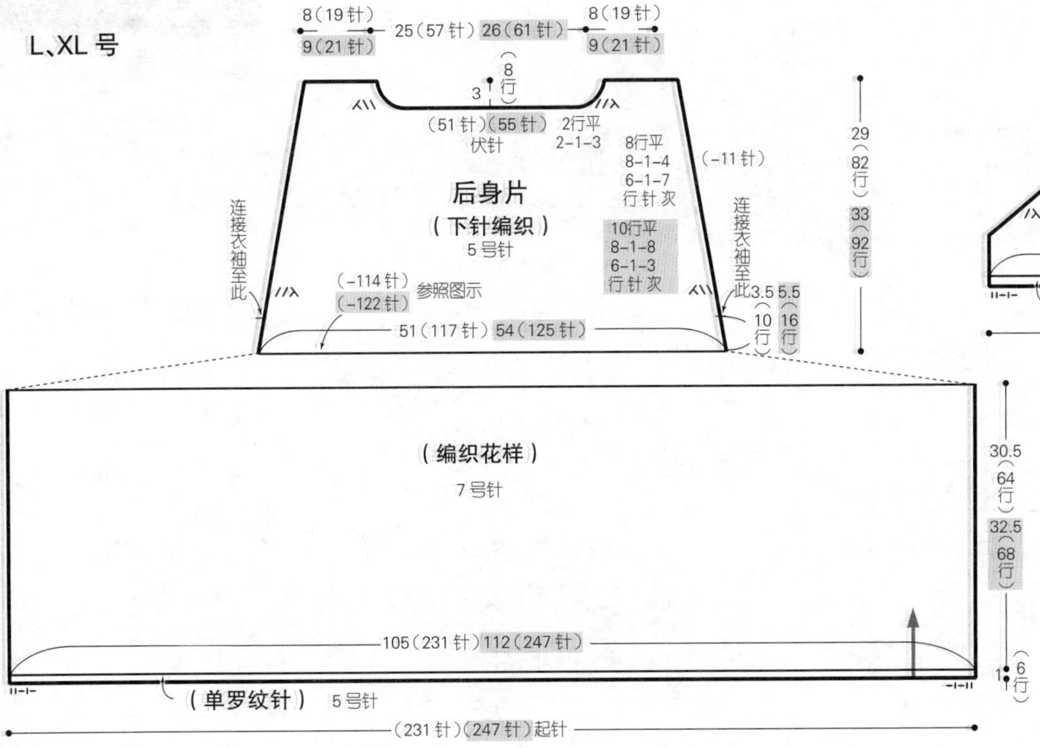

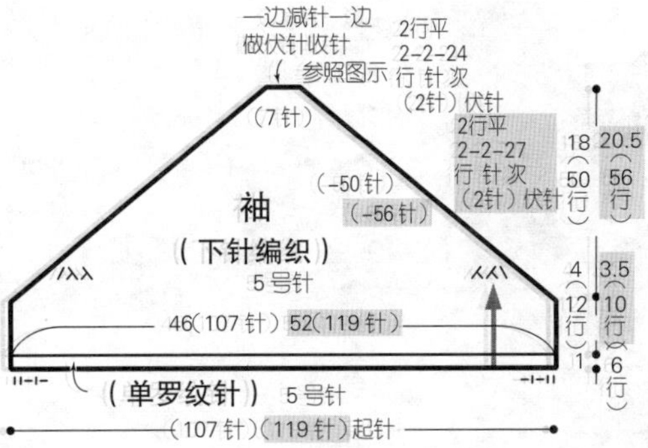

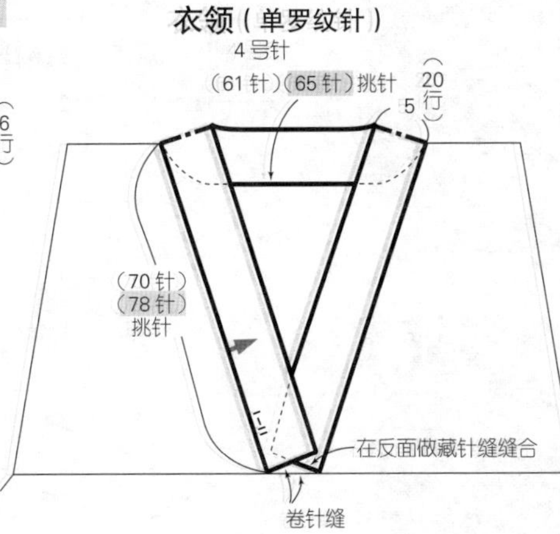

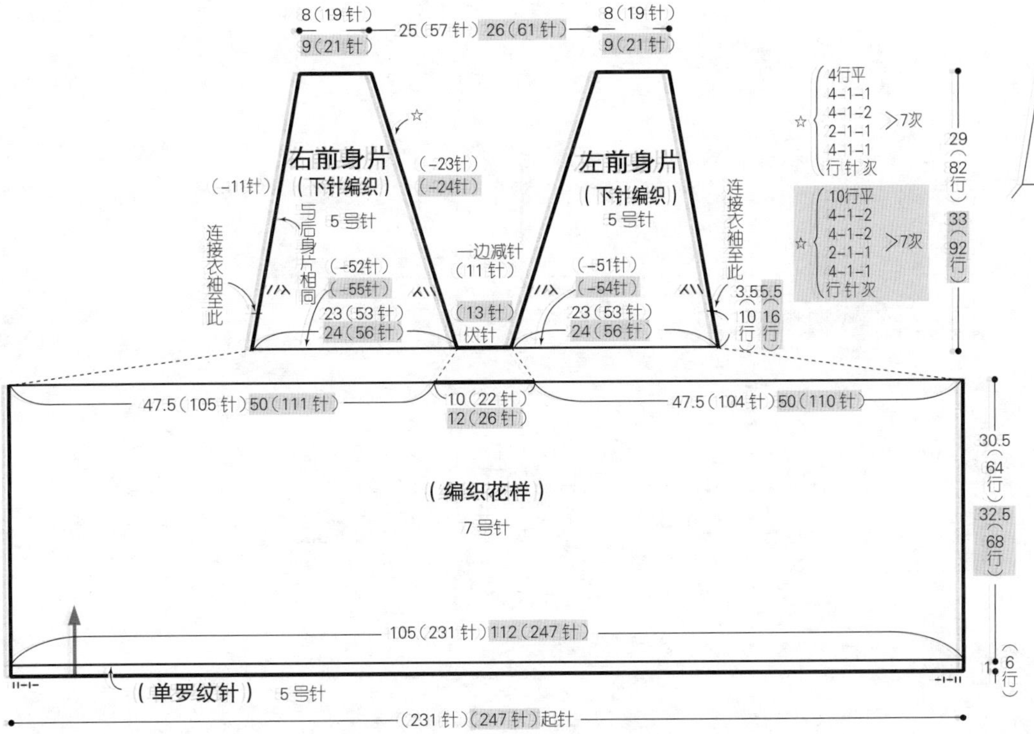

无方框处 = L 号、通用
▒ = XL 号

前身片中心的减针方法

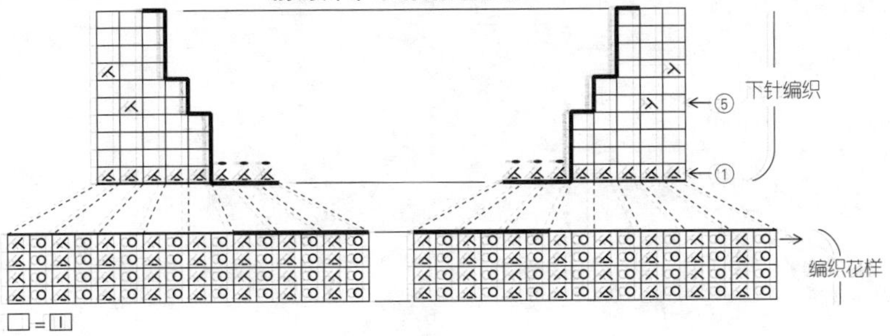

后身片的减针方法（下针编织第 1 行）

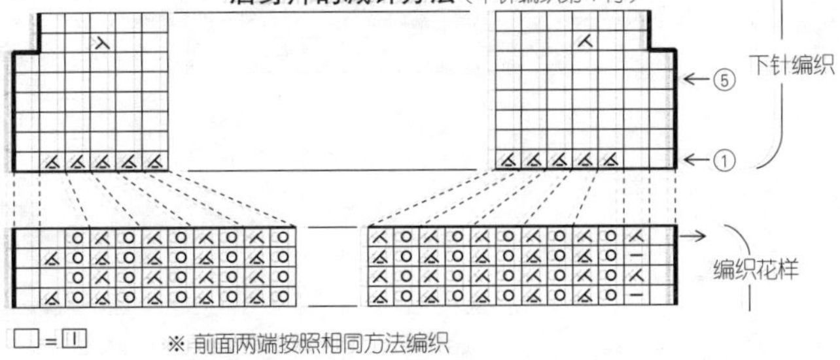

※ 前面两端按照相同方法编织

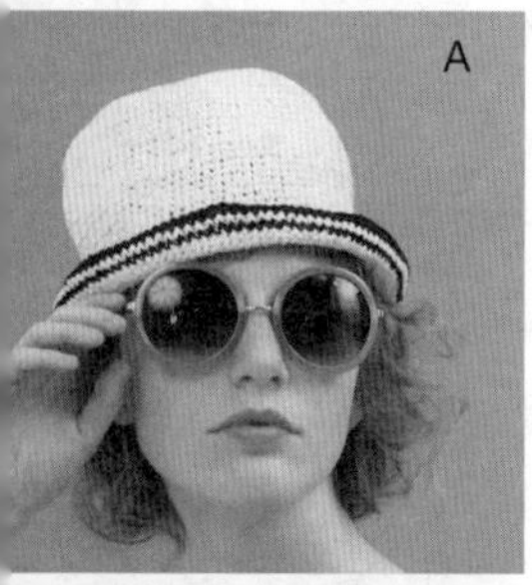

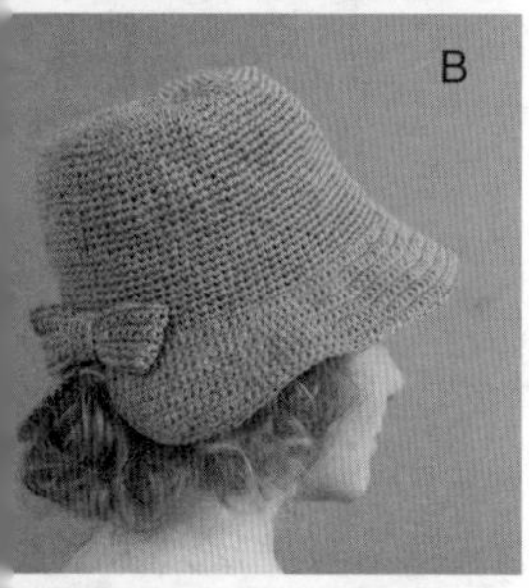

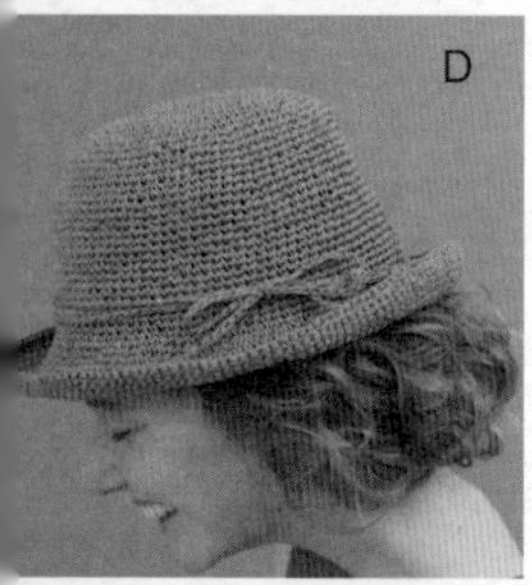

材料

奥林巴斯 Chapeautte

[A] 白色(16) 75g/3团，藏青色(14) 10g/1团

[B] 绿色(17) 110g/4团

[C] 米色(2) 115g/4团，长3.5cm的别针1个

[D] 橙色(13) 95g/3团

[E] 黑色(15) 60g/2团，茶色(3) 40g/2团

工具

钩针6/0号

成品尺寸

头围54cm

编织密度

10cm×10cm面积内：短针17.5针，19行

编织要点

●环形起针，从帽顶开始钩织。参照图示在加针的同时，A~D钩织短针，E环形钩织短针条纹B。随后钩织帽檐，注意B是往返钩织，再钩织边缘编织。参照组合方法收尾。

A

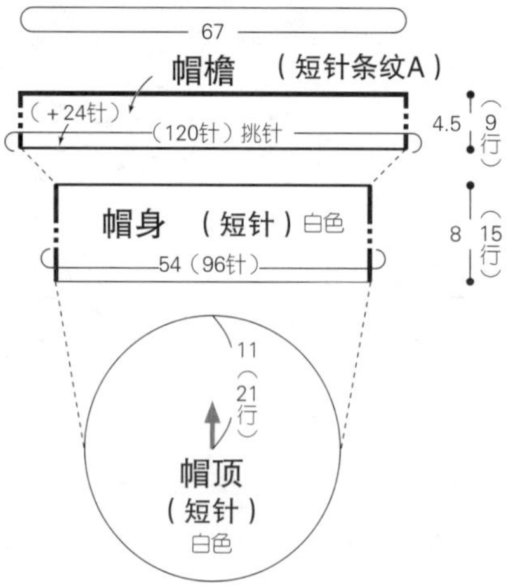

※ 全部使用6/0号针钩织

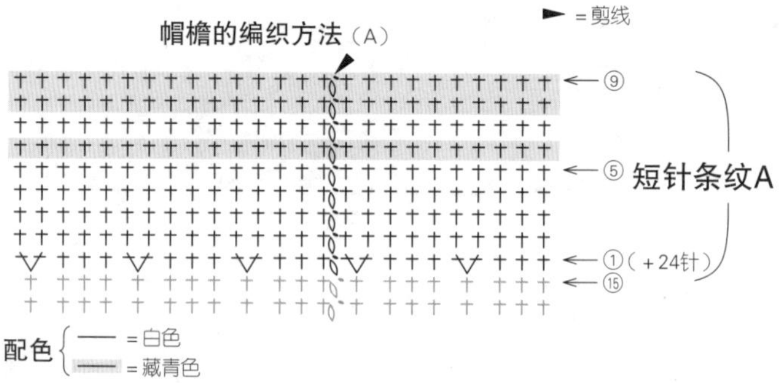

	行数	针数	
帽身	第1~15行	96针	
帽顶	第21行	96针	(+8针)
	第15~20行	88针	
	第14行	88针	(+8针)
	第13行	80针	(+8针)
	第12行	72针	
	第11行	72针	(+8针)
	第10行	64针	(+8针)
	第9行	56针	
	第8行	56针	(+8针)
	第7行	48针	(+8针)
	第6行	40针	
	第5行	40针	(+8针)
	第4行	32针	(+8针)
	第3行	24针	(+8针)
	第2行	16针	(+8针)
	第1行	8针	

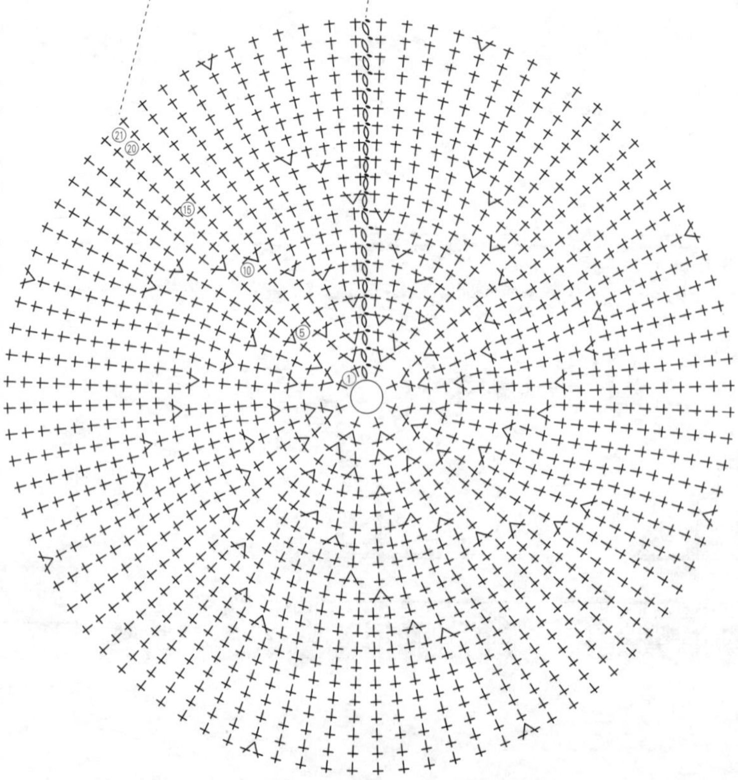

B

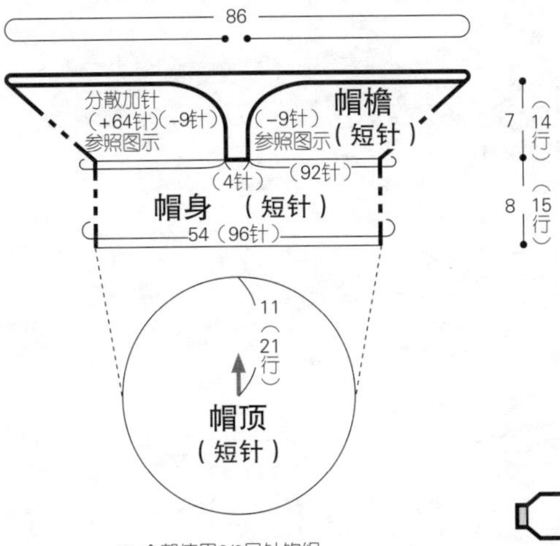

※ 全部使用6/0号针钩织

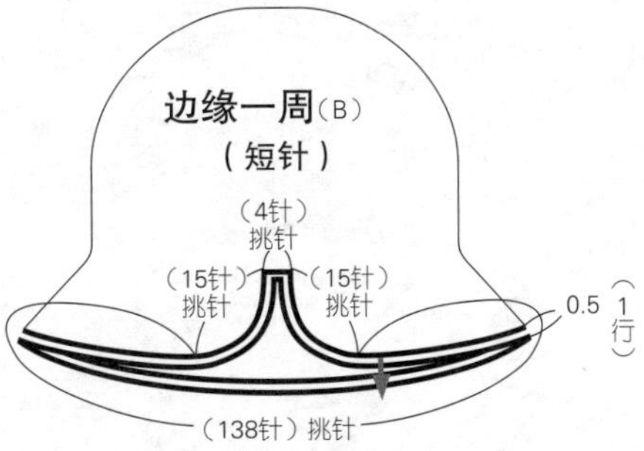

※从帽身挑的4针钩织引拔针

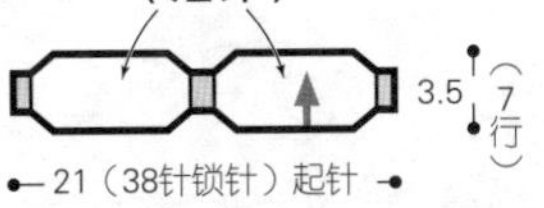

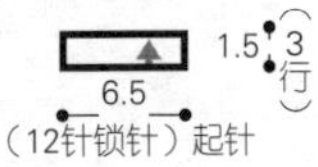

▭ =（引拔针）

B的组合方法

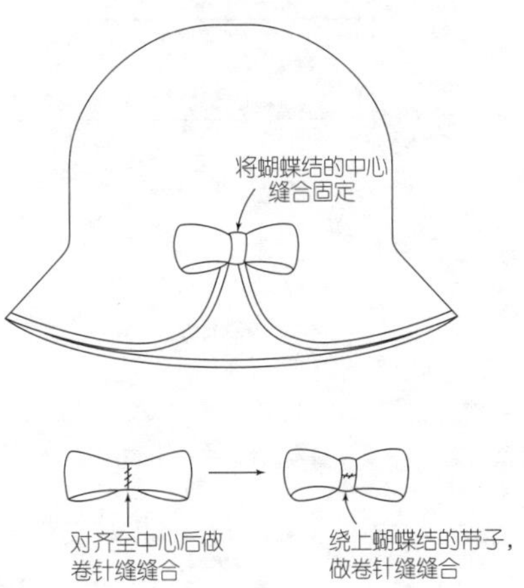

帽檐的加、减针

行数	针数	
第14行	138针	（-4针）
第13行	142针	（+8针）（-4针）
第12行	138针	（-2针）
第11行	140针	（-2针）
第10行	142针	（+11针）（-2针）
第9行	133针	（-2针）
第8行	135针	
第7行	135针	（+11针）（-2针）
第5、6行	126针	
第4行	126针	（+11针）
第2、3行	115针	
第1行	115针	（+23针）

蝴蝶结的编织方法

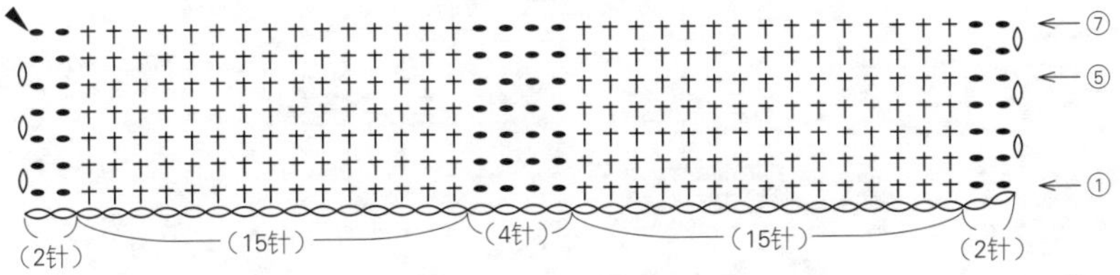

蝴蝶结的带子的编织方法

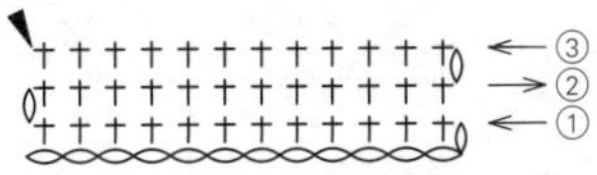

▷ = 加线
◀ = 剪线

蝴蝶结的编织方法（B）

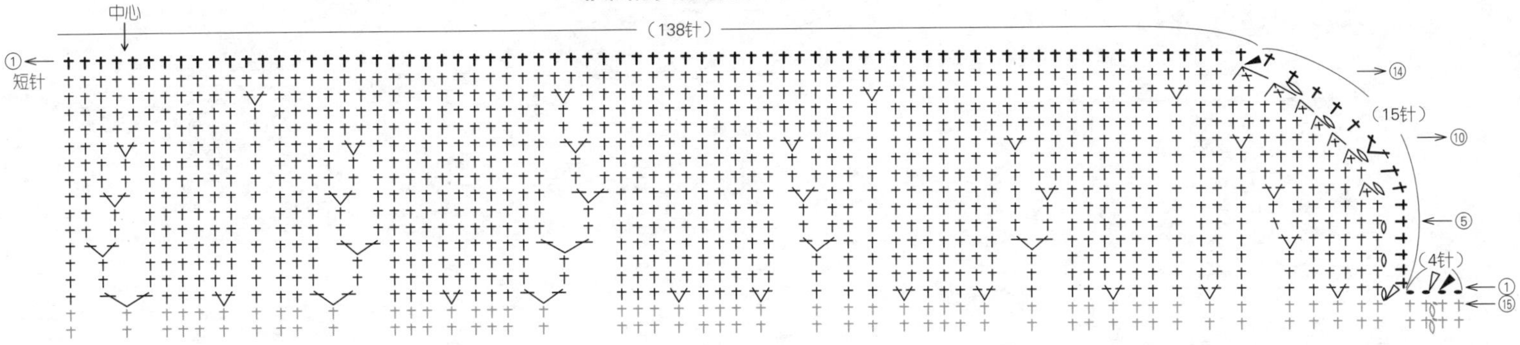

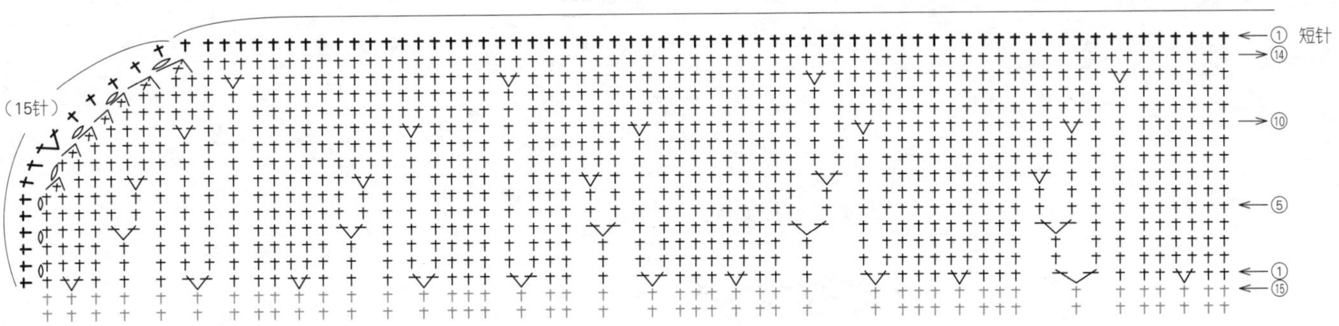

C

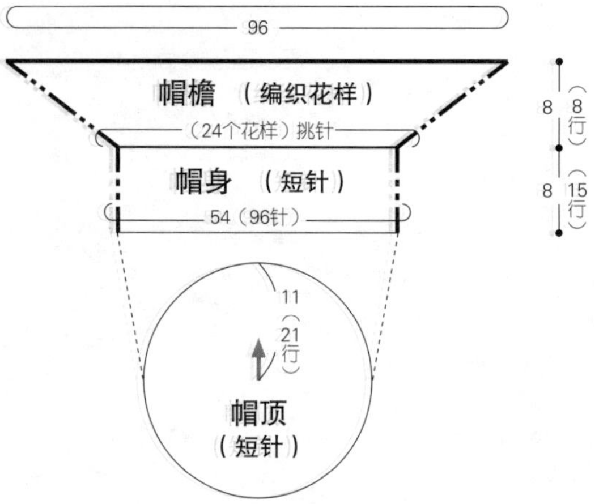

※ 全部使用6/0号针钩织

帽檐的编织方法（C）

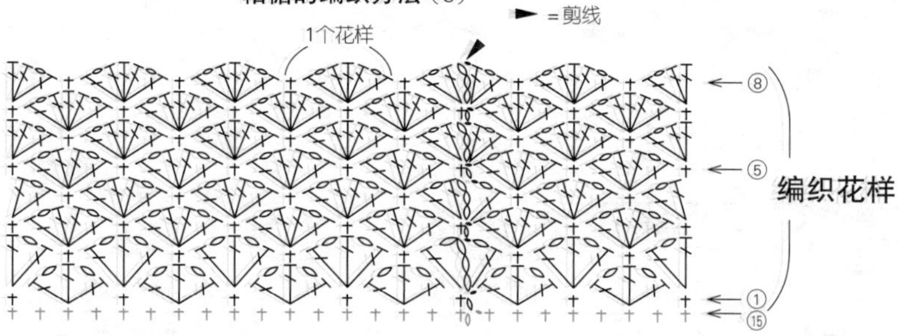

※第4~6行的短针，在钩织时将针插入前一行长针的针目与针目之间

花朵花片 1片

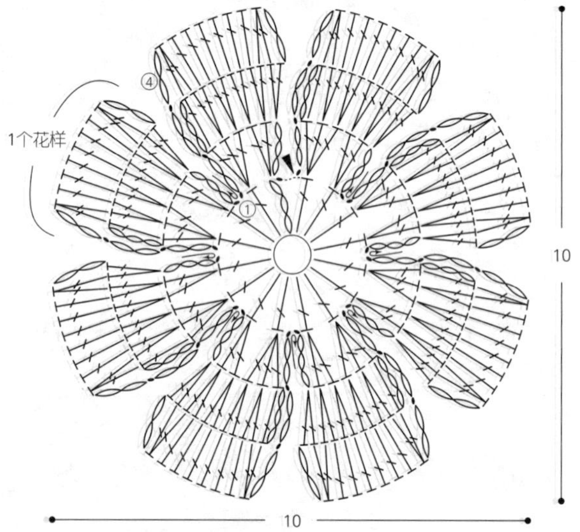

※第2~4行，每钩织完1个花样，再继续钩织下一个花样

花芯 1片

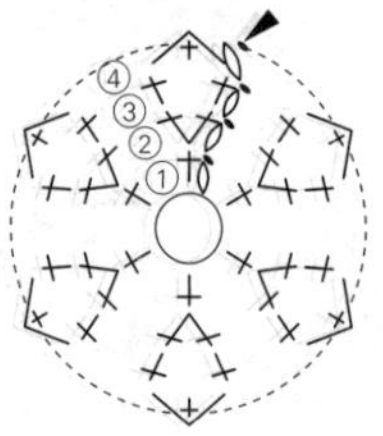

※ 将剩余的线穿入最后一行的顶部并收紧，再把剩余的线塞入其中

C的组合方法

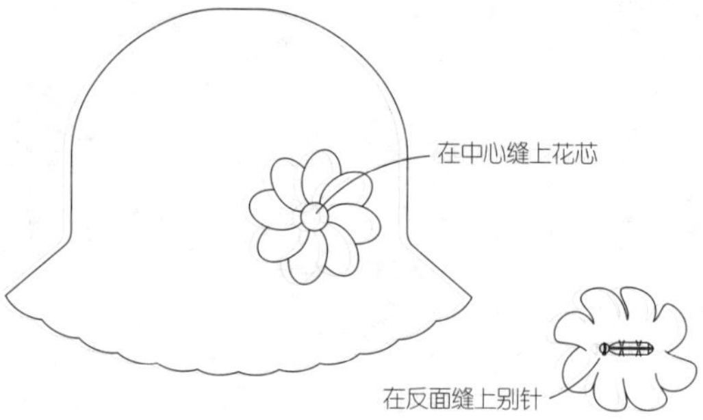

帽檐的编织方法（D、E）

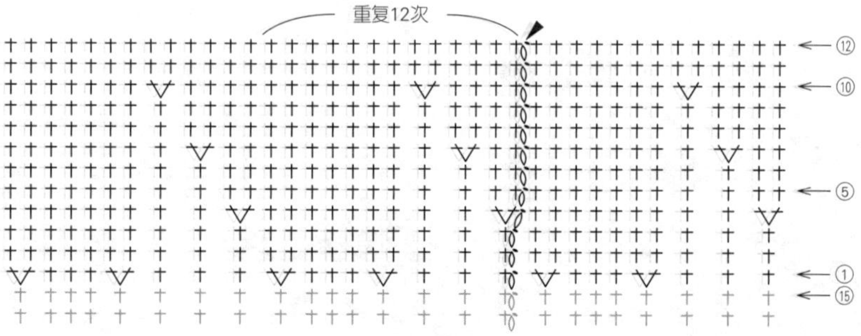

帽檐的加针

行数	针数	
第11、12行	156针	
第10行	156针	（+12针）
第8、9行	144针	
第7行	144针	（+12针）
第5、6行	132针	
第4行	132针	（+12针）
第2、3行	120针	
第1行	120针	（+24针）

D（短针）、E（短针条纹B）

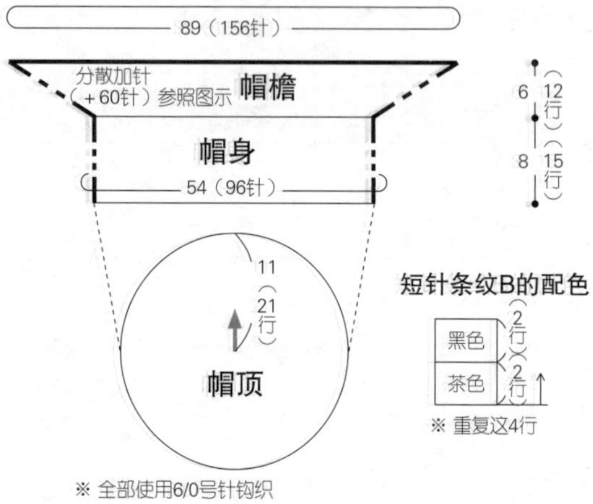

※ 全部使用6/0号针钩织

细绳 （D）

短针条纹B的配色

黑色	2（行）
茶色	2（行）

※ 重复这4行

D的组合方法

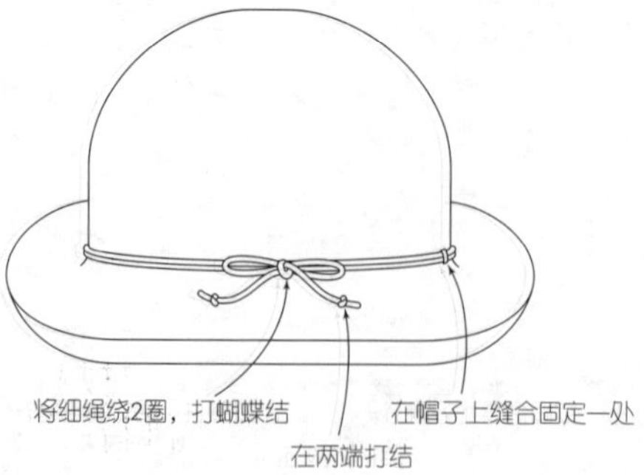

左扭针、右扭针

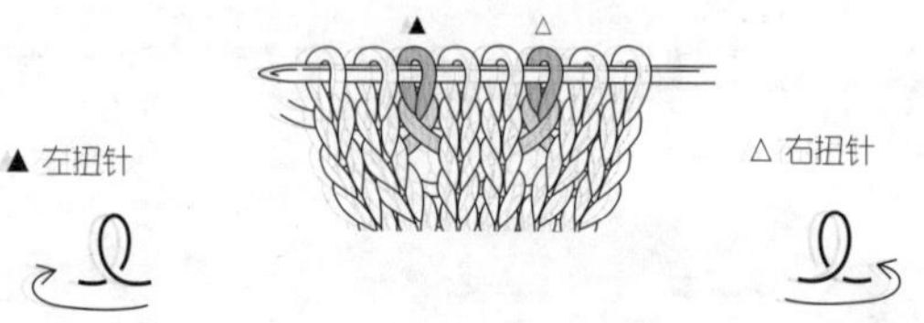

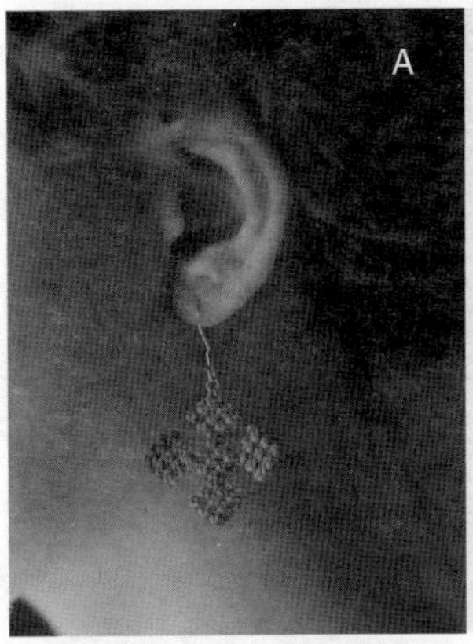

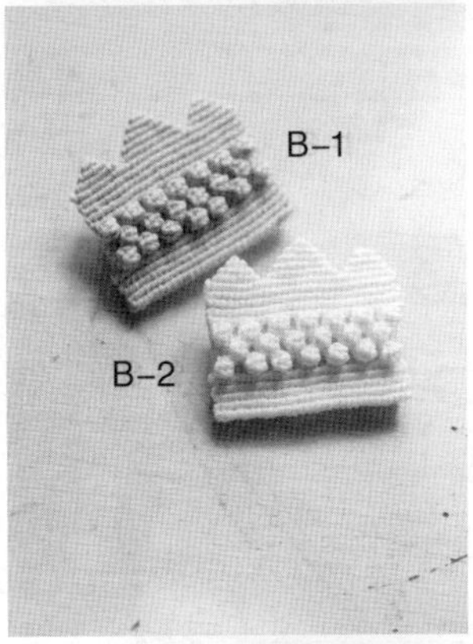

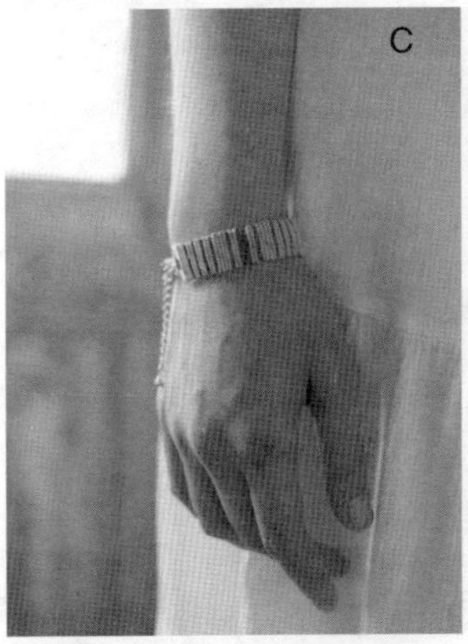

材料

MARCHEN ART使用线和配件参见图表

工具

编绳板、编绳针（编绳板可以用软木板、熨衣板代替，编绳针可以用珠针代替）

成品尺寸

[A] 3.2cm×3.2cm（不包括耳环挂钩）

[B–1、B–2] 3cm×3.6cm

[C] 长15.5cm（包括固定缎带的金属配件），宽1.6cm

[D] 长4cm（不包括耳环挂钩）

编织要点

●按照指定的剪裁尺寸剪断线绳，参照图示编结。一边插入编绳针，一边绕绳。分别参照组合方法，连接上金属配件。

●A、D…参照图示编平结和七宝结。平结之间，要留出间隔，每一次都要将结打紧。编结终点的绳头，使用打火机烧熔固定。烧熔固定时，并不是所有的线绳都同时进行，而是2根芯线一起，编织线单根分开仔细地收尾。

●B–1、B–2…将线绳a对折，编织雀头结，每一行增加芯线，编织至第5行为止的1个，编织至第3行为止的2个，将其分别编织成三角形备用。将刚刚编织出来的三角形并排摆在一起，使用线绳b作芯线，编织5行横卷结。第6~8行编织虾姑结的七宝结。第9~13行，线绳b作芯线编织5行横卷结。编织终点，用黏合剂将线头粘贴在作品的反面。

●C…将线绳a对折，在线绳b上编织雀头结。参照图示编织横卷结和竖卷结。编织终点，在作品的反面涂上黏合剂，粘上线头。

线和配件使用量一览表

A	Micro Macrame Cord 紫水晶（1467）1040cm	耳钩1组、直径3.5mm的圆环4个
B–1	Linen Special 嫩粉色（1204）1060cm	2.2cm×3.4cm的原白色的羊毛毡1片、2.5cm的别针1个
B–2	Linen Special 白色（1201）1060cm	2.2cm×3.4cm的原白色的羊毛毡1片、2.5cm的别针1个
C	Linen Special 米色（1202）1020cm Stainless Cord（0.6mm类型）复古金（711）450cm	16mm的马口夹金属配件2个、直径7mm的圆扣、调节链1条、直径3.5mm的圆环3个
D	Micro Macrame Cord 暗绿色（1469）780cm	耳钩1组、直径3.5mm的圆环4个

D

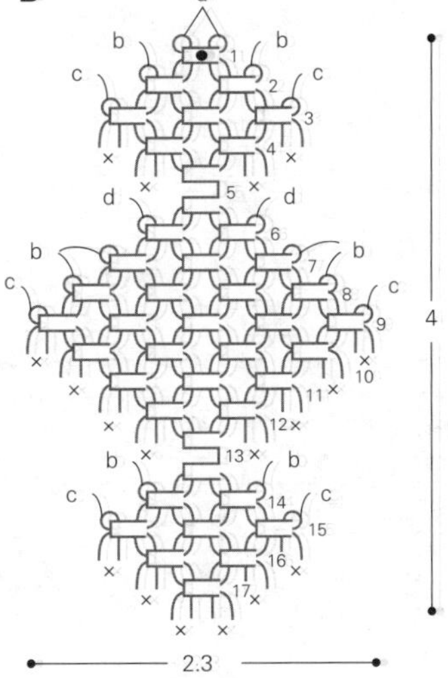

a = 40cm×2根
b = 20cm×8根
c = 15cm×6根
d = 30cm×2根

A

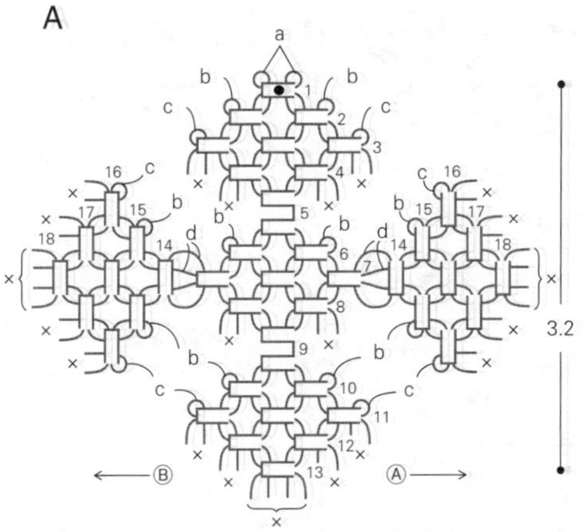

a = 40cm×2根
b = 20cm×10根
c = 15cm×8根
d = 30cm×4根

从第1行到第13行，一边在指定的位置加对折后的线绳，一边编织平结的七宝结，注意第5行、第9行要打2次平结
第7行外侧的平结，使用2根d，上面留出15cm后固定，继续编结
第14~18行的Ⓐ，按照顺时针的方向将花片转动90°，接着第7行加的线绳d，继续编结Ⓑ将花片逆时针转动90°，使用同样的方法编结

 平结

 2次平结

● =固定圆环的位置
× =烧熔固定

组合方法

D　A

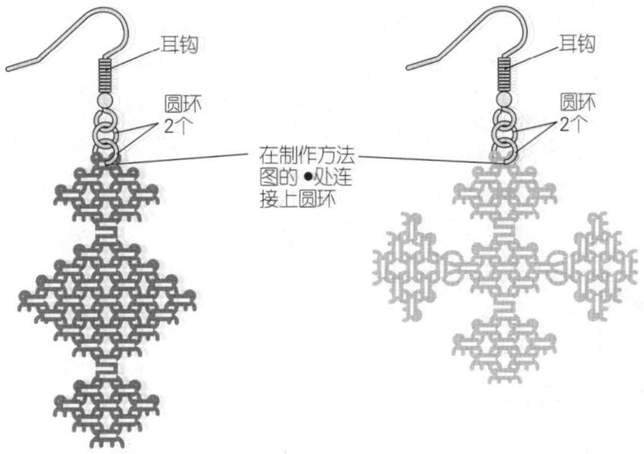

烧熔固定

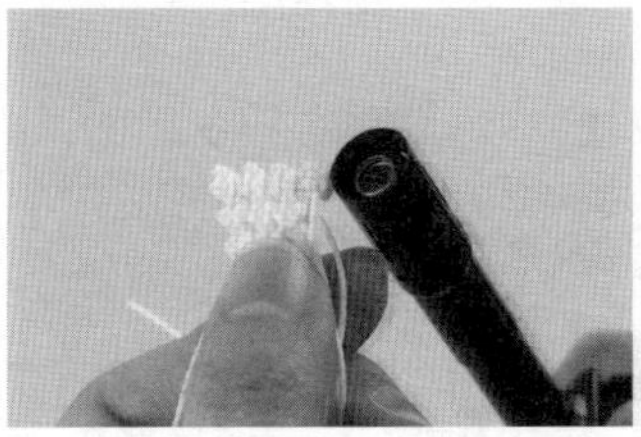

用手指拉住线头，将火靠近需要藏的线头，注意不要让火烧到其他线绳。当线头烧熔后关掉火，使用打火机的金属部分轻轻按压即可。

C

a = Linen Special线 170cm × 6根
b = Stainless Cord线 450cm × 1根

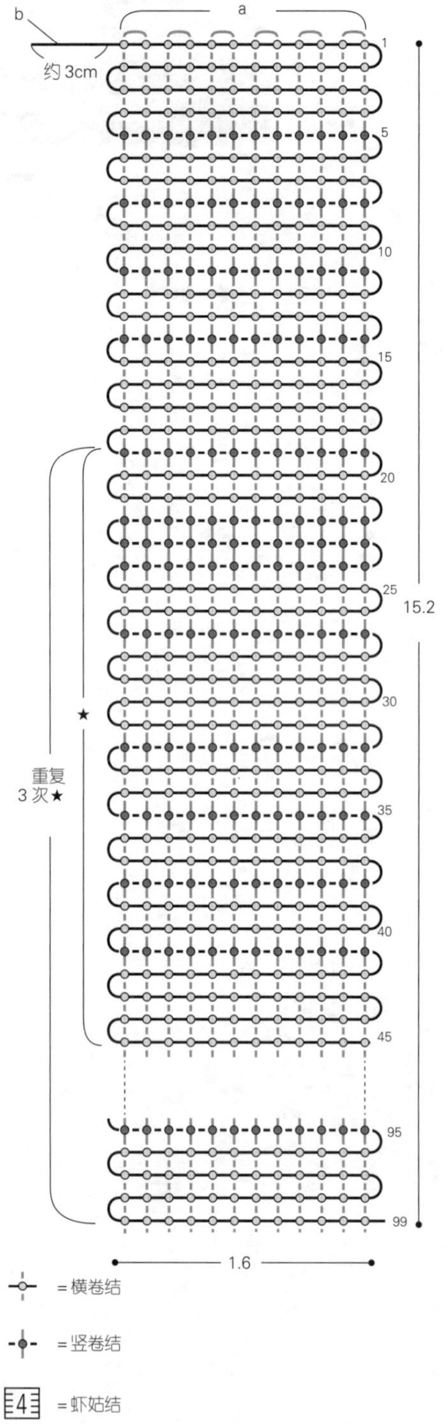

组合方法

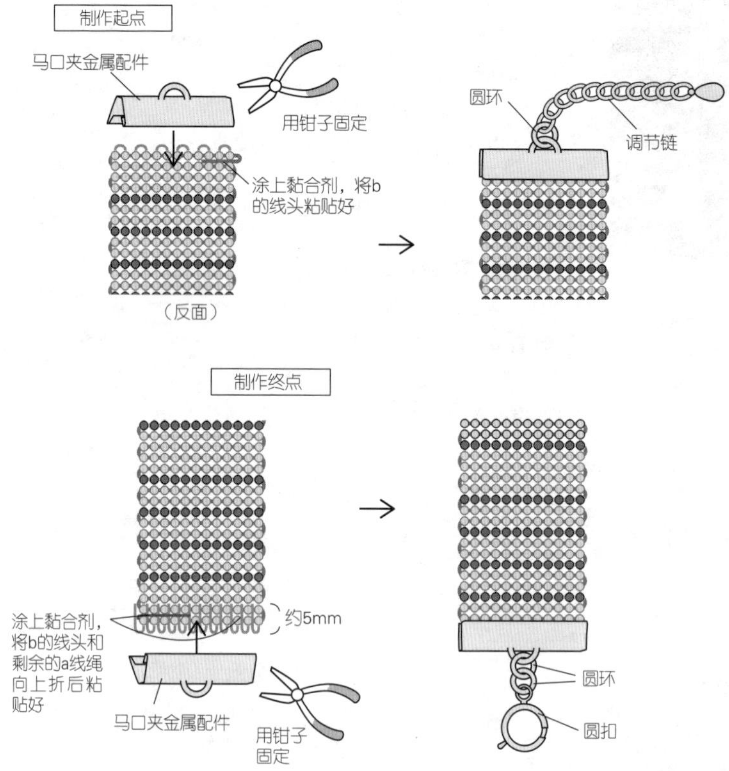

B-1、B-2

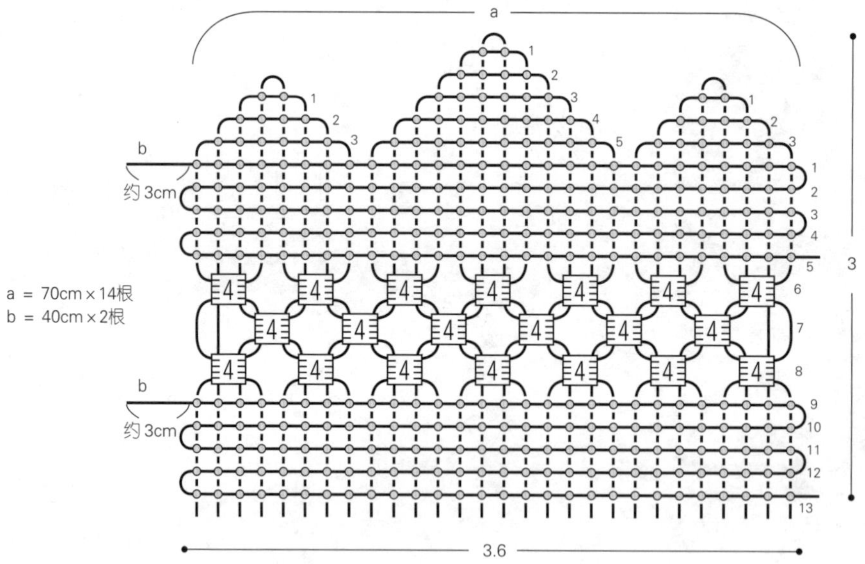

组合方法

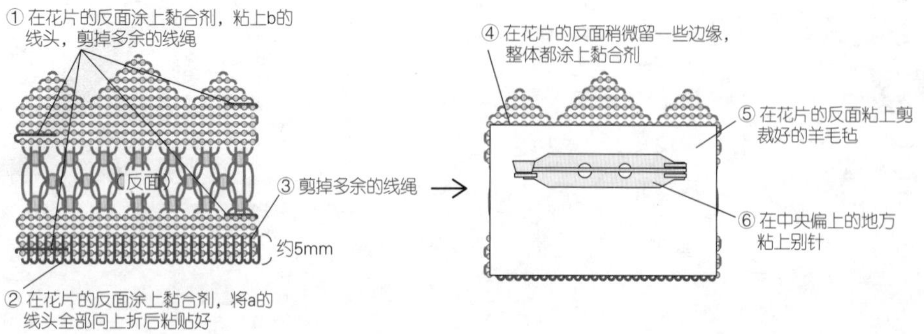

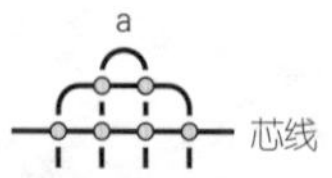

编好最初的雀头结后，
在下一行加入新的芯线。
前一行的线绳全部编横卷结，
下一行也是重复“将前一行的芯线当作编结线，
加入新的线当作芯线”。

平结

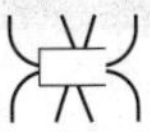

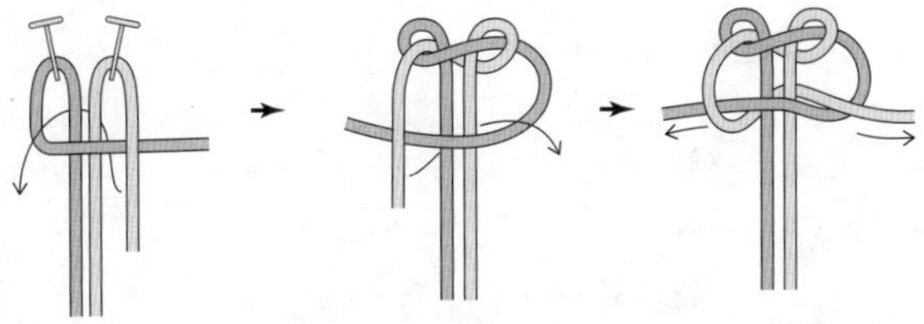

在 2 根细绳的正中间对折，用编绳针固定，将左右线绳各拉 1 次，紧紧地系住。

1 次平结的七宝结

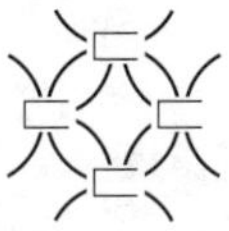

加线时 4 根线 1 组

第 1 行　4 根线 1 组编 1 次平结。

第 2 行　将前一行的芯线当作编结线，将编结线当作芯线，4 根线 1 组编平结。

第 3 行之后　重复第 1、2 行，继续编结。行与行之间留出间隔，就可以编出具有镂空感的网状七宝结了。

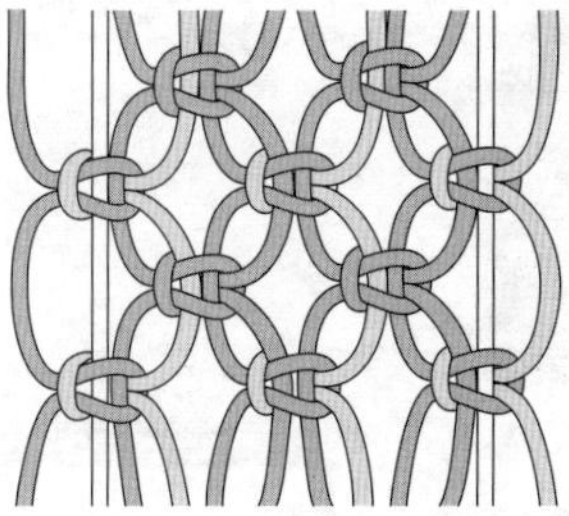

编织雀头结

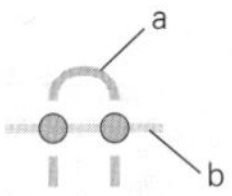

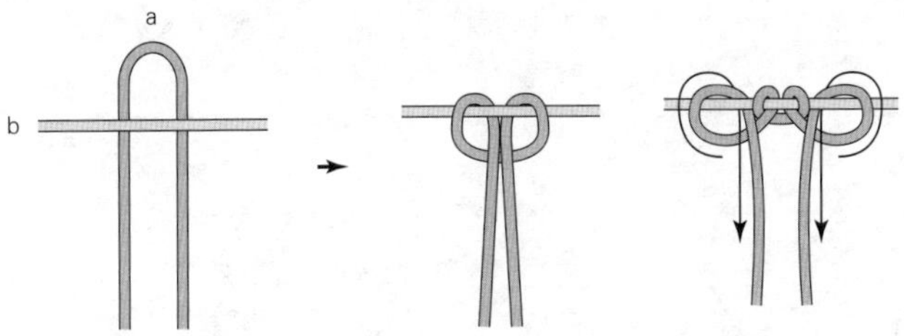

1. 将线绳 a 对折，从线绳 b 的下侧绕过，将线绳 a 的线头穿入环后拉紧。

2. 线绳 a 的线头分别从线绳 b 的前方绕过，穿入环后拉紧。

虾姑结

一下子就能编出立体的结

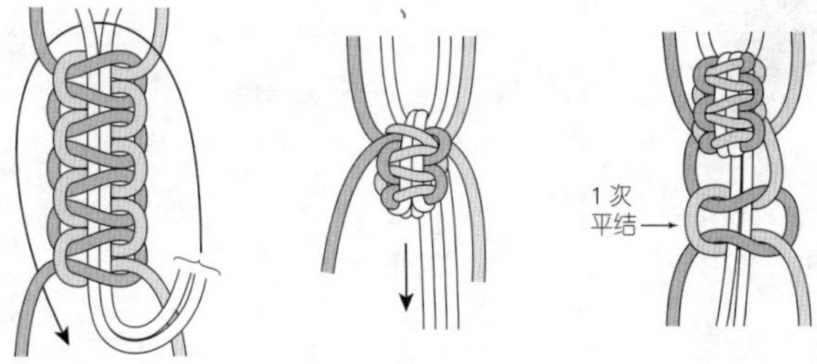

1. 连续编织 4（符号中的数字）次平结，将芯线穿入编结起点的芯线中。

2. 4 次的平结一下子就翻转成了圆形。拉芯线，使编结的部分向上。

3. 在完成的结的根部再编一次平结。这个平结不算在编结的数量中。

横卷结

由左向右编结

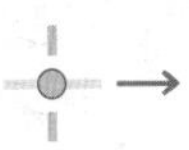

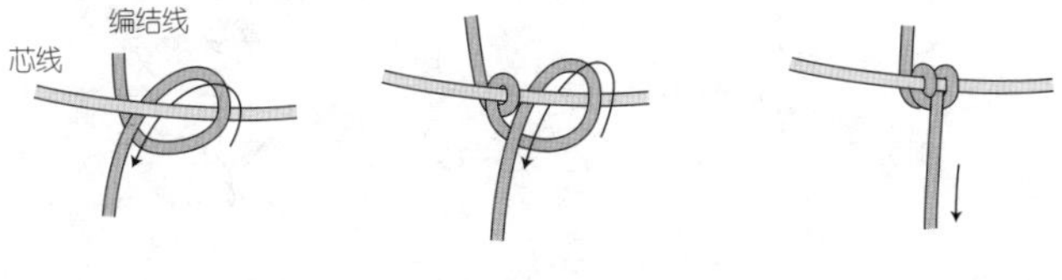

1. 将芯线向编结的方向拉紧，挂上编结线。

2. 再一次将编结线挂到芯线上。

3. 拉紧芯线，拉编结线，使该编结与步骤1的编结横向排列。

由右向左编结

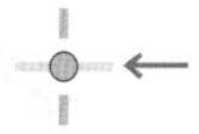

1. 将芯线向编结的方向拉紧，挂上编结线。

2. 再一次将编结线挂到芯线上。

3. 拉紧芯线，拉编结线，使该编结与步骤1的编结横向排列。

竖卷结

由左向右编结

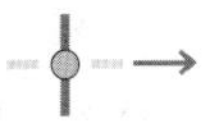

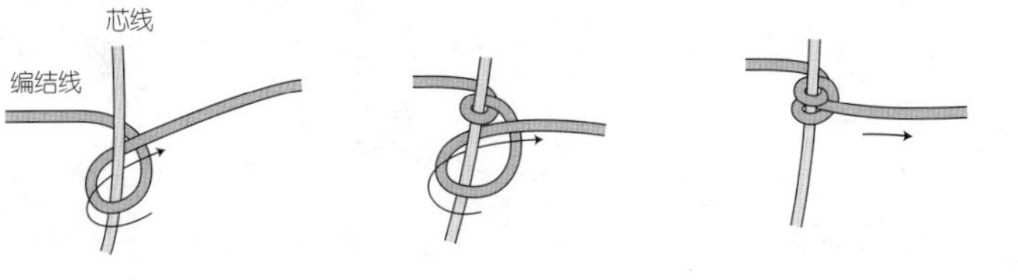

1. 将芯线向下拉紧，挂上编结线。

2. 再一次将编结线挂到芯线上。

3. 拉紧芯线，拉编结线，使该编结与步骤1的编结纵向排列。

由右向左编结

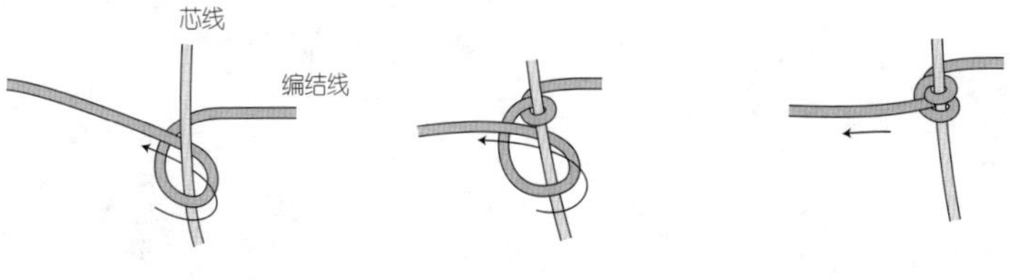

1. 将芯线向下拉紧，挂上编结线。

2. 再一次将编结线挂到芯线上。

3. 拉紧芯线，拉编结线，使该编结与步骤1的编结纵向排列。

材料

PIERROT YARNS、Keito-Zakka Stores Chameleon Camera Summer 海军蓝色(01) 240g/3团

工具

钩针7/0号、4/0号

成品尺寸

[A]衣长46cm，连肩袖长64cm

[B]衣长46cm

[C]衣长46cm，连肩袖长32cm

[D]衣长46cm，连肩袖长32cm

编织密度

10cm×10cm面积内：编织花样23针，9.5行

编织要点

●主体锁针起针开始钩织，钩织编织花样。四周钩织边缘编织。钩织相同的2片。钩织细绳，参照图示穿出自己喜欢的形状。

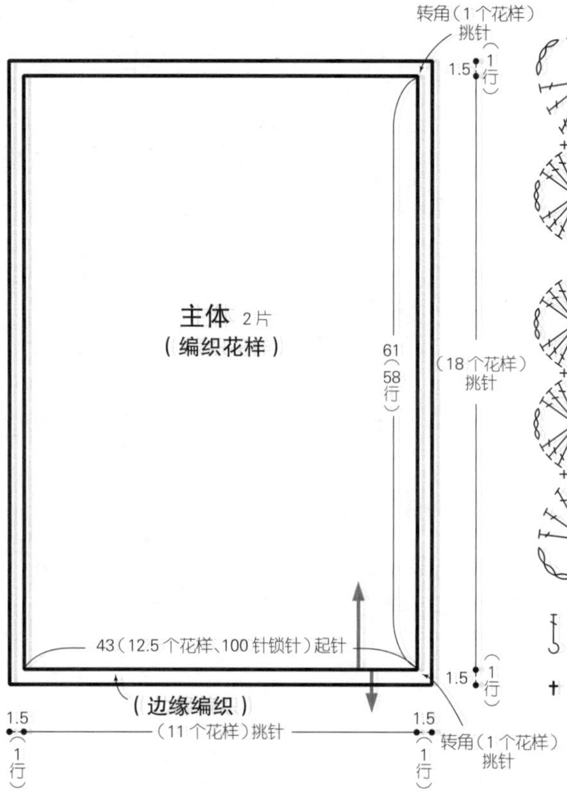

※ 除指定以外均用7/0号针钩织

编织花样 8针、2行1个花样

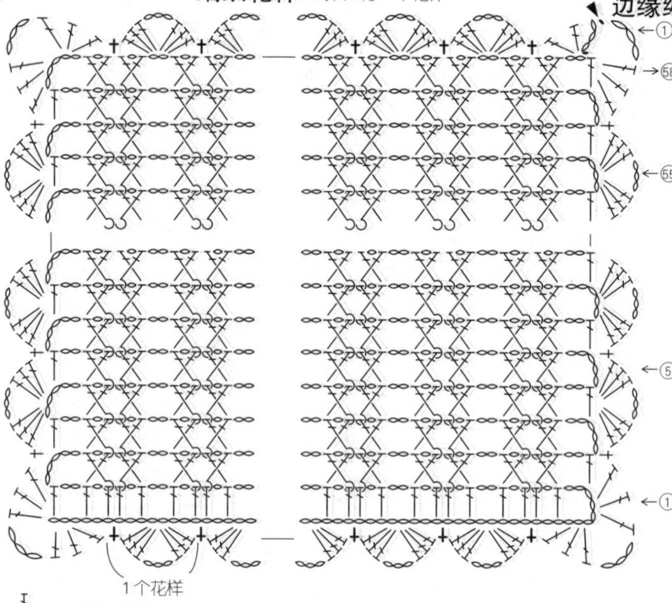

= 长针的正拉针
从反面编织时钩织反拉针

※ 编织方法参见第112页

= 将针插入针目与针目之间钩织

细绳 3根

(双重锁针) 4/0号针

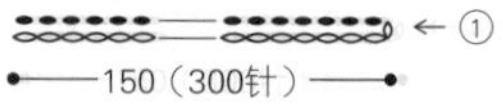

连接方法

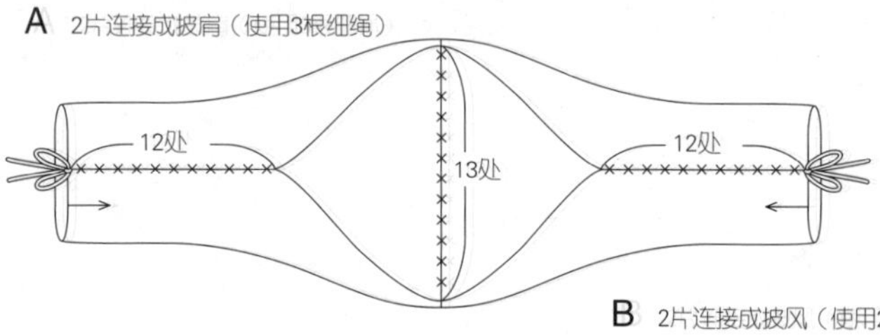

▷ = 加线

▶ = 剪线

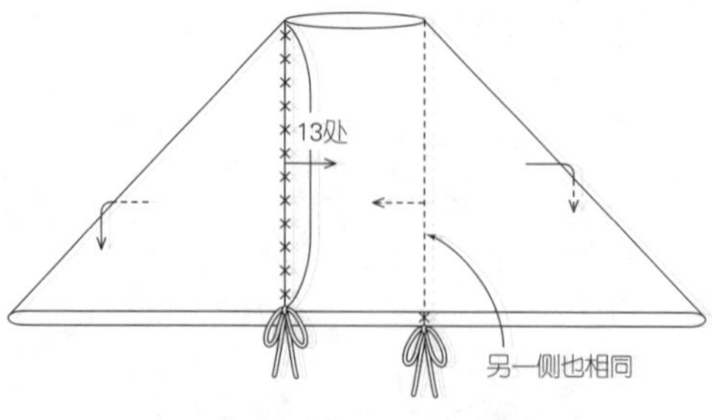

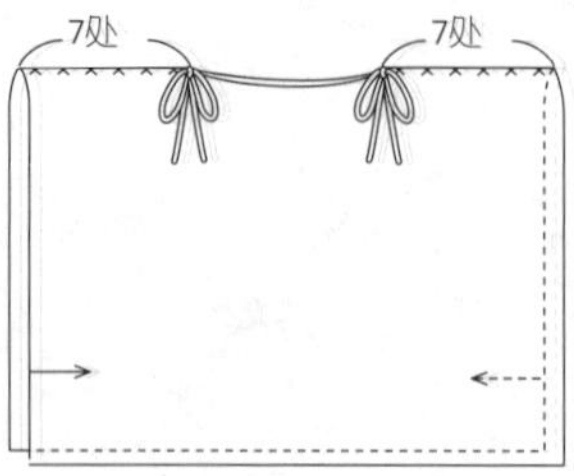

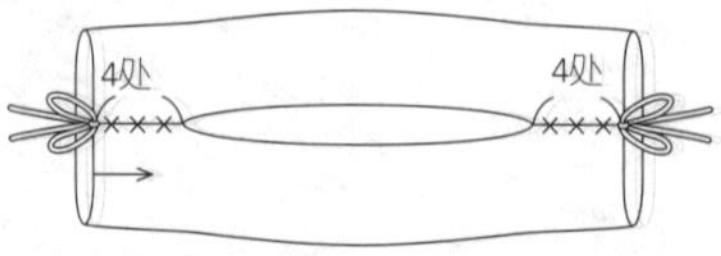

※ ○处数字为穿入边缘编织的次数

※ 箭头是主体的编织方向

穿细绳的方法

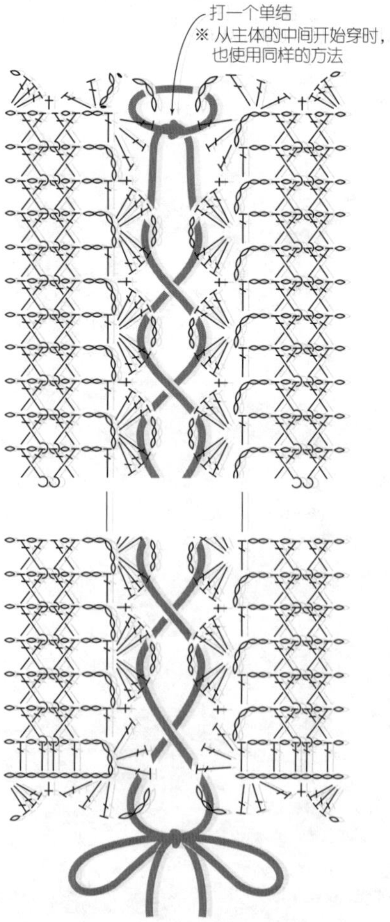

材料

［背心］和麻纳卡 Flax Ly 白色（801）225g/9团，蓝色（805）15g/1团

［狗狗背心 M号］和麻纳卡 Flax Ly 米色（802）60g/3团，浅蓝色（804）5g/1团

［狗狗背心 L号］和麻纳卡 Flax Ly 浅蓝色（804）75g/3团，米色（802）5g/1团

工具

棒针5号、3号

成品尺寸

［背心］ 胸围96cm，肩宽43cm，衣长65cm

［狗狗背心M号］ 腰围39cm，长30.5cm

［狗狗背心L号］ 腰围51cm，长37.5cm

编织密度

10cm×10cm面积内：编织花样25.5针，31.5行；下针编织23针，31.5行

编织要点

●背心…身片另线锁针起针，做编织花样。减针时，2针以上时做伏针减针，1针时立起侧边1针减针。下摆拆开锁针起针挑针，编织双罗纹针。编织终点做双罗纹针收针。肩部做盖针接合，胁部使用毛线缝针做挑针缝合。衣领、袖窿编织双罗纹针条纹。编织终点的处理方法和下摆的相同。

●狗狗背心…手指起针，编织双罗纹针。背部编织双罗纹针和编织花样，腹部做下针编织。减针方法和背心相同。加针时，在1针内侧编织扭针加针。编织终点做伏针收针。对齐◆、◇、◎、◉标记，使用毛线缝针做挑针缝合。衣领、袖口环形编织双罗纹针条纹。编织终点的处理方法和背心的下摆相同。

背心

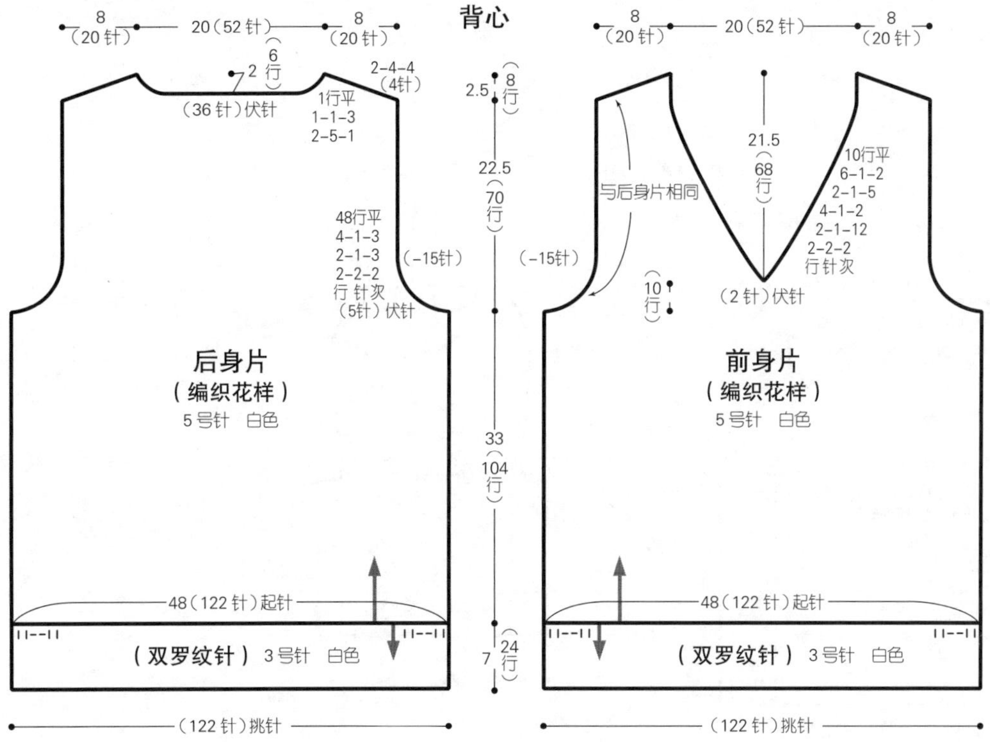

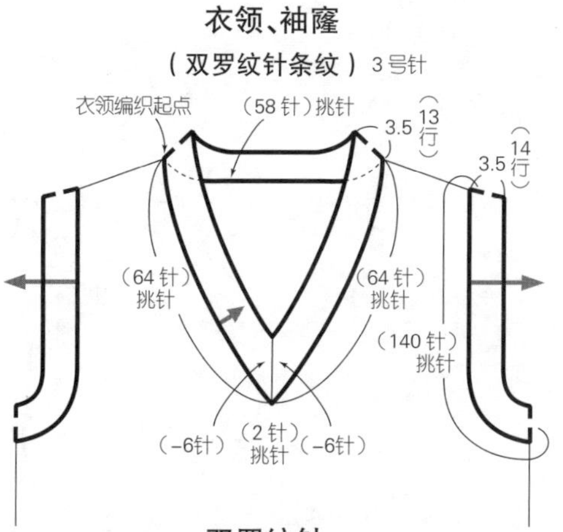

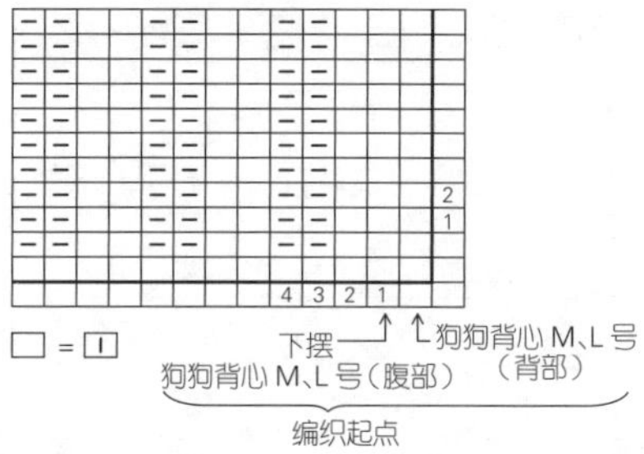

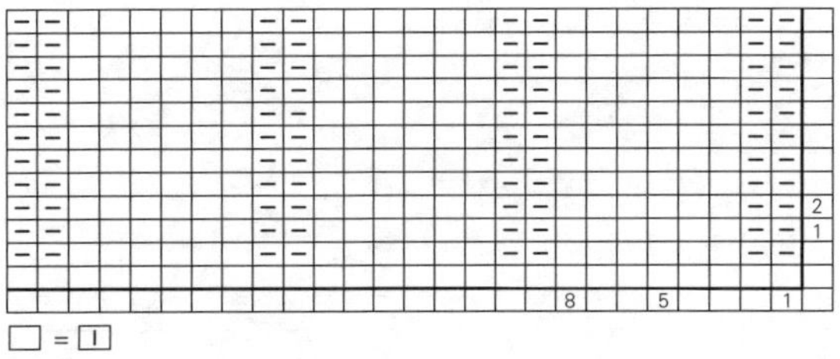

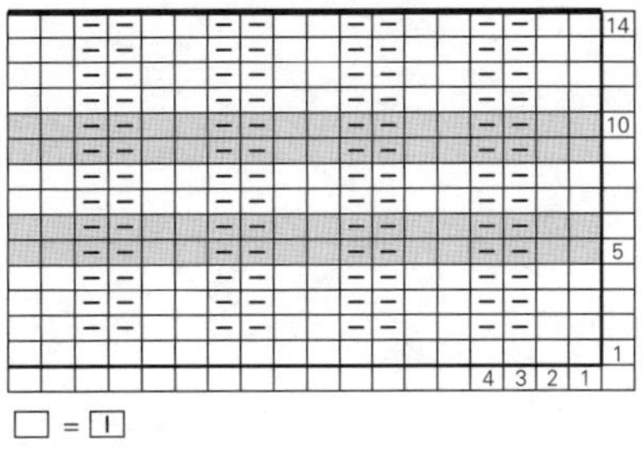

配色
□ 白色（背心） 米色（狗狗背心M号） 浅蓝色（狗狗背心L号）
▨ 蓝色（背心） 浅蓝色（狗狗背心M号） 米色（狗狗背心L号）

※衣领编织至第13行

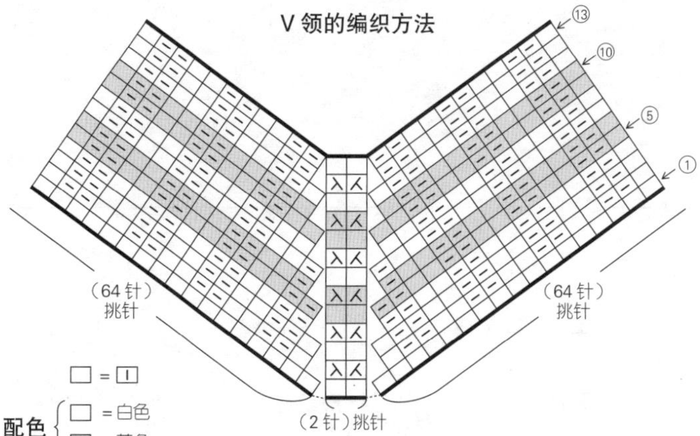

配色 □ =白色 ▨ =蓝色

狗狗背心（M号）

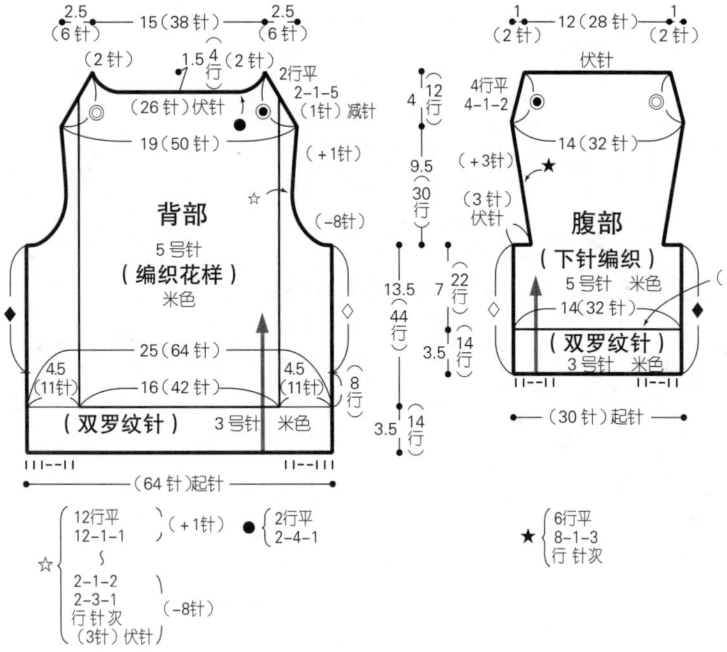

衣领、袖口
（双罗纹针条纹）
3号针

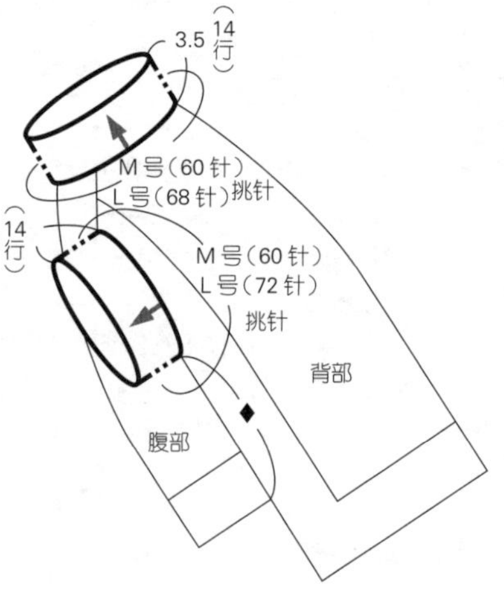

狗狗背心的尺寸（M号）

颈围	23cm
腰围	39cm
背长	28cm

狗狗背心的尺寸（L号）

颈围	27cm
腰围	51cm
背长	35cm

狗狗背心（L号）

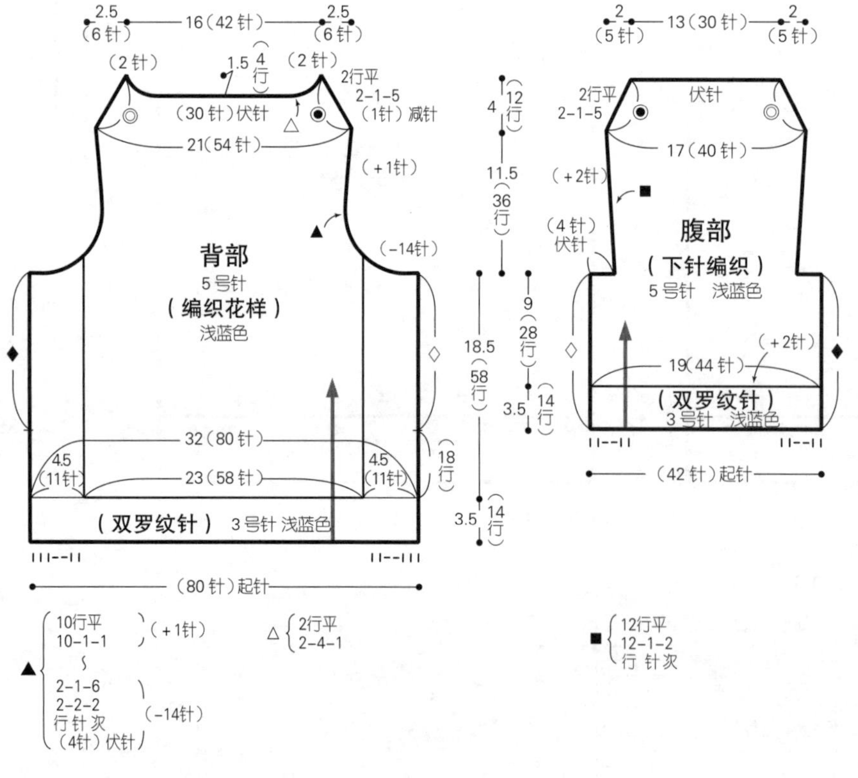

右加针

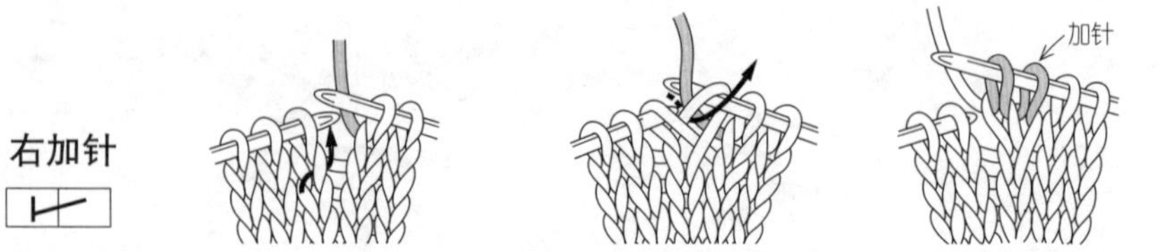

1 如图所示，将右棒针插入前2行的针目中，挑起来。

2 编织下针。下一针也编织下针。

3 右加针完成。

材料

[长披肩] 芭贝 lyowashi 绿色(709) 155g/7团

[束口袋] 芭贝 lyowashi 绿色(709) 20g/1团

工具

钩针4/0号

成品尺寸

[长披肩] 宽37cm，长160cm

[束口袋] 宽14cm

编织密度

布鲁日蕾丝A、B均为宽3.5cm，10行为10cm。花片的大小参照图示

编织要点

●长披肩…锁针起针，参照图示钩织布鲁日蕾丝A 1488行。接下来在钩织花片的同时与布鲁日蕾丝连接在一起。在指定的位置使用毛线缝针做卷针缝缝合。

●束口袋…锁针起针，钩织布鲁日蕾丝B。在编织起点与编织终点之间使用毛线缝针做卷针缝缝合。钩织细绳，穿到指定的位置。

长披肩

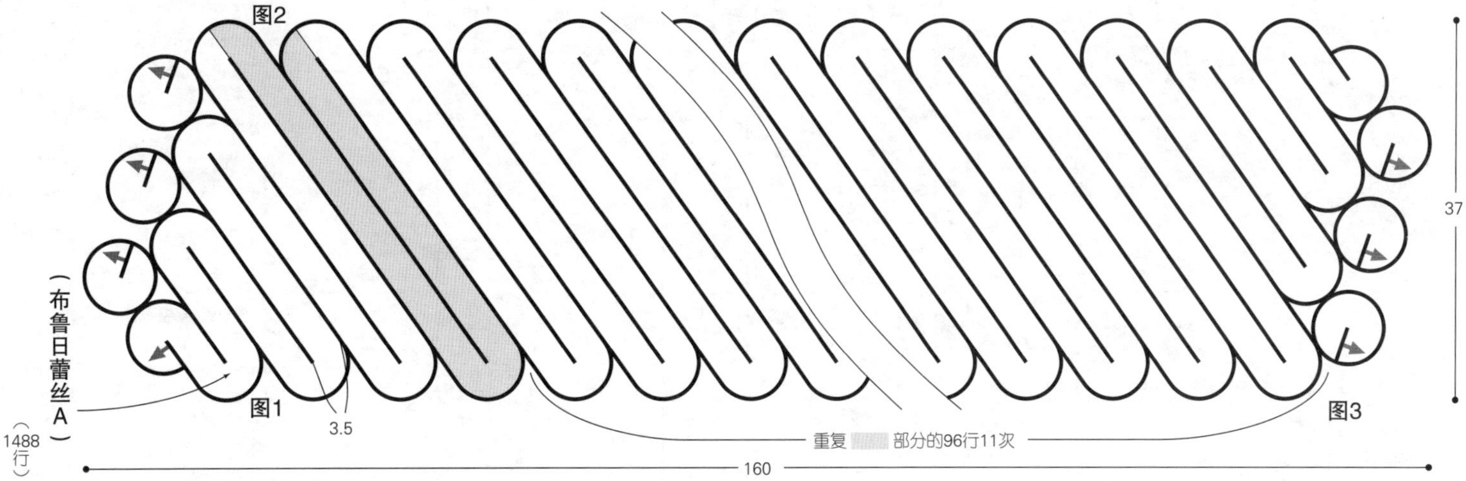

※ 全部使用4/0号针钩织

※ 钩织完布鲁日蕾丝A后再钩织花片

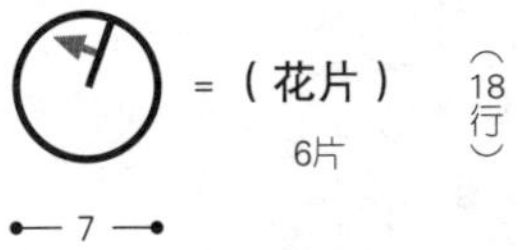

布鲁日蕾丝 A

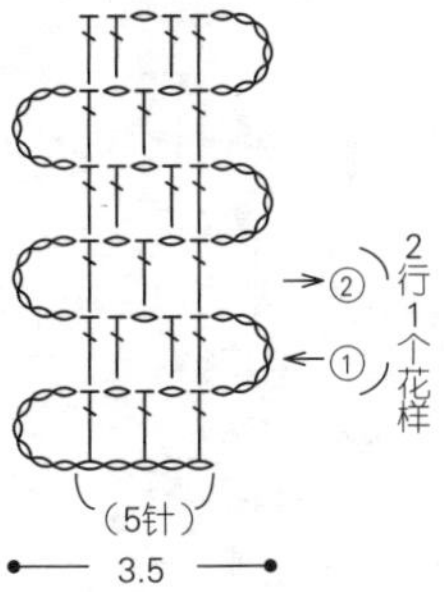

花片

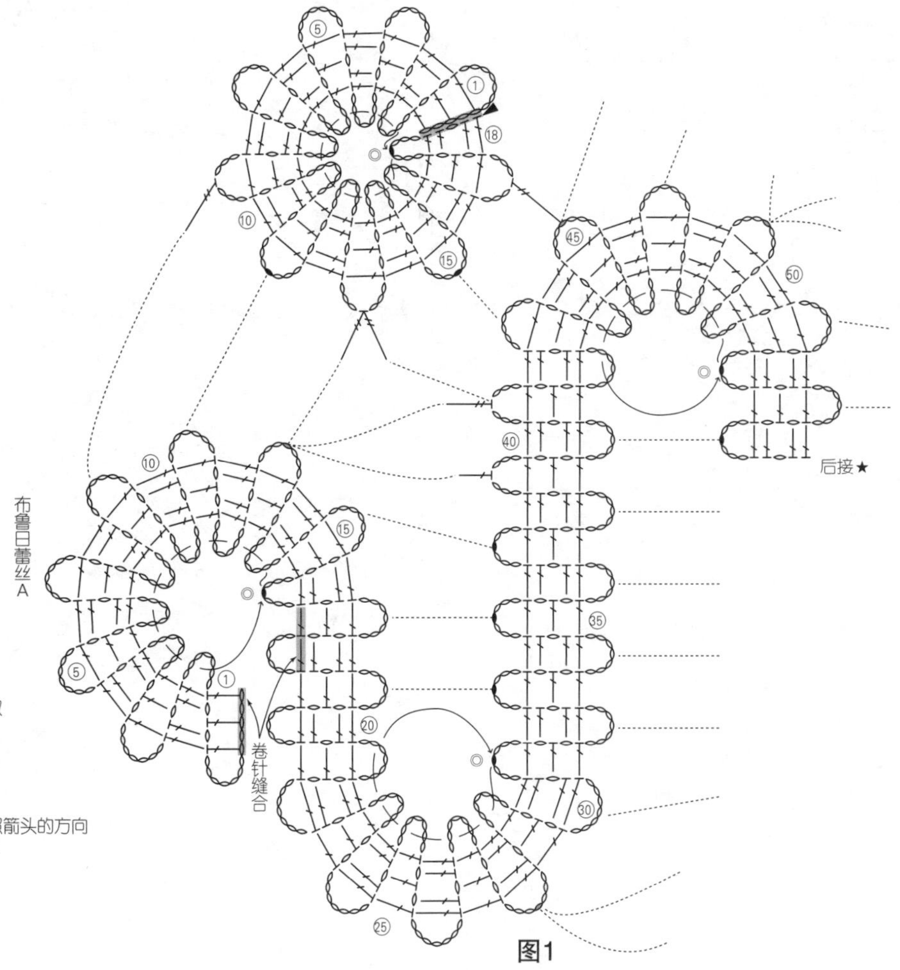

※ 是劈开针目挑取

► = 剪线

▬ = 卷针缝缝合

※ ◎的引拔针，按照箭头的方向入针，挂线后引拔

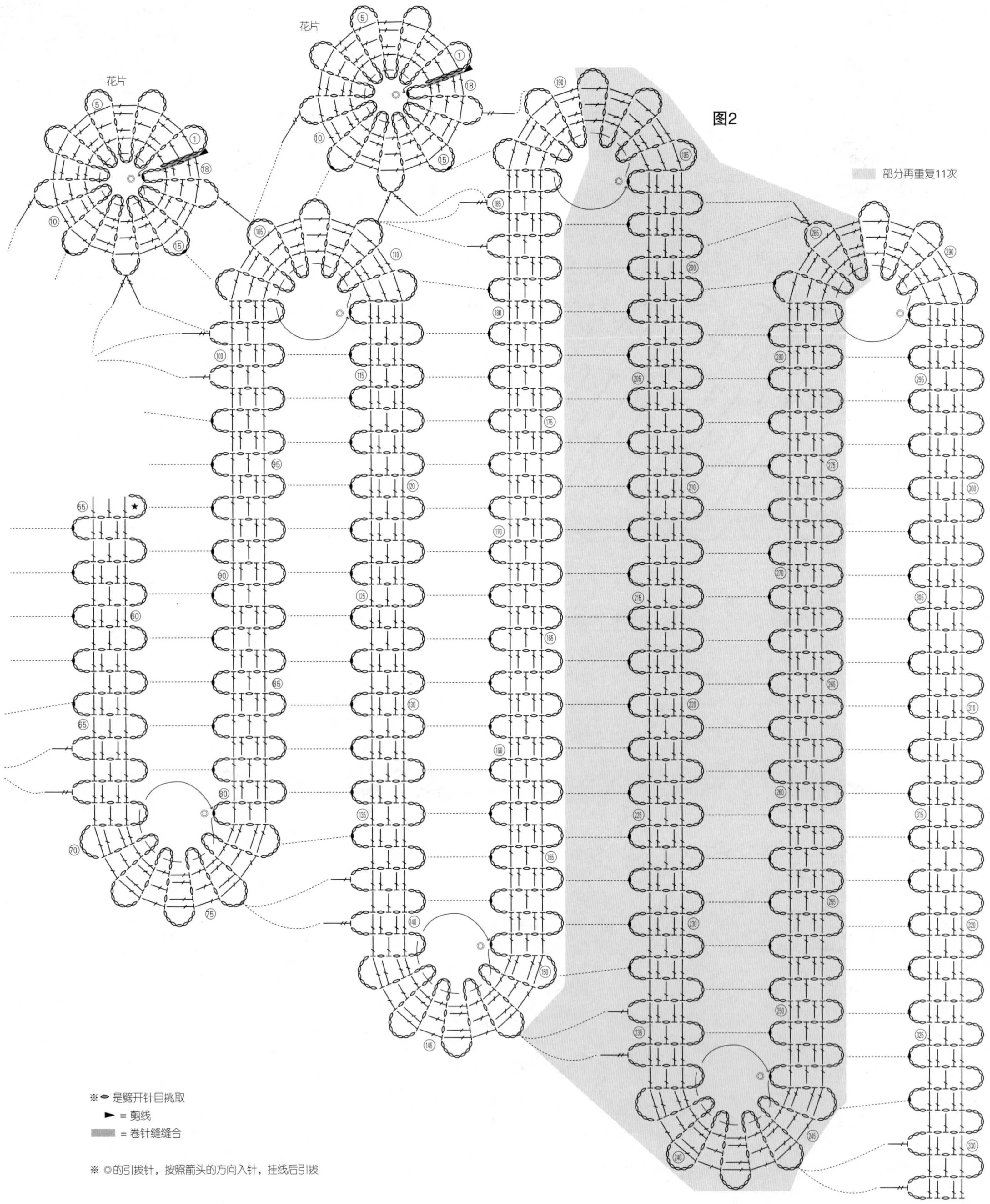

※ ⬭ 是劈开针目挑取

► = 剪线

▬ = 卷针缝缝合

※ ◎的引拔针，按照箭头的方向入针，挂线后引拔

※ ⬬ 是劈开针目挑取

► = 剪线

▬ = 卷针缝缝合

※ ◎的引拔针，按照箭头的方向入针，挂线后引拔

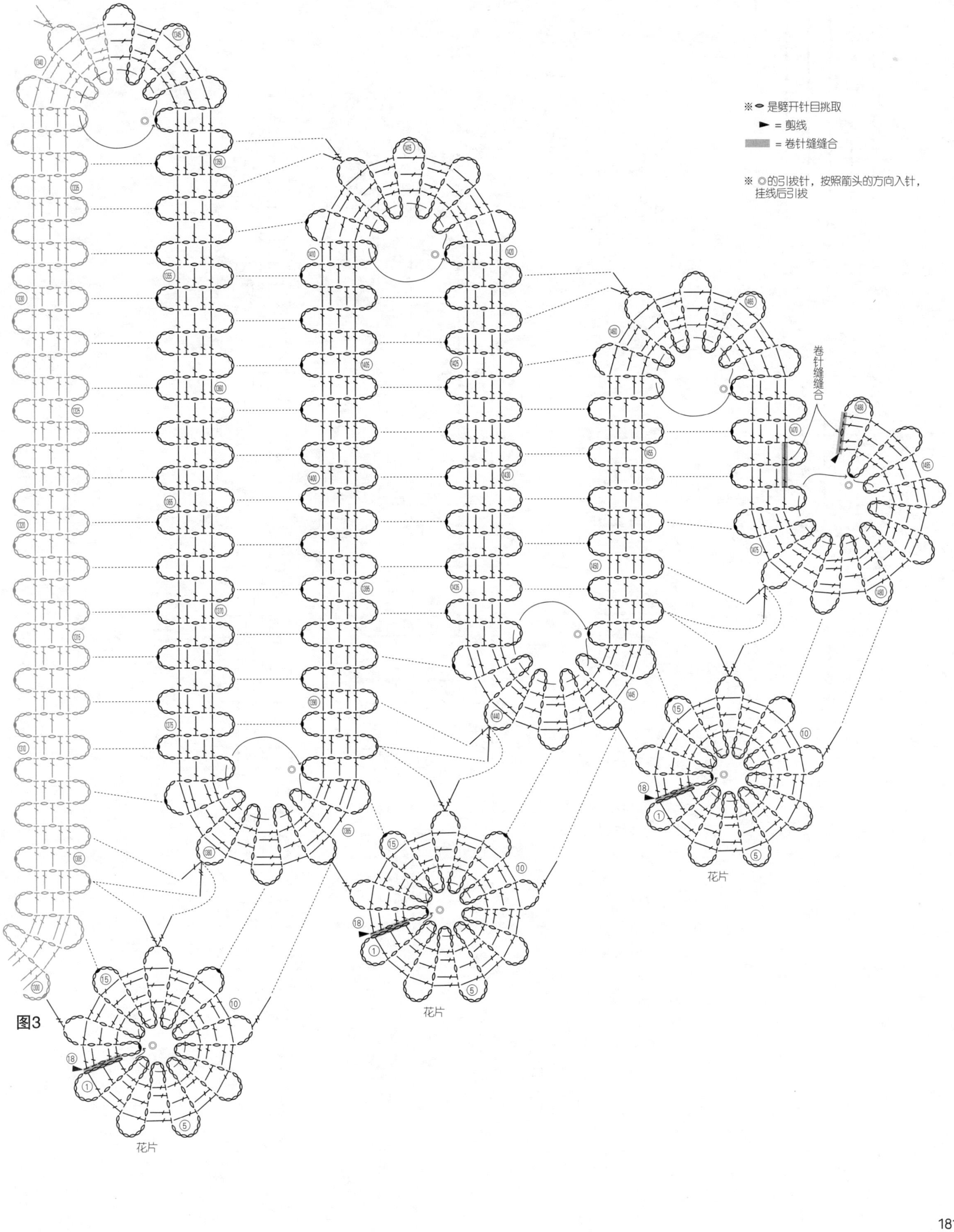

图3

束口袋

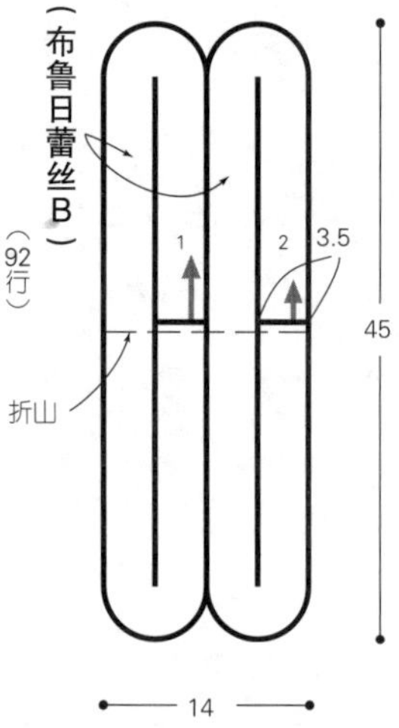

※ 全部使用4/0号针钩织

※布鲁日蕾丝内的数字为编织的顺序

布鲁日蕾丝 B

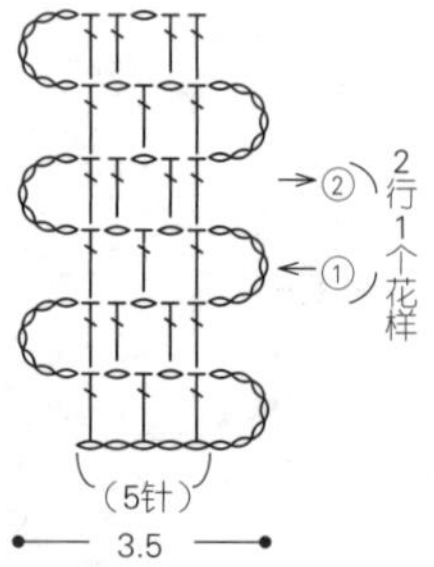

细绳

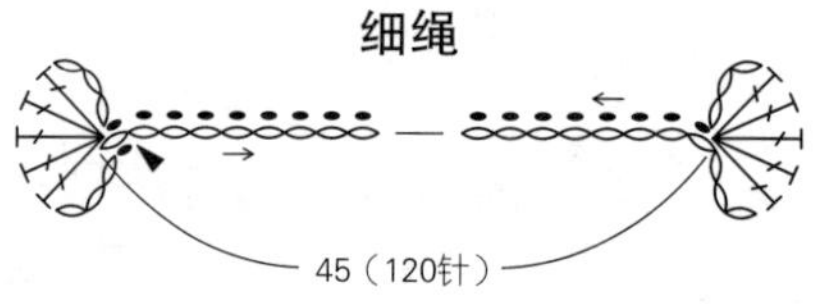

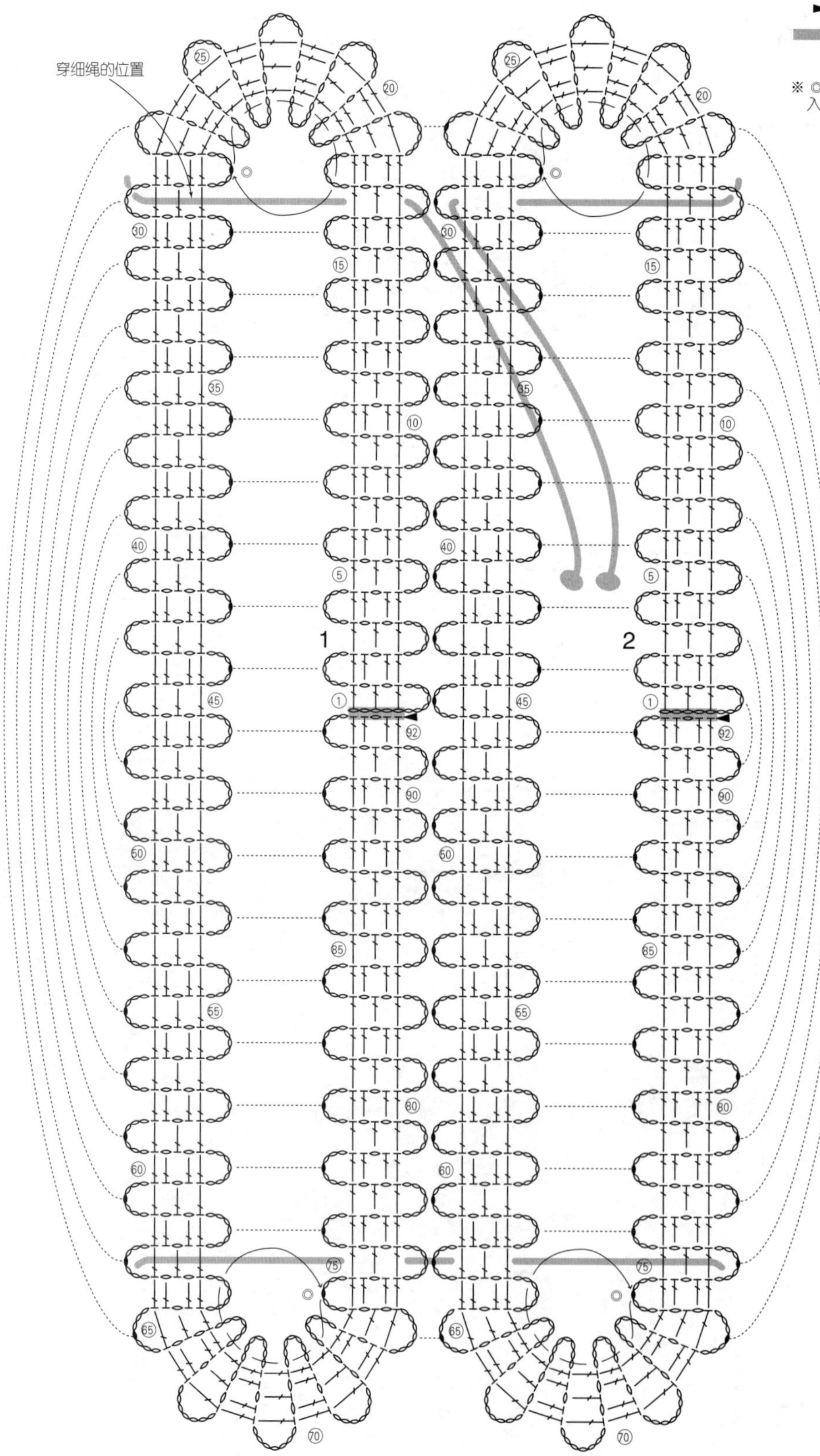

► = 剪线

▬ = 卷针缝缝合

※ ◎的引拔针，按照箭头的方向入针，挂线后引拔

材料

[长披肩] PIERROT YARNS、Keito-Zakka Stores La Provence Series Pont du Gard浅灰色(04)、浅粉色(08)、原白色(10)各75g/各2团

[束口袋] PIERROT YARNS、Keito-Zakka Stores La Provence Series Pont du Gard浅粉色(08) 35g/1团，原白色(10) 10g/1团，浅灰色(04) 5 g/1团；直径2cm的串珠2颗

工具

棒针5号、6号、3号

成品尺寸

[长披肩] 宽50cm，长192cm

[束口袋] 宽19cm，包深26.5cm

编织密度

10cm×10cm面积内：编织花样A 20.5针，32.5行；编织花样B 19.5针，32.5行；编织花样C 18.5针,32.5行；编织花样D 19针，29行

编织要点

●长披肩…另线锁针起针开始编织，组合做织编织花样A、B、C和起伏针。编织终点做伏针收针。另一侧拆开锁针的起针，挑取针目，使用同样的方法编织，其中编织花样A的起点不同，要注意。

●束口袋…手指起针，组合编织起伏针、编织花样D。接下来在做分散减针的同时做上针编织。编织终点将线穿入剩余的针目中，收紧。编织细绳，穿到指定的位置。细绳的两端参照组合方法收尾。

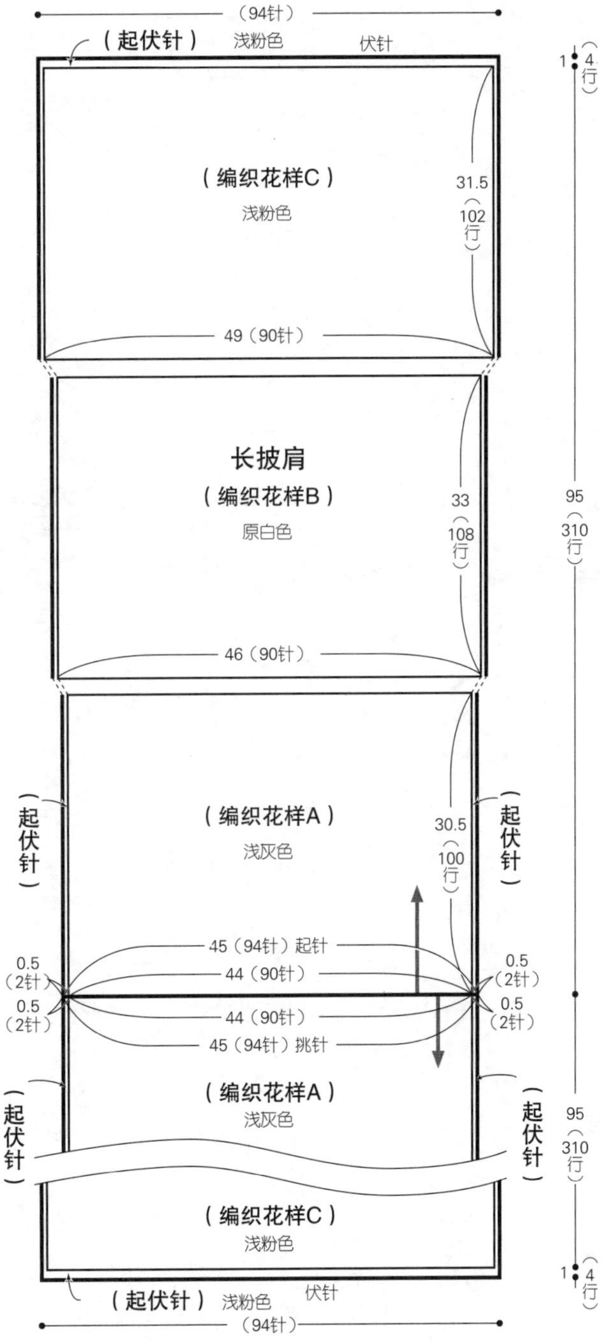

※ 全部使用5号针、1根线编织

※ 两端的起伏针与编织花样A、B、C均使用相同颜色的线编织

编织花样A

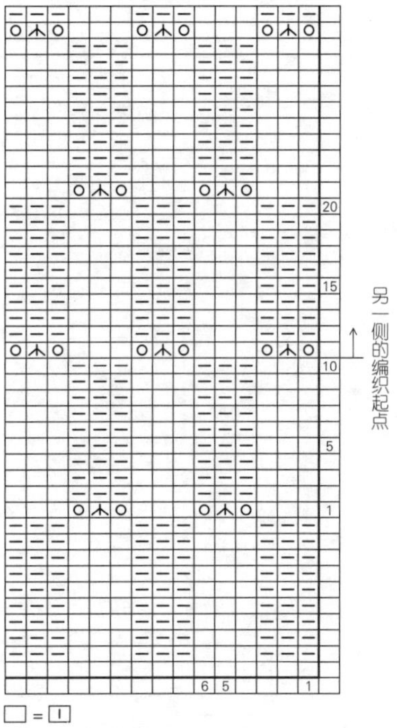

编织花样B

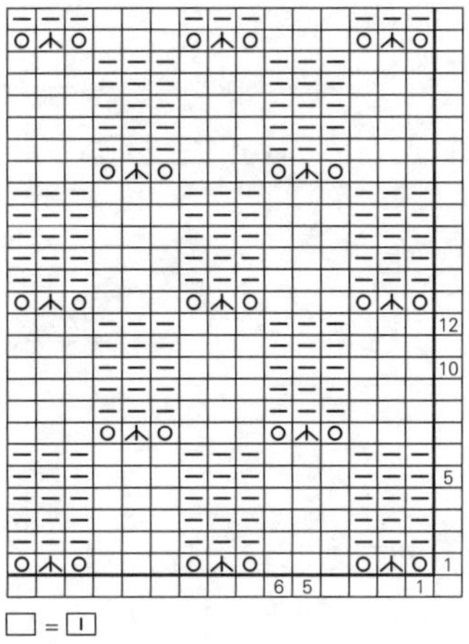

编织花样C

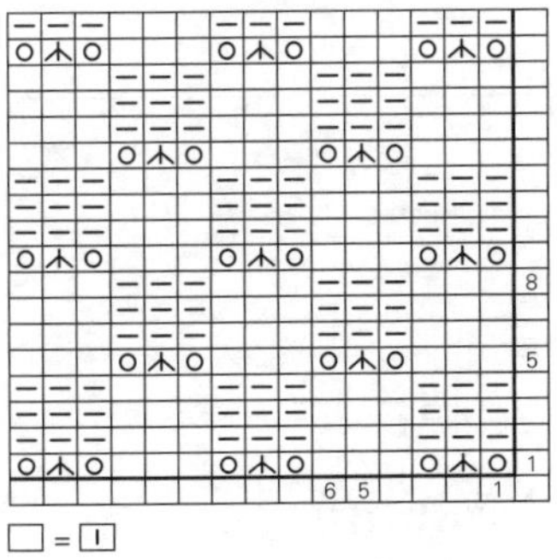

起伏针

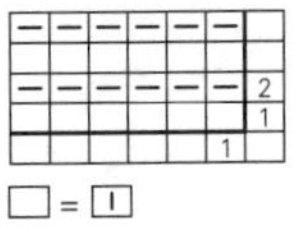

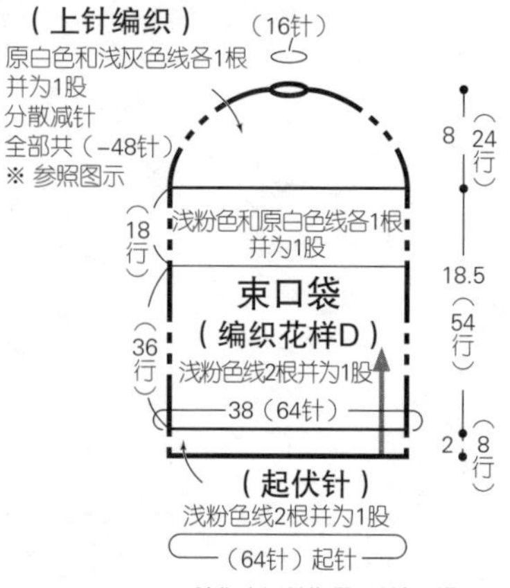

※除指定以外均用6号针编织

编织花样D

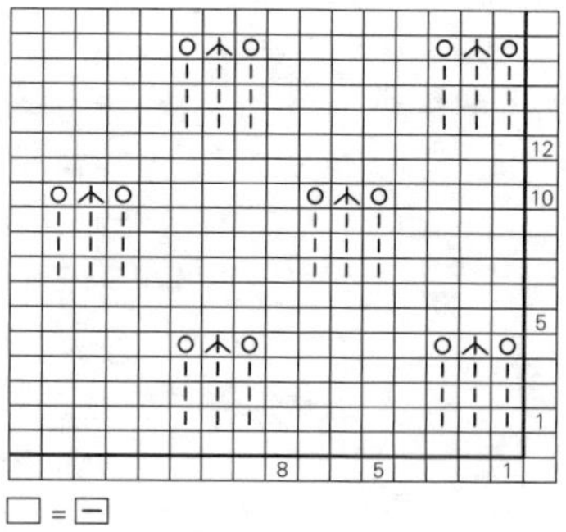

束口袋的分散减针

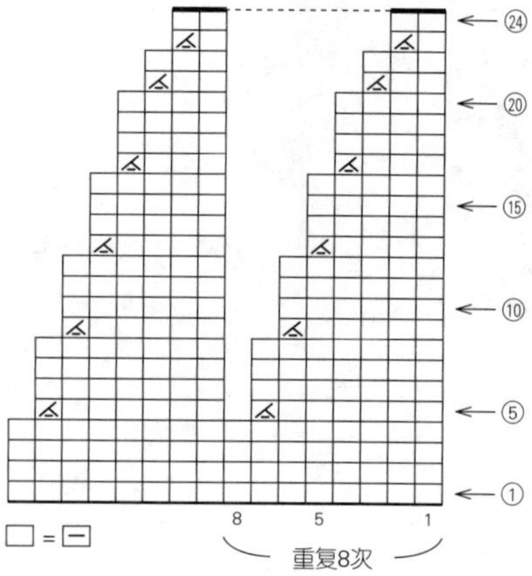

穿细绳处的编织方法

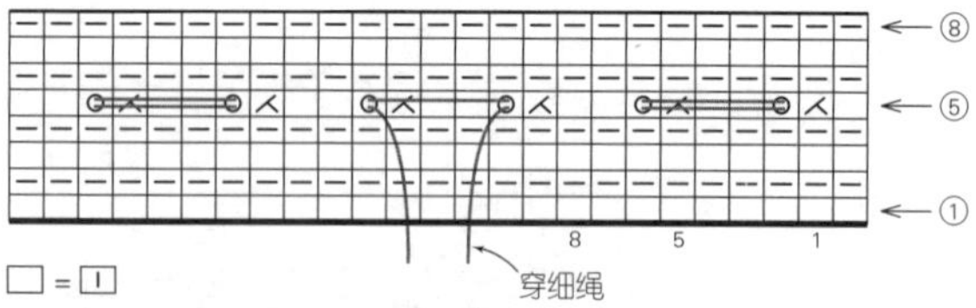

组合方法

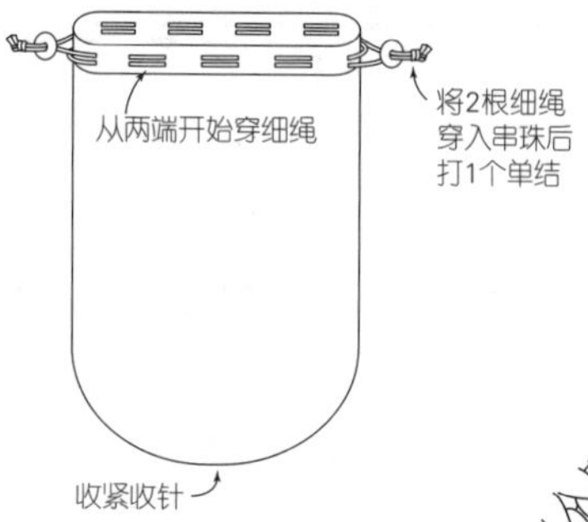

收紧
（针数较多的情况）

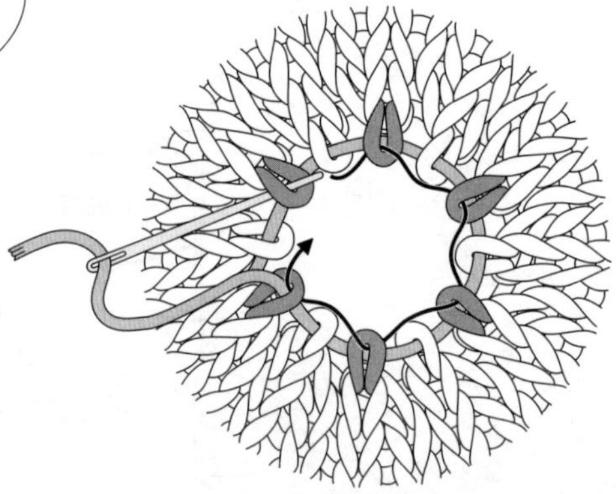

每隔一针穿一次线，分2次穿好后，收紧

细绳 2根
（I-Cord）
3号针 浅粉色线 1根

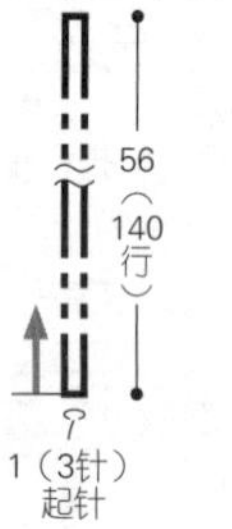

细绳的编织方法

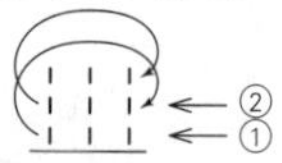

※使用没有堵头的针

将编织完第1行的线头拉回至编织起点一侧，从同一方向开始编织第2行。重复以上步骤。将线穿入编织终点的针目中，收紧。

扭针的右上2针并1针

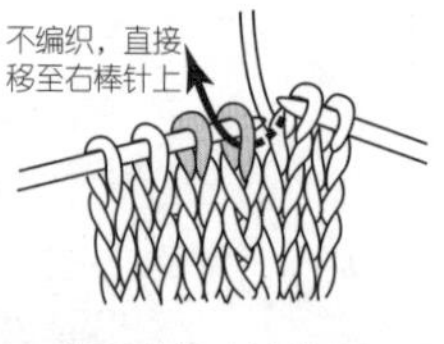

1 从后面插入右边针目中，不编织，直接移至右棒针上。

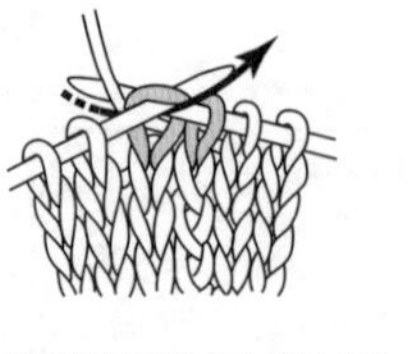

2 将左棒针插入左右棒针左边的针目中，挂线后拉出，编织下针。

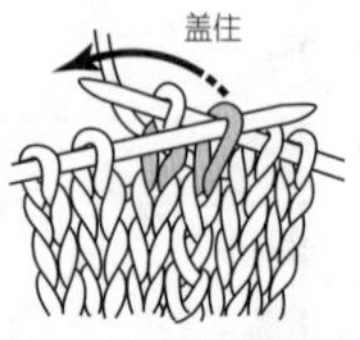

3 将左棒针插入移至右棒针的针目中，使其盖住刚刚编织的针目。

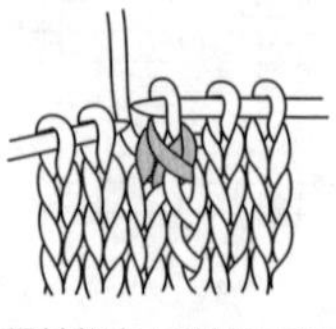

4 扭针的右上2针并1针完成。

扭针的左上2针并1针

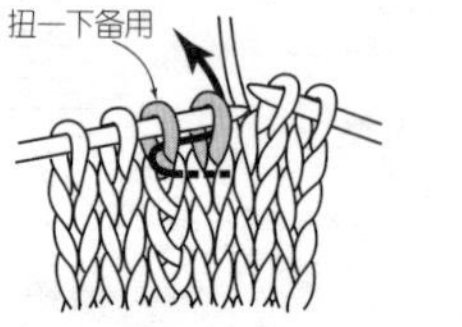

1 将左棒针上左侧的针目扭一下备用。按照箭头的方向插入右棒针。

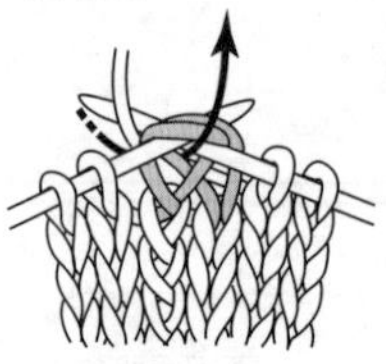

2 挂线后拉出，2针一起编织下针。

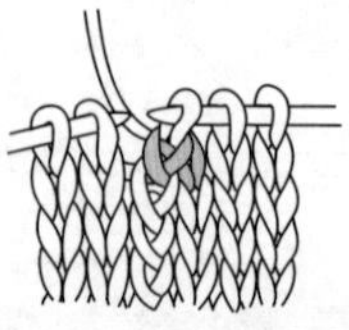

3 扭针的左上2针并1针完成。

材料

[披肩]　Chappy Yarn Merino Sock 黄绿色(梦中的柠檬花 Summer Dream) 90g/1桄；蓝紫色(Earth & Sea) 65g/1桄

[束口袋]　Chappy Yarn Merino Sock 蓝紫色(Earth & Sea) 25g/1桄；黄绿色(梦中的柠檬花 Summer Dream) 10g/1桄

工具

棒针4号、5号、3号，钩针4/0号

成品尺寸

[披肩]　长132cm，宽61cm

[束口袋]　深26cm

编织密度

10cm×10cm面积内：编织花样A、A' 均为22.5针，35行(披肩)；编织花样A 26.5针，35.5行(束口袋)

编织要点

●披肩…从披肩中心手指起针，编织3行i-cord，然后挑针一边加针一边编织，做编织花样A、A' 和条纹花样B。然后一边调整编织密度，一边做编织花样C，编织终点从反面用指定方法做伏针收针。

●束口袋…孔斯特起针，袋底一边加针一边环形做下针编织。主体做编织花样A、B。编织终点做上针的伏针收针。编织细绳，参照组合方法缝在指定位置。

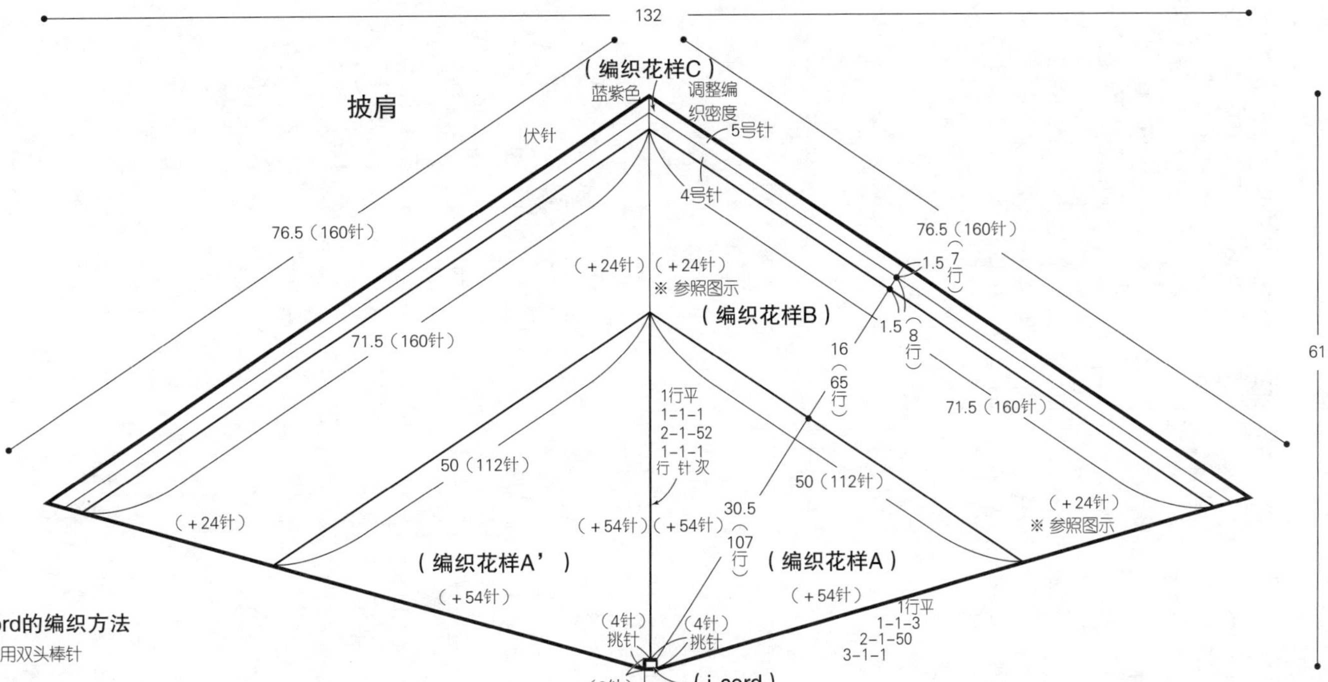

i-cord的编织方法

※ 使用双头棒针

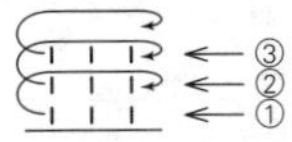

编织完第1行，让线头回到起点位置，沿着相同方向编织第2行。编织完第3行后，再次让线头回到起点位置，继续编织。

编织花样A、A' 和加针的编织方法

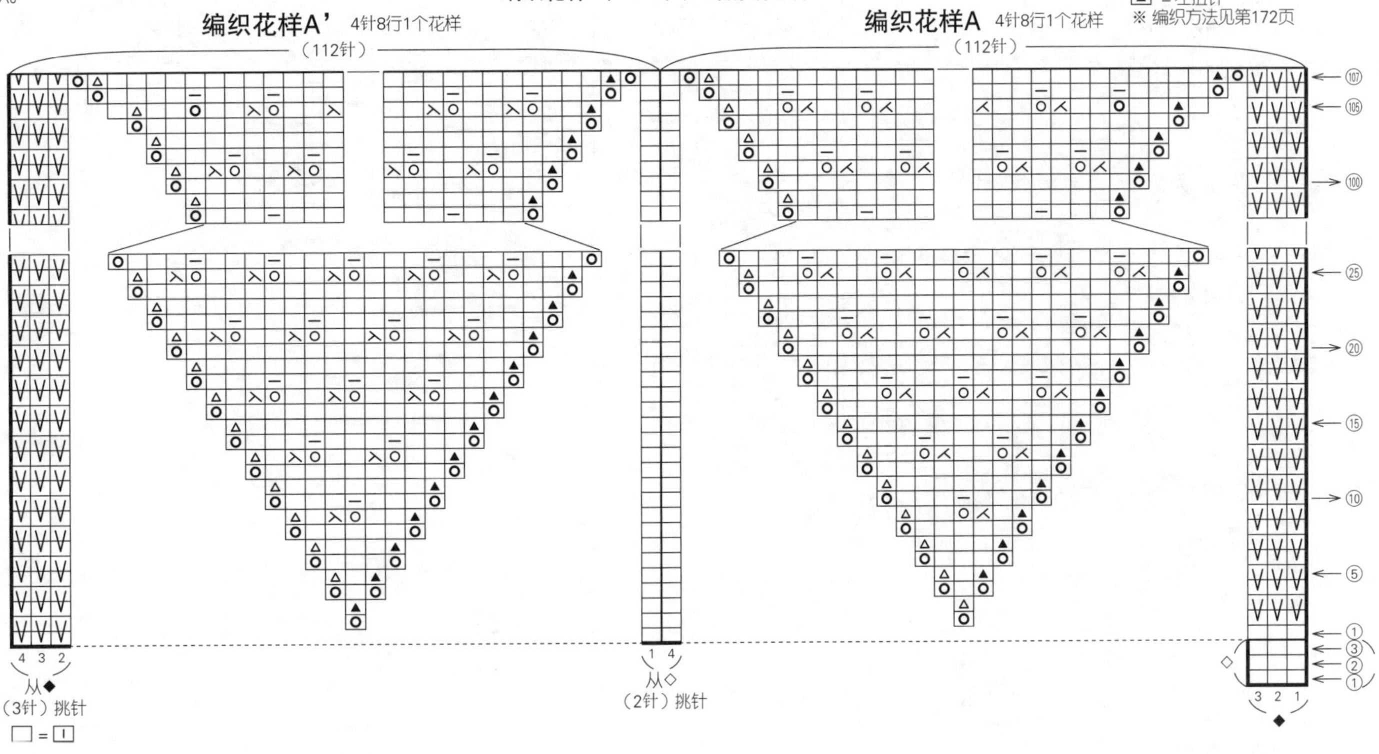

条纹花样B、编织花样C和加针的编织方法

编织图中※处的编织方法
1. 编织2针上针，将2针移回左棒针，编织上针的2针并1针
2. 下一针编织上针，将右棒针上的2针移回左棒针，编织上针的2针并1针
3. 重复步骤2

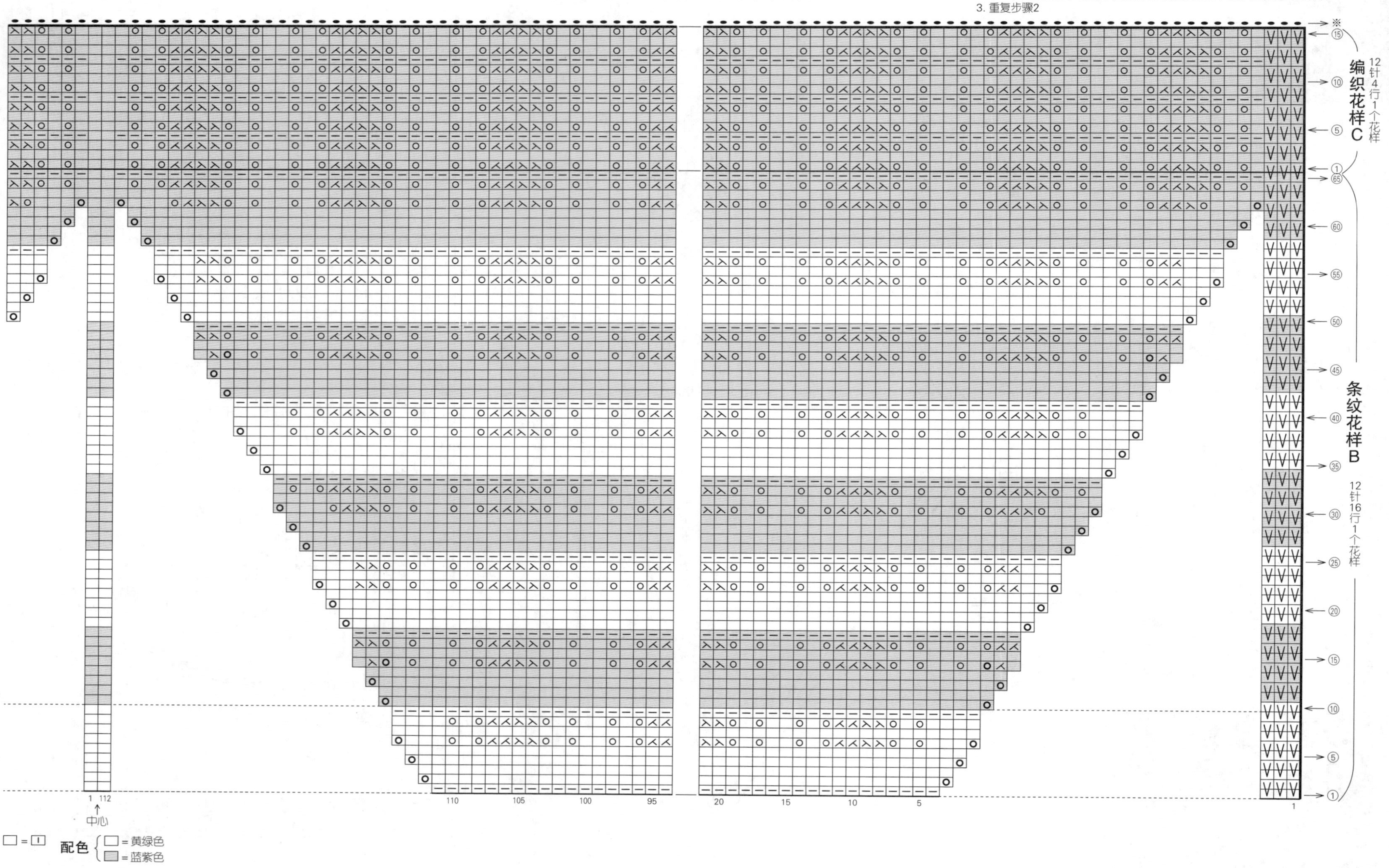

束口袋

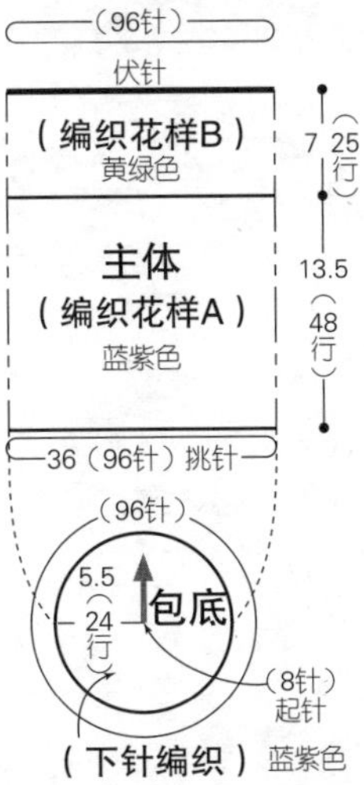

※ 除指定以外均用4号针编织

※ 孔斯特起针方法请参照第145页

细绳

（i-cord）

3号针 黄绿色

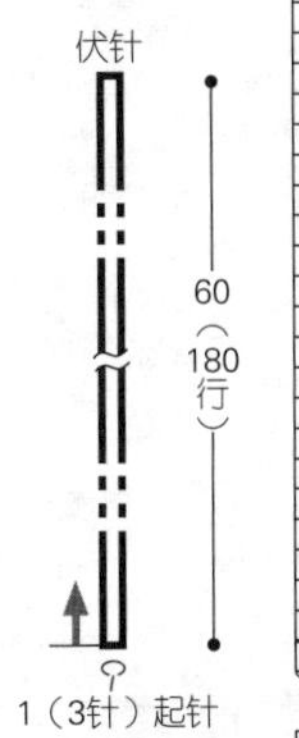

※ 细绳的编织方法请参照第184页

袋底的编织方法

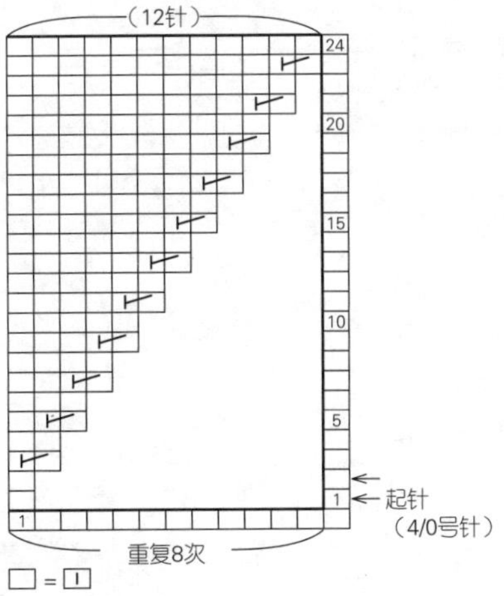

※ 编织方法请参照第178页

编织花样B

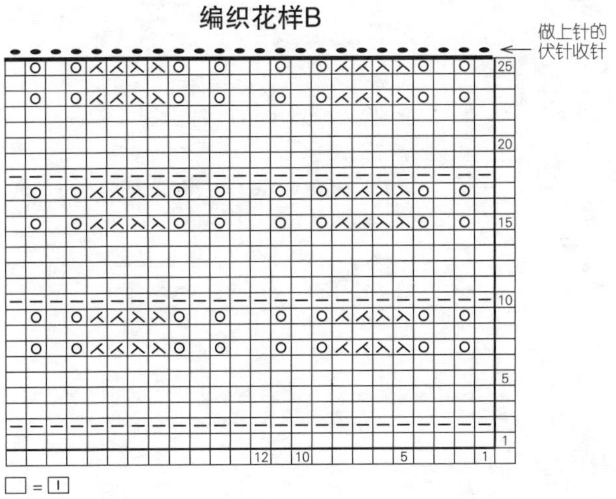

编织花样A

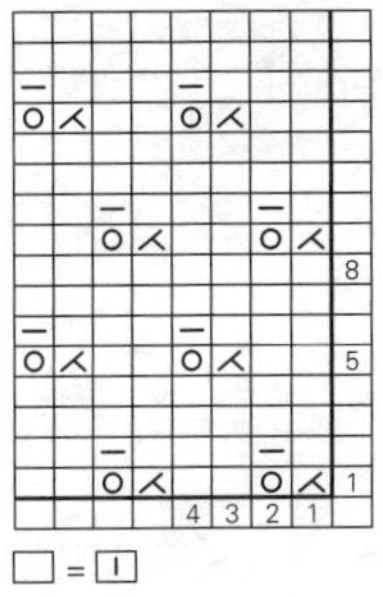

束口袋的组合方法

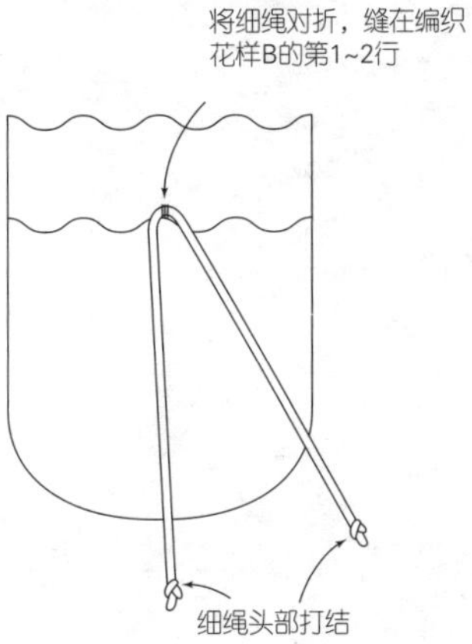

接第188页▶

D

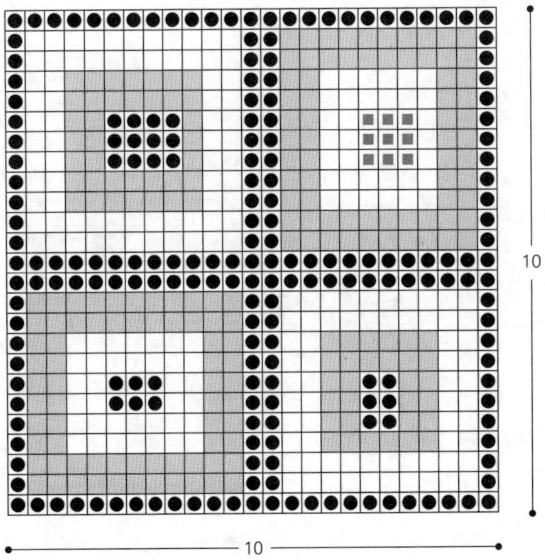

配色

- ● = 黑色（02）
- ■ = 紫色（06）
- ▲ = 浅蓝绿色（07）
- □ = 米色（31）
- ■ = 深粉色（43）
- ▒ = 灰粉色（61）
- ▣ = 浅蓝色（73）
- △ = 浅黄色（91）

C-2

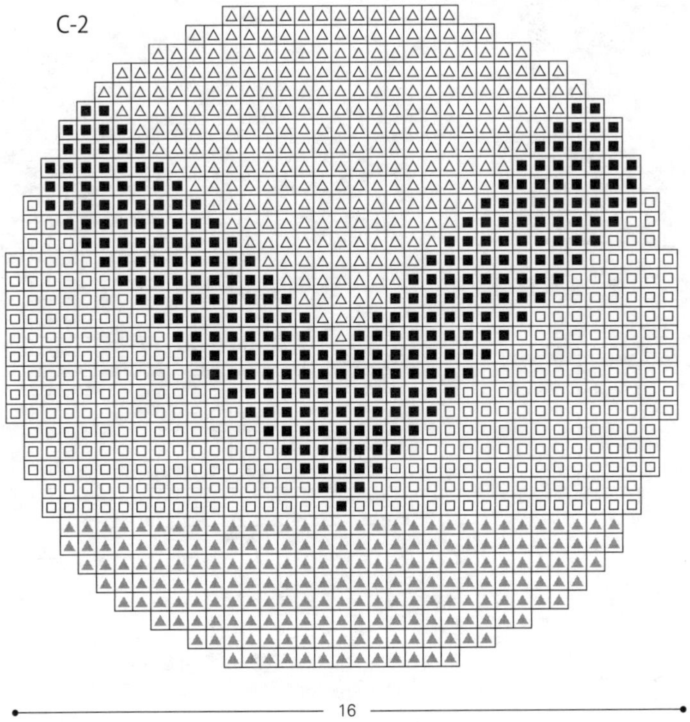

※浅黄色、浅蓝色的部分从反面刺绣

※绣绷内全部刺绣

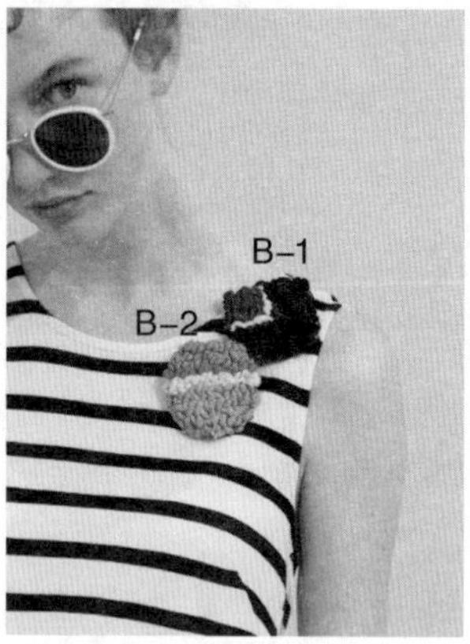

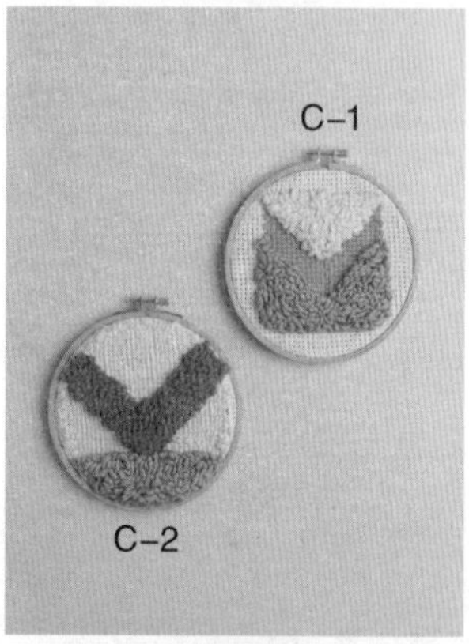

材料

DMC Natura XL线的色号、颜色名、使用量参照图表。俄罗斯戳戳乐专用布料（aide 6CT）适量

[A]　15cm×15cm的黏合衬

[B-1]　5cm×4cm的黏合衬，长3.5cm的装饰别针1个

[B-2]　6.5cm×6.5cm的黏合衬，长3.5cm的装饰别针1个

[C-1、D]　10cm×10cm的黏合衬

[C-2]　16cm×16cm的黏合衬

工具

俄罗斯戳戳乐刺绣针，绣绷（15.5cm）

成品尺寸

参见图示

编织要点

●参照图片在布上画图案，参照第82、83页制作。C有从反面刺绣的部分，请注意。将A、D缝到自己喜欢的包包上即可。在B-1、B-2的反面缝上装饰别针即可。

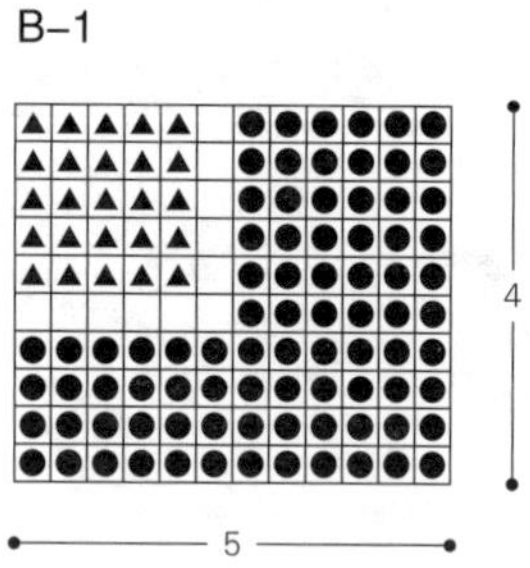

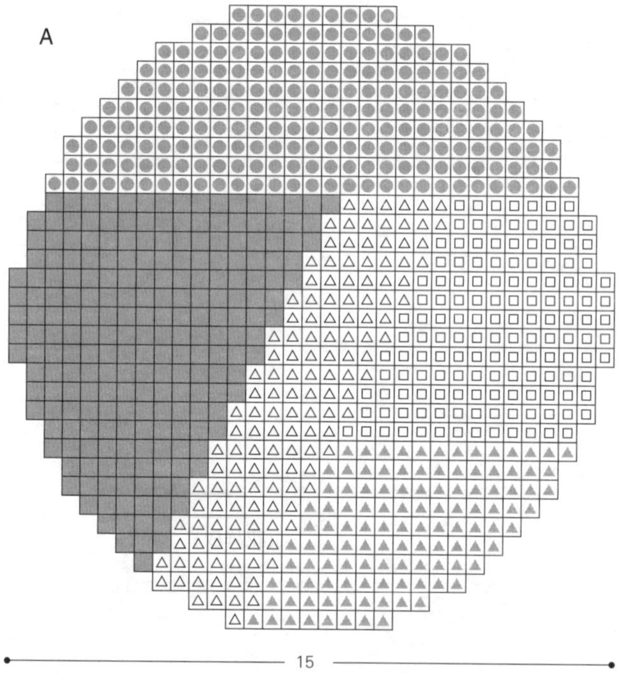

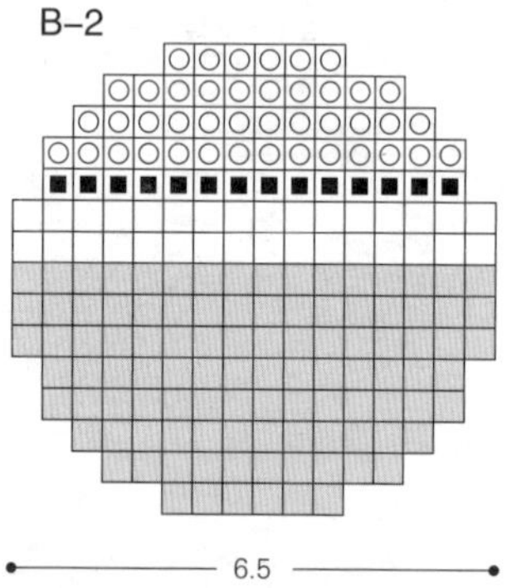

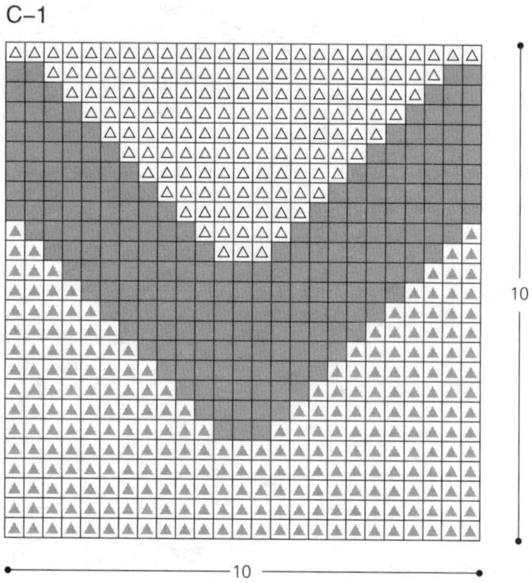

※橙色的部分从反面刺绣

配色
- ● = 黑色（02）
- ▲ = 浅蓝绿色（07）
- ▲ = 绿色（08）
- ● = 黄色（09）
- ■ = 橙色（10）
- □ = 米色（31）
- ■ = 深粉色（43）
- ■ = 灰粉色（61）
- ○ = 灰蓝绿色（72）
- □ = 浅蓝色（73）
- △ = 浅黄色（91）

使用量一览表

花片	色名	数量
A	浅蓝绿色	各10g/各1团
	黄色	
	橙色	
	浅蓝色	
	浅黄色	
B-1	黑色	10g/1团
	绿色	5g/1团
	米色	少量/1团
B-2	灰粉色	5g/1团
	米色	各少量/各1团
	深粉色	
	灰蓝绿色	
C-1	浅蓝绿色	各10g/各1团
	橙色	
	浅黄色	
C-2	浅蓝绿色	各10g/各1团
	深粉色	
	浅蓝色	
	浅黄色	
D	黑色	各10g/各1团
	米色	
	灰粉色	
	紫色	少量/1团

◀接第187页

材料

钻石线Dia Mio浅米色(814) 220g/9团

工具

棒针5号、3号，钩针2/0号

成品尺寸

胸围96cm，衣长54cm，连肩袖长28cm

编织密度

10cm×10cm面积内：编织花样A 28针，33行

编织要点

●身片…另线锁针起针，按编织花样A编织。减针时，2针及2针以上时做伏针减针，1针时立起侧边1针减针。拆开下摆起针的锁针挑取针目，加针的同时按编织花样B编织。编织终点做单罗纹针收针。

●组合…肩部做盖针接合。挑取指定数量的针目，衣领按编织花样B编织，袖口按编织花样C编织。编织终点与下摆使用同样的方法处理。肋部、袖口侧缝使用毛线缝针做挑针缝合。

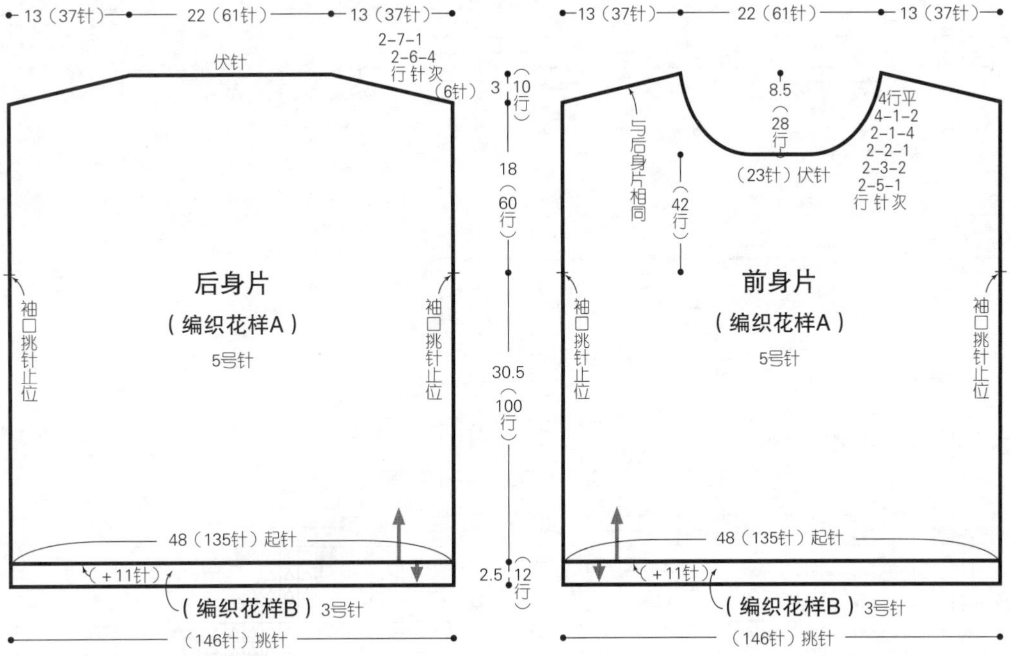

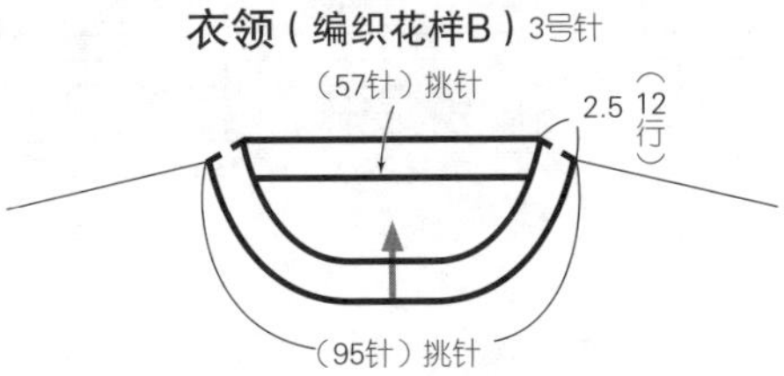

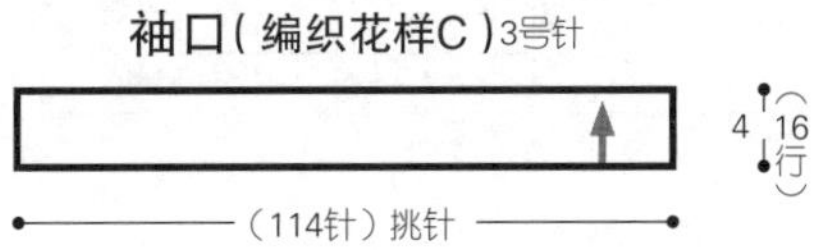

编织花样A

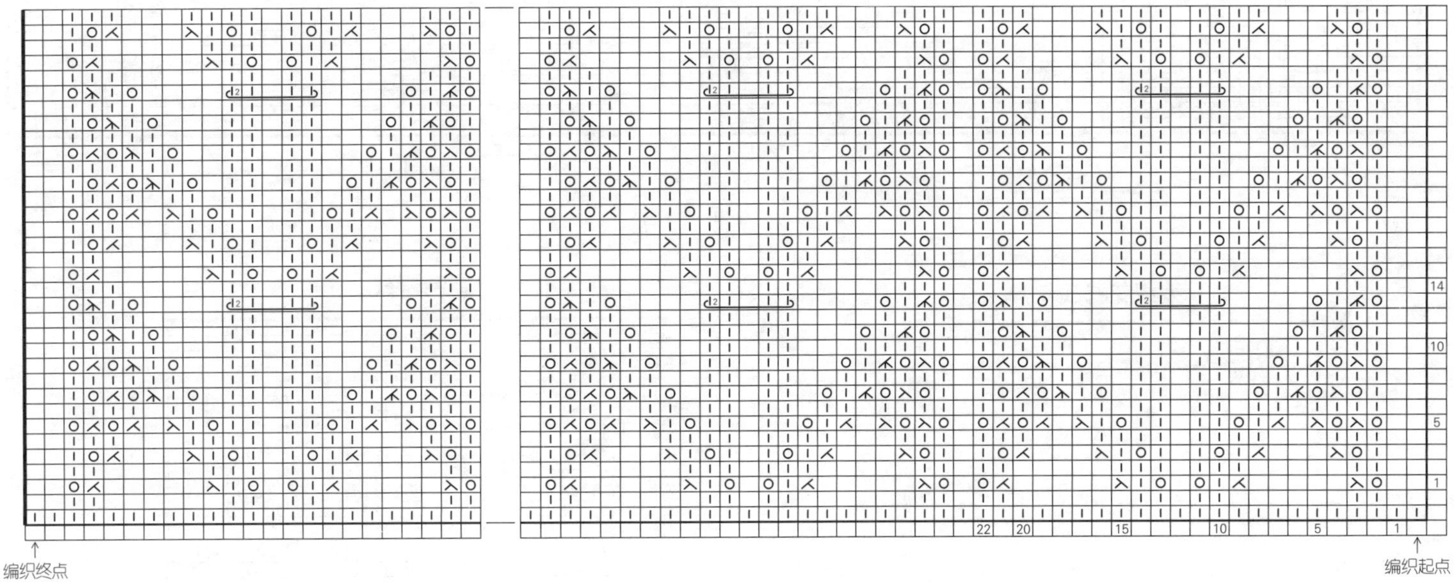

□=⊟

d2 = 2卷绕线编　　※编织方法参见第145页

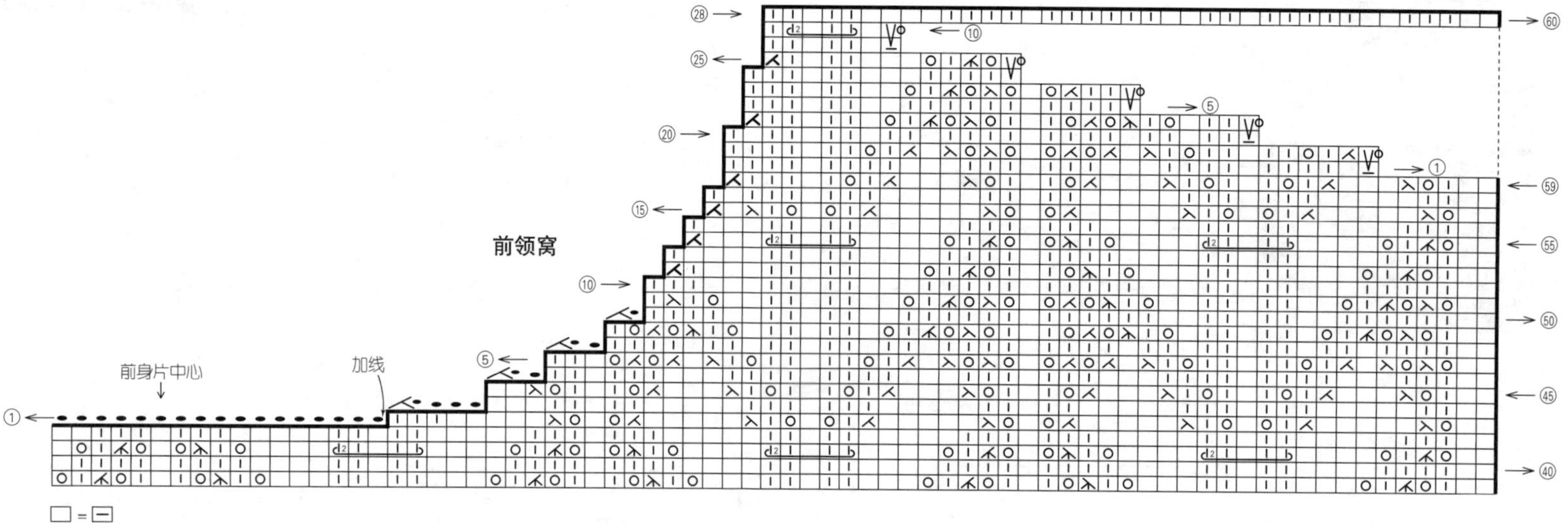

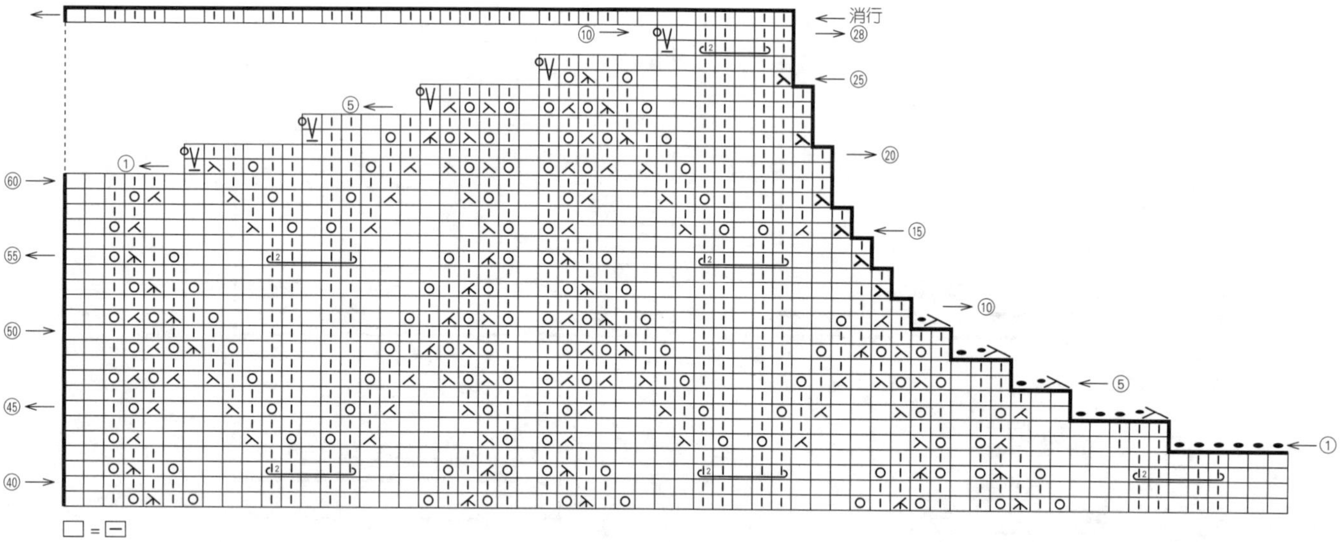

编织花样B（下摆）8针1个花样

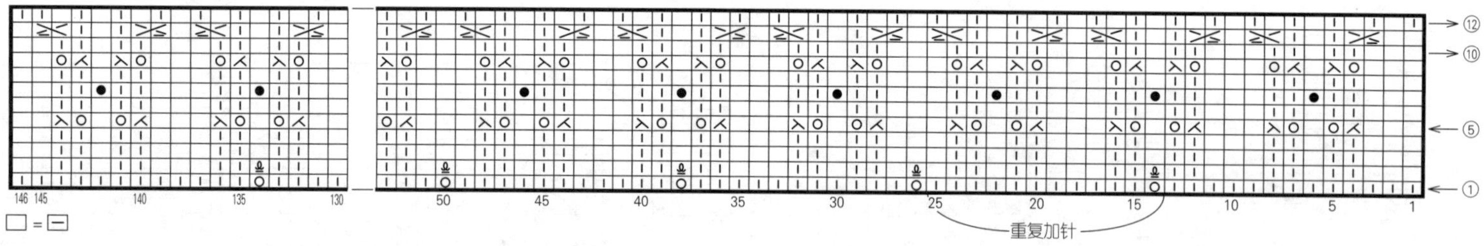

编织花样B（衣领）

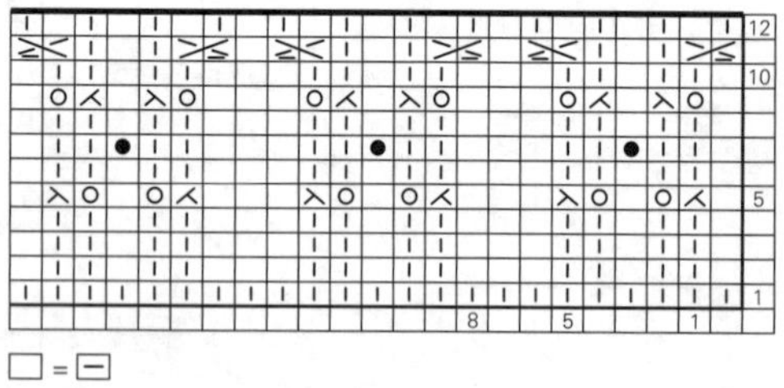

2/0号针 ※编织方法参见第110页

编织花样C

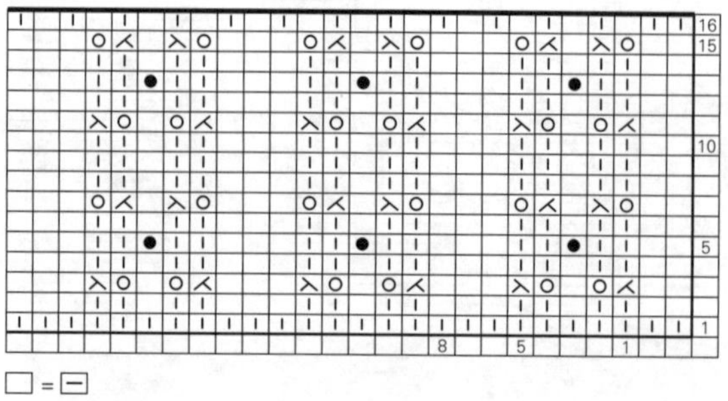

2/0号针

材料
K'sK　Sesamee黄色(308) 340g/6团
工具
棒针10mm，钩针8/0号
成品尺寸
胸围92cm，肩宽46cm，衣长53cm
编织密度
10cm×10cm面积内：编织花样9.5针，15.5行

编织要点
●身片…手指起针，按编织花样编织。胁部减针时，立起侧边2针减针。领窝的减针参见图示。
●组合…肩部做盖针接合，胁部使用毛线缝针做挑针缝合。在领窝、下摆钩织1行引拔针，调整好形状。

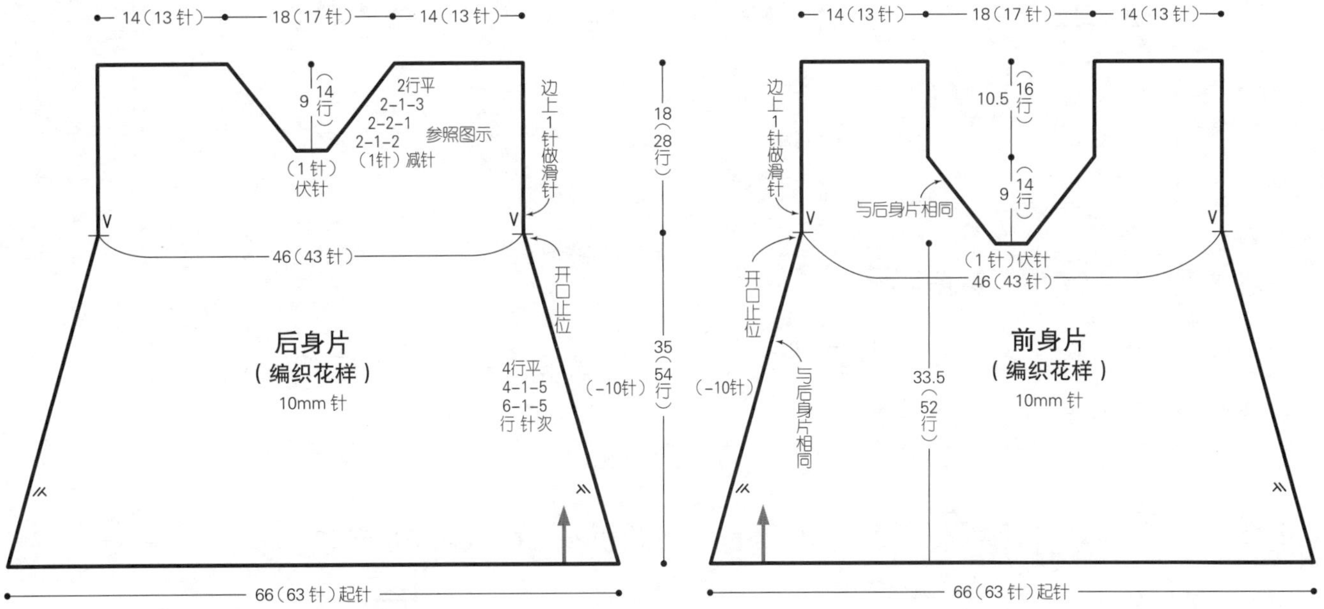

编织花样

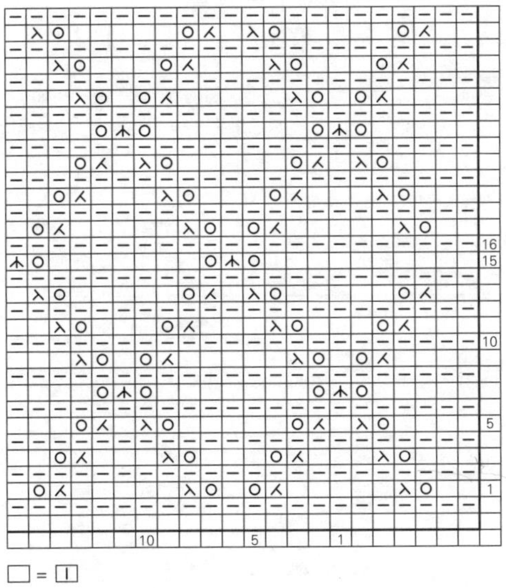

后领窝的编织方法

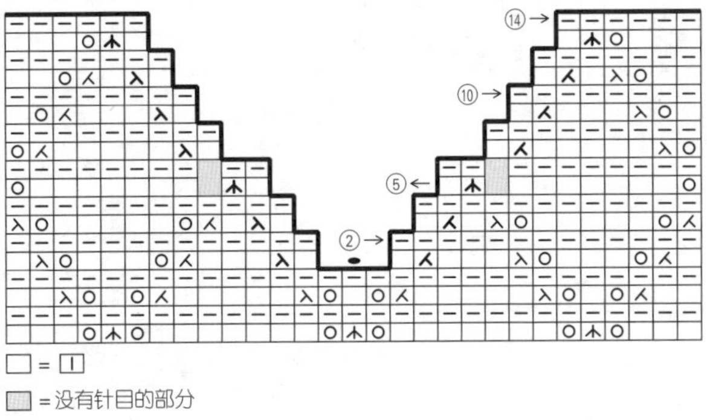

领窝、下摆(引拔针) 8/0号针

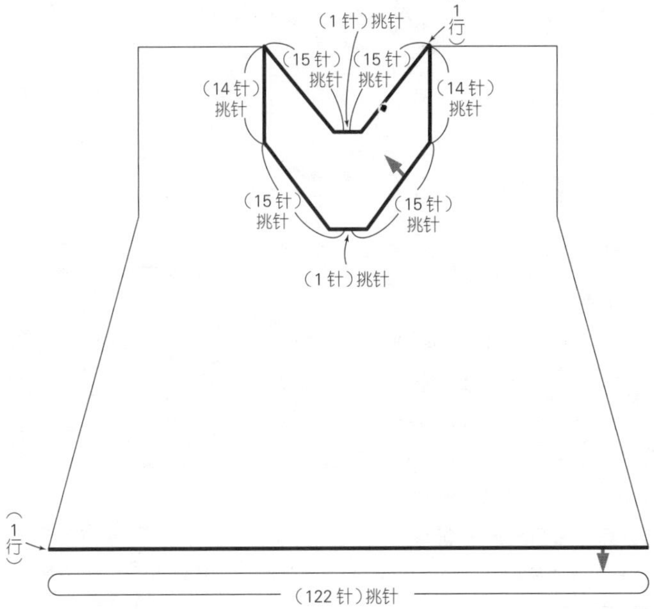

※ 领窝在边上针目的半针内侧挑针编织
※ 下摆在后侧1根线上编织

Photographers：SHIGEKI NAKASHIMA, HIRONORI HANDA, TOSHIKATSU WATANABE, NORIAKI MORIYA, BUNSAKU NAKAGAWA，
Original Japanese edition published in Japan by NIHON VOGUE CO., LTD.,
Simplified Chinese translation rights arranged with BEIJING BAOKU INTERNATIONAL CULTURAL DEVELOPMENT Co., Ltd.

日本宝库社授权河南科学技术出版社在中国大陆独家出版发行本书中文简体字版本。

备案号：豫著许可备字-2019-A-0044

图书在版编目（CIP）数据

毛线球. 30，婚礼服饰编织/日本宝库社编著；如鱼得水，冯莹译. —郑州：河南科学技术出版社，2019.8（2023.1重印）
ISBN 978-7-5349-9664-1

Ⅰ.①毛… Ⅱ.①日… ②如… ③冯… Ⅲ.①绒线-手工编织-图解 Ⅳ.①TS935.52-64

中国版本图书馆CIP数据核字（2019）第167833号

出版发行：河南科学技术出版社
地址：郑州市郑东新区祥盛街27号　邮编：450016
电话：（0371）65737028　65788613
网址：www.hnstp.cn
策划编辑：刘　欣
责任编辑：张　培
责任校对：王晓红　马晓灿
封面设计：张　伟
责任印制：张艳芳
印　　刷：北京盛通印刷股份有限公司
经　　销：全国新华书店
开　　本：635 mm×965 mm　1/8　**印张**：24　**字数**：350千字
版　　次：2019年8月第1版　2023年1月第3次印刷
定　　价：69.00元

如发现印、装质量问题，影响阅读，请与出版社联系并调换。

毛线球 32
keitodama

冬日的配色编织

日本宝库社 编著　　如鱼得水　蒋幼幼 译

河南科学技术出版社
·郑州·

keitodama

目　录

★世界手工新闻
丹麦……4
香港……4
澳大利亚……5
编织的色彩游戏……7
纵向拼接的廓形马甲……8
三角形花样的套头衫……9
千鸟格图案手提包……10
不规则色块拼接套头衫……11
洛皮花样厚开衫……12
圆育克洛皮毛衣……13
北欧风男款套头衫……14
几何图案洛皮毛衣……15
配色花样情侣帽……16
植物图案圆育克套头衫……17
粗条纹男款套头衫……18
条纹花样 V 领套头衫……19
几何线条套头衫……20
配色花样套头衫……21
ISAGER 的世界……22
★男人编织
史蒂芬・韦斯特……24
实用、耐穿的毛袜……26
中国红毛袜……26
色彩缤纷的彩虹毛袜……27
蜂窝花样的毛袜……27
段染线拼色毛袜……28
脚踩式毛袜……28
男款段染线毛袜……29
男款素色毛袜……29
毛袜编织便利小工具……30
★野口光的织补缝大改造……31
环形编织真快乐！……32
大麻花围脖……32
两用长筒护腕……33
泡泡针开衫、围脖……34
花砖花样圆育克套头衫……35
★世界手工艺纪行㉜……36
温暖的仿皮草线编织……40
柔软的仿皮草马甲……40
双线编织的长筒护腕……41
双线编织的帽子……41
可拆卸领套头衫……42
仿皮草围脖和手提包……43
甜美的廓形开衫……44
落肩袖 V 领套头衫……45

★为生活增添色彩的节庆编织 ⑩
手编的正月小装饰……46
★乐享毛线……48
绒球装饰护耳帽……48
蝴蝶结式双色短围巾……49
串珠编织手提包……50
几何图案串珠手提包……51
★秋冬毛线新品推荐 10……52
毛线展销会：Ito Market!……57
★我家的狗狗最棒！
和狗狗在一起 #30……58
★ michiyo 四种尺码的毛衫编织……60
半高领假两件连衣裙……61
手工编织的华服……62
A 字形千鸟格连衣裙……62
连编花片七分袖套头衫……63
镂空套头衫……64
一粒扣拼色开衫……65
★调色板
点亮生活的披肩……66
志田瞳优美花样毛衫编织新编 ❹……68
★冈本启子的 Knit+1……70
仿皮草不规则马甲……71
仿皮草装饰手提包……71
编织机讲座……72
海军风情经典毛衣……72
仿皮草装饰套头衫……73
流苏边马甲……74
罗纹边休闲开衫……75
★编织师的极致编织……78
★毛线球快讯
编织符号真厉害……79
罗纹针收针的要点……80
作品的编织方法……84

丹麦

丹麦的传统手织睡衣

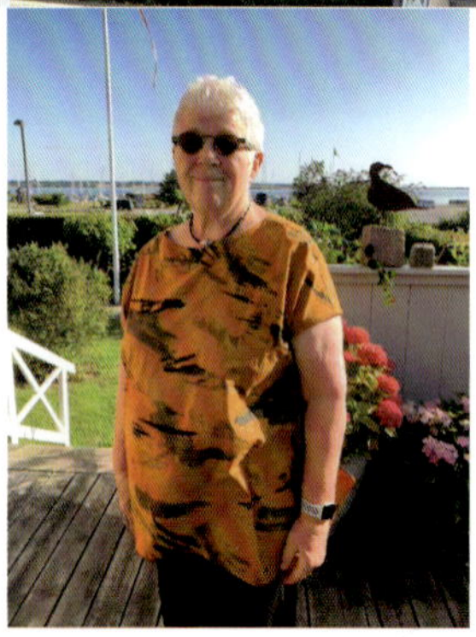

上/洛兰岛博物馆中收藏着许多珍品
下/薇薇安·霍克斯布罗居住在旁边的法尔斯特岛

北欧的手工艺种类很多，丹麦有十字绣，挪威有配色花样毛衣，瑞典的棒针编织和钩针编织都很有特色，但丹麦还有一种手织睡衣也在各地保留着。薇薇安·霍克斯布罗(Vivian Hoxbro)受博物馆邀请研究这种睡衣所用的花样。她的代表作是《薇薇安的快乐多米诺编织》，并于2014年出版了《上针和下针编织花样125》；2017年，于丹麦出版涵盖各种编织技法的图书，2019年被译为英文。我有幸欣赏过她所收集的花样样片，也很想亲眼看看到先前只能在图片上看到的手织睡衣实物，就参观了薇薇安女士居住的法尔斯特岛旁边的洛兰岛博物馆。

丹麦位于德国北面，比大部分欧洲国家更早穿上毛衣。众所周知，北欧传统毛衣所用的是经典的配色花样，丹麦的手织睡衣是在纯色织片上用上针编织出花样。手织睡衣就是晚上穿的衣服，英语叫作Night Shirt。

而且，丹麦手织睡衣还有一点和其他地区的不一样：这是专属于女性的毛衣。根西毛衣、阿兰毛衣还有挪威、瑞典等地的毛衣，最初都是男性穿的，后来才变成女性也能穿。而丹麦手织睡衣在初期男女均穿，后来就变成了专属于女性的毛衣。

我在当地的博物馆看到了几款毛衣，它们收缩得看不清针法、花样了，大小就像是小孩子穿的，和先前在照片上看到的大不相同。颜色是先编织再染色，多用红色和绿色，但红色也分很多色调，绿色也有橄榄绿等颜色，能看到实物真是太好了。这件事还被当地的媒体报道了，对我来说是很有意义的经历。

撰稿/林 琴美

当地记者在采访薇薇安女士和学员

这件毛衣的领窝和袖口装饰着美丽的丝带

香港

怀旧街道上的时尚毛线店

上/商店里有一个举办活动用的区域，方便人们放松
下/被刷成粉色的可爱的店门

在历史可追溯到英国殖民统治时期的香港旧市街，有一个叫作上环的区域，那里有林林总总的个性商店。在充满怀旧气息的街道上，有一家时尚的毛线店Yarn in the works。店里的陈设很时尚，来自海内外和香港本地的美丽毛线有序地排列在狭小的空间里。如果喜欢毛线，或者喜欢编织，来这里不会错！

老板Nicola是一位英国人。在纽约生活时，她在商业区的商店通过编织结交了一大批朋友，再次感受到了编织作为传统手工艺的魅力。“来到香港以后，我发现这里没有这种可以快乐地编织的商店”，于是，2016年11月，Yarn in the works毛线店开张了。她策划了诸如“编织之夜”“编织教室”“编织派对”之类的活动，为都市生活打造一个可供休憩的场所。

她希望人们能够了解编织的乐趣，多次举办面向初学者的“编织教室”，当然也有针对有基础者的课程。许多外国人会来编织披肩和毛衣，作为假期结束回国时送给亲友的礼物。

香港虽然气候较热，但穿毛衣的人也不少。而且，还有人会定期购买《毛线球》杂志。香港编织者会把披肩用作空调房中的保暖装备。除了日本编织图解以外，英文图解也很流行，还有人两者都用。这也体现了香港作为自由港对一切兼容并蓄的态度。Yarn in the works店里的毛线品种也很齐全。客人多是当地的编织爱好者、外国人和游客。他们大多用英语交流。

2018年年末，毛线店搬到了离观光区较近的地方，客流量有所增大，还有很多来自国外的客人。寻找日本少有的线材，在怀旧的毛线店编织，也是香港之旅的妙处哟！

撰稿/伊藤麻美

香港上环太平山街20号

澳大利亚

沙漠绿洲中的毡帽节

生活在澳北区的艺术家朱莉·基斯顿。当然，头上戴的是自己设计的帽子

志愿者聚集在一起的情形。大批志愿者和工作人员令会场的气氛更加热烈

澳大利亚70%的国土被沙漠覆盖，中部的爱丽丝泉(Alice Springs)是唯一的绿洲城市，那里每年都会举办一次毡帽节(Beanie Festival)。毡帽节刚开始甚是普通，但现在已经发展成为聚集了上千编织粉丝的盛会。他们各自拿着毛线帽，置身于和自己志趣相投的人群中。1997年，艾迪·邓禄普为了加强澳大利亚土著居民之间的交流，举办了一场小型的毡帽派对，这就是毡帽节的起源。现在，毡帽节已经发展成为集色彩、技法于一体，有利于搭建友谊的、持续四天的盛会。活动在阿拉伦艺术中心(Araluen Arts Centre)举办，包括被称作“毡帽联盟”的市集、研习会，以及来自世界各地的毡帽展会。

毡帽节不仅是毛线帽的盛会，也是关于创造力和土著艺术家的故事，更是国内以及来自世界各地的毛线帽设计师齐聚一堂的宝贵机会。毡帽节作为社会性的艺术活动，为同为不断成长的毡帽家族的新旧朋友提供了一起分享的时光，也让人们了解到离自己很遥远的土著社会生活情况，并为社会人士提供了制作、展示、销售毡帽的机会。

2019年，人们迎来了第23届毡帽节，这是迄今为止规模最大、最精彩的一次盛会。市集上，来自世界各地的550位作家为大家带来了6500余件手工作品，并有250件精彩绝伦的作品参加展会。在四天的时间里，创造了20.19万澳元的交易额，使爱丽丝泉成为热爱手艺之人心中的名城。毡帽节在6月的最后一个周末举办，2020年预计在6月26~29日举行。

周五夜晚，会在巨大的毡帽造型的帐篷里举办展出，这是获奖毡帽作品的高光时刻。会上，准备了简餐和文艺表演，请您一定带着最漂亮的帽子来玩。期间还会随机举行研习会，也是学习新技法的绝好机会。

让会场气氛热烈起来的是那些志愿者。他们有许多工作，通过各种活动让“毡帽节”更加充实。比如，毡帽是否有价签和绒球、是否排列整齐等，他们要负责整理好这些东西，负责现场向导，充当茶店、咖啡店等的工作人员，负责接待、引导等工作。做够2小时的志愿者，可以在结束时享受可口的奶酪土司三明治和茶水。作为工作人员参加毡帽节，这种方式也很赞哟。

获得“最华丽的毡帽”门类大奖的作品。这是黛博拉·艾弗森·怀特创做的

2019年毡帽节现场。这是6500余顶毛线帽中的一部分

撰稿/黛博拉·艾弗森·怀特(毡帽节副委员长)
日语翻译/出泽洋子

Colo